Multifunctionality of Polymer Composites

多功能聚合物复合材料

（第1卷）

前沿科学与技术

（德）克劳斯·费里德里希（Klaus Friedrich）
乌尔夫·布鲁尔（Ulf Breuer） 主编

刘 勇 徐玉龙 等 译

·北 京·

内容简介

《多功能聚合物复合材料（第1卷）》详细介绍了多功能聚合物复合材料领域的最新研究进展。作者整理总结了聚合物复合材料领域许多知名学者的研究成果，探讨了多功能聚合物复合材料领域的最新趋势，分析了聚合物复合材料多功能化以及影响材料多功能行为的因素。本卷共10章，前两章为多功能聚合物复合材料导论，并通过具体案例阐明了如何实现聚合物复合材料不同性能组合的方法。然后重点介绍了天然纤维的分类、结构和特点以及增强的多功能聚合物复合材料的性能等；纳米黏土、膨胀石墨与聚乳酸、聚烯烃制备多功能纳米复合材料的方法、性能等；多功能泡沫材料、聚对苯二甲酸烯烃酯复合材料的性能；聚合物复合材料的多功能界面特性等。并以新视角带领我们认识这种多功能复合材料。

多功能聚合物复合材料的制备是一种十分复杂的技术，本书从结构上对其进行了系统介绍，有案例分析，也有相关的专业知识。本书内容丰富，不仅涵盖从热固性塑料、热塑性塑料到弹性体的不同类型的聚合物基体，还包括与玻璃纤维或碳纤维等传统增强材料结合的各种微纳米填料。本书是从事研究多功能聚合物复合材料科技工作者的重要参考读物，可提供相关技术和实践的指导。本书主要面向寻求解决新材料开发和特定应用方案的专业学者，也适合对多功能聚合物复合材料领域感兴趣的技术人员和学生使用。

Multifunctionality of Polymer Composites
Klaus Friedrich，Ulf Breuer
ISBN：978-0-323-26434-1

《多功能聚合物复合材料（第1卷）前沿科学与技术》（刘勇、徐玉龙等译）
ISBN：978-7-122-35617-8

注 意

本书涉及领域的知识和实践标准在不断变化。新的研究和经验拓展我们的理解，因此须对研究方法、专业实践或医疗方法作出调整。从业者和研究人员必须始终依靠自身经验和知识来评估和使用本书中提到的所有信息、方法、化合物或本书中描述的实验。在使用这些信息或方法时，他们应注意自身和他人的安全，包括注意他们负有专业责任的当事人的安全。在法律允许的最大范围内，爱思唯尔、译文的原文作者、原文编辑及原文内容提供者均不对因产品责任、疏忽或其他人身或财产伤害及/或损失承担责任，亦不对由于使用或操作文中提到的方法、产品、说明或思想而导致的人身或财产伤害及/或损失承担责任。

北京市版权局著作权合同登记号：01-2016-5979

图书在版编目(CIP)数据

多功能聚合物复合材料.第1卷，前沿科学与技术/（德）克劳斯·费里德里希，（德）乌尔夫·布鲁尔主编；刘勇等译.—北京：化学工业出版社，2021.1（2023.8重印）
书名原文：Multifunctionality of Polymer Composites
ISBN 978-7-122-35617-8

Ⅰ.①多… Ⅱ.①克… ②乌… ③刘… Ⅲ.①聚合物-功能材料-复合材料 Ⅳ.①TB33

中国版本图书馆CIP数据核字（2019）第252565号

责任编辑：吴 刚　　文字编辑：李 玥
责任校对：栾尚元　　装帧设计：关 飞

出版发行：化学工业出版社（北京市东城区青年湖南街13号 邮政编码100011）
印　　装：北京七彩京通数码快印有限公司
710mm×1000mm 1/16 印张20 字数388千字 2023年8月北京第1版第4次印刷

购书咨询：010-64518888　售后服务：010-64518899
网　　址：http://www.cip.com.cn
凡购买本书，如有缺损质量问题，本社销售中心负责调换。

定　　价：99.00元　

译者的话

复合材料是国家战略新兴产业中新材料领域的重要组成部分。凭借其优异的性能，复合材料在航空航天、风能发电、汽车轻量化、海洋工程、环境保护工程、船艇、建筑、电力等领域发展迅速，已经成为现代工业、国防和科学技术不可缺少的重要基础。

本书原著书名为 *Multifunctionality of Polymer Composites*，由全球 30 多个作者及其团队编著而成，其中许多作者是聚合物复合材料界的著名科学家，他们在各章中贡献了多功能聚合物复合材料方面最权威的或最全面的专业知识。本书不仅包括不同类型的聚合物基质，即从热固性材料到热塑性塑料和弹性体，还包括各种微纳米填料，例如从陶瓷纳米颗粒到碳纳米管，并与传统增强材料（如玻璃或碳纤维）进行结合。

本书介绍了各种新型复合材料的基本原理、研究进展和最新突破，其内容新、意义大，对广大技术人员具有引领作用。为了使众多技术人员更容易阅读和理解本书的丰富知识，我们组织复合材料领域的教授、博士、硕士等专业人士，将其翻译成中文。

英文原著将近 1000 页，共 31 章，内容极为丰富。从整体来看，原著内容涉及三个部分，即第 1、2 章为多功能聚合物复合材料简介；第 3～10 章为特殊基体/增强体/相间成分的使用；其余章节组成应用部分。这三部分的内容在篇幅上差别很大。尤其是应用部分内容极为庞大（共 21 章），涉及多种特殊功能复合材料在航空航天等多领域的应用，特别是对纳米复合材料在各个领域的多功能应用做了丰富而全面的阐述。但考虑到应用部分内容庞大，穿插在不同的章节中，不便于读者快速阅读。为了适应读者的专业需求，减轻读者阅读负担，我们根据书中每一章的内容，对全书章节进行了系统性的归类和重新组合，即从多功能聚合物复合材料前沿技术的简介、挑战和应用、纳米复合材料等三个部分，将本中文版分成三卷：第 1 卷多功能聚合物复合材料前沿科学与技术，包括原来的第一、二部分（即原 1～10 章）；第 2 卷多功能聚合物复合材料面临的挑战与应用案例，包括原 11～13、17、19、20、22～24、26、27 章；第 3 卷多功能聚合物复合材料纳米材料的挑战与应用，包括原14～16、18、21、25、28～31章。这样，全新的中文版三卷版本都具有适合读者阅读的篇幅，内容归类更加合理，读者翻阅更加轻松。中文版的分卷方法也得到了原著作者的高度赞赏。

本书第1卷共10章，分为两个部分：第一部分（第1、2章）为多功能聚合物复合材料导论，通过研究具体案例阐明了如何实现聚合物复合材料不同性能组合的方法，并以新的视角带领我们认识这种多功能复合材料；第二部分重点介绍了天然纤维做增强体多功能聚合物复合材料的意义、热性能、阻燃性等（第3章），天然纤维的分类、各类天然纤维的结构和特点等（第4章），环境友好的可生物降解聚乳酸与纳米黏土形成的多功能纳米生物复合材料（第5章），聚烯烃/黏土纳米复合材料的注射成型方法、性能表征等（第6章），聚合物纳米复合材料的多功能填料——膨胀石墨的结构特性、力学性能、热性能等（第7章），多功能泡沫核心材料的力学性能、介电性能、防火特性等（第8章），聚对苯二甲酸烯烃酯基复合材料（聚酯混合物、短纤填充材料、纳米材料）的反应增容等（第9章），聚合物复合材料的多功能界面特性及玻纤表面的纳米结构化等（第10章）。

参加本书第1卷翻译及审校工作的有刘勇、徐玉龙、李凯丽、丁涵、马连胜、霍绍森、彭浩、张少鹏、谢概、黄丽冰等人。

在中文版的出版过程中，由于原书存在一些参数新旧单位混用，若换算成国际法定计量单位则会对原书产生较大改动。为保持与原书的一致性，本中文版保留了原书的物理量单位，并在目录后附以计量单位换算表，以帮助读者理解和使用。同时，为使读者更准确地理解和使用该书，保留了英文参考文献和中英文对照的专业术语表。

本书从拿到原文到全部翻译、润色、校对完成，历时4年，反复斟酌的目的在于尽量追求完美，力求用贴切的语言完全表达出原意。限于译者水平，书中难免有瑕疵，恳请读者朋友不吝指正。

译者

2020.1

英文版前言

强度、刚度和韧性是系统结构科学和工程中决定材料能否得以应用的典型特性。多功能结构材料具有超出这些基本要求的属性。它们可以被设计成具有集成电、磁、光、机动、动力生成功能，以及可能与机械特性协同工作的其他功能。这种多功能结构材料可通过减小尺寸、重量、成本、电力供应、能耗和复杂性，由此提升效率、安全性和多功能性，因此具有巨大的影响结构性能的潜力[1]。这意味着多功能系统无论从工业还是从基础的角度来看，都是一个重要的研究领域。它们可用于如汽车、航空航天工业、通信、土木工程和医学等诸多领域[2]。适用材料的范围也很广，例如混合物、合金、凝胶和互穿聚合物网络，但在大多数情况下它们是基于聚合物基的复合材料。

聚合物复合材料是开发高强度、高刚度和轻量化的组合结构的先进材料。复合材料自然也适用于多功能性的概念，即材料可具备多种功能。这些功能通常是通过结构（负载或塑性）的方式附加一种或多种其他功能，例如能量存储（电容器或电池）、制动（控制位置或形状）、热管理（热屏蔽）、健康管理（感知损坏或变形）、屏蔽（免受电磁干扰辐射）、自我修复（自主响应局部损伤）、能量吸收（耐撞性）、信号传递（电信号）或电能传递。多功能结构可以通过消除或减少多个单功能组件的数量来实现显著减轻重量的效果[3]。

近年来，一些作者已认识到多功能性在聚合物复合材料中的重要性，分别集中于某一特定方面，例如，仿生学领域中的多功能材料、纳米级多功能材料、用于多功能复合材料的形状记忆聚合物或其他重要的方面做了深入的研究[1-8]。本书探讨了聚合物复合材料在多功能性领域的最新优势，包括力学、界面及热物理性质，制造技术和表征方法。同时，它将给读者留下许多工业领域的观点，其中多功能性是在各种领域中应用的重要因素。

全球有超过30组作者，其中许多人多年来在聚合物复合材料界广为人知，他们在各章中分享了聚合物复合材料多功能性方面的专业知识。本书不仅包括不同类型的聚合物基质，即从热固性材料到热塑性塑料和弹性体，还包括各种微纳米填料，例如从陶瓷纳米颗粒到碳纳米管，并与传统增强材料（如玻璃或碳纤维）进行结合。本书从运输、摩擦学、电气元件和智能材料及其未来发展趋势展开论述。

在第一部分中，K. Friedrich（德国）描述了在增强聚合物和复合结构中实现多功能性的可能途径。通过不同的案例研究进行了阐述，其中包括摩擦学方面的汽车部件、抗腐蚀的风能叶片和生物医学领域的训练材料。随后的章节介绍了Mohamed S. Aly-Hassan（日本）关于多功能复合材料应用的新视角，特别是具有定制导热性能的碳-碳复合材料，以及在降雪环境下的智能夹层屋顶。

第二部分侧重于讨论特殊基质、增强物和界面及其对各种复合材料的多功能行为产生的影响。Z. A. Mohd Ishak（马来西亚）和他的团队描述了天然纤维增强材料（特别是木纤维）在室内和室外建筑材料中的应用，尤其在阻燃性方面。Debes Bhattacharyya（新西兰）等人在他们关于“天然纤维：其复合材料及可燃性表征”的章节中也讨论了类似的应用。Suprakas Sinha Ray（南非）总结了由可生物降解的聚乳酸和纳米黏土组成的多功能纳米复合材料在当前的发展。Patricia M. Frontini（阿根廷）和 António S. Pouzada（葡萄牙）等人也使用这种类型的增强材料用于可注塑聚烯烃的多功能性研究，其中特别注重加工、形貌和力学/热问题。Alessandra de Almeida Lucas（巴西）强调了膨胀石墨对聚合物纳米复合材料的改进，特别是在力学、阻隔、电气和热性能方面。Volker Altstädt（德国）小组讨论了泡沫芯材的多功能性，特别强调了热、声、电介质和冲击行为。S. S. Pesetskii（白俄罗斯）等人通过纳米和微米级填料增强来研究基于聚（对苯二甲酸亚烷基酯）的复合材料的反应增容，并提出了另一种基质的影响。对聚合物复合材料中多功能相间的分析和讨论部分由 Shang-Lin Gao 和 Edith Mäder（德国）总结为一章。

第三部分介绍了多功能材料的应用，并对上述四个选定领域进行了深入说明。运输领域始于 Xiaosu Yi（中国）关于航空航天应用的多功能复合材料，特别是提高热固性复合材料层压板的韧性和抗冲击性方面的研究。Edson Cocchieri Botelho（巴西）等人将重点放在具有良好力学性能和特定微波透明度（如辐射）的轻型飞机部件上。U. P. Breuer 和 S. Schmeer（德国）强调了机身结构电气性能和抗损伤性能的结合。在 Vassilis Kostopoulos（希腊）等人所写的章节中，介绍了在航空航天中通过在碳纤维复合层压板中结合纳米填料，如碳纳米管，来实现不同性质的组合。Mehrdad N. Ghasemi Nejhad（美国）也采用类似的概念，研发了用于汽车和航空航天工业的多功能分级纳米复合材料层压板，其中的关键词“纳米树脂基质”和“纳米森林纤维”起着特殊的作用。Rehan Umer（阿联酋）等人完成了这一领域的研究并单独成章，其中介绍了碳纳米管（CNT）和氧化石墨烯（GO）对聚合物复合材料多功能性的协同效应，预计可用于航空航天、汽车和其他技术领域。

在第 1 章 1.3 节的电气元件领域，Leif E. Asp（瑞典）等人提出用于电池和超级电容器的多功能复合材料。除了力学性能外，电化学和导电能力也是非常重要的。另一项与电池有关的贡献由 Yiu-Wing W. Mai 和 Limin Zhou（澳大利亚、中国香港）提供，涉及锂离子电池的电纺纳米结构复合纤维阳极的应用。Vitaliy G. Shevchenko（俄罗斯）和合作伙伴总体上阐述了用于智能结构的多功能聚合物复合材料，然后在各种示例中展示了如何实现多功能性，并介绍了具有低可燃性、增强热性能和力学性能的新型热塑性电磁波屏蔽和吸收复合材料。该领域的最后，用于航空航天工业的多功能形状记忆合金（SMA）基复合材料由 Michele Meo（英国）撰写。本章对前面提到的领域和下一领域之间起到连接作用，因为它结合了用于航空航天（如除冰）与智能材料应用中 SMA 的固有电气特性的使用，包括制动器功能。

应用的第三部分由关于智能材料和未来趋势的章节组成。Martin Gurka（德国）从形状记忆合金和碳纤维增强复合材料的活性杂化结构开始，应用于未来的制动器。接下来由 Erik T. Thostenson（美国）等人撰写，他们专注于自感碳纳米管复合材料的加工和表征。其中机械、电气和其他物理特性是他们特别关注的。在关于自愈玻璃/环氧复合材料的章节中，感知局部损伤并尝试自我修复是 Mingqiu Zhang 团队（中国）的研究焦点。J. Karger-Kocsis（匈牙利）在研究形状记忆环氧树脂和复合材料时，提到了另一个智能的领域。L. Nicolais（意大利）和同事对具有定制光学特性的纳米复合材料展开了研究，通过使用在临界温度下改变颜色的热致变色填料来感测性质。在处理多功能聚合物/ ZnO 纳米复合材料时，Hung-Jue Sue 和 Dazhi Sun（美国、中国）的章节也涉及光学、电子和光伏领域。作者强调了物理性质分布的分散质量。K. Schulte（德国）对如何提高聚合物基复合材料的多功能性给出了总体的看法，特别强调了陶瓷纳米粒子、碳纳米管和石墨烯。最后一章由 Josef Jancar（捷克）编写，引入了“复合材料组学：用于结构和组织工程应用的多尺度分级复合材料”这一术语，强调了 POSS 的特殊用途。

在考虑整本书的内容时，很明显它主要面向学术界和工业界中对材料开发和特定应用寻找新的解决方案的科学家。因此，本书将成为那些已经成为或想要在多功能聚合物复合材料领域成为专业人士的读者的参考文献和实践指南。

通过编写本书，我们希望能够对多功能聚合物复合材料这一复杂技术领域的系统结构展开进一步研究。目前来看，为时不晚，然而这仅是第一次尝试涵盖过去几年一直处于快速发展过程中的研究。我们相信，在不久的将来，有关多功能聚合物复合材料的更多有趣的成果将在公开文献中公布。

最后，我们要感谢所有能够将他们的想法和成果纳入本专题图书的贡献者。我们也感谢许多其他广泛参与的在同行评审过程中做出贡献的科学家。这些审阅者包括：S. Y. Fu，M. Z. Rong，Z. Z. Yu（中国）；A. Dasari，S. Ramakrishna（新加坡）；G. Zaikov（俄罗斯）；H. J. Sue，T. W. Chou，D. O'Brien，W. Brostow，Z. Liang，N. Koratkar（美国）；G. W. Stachowiak，J. Ma，S. Bandyopadhyay（澳大利亚）；S. Thomas（印度）；N. M. Barkoula，D. E. Mouzakis（希腊）；Z. Denchev（葡萄牙）；D. Zenkert（瑞典）；D. Wagner（以色列）；M. Quaresimin（意大利）；A. S. Luyt（南非）；H. Hatta（日本）；F. Haupert，J. Schuster，M. Gurka，B. Fiedler，U. Breuer，S. Seelecke（德国）。

Klaus Friedrich
Ulf Breuer
2014 年 10 月 20 日，凯泽斯劳滕

参考文献

[1] Nemat-Nasser S, et al. Multi-functional materials. In: Bar-Cohen Y, editor. Biomimetics-biologically inspired technologies, Chapter 12. London, UK: CRC Press; 2005.

[2] Boudenne A, editor. Handbook of multiphase polymer systems. Weinheim, Germany: Wiley & Sons; 2011.

[3] Byrd WJ, Kessler MR. Multi-functional polymer matrix composites. National Science Foundation, USA: Grant No. EPS-1101284.

[4] Long J, Lau AK-T, editors. Multi-functional polymer nano-composites. London, UK: CRC Press; 2011.

[5] McDowell DL, et al. Integrated design of multi-scale, multi-functional materials and processes. Amsterdam, The Netherlands: Elsevier; 2010.

[6] Gupta P, Srivastava RK. Overview of multi-functional materials. In: Meng Joo Er editor. New trends in technologies: devices, computer, communication and industrial systems, Chapter 1. Rijeka, Croatia: InTech Europe <www.intechopen.com>. ISBN: 975-953-307-212-8.

[7] Leng J, Du S, editors. Shape memory polymers and multi-functional composites. London, UK: CRC Press; 2010.

[8] Brechet Y, et al. Architectured multifunctional materials. MRS Symposium proceedings series, vol. 1188. Cambridge, UK: Cambridge University Press; 2009.

三卷本撰编者名单

Mohamed S. Aly-Hassan
京都工业大学，日本，京都
Volker Altstädt
拜罗伊特大学，特种聚合物工程系，德国，拜罗伊特
Leif E. Asp[1,2]
1.斯威雷亚西科姆公司，瑞典，默恩达尔；
2.查尔姆斯理工大学，瑞典，哥德堡
Athanasios Baltopoulos
帕特雷大学，机械工程与航空系，应用力学实验室，希腊，帕特雷
Debes Bhattacharyya
奥克兰大学，机械工程系高级复合材料中心，新西兰，奥克兰
Jayashree Bijwe
印度理工学院，工业摩擦学机械动力与维修工程中心（ITMMEC），印度，新德里
Edson Cocchieri Botelho
圣保罗州立大学（UNESP），瓜拉丁瓜工程学院，材料和技术部，巴西，圣保罗
U. P. Breuer
凯泽斯劳滕大学，复合材料研究所（IVW GmbH），德国，凯泽斯劳滕
G. Carotenuto
国家研究委员会，聚合物、复合材料和生物材料研究所，意大利，波蒂奇
S. Chandrasekaran
汉堡科技大学（TUHH），聚合物和复合材料研究所，德国，汉堡
Yuming Chen
香港理工大学，机械工程系，中国，香港
Guilherme Mariz de Oliveira Barra
圣卡塔琳娜联邦大学，机械工程系，巴西，圣卡塔琳娜，弗洛里亚诺波利斯
Daniel Eurico Salvador de Sousa
圣卡洛斯联邦大学，材料工程系，巴西，圣保罗
Sagar M. Doshi[1,2]
1.特拉华大学，机械工程系，美国，特拉华州，纽瓦克；
2.特拉华大学，复合材料中心，美国，特拉华州，纽瓦克

V. V. Dubrovsky
白俄罗斯国家科学院别雷金属-高分子研究所，白俄罗斯，戈梅利
Amir Fathi
拜罗伊特大学，特种聚合物工程系，德国，拜罗伊特
B. Fiedler
汉堡科技大学（TUHH），聚合物和复合材料研究所，德国，汉堡
K. Friedrich
凯泽斯劳滕大学，复合材料研究所（IVW GmbH），德国，凯泽斯劳滕
Patricia M. Frontini
马德普拉塔大学，材料科学与技术研究所（INTEMA），阿根廷，马德普拉塔
Shang-Lin Gao
莱布尼茨聚合物研究所，德国，德累斯顿
Mehrdad N. Ghasemi Nejhad
夏威夷大学马诺阿分校，机械工程系，美国，夏威夷
Emile S. Greenhalgh
帝国理工学院，复合中心，英国，伦敦
Martin Gurka
凯泽斯劳滕大学，复合材料研究所（IVW GmbH），德国，凯泽斯劳滕
Haitao Huang
香港理工大学，应用物理系，中国，香港
Z. A. Mohd Ishak
马来西亚科技大学，材料与矿产资源工程学院，马来西亚，槟城
Josef Jancar
布尔诺科技大学，捷克，布尔诺
J. Karger-Kocsis[1,2]
1. 布达佩斯科技大学，机械工程学院，聚合物工程系，匈牙利，布达佩斯；
2. MTA-BME 复合科学与技术研究组，匈牙利，布达佩斯
S. Kéki
匈牙利德布勒森大学，应用化学系，匈牙利，德布勒森
Nay Win Khun
南洋理工大学，机械与航空航天工程学院，新加坡
Nam Kyeun Kim
奥克兰大学，机械工程系高级复合材料中心，新西兰，奥克兰
Vassilis Kostopoulos
帕特雷大学，机械工程与航空系，应用力学实验室，希腊，帕特雷
Xiaoyan Li
香港理工大学，机械工程系，中国，香港
Yuanqing Li
哈利法科技大学，航空航天工程系，阿联酋，阿布扎比

Kin Liao
哈利法科技大学，航空航天工程系，阿联酋，阿布扎比
Alessandra de Almeida Lucas
圣卡洛斯联邦大学，材料工程系，巴西，圣保罗
Edith Mäder
莱布尼茨聚合物研究所，德国，德累斯顿
Yiu-Wing Mai[1,2]
1.香港理工大学，机械工程系，中国，香港；
2.悉尼大学航空航天、机械和机电工程学院，先进材料技术中心（CAMT），澳大利亚，新南威尔士州
Michele Meo
巴斯大学，机械工程系，英国，巴斯
L. Nicolais
那不勒斯大学，材料与化学工业工程系，意大利，那不勒斯
Evandro Luís Nohara
陶巴特大学（UNITAU），机械工程系，巴西，圣保罗
S. S. Pesetskii
白俄罗斯国家科学院别雷金属-高分子研究所，白俄罗斯，戈梅利
Anatoliy T. Ponomarenko
俄罗斯科学院，合成高分子材料研究所，俄罗斯，莫斯科
António S. Pouzada
米尼奥大学，聚合物和复合材料研究所，葡萄牙，吉马良斯
Suprakas Sinha Ray[1,2]
1.科学与工业研究理事会，DST / CSIR国家纳米结构材料中心，南非，比勒陀利亚；
2.约翰内斯堡大学，应用化学系，南非，约翰内斯堡
Mirabel Cerqueira Rezende
圣保罗联邦大学，科学技术研究所（ICT-UNIFESP），巴西，圣保罗
Min Zhi Rong
中山大学，材料科学研究所，中国，广州
S. Schmeer
凯泽斯劳滕大学，复合材料研究所（IVW GmbH），德国，凯泽斯劳滕
K. Schulte
汉堡科技大学（TUHH），聚合物和复合材料研究所，德国，汉堡
Carlos Henrique Scuracchio
圣卡洛斯联邦大学，材料工程系，巴西，圣保罗
V. V. Shevchenko
白俄罗斯国家科学院别雷金属-高分子研究所，白俄罗斯，戈梅利
Vitaliy G. Shevchenko
俄罗斯科学院，合成高分子材料研究所，俄罗斯，莫斯科
Aruna Subasinghe
奥克兰大学，机械工程系高级复合材料中心，新西兰，奥克兰

Hung-Jue Sue
得克萨斯 A&M 大学，机械工程系，聚合技术中心，美国，得克萨斯州
Dawei Sun
南洋理工大学，机械与航空航天工程学院，新加坡
Dazhi Sun
南方科技大学，材料科学与工程系，中国，深圳
R. Mat Taib
马来西亚科技大学，材料与矿产资源工程学院，马来西亚，槟城
Erik T. Thostenson[1,2,3]
1. 特拉华大学，机械工程系，美国，特拉华州，纽瓦克；
2. 特拉华大学，材料科学与工程系，美国，特拉华州，纽瓦克；
3. 特拉华大学，复合材料中心，美国，特拉华州，纽瓦克
Rehan Umer
哈利法科技大学，航空航天工程系，阿联酋，阿布扎比
Chr. Viets
汉堡科技大学（TUHH），聚合物和复合材料研究所，德国，汉堡
Jinglei Yang
南洋理工大学，机械与航空航天工程学院，新加坡
Xiaosu Yi
北京航空材料研究所（BLAM），中国，北京
Tao Yin[1,2]
1. 中山大学，化学化工学院，聚合物复合材料与功能材料教育部重点实验室，中国，广州；
2. 广东工业大学，材料与能源学院，中国，广州
Yanchao Yuan[1,2]
1. 中山大学，化学化工学院，聚合物复合材料与功能材料教育部重点实验室，中国，广州；
2. 华南理工大学，材料科学与工程学院，中国，广州
He Zhang
南洋理工大学，机械与航空航天工程学院，新加坡
Hui Zhang
国家纳米科学中心，中国，北京
Mingqiu Zhang
中山大学，材料科学研究所，中国，广州
Zhong Zhang
国家纳米科学中心，中国，北京
Limin Zhou
香港理工大学，机械工程系，中国，香港
Lingyun Zhou
国家纳米科学中心，中国，北京

目录

单位换算

长度	
$1m=10^{10}$ Å	1 Å $=10^{-10}m$
$1m=10^{9}nm$	$1nm=10^{-9}m$
$1m=10^{6}\mu m$	$1\mu m=10^{-6}m$
$1m=10^{3}mm$	$1mm=10^{-3}m$
$1m=10^{2}cm$	$1cm=10^{-2}m$
1m=3.28ft	1ft=0.3048m
面积	
$1m^2=10^4cm^2$	$1cm^2=10^{-4}m^2$
$1mm^2=10^{-2}cm^2$	$1cm^2=10^2mm^2$
体积	
$1m^3=10^6cm^3$	$1\ cm^3=10^{-6}m^3$
$1mm^3=10^{-3}cm^3$	$1cm^3=10^3mm^3$
$1m^3=35.32ft^3$	$1ft^3=0.0283m^3$
质量	
$1Mg=10^3kg$	$1kg=10^{-3}Mg$
$1kg=10^3g$	$1g=10^{-3}kg$
1kg=2.205lb	1lb=0.4536kg
$1g=2.205\times10^{-3}lb$	1lb=453.6g
密度	
$1kg/m^3=10^{-3}g/cm^3$	$1g/cm^3=10^3kg/m^3$
$1kg/m^3=0.0624lb/ft^3$	$1lb/ft^3=16.02kg/m^3$
$1g/cm^3=62.4\ lb/ft^3$	$1lb/ft^3=1.602\times10^{-2}g/cm^3$
能量、功、热	
$1J=6.24\times10^{18}eV$	$1eV=1.602\times10^{-19}J$
1J=0.239cal	1cal=4.184J
$1eV=3.83\times10^{-20}cal$	$1cal=2.61\times10^{19}eV$

第1章

增强聚合物及复合材料实现多功能的方法

K. Friedrich
凯泽斯劳滕大学，复合材料研究所（IVW GmbH）
德国，凯泽斯劳滕

1.1 引言

多功能性是指一种材料具有多种组合性质，能够适合在持续不同的负载条件下应用。除了普通的机械承载能力，其他性能如热稳定性、导电性或耐磨性也是很重要的（图 1.1）。在许多情况下，聚合物基复合材料比较常用，因为它们可以结合聚合物的固有特性（如重量轻、耐腐蚀和有韧性）与增强材料的独特性能（如导电性、耐磨性和高的机械刚度和强度）（图 1.2）。

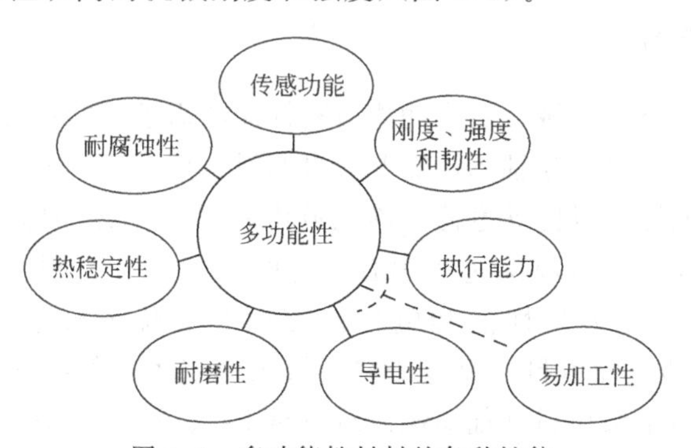

图 1.1　多功能性材料的各种性能

本文阐述了使用不同类型的聚合物基体，以及各种纳米和微米级填料/增强材料，在增强聚合物及复合材料结构中如何实现多功能性。除原理、概念外，还

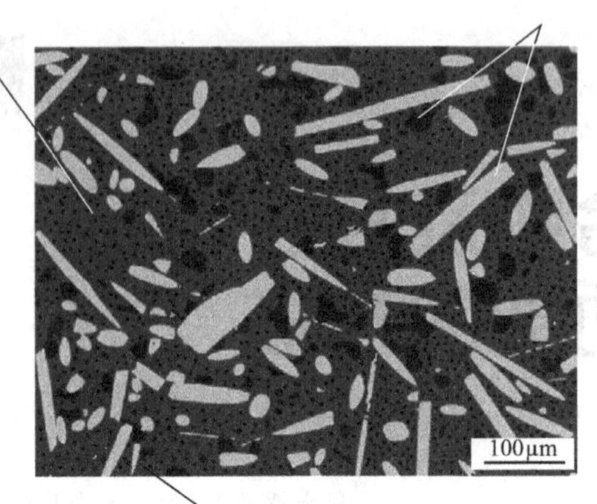

图 1.2 多功能聚合物基复合材料的基本微观结构

NP—纳米粒子；CNT—碳纳米管；PA—聚酰胺；PPS—聚苯硫醚；PEEK—聚醚醚酮；EP—环氧树脂；PI—聚酰亚胺；VE—乙烯基酯

研究了各种案例，阐明了如何实现各种不同性能组合的方法，以用于各种特定的应用。

1.2 案例研究

1.2.1 导电、高模、耐磨、耐高温、热塑性材料

1.2.1.1 目标

在高分子复合材料领域，对多功能材料性能的需求不断增加，例如：(1) 在食品工业中使用的聚合物球轴承，需要有自润滑、低摩擦、耐磨损以及在高速运动中有一定的导电性，以传导电荷（静电放电）[1,2]；(2) 耐高温、热成型热塑性汽车挡泥板，要求静电喷涂过程中有一定的导电性[3]、刚度、强度、损伤容限性和韧性。由于在力学性能和电性能方面具有优异性能，多壁碳纳米管（MWNTs）作为功能性填料，引起研究者极大的兴趣。特别是纳米级填料（例如 MWNTs）和微米级填料［如短碳纤维（SCFs)、石墨（Gr)］，有望在优化复合材料的性能方面大放光彩。在本研究中，通过混合不同比例的 MWNT、Gr 和 SCF，来作为聚苯硫醚（PPS）的填料，然后经双螺杆挤出和注射成型，研究了每个填料对化合物 PPS 性能的影响。

1.2.1.2 实验

在本研究中，使用的高温热塑性基体为德国 Ticona GmbH 的 PPS。增强填料包括 MWNTs（Baytubes® C150P，Bayer Materials Science AG，Germany）、SCF（Tenax-A HT C723，TohoTenax Europe GmbH，Germany），以及 Gr（RGC39A™，Superior Graphite，Sweden）。PPS 复合材料通过双螺杆挤出和注射成型，在试点工厂生产。首先，MWNT/PPS 复合材料通过三次加入母料的步骤进行熔融混合。然后，SCF 和 Gr 在最后挤出步骤通过侧翼进料口添加（图 1.3）。加工过程的主要参数是：料筒温度 310℃，螺杆转速 300r/min，生产量 9kg/h。x-y-z 的质量分数分别是 x=% MWNT，y=% Gr，z=% SCF。

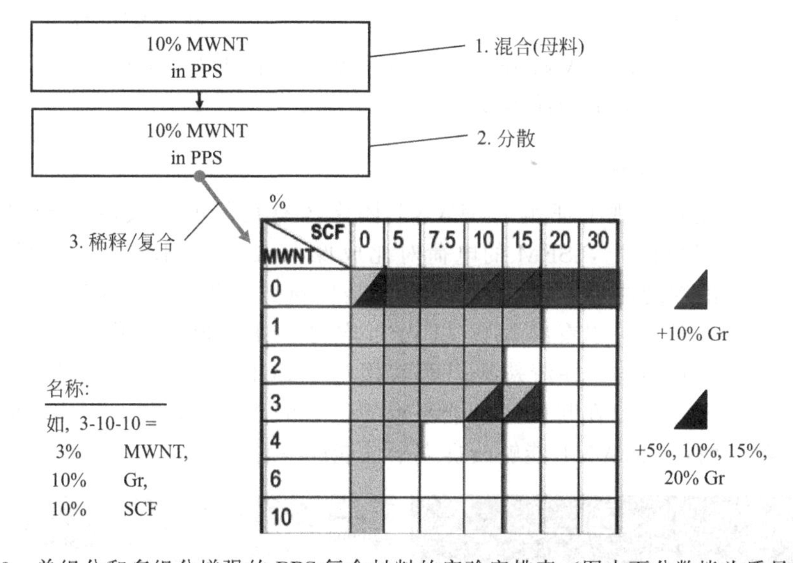

图 1.3 单组分和多组分增强的 PPS 复合材料的实验安排表（图中百分数皆为质量分数）

在光学显微镜下观察 MWNTs 的宏观分散质量和 SCFs 的取向及长度分布情况。通过扫描电子显微镜（scanning electron microscope，SEM）获得进一步的形貌信息。测定拉伸性能，在注射成型方向测定电导率，以及在干摩擦条件下，用 100Cr6 轴承钢盘进行摩擦磨损试验。

1.2.1.3 结果和讨论

1.2.1.3.1 拉伸性能

图 1.4 显示弹性模量作为 SCF 和 MWNT 在 PPS 基体中含量的函数，呈线性增长。SCFs 能大幅提高复合材料的刚度，而 MWNTs 只导致微弱的改善。两者都可以通过对于随机排列的纤维增强材料的 Halpin-Tsai 方程（在 SCF 的情况下充分），以及通过 Gojny 等人[4]（根据 Thostenson 和 Chou[5] 的假设）对于 MWNT/PPS 复合材料[6] 描述的方法，进行合理的解释（图 1.4）。

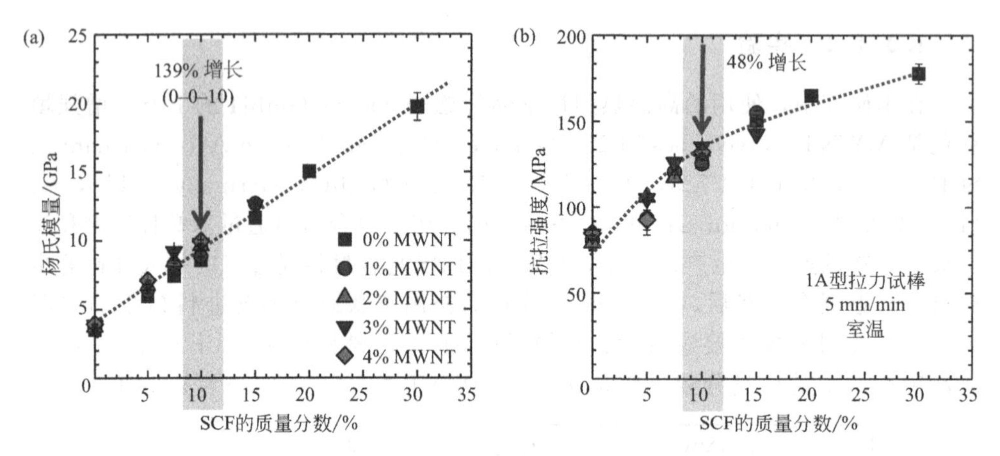

图 1.4 MWNT 和 SCF 的质量分数对多组分增强的 PPS 复合材料的模量（a）和抗拉强度（b）的影响

1.2.1.3.2 形貌

光学显微镜在宏观上证实了 MWNT 团聚体有很好的分散性。当 MWNT/PPS 复合材料导电时[7]，SEM 的电荷对比成像（CCI）技术是在纳米尺度下观察 MWNT 分散性的通用工具。图 1.5(a) 是质量分数为 3%的 MWNT/PPS 复合材料的图像，从中可以看出 MWNT 分布均匀。SEM 断面图像［图 1.5（b）］证实 MWNT 分布均匀，并清楚地表明其相对于 SCF 差异的大小。尽管有高的固有机械强度和刚度，在断口图像中显示的包裹的 MWNT 和无拉伸方向取向，是 PPS 复合材料中 MWNT 能够改良力学性能的一种原因。

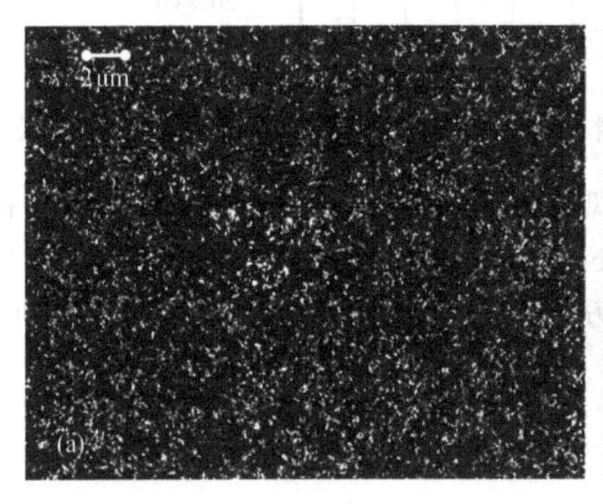

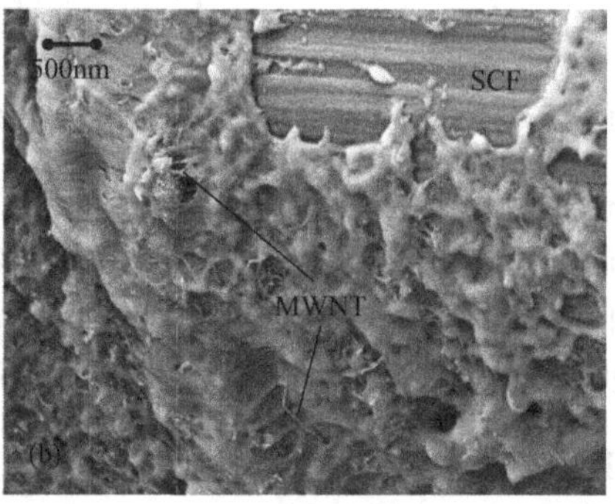

图 1.5 质量分数为 3%的 MWNT/PPS 复合材料电荷对比成像（a）与质量分数为 3%的 MWNT/10% SCF/PPS 复合材料断面（b）的 SEM 图

1.2.1.3.3 电性能

图 1.6 是只填充一种 MWNT 或 SCF 或 Gr 的 PPS 复合材料的填料含量与体积电导率的函数关系。相应的填料体积含量可以通过填料质量含量与各自材料的密度

(PPS=1.35g/cm³, SCF=1.8g/cm³, MWNT=1.75g/cm³, Gr=1.6g/cm³) 来计算。与 SCF/PPS 相比，MWNT/PPS 复合材料的电导率较高，渗透阈值 (V_{th}) 的质量分数要低得多 ($V_{th,MWNT}=1.8\%$，$V_{th,SCF}=6.4\%$)。后者的最高值是由 Gr/PPS 复合材料 ($V_{th,Gr}>15\%$) 测量得来的。MWNT 和 SCF 的组合会导致体积电导率出现协同效应，因为电通路系统是重叠的。单一填充 MWNT/PPS 和 SCF/PPS 复合材料的性能，可通过 McLachlan 的有效介质理论（GEM）很好地描述[8]。

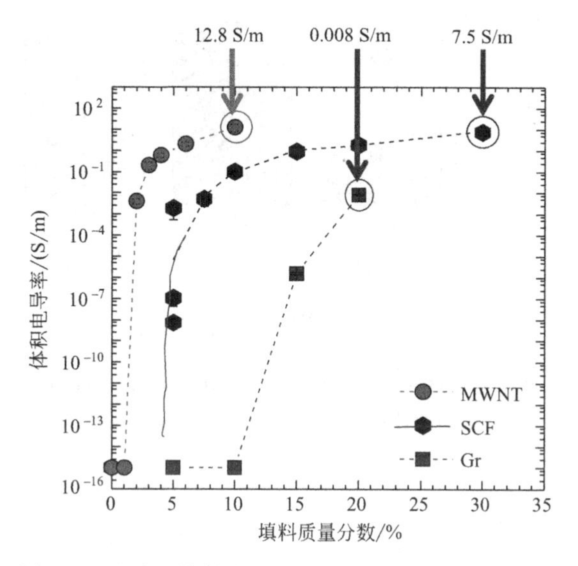

图 1.6 取决于填料含量的 MWNT、SCF 或 Gr/PPS 复合材料的体积电导率

1.2.1.3.4 摩擦性能

对于摩擦磨损试验，用 3MPa 的压力和 2m/s 的滑动速度，来评估各自复合材料的耐磨性。根据文献 [9] 介绍的方法，试验在平行、反平行和垂直于注射方向进行（图 1.7）。

显然，单一的 MWNT 和 Gr 对摩擦性能只有微不足道的影响，而 SCFs 才起决定性作用。它们大幅降低了磨损率，这意味着耐磨性明显改善。质量分数分别为 3% MWNT、10% Gr、10% SCF 的多组分 PPS 复合材料有最佳性能。最有利的方向是平行方向（即由 2 种方法所测量的最低的磨损、最低的摩擦和最低的接触温度）。

综上，图 1.8 用蛛网图展示了各自的性能值。由图中可以看出，MWNT、SCF 和 Gr 多组分填料的组合，能带来最优的整体性能，特别是电性能和摩擦性能。根据这项新发现，可以通过使用优化的填料组合，来提高 PPS 复合材料的整体性能，也就是说，多组分填料比单一填料体系要更有利于提高复合材料的整体性能。

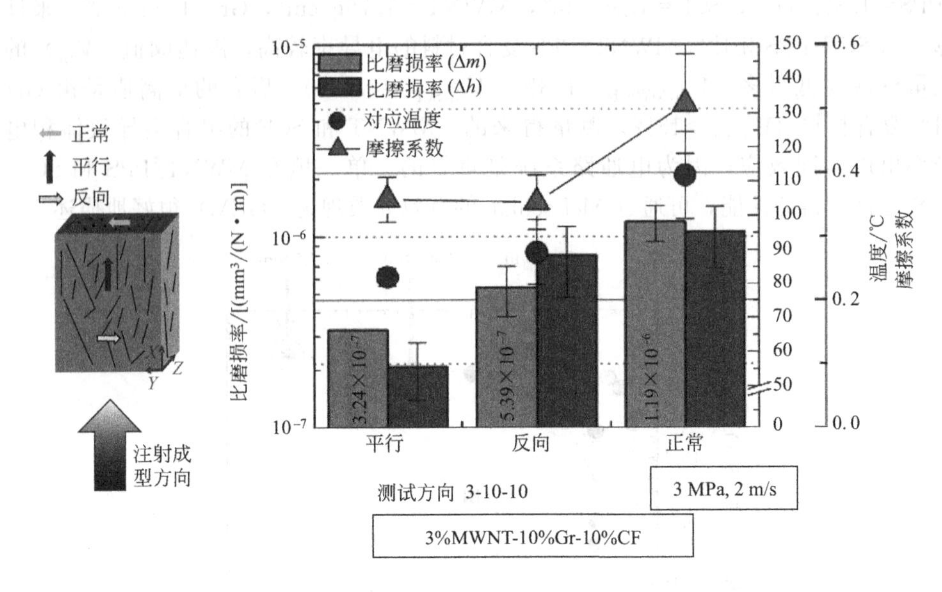

图 1.7 最佳复合材料（质量分数：3%MWNT-10%Gr-10%SCF）对比钢的比磨损率、对应温度和摩擦系数

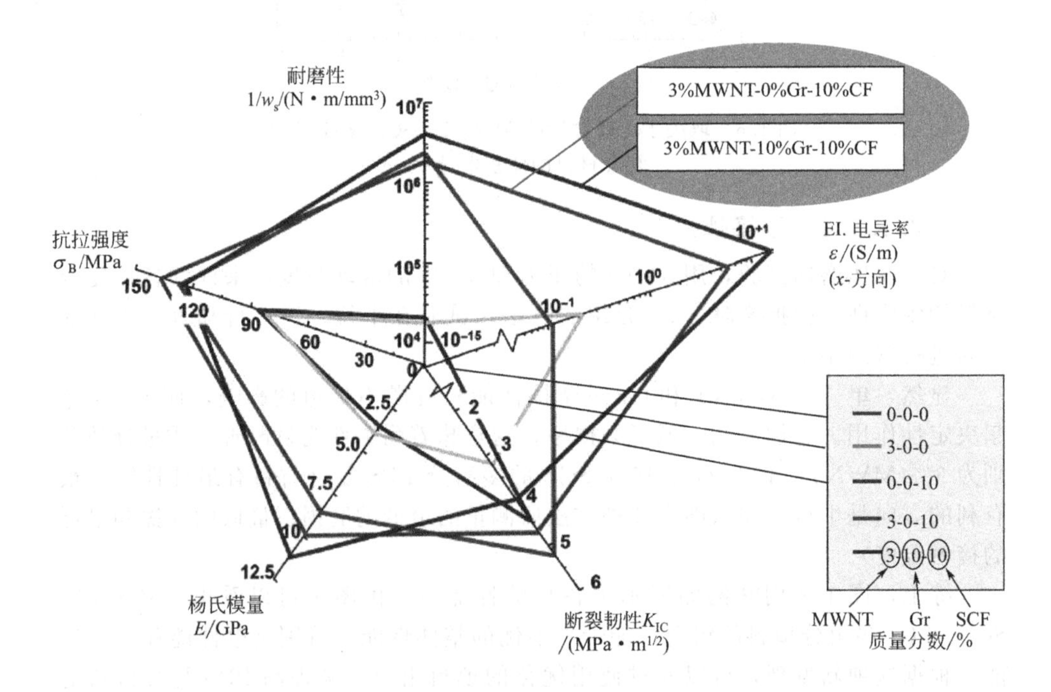

图 1.8 比较 PPS 复合材料的力学性能和功能值

研究结果表明，MWNTs是实现导电性最有效的填充物，而SCFs有利于提高力学和摩擦性能，Gr也可很好地改善摩擦性能。填充多组分填料的复合材料能获得最优的整体性能。

1.2.2 层间增强的轻量化玻纤增强聚合物结构

1.2.2.1 目标

环氧树脂（EP）作为黏合剂、涂料和封装化合物得到了大家的普遍认可，但其主要用途是作为基体，来生产增强复合材料。然而它的脆性限制了它的广泛应用。过去也进行了一些研究，以提高环氧树脂复合材料的韧性，其中最成功的例子是用橡胶粒子改性聚合物基体[10]。

树脂传递模塑（RTM）是制造纤维增强复合材料的最重要的技术之一。在过去的十年中它经历了一个新的高潮，由于其具备相对较低的成本，因此在生产大面积的、具有良好工艺性能的复合材料领域有良好的应用。一个典型的例子就是汽车底盘的生产，只有一个零件，没有紧固件（图 1.9）[11]。

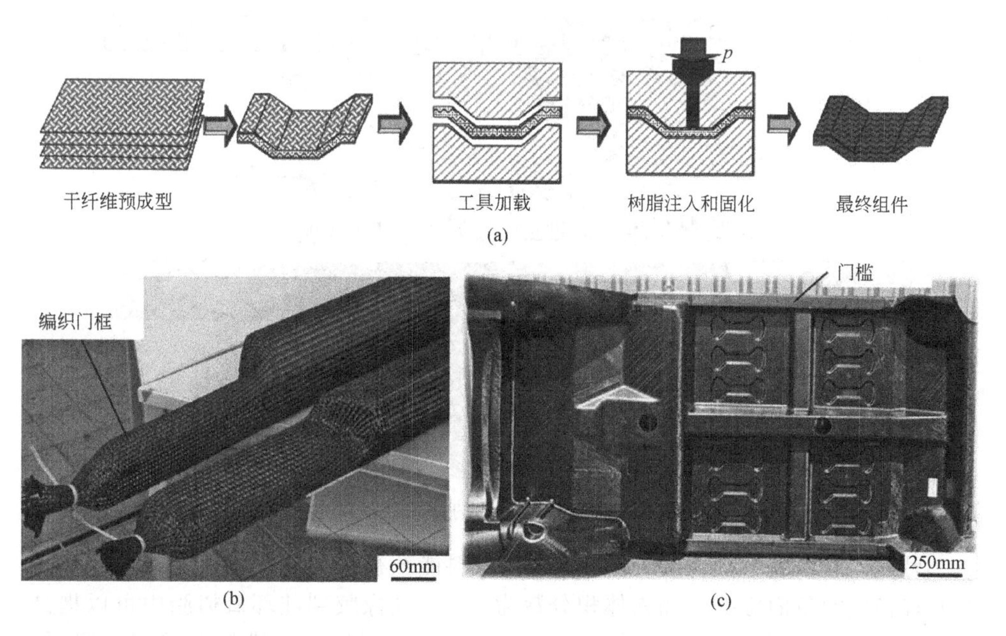

图 1.9 RTM过程（a）、由重碳纤维束和泡沫芯组成的编织门框（b）和最终RTM生产具有高侧撞阻力的汽车底盘（c）

陶瓷纳米颗粒可以添加或不添加橡胶相，能同时增加EP的韧性和模量，并能用RTM法生产玻璃纤维或碳纤维织物增强复合材料。本章将详细介绍这个新方法。

1.2.2.2 实验

在项目的第一阶段，使用两种纳米陶瓷二氧化硅（SiO_2）和氧化锆（ZrO_2）来改性纯的EP。此外，在EP中单独添加微米级硅橡胶（SR）颗粒来进行对照，或是作为第二种混合填料。采用溶解技术，通过有计划地改变填料含量得到纳米复合材料和复合改性EP系列[12]。

确定改性EP的流动性和固化过程，以决定它们是否适宜由RTM加工。对得到的样品进行深入的定性和定量表征，以明确每种填料对聚合物性能的影响。

1.2.2.3 结果和讨论

图1.10展示了纳米和微米颗粒在环氧树脂基体中的分散性。可以看出，纳米颗粒赋予EP更好的力学性能，包括模量和韧性。仅用体积分数为8%的纳米二氧化硅作为填料，就可以同时提高环氧树脂基体的拉伸模量30%和韧性50%以上。由含氧化锆的纳米复合材料也可得到类似的性能。相对于纯的EP，用体积分数为8%的氧化锆改性的环氧树脂的拉伸模量和韧性分别提高了36%和45%。

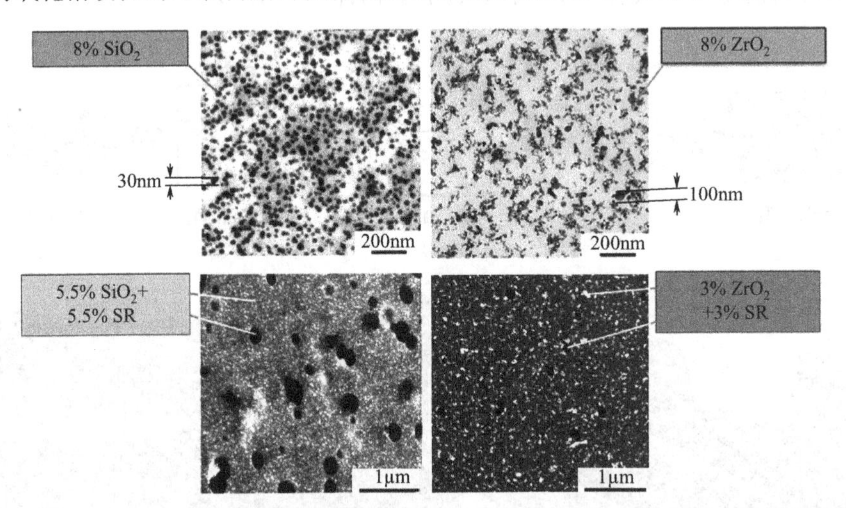

图1.10 纳米、微米颗粒在环氧树脂基体中的分散性（图中百分数皆为体积分数）

另外，硅橡胶中加入EP和纳米复合材料能获得极强的韧性，但在模量和强度上有轻微的负面影响。加入体积分数为3%的硅橡胶到纯环氧树脂中可以提高韧性约1.5～2.5倍，但它也意味着5%～10%范围的拉伸模量和强度的降低。然而，在EP中同时加入恰当比例的纳米SiO_2和微米硅橡胶，会得到比EP断裂韧性提高3倍和模量提高20%以上的复合环氧树脂（图1.11）。

为了确定这些改善原因的结构机理，我们进行了广泛的研究。在机械加载和断裂过程中，每种类型的填充物都诱导特定的能量耗散机制，这与它们的性质、形态及其与环氧树脂基体的结合密切度相关。当把纳米SiO_2和微米硅橡胶都加入环氧树脂

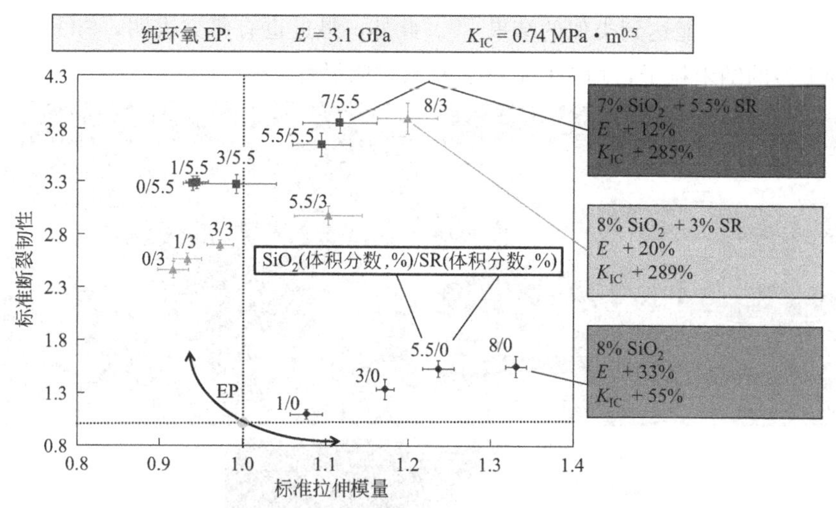

图 1.11 纳米 SiO_2和微米硅橡胶对拉伸弹性模量和断裂韧性（相对于纯环氧树脂）的影响

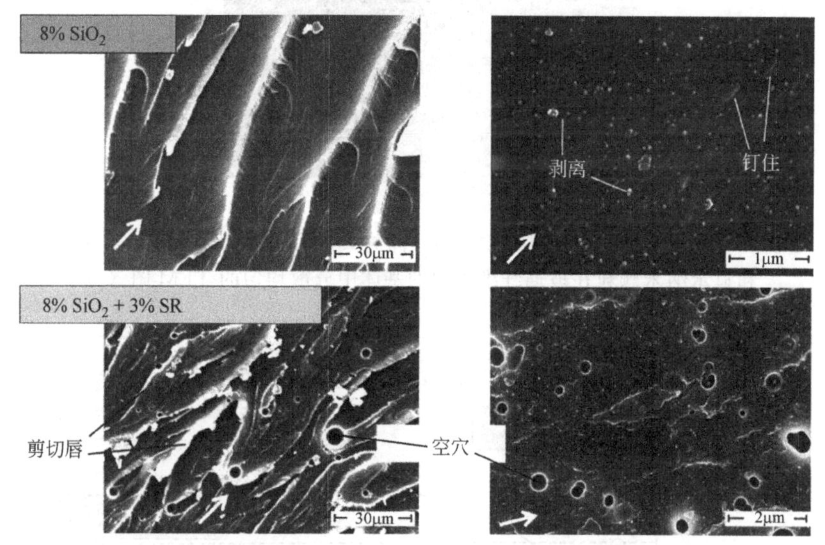

图 1.12 纳米 SiO_2和微米硅橡胶对断口表面形貌的影响

（白色箭头为裂纹扩展方向）（图中百分数皆为体积分数）

中后，相应的能量释放机制产生叠加，为基体提供了一种独特的平衡性能（图 1.12）。

在由改性的基体生产玻璃纤维增强 RTM 板的研究中，我们对所获得的复合材料的结构进行了微观分析，以确定其浸渍质量。在所有实验情况下，复合材料都没有结构缺陷（即空洞、分层），都达到了良好的表面光洁度（图 1.13）。对该复合材料进行了适当的表征，如预期的那样，玻璃纤维增强复合材料（GFRCs）的最终性能由基体的性质来决定。实际上，在环氧树脂基体中粒子改性所达到的增强效果也通过 GFRCs 的宏观性能体现出来。与同样无改性的复合材料相比，改性复合材料获得了增强达 15％的强度和提高 50％的层间断裂韧性（图 1.14）。由 ZrO_2 和硅橡胶改性的 EP 也能达到类似的结果[13]。此外，最近也有研究表明，SiO_2 和 ZrO_2 这两种类型的纳米粒子，均能提高复合材料的阻燃性[14,15]。

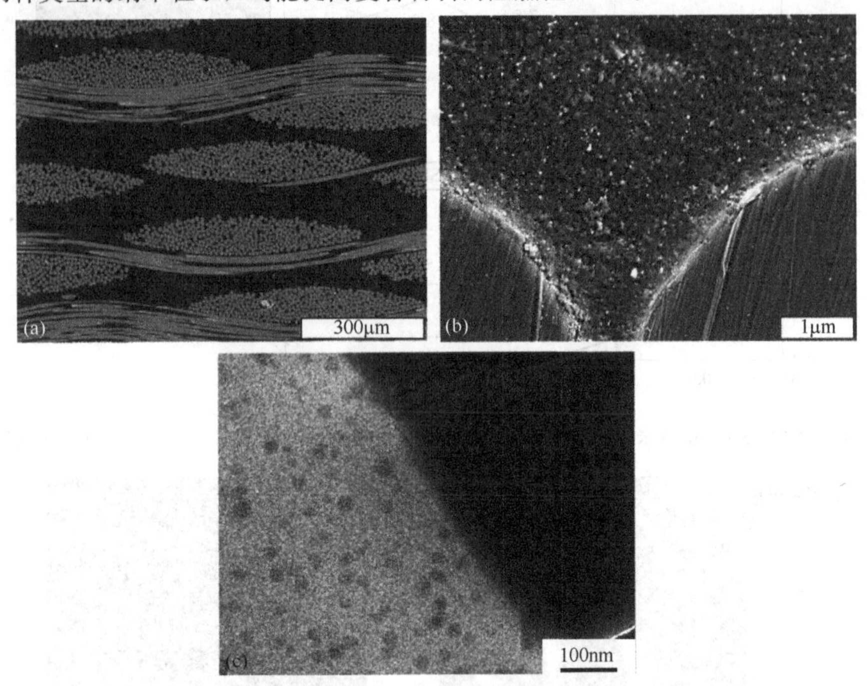

图 1.13　浸渍良好的玻璃纤维织物 (a)、高放大倍数的两纤维间的基体区域 (b) 和显示纳米颗粒在玻璃纤维周围的基体中分散均匀的 TEM 图 (c)

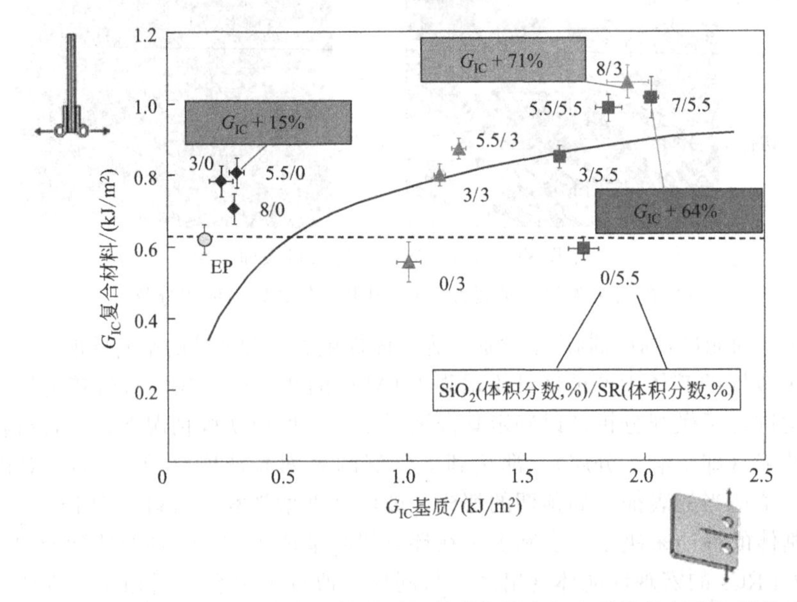

图 1.14　玻璃纤维织物增强复合材料的层间断裂能量和相应基体的断裂能量的比较

1.2.3 陶瓷微珠在耐磨、低摩器件用热塑性复合材料中的应用

1.2.3.1 目标

目前，聚合物基复合材料正越来越多地用于耐摩擦产品方面，如密封件、齿轮、轴承，以提供替代金属部件的轻质产品。聚合物复合材料通过采用特殊填料来改进其性能，使其在摩擦学应用中大受欢迎[16]。例如，短碳纤维（SCFs）通常用于增加聚合物系统的刚度和强度，聚四氟乙烯（PTFE）或石墨用于减少粘连和形成对应材料表面的减摩滑动膜（图 1.15）。

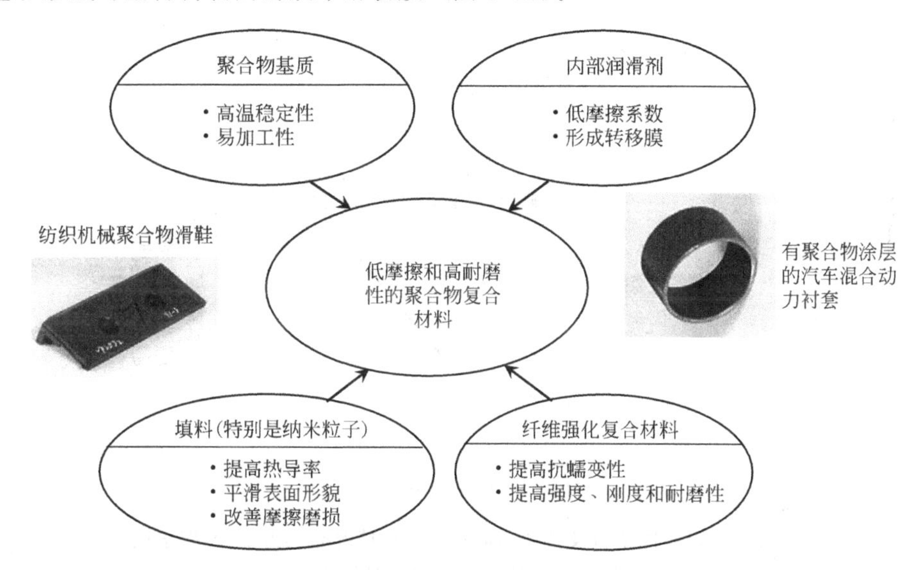

图 1.15 低摩擦和高耐磨抗滑性的聚合物复合材料的设计和应用实例

最新的研究表明，许多精细的填料，如纳米颗粒，可实现传统填料不能轻易达到的特殊效果[17,18]。然而，由于其大比表面积和高黏附力，纳米颗粒通常不是作为单独的颗粒而是以团块或聚集体的形式存在的。为了实现理想的材料性能，必须分开这些团块，使其在聚合物基体中以单个颗粒形式分散开（图 1.16）。

本节研究的目的是展示如何将各种尺寸的球形陶瓷微珠成功地加入热塑性基体中，以制备高性能聚合物基摩擦材料。图 1.17 说明了这一加工步骤对成本和摩擦学性能的影响。

本节研究的重点是在双螺杆挤出过程中，各步骤对粒子分布和相关热学和力学性能的影响。由于篇幅有限，这里只列举聚酰胺 66（PA66）和 PEEK 与特定混合物取得的成果，对整个研究的全面总结可在文献［19］中看到。在本章的最后，列举了几个基体的例子，来说明这些基体与纳米复合材料共混，形成了各种

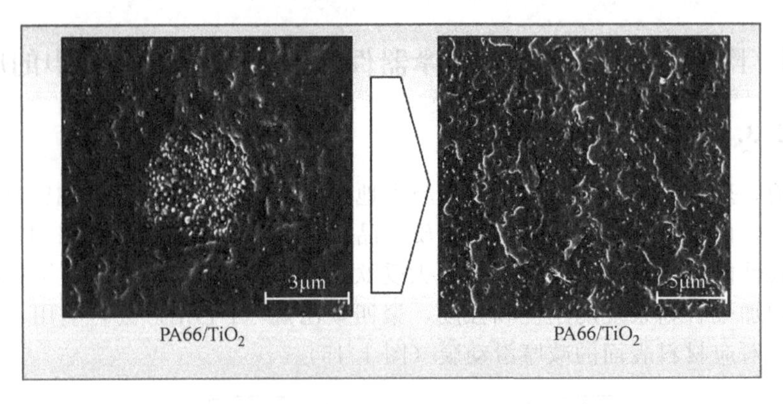

图 1.16 团聚 TiO_2 颗粒（左）到分散体（右）的转变

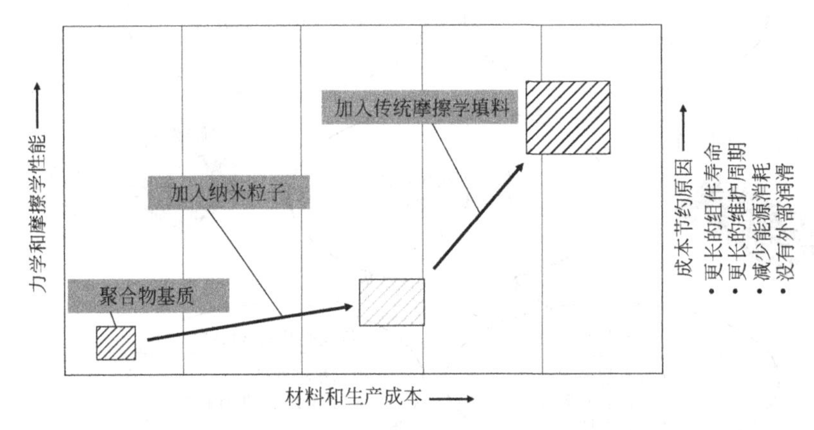

图 1.17 加入不同填料及其产品成本的增加情况与其力学/摩擦学性能的提高及其他成本节约情况的比较

摩擦材料并得到了实际应用。

1.2.3.2 实验

本研究中使用的聚醚醚酮（PEEK，450G，Victrex Europa GmbH，Hofheim，Germany）是市售的热塑性材料。PA66，商品号 Schulamid 6MV 14，由 A. Schulmann GmbH，Kerpen，Germany 获得。纳米填料（金红石型二氧化钛，TiO_2，RM 300，Sachtleben Chemie GmbH）也可以买到，以粉末状的形式存在，初级粒子的平均尺寸为 15nm。颗粒的表面已使用多元醇官能化，其平均比表面积约为 $100m^2/g$。除了这些纳米颗粒外，还对较大的 TiO_2 颗粒（300nm，2220，Kronos Worldwide Inc.）进行了对比研究。粒子体积分数的变化在 0～9%。

纳米粒子通过一个由 10 个加热圈分段加热的同向双螺杆挤出机（ZE25x44，Berstorff GmbH）掺入 PEEK 基体中。干燥后的聚合物颗粒经高精度计重称量机（K-tron GmbH）后，通过料斗进入机筒。

纳米颗粒经一个适用于极细粉末的，有特殊螺楞形状的重力加料机引入主漏斗。双螺杆挤出机的加工区一般有加料机、塑化、熔体输送、填料的加入、分散混合区、脱气、分布混合区、真空脱气、压力的产生、复合物的输出几个部分。

在这个项目中，物料采用多次挤压法。在挤压的第一步，加入约7%（体积分数）的 TiO_2 母料。每一步挤出过程之后，复合物在水浴中固化，用造粒机切碎。然后，生产的一段料利用连续分布的螺旋装置进行第二次挤压。同样，分散的二段料在最后进行稀释，由低剪切装置进行第三次挤出，以使纳米颗粒分散均匀。图1.18说明了挤出过程的原理。

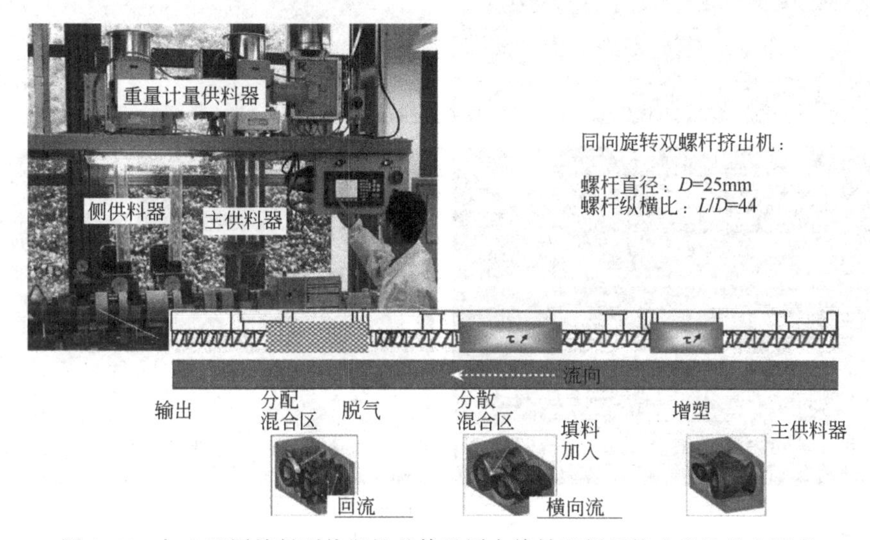

图1.18 加入不同填料到热塑性基体及同向旋转双螺杆挤出机的基本要素

根据 DIN EN ISO 527-2，在环境温度23℃和5mm/min的拉伸速度下，通过万能试验机（Zwick 1485，Zwick GmbH）1A型试样的静态拉伸试验，研究了纳米复合材料的力学性能。在静态条件、0.05%～0.25%的应变下，最大拉伸模量确定为试件模量。另外，根据 DIN EN ISO 179，用摆锤式冲击试验机（CEAST GmbH）和尺寸为80mm×10mm×4mm及A型缺口的Ⅰ型矩形试样，分析了冲击能量（冲击韧性）。轴承之间的距离为62mm，试样在2.9m/s的冲击速度和4J的冲击能量下进行测试。用 SEM（VP40，Carl Zeiss AG）研究了抛光和裂隙试样的表面形貌。

1.2.3.3 结果与讨论

1.2.3.3.1 团聚体的分散

图1.19（a）和（c）描述了第二次挤压后 PA66/TiO_2（15nm，体积分数7%）和 PEEK/TiO_2（15nm，体积分数7%）的正常和分散的母料的抛光部分。由于多次挤压，

可以清晰看到团聚体得以高度地解聚。而为了证明大白点只是剩下的团块，以及材料中存在大量尺寸在50～100nm的单颗粒或团块，图1.19（b）和（d）为高倍率的SEM图片。

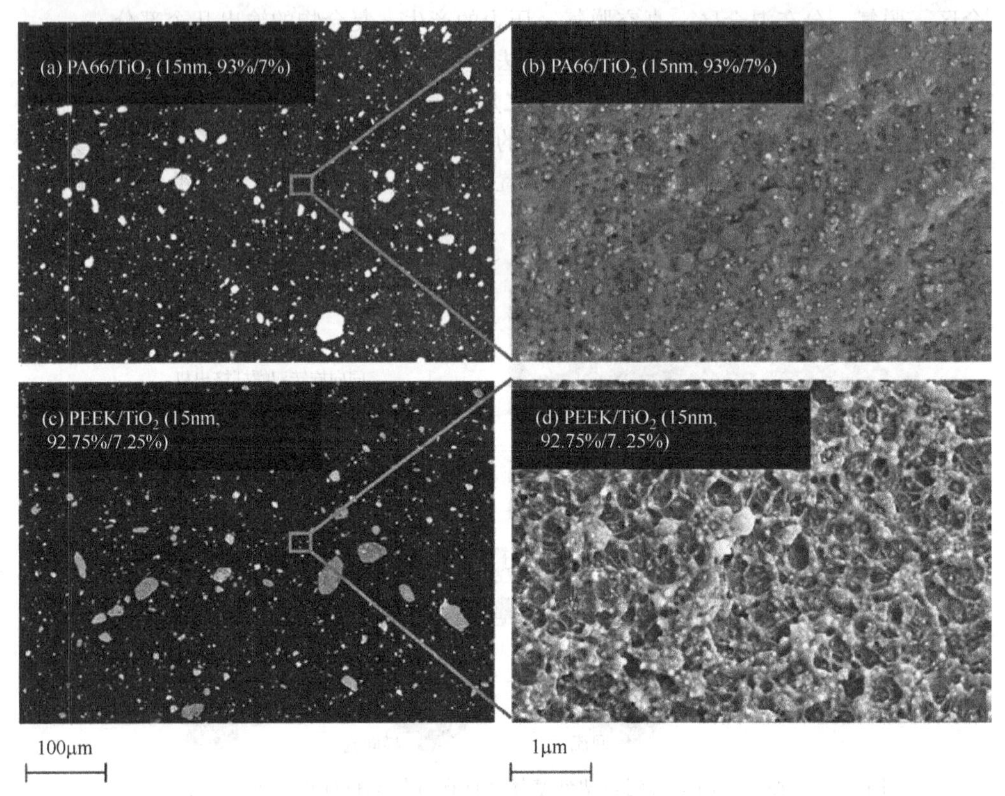

图1.19 PA66和PEEK复合材料挤压后［（a）、（c）低倍率］和宏观脆性断裂后［（b）、（d）高倍率］的SEM图

后者显示出较好的分散性，15nm的TiO_2颗粒（白点）是很小的聚集体

透射电子显微镜（TEM）能看到材料的横截面，也可看到类似的分散质量。从图1.20中可以看到300nm和15nm的颗粒在两个不同的热塑性基体中分散良好。

对于前面提到的团聚情况，在挤出机中由中性啮合块在熔化区将团聚体分散开。如果将中性啮合块改为输送啮合块，能产生更好的解聚效果。这是由于经过这部分加工区后，有一定量剩余的未熔颗粒，有助于进一步破坏更多的团聚。这其实也能通过使用Sigma软件[20,21]模拟加工区长度的熔融行为来确定。

1.2.3.3.2 拉伸和冲击性能

图1.21描述了纳米颗粒增强的PEEK的准静态拉伸模量。正如所见，模量是颗粒含量的函数。填充度越高，含TiO_2粒子体系的拉伸模量越高。15nm颗粒填充的纳米复合材料表现出比300nm颗粒填充更高的模量。用体积分数为

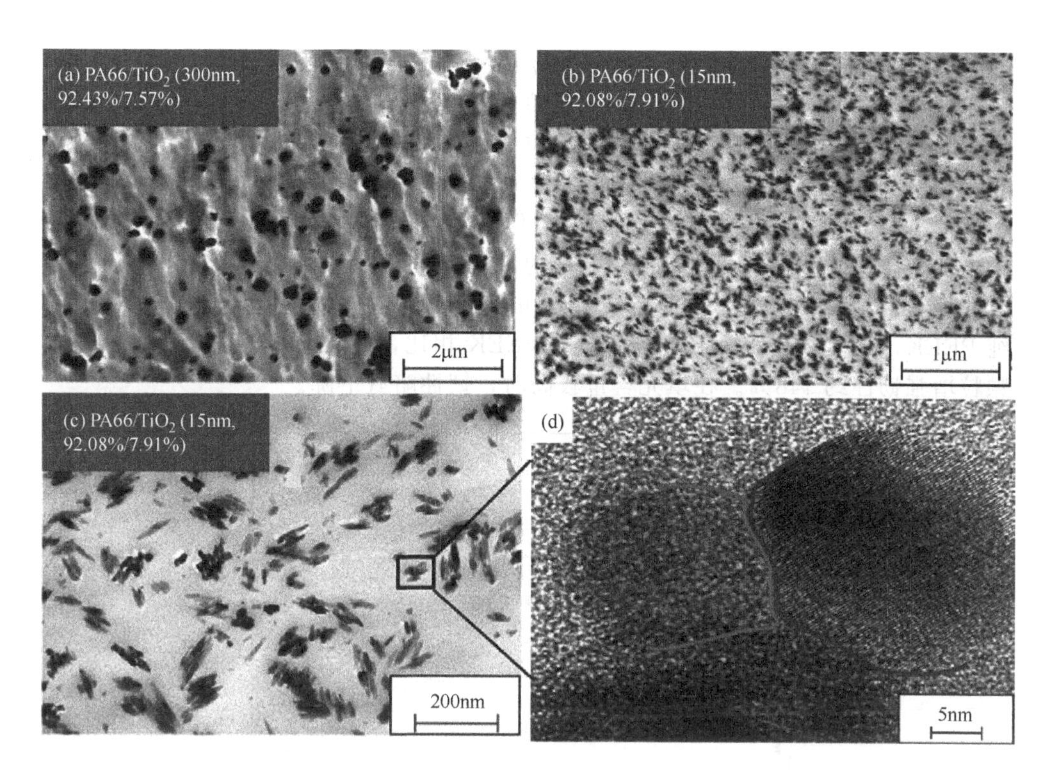

图 1.20 含约 7%的 TiO_2 不同尺寸纳米颗粒的 PA66 复合材料的 TEM 图（图中百分数皆为体积分数）

(a) 原直径 300nm；(b) 原直径 15nm；(c) [高于 (b) 的放大倍数] 中的小聚集体由 15nm 颗粒组成，在生产过程 (d) 中烧结在一起。在熔融剪切过程中不能再进一步解聚

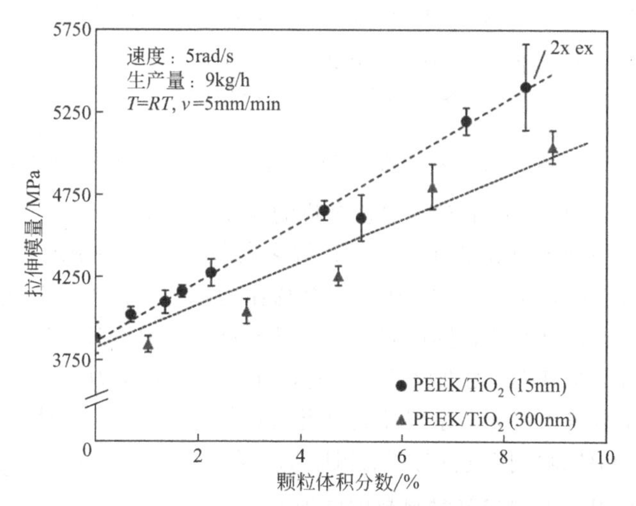

图 1.21 颗粒含量和尺寸对 PEEK/TiO_2 纳米复合材料拉伸模量的影响

●15nm 颗粒；▲300nm 颗粒

8.4%的15nm颗粒填充的纳米复合材料的弹性模量比纯PEEK基体高39%，而体积分数为8.9%的300nm颗粒的只提高约30%的模量。15nm颗粒填充的填料体积分数为8.4%的PEEK复合材料的拉伸强度，从纯PEEK的86MPa增加为115MPa，而300nm颗粒的拉伸强度却略有下降。

图1.22描述了PA66复合材料的标准冲击韧性。在低填充含量时，其值急剧增加，但最终下降到只略高于纯基体的值。在PEEK基体中，15nm颗粒在较低的填料含量时，韧性大幅提高，而300nm颗粒的填料在相同含量时，相对于纯PEEK，韧性略有下降。与未填充的PEEK相比，体积分数为2.2%的15nm颗粒增强韧性约148%。在填充含量较高时，韧性略有下降。

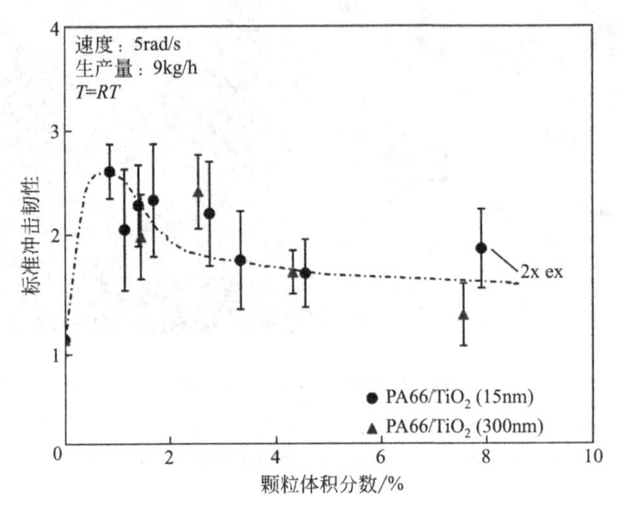

图1.22 具有不同颗粒含量和尺寸的PA66/TiO_2纳米复合材料的标准冲击韧性（纯PA66的韧性：3.03kJ/mm^2）

●15nm颗粒；▲300nm颗粒

1.2.3.3.3 纳米改性聚合物作为复合材料基体在各种摩擦中的应用

1.2.3.3.3.1 纳米粒子对摩擦复合物的作用

为了充分发挥纳米颗粒的作用，最近许多科技工作者系统地研究了传统填料的作用，其结果总结在文献[22]中。聚合物作为基体，例如环氧树脂、PA66和聚醚酰亚胺。短碳纤维和两种固体润滑剂，以及石墨和PTFE，作为传统的摩擦填料。此外，还有纳米TiO_2无机粒子。首先，在1MPa的压力和1m/s的滑动速度下，用滑块试验装置来研究一系列环氧树脂基复合材料的摩擦学性能。结果表现出纳米TiO_2粒子和传统摩擦填料对环氧树脂基复合材料的耐磨性的协同效应。纳米颗粒与传统填料填充的混合复合材料的磨损率明显低于只有纳米TiO_2或传统填料填充的复合材料之间的线性插值。此外，纳米颗粒的加入可以进一步降低传统摩擦填料填充的环氧树脂复合材料的摩擦系数和磨损率，特别是在极端滑动条件下。

在环氧树脂复合材料中检测到的磨损协同作用，也在进一步的热塑性复合材料的研究中呈现，例如 PA66 基体中。这种聚合物只含有传统填料，例如作为基准物的体积分数为 5%的石墨和 15%的 SCF。在之前为评估一系列的环氧基复合材料的磨损性能的工作基础上，选择了最佳的传统填料的组合。体积分数为 5%的纳米 TiO_2 颗粒在这里作为额外的填充物[20]。实验发现，纤维增强热塑性复合材料的摩擦系数由于纳米 TiO_2 的添加而显著降低，在所有测试条件下，摩擦系数下降与接触温度的下降有关。此外，复合材料的磨损阻力通过纳米粒子的加入得到提高，特别是在高的接触压力和高的滑动速度下。在 2MPa 和 1m/s 下，有和无纳米颗粒的两种 PA66 复合材料的摩擦系数和接触温度随时间变化的函数的典型曲线如图 1.23 (a) 所示。在开始磨合阶段，材料的滑动性能相似。然而，约 1h 后，纳米复合材料的摩擦系数明显下降。有纳米颗粒的复合材料的表面变得比无纳米颗粒的更平滑［图 1.23 (b)］，但磨损率由 $5.76\times10^{-6}mm^3/(N\cdot m)$ 降低到 $3.35\times10^{-6}mm^3/(N\cdot m)$。

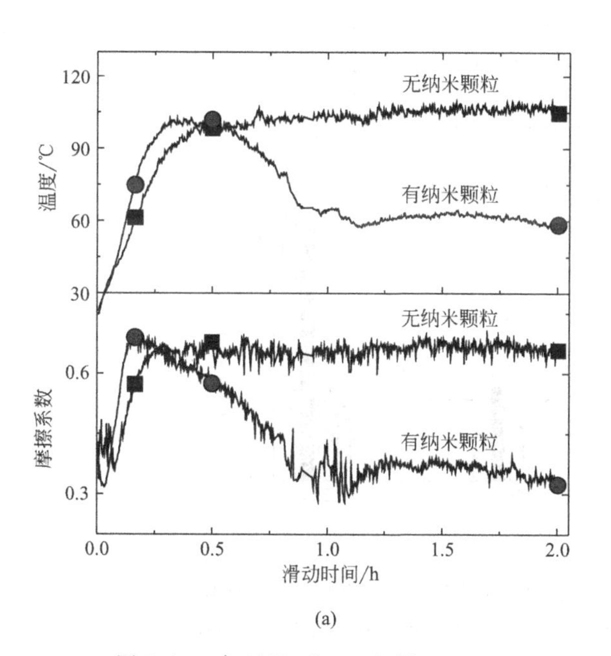

(a)

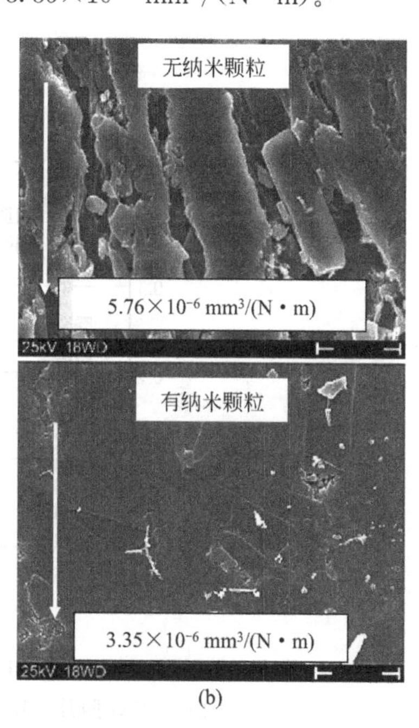

(b)

图 1.23 在 2MPa 和 1m/s 下 10min、30min、120min 试验，有和无纳米颗粒的两种 PA66 复合材料的滑动过程 (a) 及无和有纳米颗粒的两种 PA66 复合材料 2h 后的磨损表面 (b)

1.2.3.3.3.2 柴油喷油泵的复合衬套

PA66 复合材料关于纳米和微米填料粒子的协同效应的类似结论，也适用于热塑性 PEEK 体系。纳米颗粒的加入导致在室温测试条件下的磨损和较低摩擦系数等性能的改善，并且这种趋势在高温下、在光滑的钢上进行滑动测试时也得以延续。这使得这些化合物作为钢底上的薄涂层，用于汽车发动机零件上的复合衬套（图1.24）。新型纳米粒子改性PEEK复合材料具有较低的摩擦系数和较小的比磨损率，特别是在高温下（达到225℃）[23,24]。

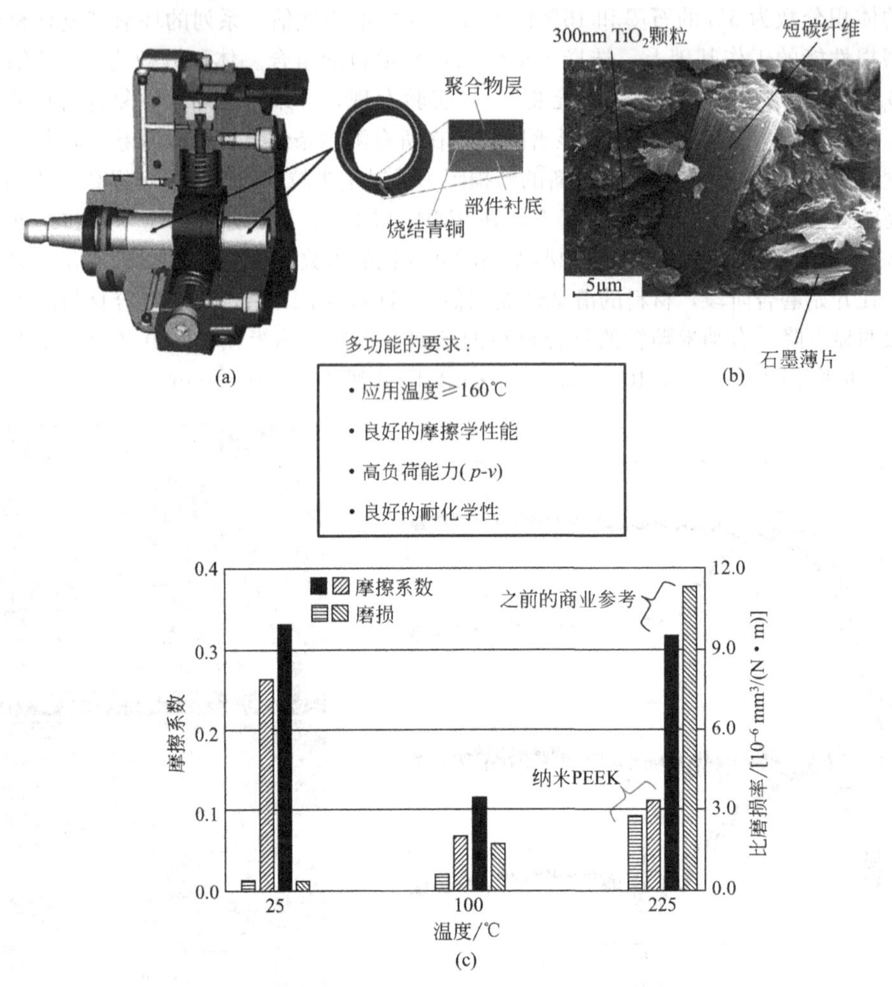

图1.24　柴油机喷油泵和相应的复合衬套示意图（a），套管的聚合物层的断裂表面的SEM照片（b），功能要求的描述以及新材料与现有的商业参考的比磨损率和摩擦系数（CoF）的比较（c）

1.2.4　轻量化复合材料器件的耐腐蚀性研究

1.2.4.1　目标

固体颗粒侵蚀是一个动态的过程，它会由于固体颗粒的快速移动冲击，导致材料从目标表面去除。这个过程带来了负面的结果，如部件磨损、表面粗糙、表面降解、宏观上外观及结构功能的降低。在很多条件下可能遭受固体颗粒侵蚀，如在石油炼制中携砂浆管道、直升机旋翼叶片、泵叶轮叶片、高速车辆和在沙漠环境中运行的飞机，在上述情形中聚合物复合材料有着更多的应用（图 1.25）。因此，研究聚合物工程材料在各种工况条件下的固体颗粒冲蚀磨损性能已成为当务之急。然而，相比金属材料，聚合物复合材料呈现出相当差的抗蚀性，而且聚合物复合材料的冲蚀磨损率通常高于未增强的聚合物基体[25]。

图 1.25 各种应用中固体颗粒的侵蚀

(a) 沙漠中的汽车；(b) 风力机叶片

来源：(a) bullrun. com；(b) ©David Joyner/Istockphoto. com.

在聚合物及其复合材料的固体颗粒侵蚀过程中，许多参数，如纤维和填料的类型、颗粒和纤维含量、纤维取向、纤维长度、碰撞角度、碰撞速度、磨料流量、侵蚀的大小及纤维与基体之间的界面黏结，对腐蚀行为有很强的影响[26-28]。

本研究的目的是评估单向碳纤维增强 PEEK 复合材料，在不同冲击条件下的固体颗粒侵蚀行为，硬质颗粒为侵蚀剂。此外，对纯聚合物在可比的侵蚀条件下进行研究，看后者是否可以在未来作为可能的保护涂层使用，以防止刚性增强复合材料产生较大的侵蚀。

1.2.4.2 实验

本研究考察的复合材料是 ICI 的 Fiberite Division (Tempe, Arizona, USA) 开发的 CF/PEEK 体系，用来生产具有良好耐磨性能的复合气瓶[29,30]。复合材料由体积分数为 60%的 AS4 CFs 和热塑性塑料 PEEK 基体组成，名为 Fiberite XC-2。

附加涂层由 CMC Klebetechnik (Frankenthal, Germany) 提供[31]。目前使用以下类型：300μm 厚的热塑性聚氨酯 [TPU，63630 型，邵氏硬度 A (ASTM D2240：92)]；200μm 厚的 PEEK (72110 型)。除了这些薄片，测试了大量的高密度聚乙烯 (HDPE)(Albis Plastic) 来进行比较。

冲蚀磨损试验是在喷砂设备上进行的，磨料颗粒为角钢磨料或角砂磨料，由压缩空气驱动和加速[32]。所有样品都是在室温条件在冲蚀磨损室中磨损，其中一直径为20mm的固定圆形区域，在不同的时间段暴露于磨料。还测定了粒子撞击暴露表面的质量流量（作为测试时间的函数）。最后，通过精密天平（AT261 Mettler Toledo，sensibility 50μG）测量样品磨蚀后的质量损失，用来计算侵蚀率[33]。

为揭示CFs取向对复合材料的冲蚀磨损行为的影响，测试了CF垂直、平行和45°倾斜的复合板（图1.26）。冲击角度（冲击角）被定义为喷嘴和样品表面之间的角度，它从15°～90°，每步变化15°。复合板的磨损表面用SEM（JSM-6300，Tokyo，Japan）观察。

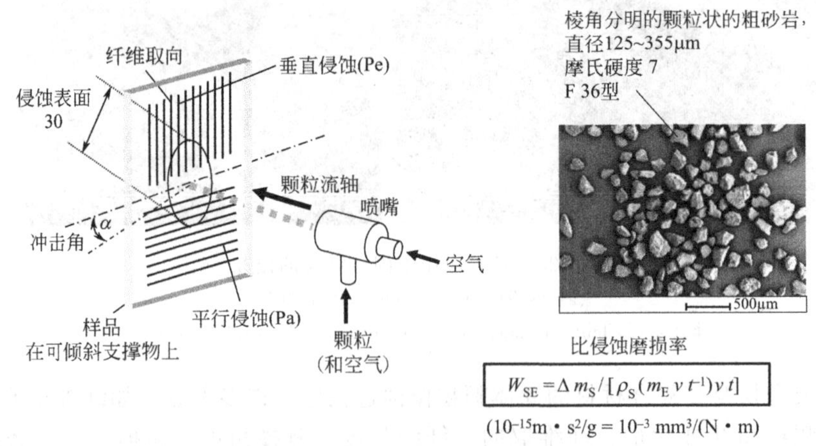

图1.26 冲击角和纤维取向图[34][使用一种侵蚀性颗粒，比侵蚀磨损率W_{SE}的方程（Δm_s=样品质量损失；m_E=使用磨料质量）][35]

1.2.4.3 结果和讨论

1.2.4.3.1 CF/PEEK的侵蚀

使用角钢磨料的单向碳纤维增强的PEEK复合材料的平均侵蚀率，作为冲击角度的函数来表征磨损情况，实验结果如图1.27所示。从图中可以看出，一方面，复合材料的侵蚀率随冲击角度的增大而增大。最大侵蚀速率发生在45°～60°的冲击角，这表明PEEK复合材料有较好的混合韧性/脆性抗侵蚀磨损性能[36]。对于PEEK基体，Arjula等人[37]的研究结果表明，侵蚀磨损过程中韧性侵蚀占主要地位，当纤维（CFs，GFs等）加入PEEK基体后，转为半韧性侵蚀模式[25,38]。同时，半韧性的侵蚀模式也在以其他聚合物为基体的复合材料中发现[39-41]。另一方面，CF取向对复合材料的抗侵蚀磨损性能也会产生影响，CFs平行方向的复合材料能更好地抗侵蚀[33]。但是，由于纤维取向的影响比较大，冲击角度的影响可以忽略不计。

CF/PEEK的侵蚀速率作为冲击角度的函数，类似的趋势也出现在砂磨料中。但是，由于不同的速度和质量流率，侵蚀速率的绝对值是不同的。因此本章稍后将描述一个更好的比较数据的方式。

在砂侵蚀下分析其磨损机制，原则上，在纤维取向和冲击角的影响下，侵蚀表面上会看到钢磨料时的类似特征，表面上能看到韧性基体的无数断裂纤维碎片和一些痕迹[35]。

1.2.4.3.2 聚合物薄膜的侵蚀

热塑性薄膜胶合在硬质基底（在这里为光滑的 CF/PEEK 复合板）的表面经历的固体颗粒侵蚀率如图 1.28 所示。测试条件与在 160m/s 用砂侵蚀 CF/PEEK 时是相同的，明显测定出两种聚合物涂层比 CF/PEEK 复合物有更高的磨损值，曲线的最大值发生在 30°，为典型的韧性侵蚀行为。TPU 薄膜在大部分冲击角度下比 PEEK 薄膜约好 2 倍。在测试条件（200g 磨料，时长约 35min）下，在 90°冲击角，测得的两聚合物的侵蚀速率几乎为零，尽管在这种情况下薄膜表面有可见的损坏。这意味着，潜伏期仍有效（尤其是 TPU）或刚过（PEEK）。在此期间，聚合物表面受粒子的影响而损坏，由此一些颗粒保持在聚合物中并引起了一些质量增加，抵消了聚合物由于其同时经历塑性变形和破损的质量损失。

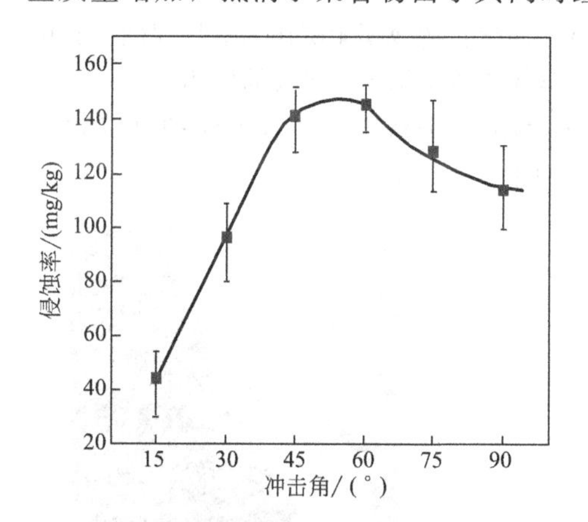

图 1.27 CF/PEEK 的平均侵蚀率与冲击角的函数

侵蚀：角钢磨料；速度：25.3m/s；流量：746.7g/min；侵蚀时间：3min[35]

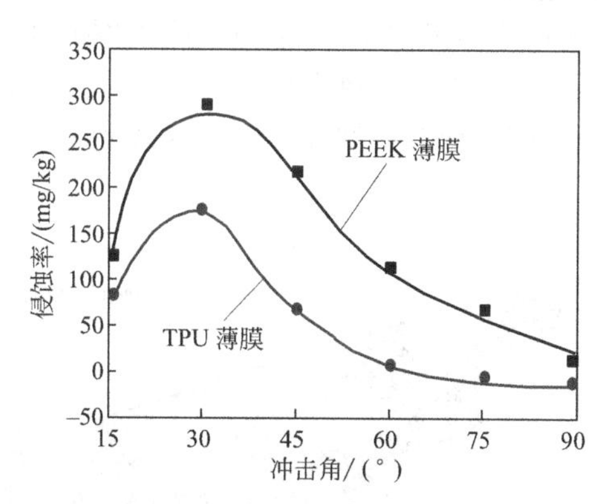

图 1.28 PEEK 和 TPU 薄膜的侵蚀率与冲击角的函数

侵蚀：角砂磨料；速度：160m/s；流量：5.7g/min；使用磨料质量：200g

1.2.4.3.3 在 W_{SE} 的基础上的磨损数据的对比

CF/PEEK 复合材料和聚合物薄膜侵蚀速率的差异不是建立在一个比较公平的对比上，因为没有考虑真正的测试条件（使用磨料的流量和质量）。在使用特定的侵蚀磨损率方程后，如图 1.26 所示，明显地发现，CF/PEEK 与两聚合物材料相比，材料去除量更高。甚至可以区分为两个完全不同的区域（图 1.29）。作为冲击角度的函数，在 W_{SE} 值上限范围，CF/PEEK 数据成组，而在约低一个数量级的 W_{SE} 范围，可以看到纯聚合物薄膜的损失情况。

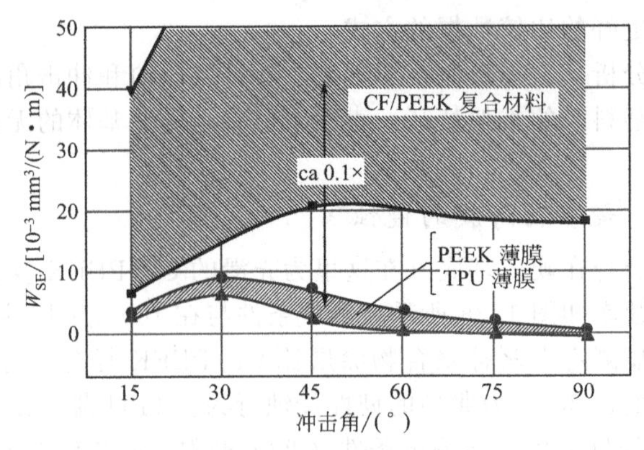

图 1.29　CF/PEEK 复合材料（在不同条件下测试）和纯聚合物的比侵蚀磨损率 W_{SE} 与冲击角的关系

1.2.4.3.4　优选一种耐侵蚀混合结构

这意味着在同时需要耐侵蚀磨损性能和高的结构性能的情况下，混合结构似乎是最好的解决方案。复合材料考虑了其刚度和强度，而聚合物薄膜涂层作为牺牲表面，有更好的耐侵蚀磨损性。后者可以随时更换以防止基体承重结构产生更大的损坏。

事实上，在风电转子叶片[42,43] 上，这不是一个新概念，这种保护可以防止底层的玻璃纤维增强环氧结构的严重损伤（图 1.30）。

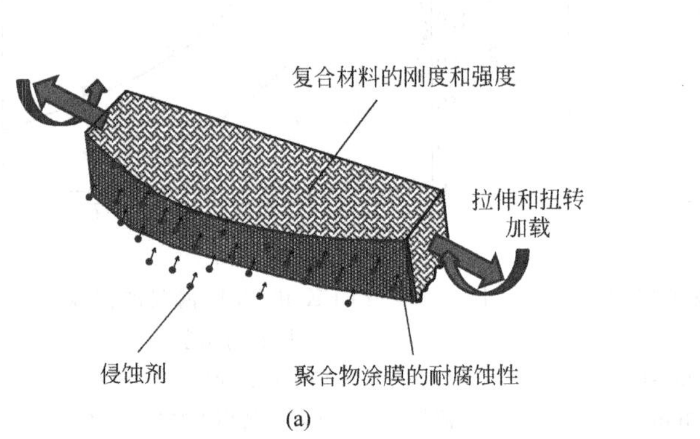

图 1.30　一种多功能复合材料结构示意图（a）和由玻璃纤维增强聚合物复合材料制成的风电转子叶片的前缘（虚线）处的聚合物带部分（b）

1.2.5　内燃机活塞裙用耐高温聚合物涂层

1.2.5.1　目标

汽车的内燃机活塞是在有油润滑下，由对铸铁缸有反作用的铝活塞做成的。

为了减少摩擦，防止活塞与气缸之间划伤，特别是在冷启动或油润滑不足的情况下，活塞裙两边有薄的聚合物涂层[44]（图 1.31）。聚合物涂层需要具备各种功能，特别是耐高温（250℃）、良好的附着铝基板、优异的摩擦学性能、良好的化学稳定性和低固化温度（如果可能，低于 220℃，以防止活塞基材料的热变形）。以前的研究表明，聚酰亚胺（PAI）是这种涂料的很好的选择，尤其是在充满各种添加剂和增强剂时。然而，PAI 树脂的制备需要使用特殊的溶剂，限制了它的大量使用（图 1.32）。

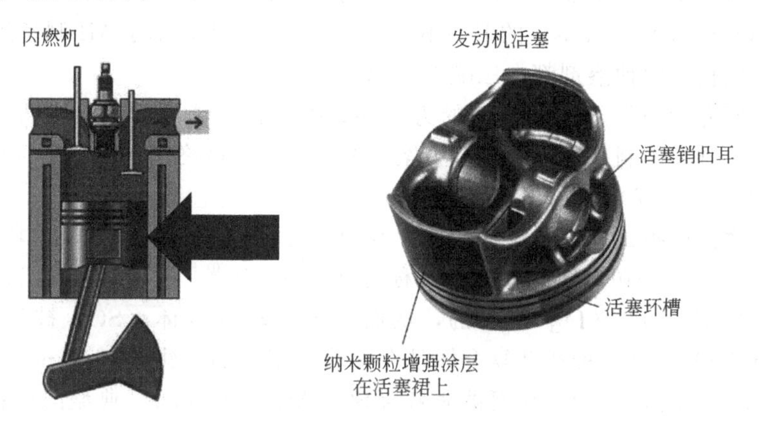

图 1.31　用于汽车发动机的铝活塞表面的聚合物涂层（Kolbenschmidt GmbH，Neckarsulm，DE；Patent：DE 10 2004 033 968 A1 2006.02.09）

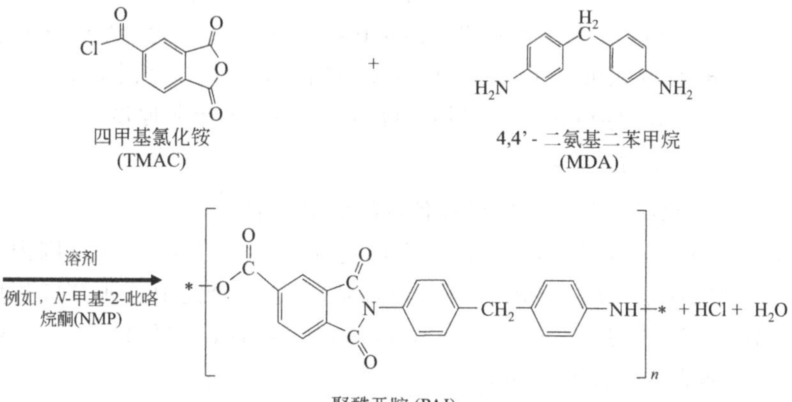

四甲基氯化铵 (TMAC) + 4,4'-二氨基二苯甲烷 (MDA)

溶剂：例如，*N*-甲基-2-吡咯烷酮(NMP)

$\rightarrow$ PAI $+ HCl + H_2O$

聚酰亚胺 (PAI)

图 1.32　生产 PAI 树脂的简化化学反应

标准溶剂 *N*-甲基-2-吡咯烷酮（NMP）对人体有很大害处，根据 1272/2008 号法规（EC），它被列为有毒物质。为了避免使用有毒或破坏环境的物质，这个项目的目标是寻找一种无毒的替代溶剂。此外，需要开发出新的填料，与新溶剂有完美的溶解度，且所得 PAI 树脂有高的分解温度和良好的力学性能。

1.2.5.2 实验

1.2.5.2.1 样品制备

当前最新的NMP的替代溶剂是N-甲基咪唑（MI）。MI是一种无毒的材料，属于叔胺组。MI为芳香结构，主要用作各种化学过程的溶剂[45] 或作为EP和聚氨酯的固化催化剂。

在本研究中，对工业上（I）生产的基于NMP（Rhodefthal 200 ES，Huntsmann Advanced Materials）的PAI树脂与在实验室（L）基于MI制备的PAI树脂进行了比较。两种溶剂都由三酰氯（TC）制造[46-50]。

为了研究后固化条件对PAI的力学和摩擦磨损性能的影响，本研究用几种不同的固化方案来制造样品，这些方案主要的不同是最终的退火温度（分别为在215℃、240℃或270℃下1h）不一样。

对于摩擦磨损试验，本研究使用了两种滑动复合体。一个是从德国KS Kolbenschmidt工业公司购买的，商标名称为NanofriKS®[51]。它是用标准的NMP基树脂［NMP_TC（I）］制备的，从而这个滑动复合体（SC）被称为SC_NMP_TC（I）。另一种滑动复合体是在实验室制造的，建立于NanofriKS的原始配方，但基于溶剂MI，从而被命名为SC_MI_TC（L）。典型的填料为研磨的SCFs、石墨片（12～20μm）和亚微米级的TiO_2和ZnS颗粒（直径在200～300nm）。

滑动复合体应用于铝基板上（AlCu4MgSi，材料编号3.1325），尺寸为80mm×20mm×5mm。涂层使用Testing Instruments Inc的ZAA 2300自动涂膜机涂覆，以这种方式可以实现涂层的反复应用。对于每一个滑动系统，有六个铝基板涂层，用64.01μm的涂层刀具，得到约20μm的干膜厚度。

1.2.5.2.2 测试方法

热重分析（TGA）用来确定样本各自的分解范围。

此外，动态力学分析（DMA）用来确定在0～375℃的温度范围内，固化PAI样本的储能模量（E'）和阻尼因子（$\tan\delta$）。这些研究中，纯PAI树脂样品为薄膜的形式，尺寸约4mm×12mm×0.3mm。样品以10Hz的频率加载张力，振幅20μm，加热速度为3℃/min。

摩擦磨损试验以常用的10N的力、1m/s的速度、4h的时间，在环板（POR）滑动磨损试验机上进行（图1.33）。所有实验均在室温无润滑条件下进行（约22℃）。实验使用了表面粗糙度Ra约0.2～0.3μm的INA Schaeffler KG的反身针轴承钢100Cr6环。

比磨损率w_s由磨损体积ΔV、滑动距离L和正常负载F_N计算得到：

$$w_s=\frac{\Delta V}{LF_N}$$

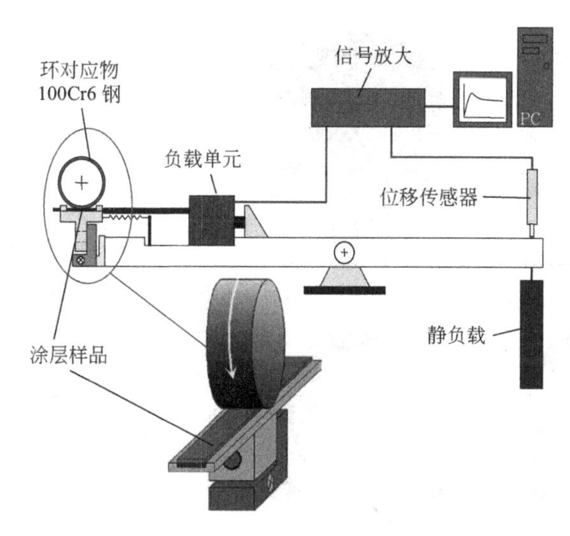

图 1.33 环板（POR）滑动磨损试验装置示意图

1.2.5.3 结果和讨论

1.2.5.3.1 溶解和分解

从生产的角度来看，溶解 PAI 粉末的时间是非常重要的。PAI 溶解得越快，PAI 制剂的成本就越低。为了表征 PAI 粉末（Solvay Chemicals，TMAC-Route）在相同比例的混合溶剂中的溶解速度，在实验室按照如下比例制备了 PAI 树脂：PAI 质量分数约 21%，溶剂质量分数约 79%。为加快溶解过程，PAI 溶剂混合物放置于 70℃的烘箱中。然后对溶解过程进行定性评价：5min 后，溶剂 NMP 和 MI 都几乎完全溶解了 PAI 粉末 Torlon 4000T-LV。20min 后，详细地记录下来总溶解度（图 1.34）。

由于在发动机运转过程中，固化的 PAI 涂层必须保持 250℃的温度，因此涂层的分解温度必须远高于这个水平。在 TGA 曲线上，有两个明显的峰值，其中第一个峰（250～300℃）是由于在后固化过程，进一步缩聚导致的水分的损失和溶剂（如 HCl、H_2O）的蒸发。第二个峰表明在 380～410℃的范围内 PAI 树脂开始分解（图 1.35）。

1.2.5.3.2 弹性模量和与基体的结合力

在 DMA 测试中，对材料的弹性模量与测试温度的关系进行了分析。对比三种不同退火温度，MI 基 PAI 体系的模量值都明显高于 NMP 基体系的。为了进行比较，将测试温度为 30℃的测量值绘制在图 1.36 中。此外，在最低的后固化条件下发现了 MI 基涂层弹性模量的最高值。这是在涂层服役过程中防止活塞变形的一个优势。

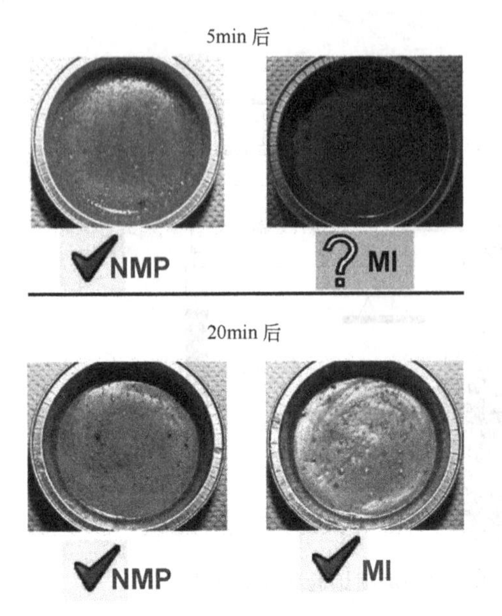

图 1.34　在 NMP 和 MI 溶剂中不同时间下 PAI 的溶解度有明显的不同

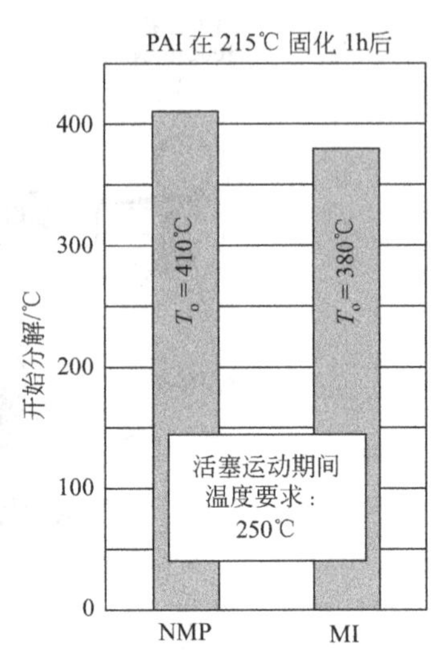

图 1.35　不同溶剂作用后的 PAI 的分解温度

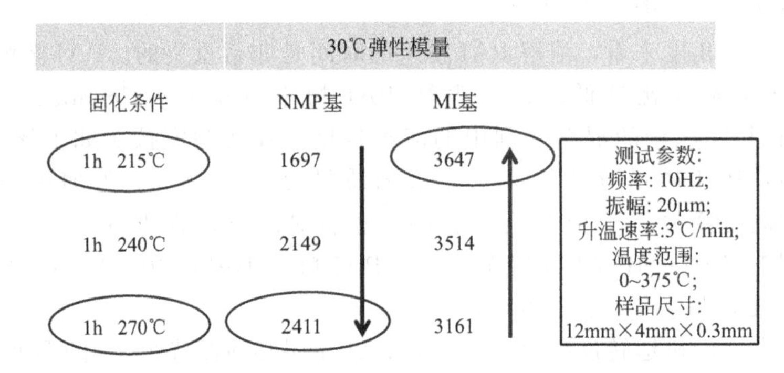

固化条件	NMP基	MI基
	30℃弹性模量	
1h 215℃	1697	3647
1h 240℃	2149	3514
1h 270℃	2411	3161

图 1.36　NMP 基和 MI 基系统弹性模量 E'随固化条件的变化

关于 PAI 涂层（不附加增强）对金属基板的黏合强度，随着后固化温度的增加，复合体系 NMP _ TC（I）的强度也增加。实验室生产的 MI _ TC（L）体系，在较低的退火温度（215℃）下能更好地黏附在铝上（图 1.37）。根据标准 DIN EN ISO 2409 检测，在温度 215℃、240℃和 270℃，相应的黏结强度的值对于目前工业涂层为 2、2 和 1，实验室涂层为 2、2 和 3。

1.2.5.3.3　摩擦学性能

在不同的温度下固化后，本研究所检测的复合材料表现出不同的摩擦学性能（图 1.38）。在 215℃，SC _ NMP _ TC（I）涂层体系具有最高的比磨损率。随

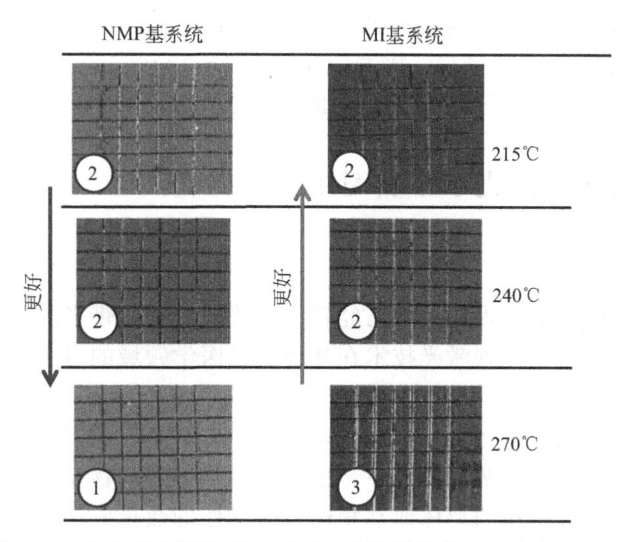

图 1.37 在热处理温度影响下对两种涂层的黏结强度定性的比较

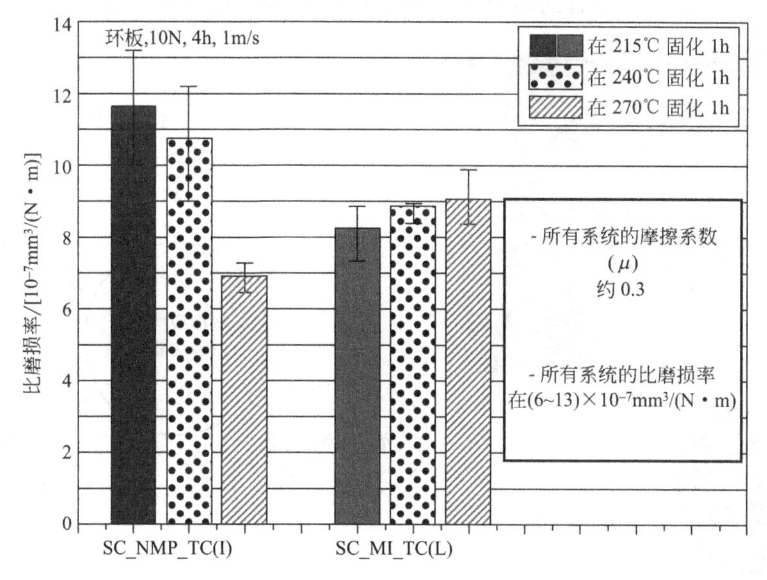

图 1.38 SC _ NMP _ TC（I）涂层体系与 SC _ MI _ TC（L）涂层体系在不同固化温度下比磨损率的比较

退火温度升高，比磨损率显著降低。而 SC _ MI _ TC（L）涂层体系表现出相反的特性。这意味着，耐磨性遵循与弹性模量和黏附性相同的倾向。这是由 PAI 在不同溶剂存在下固化行为的差异造成的。

总之，可以说新的溶剂（MI）导致 PAI 有良好的溶解度和足够的涂层热稳定性，以及在 215℃后固化温度下有完全的弹性和黏附性能，因此在涂层和固化过程中发生的铝活塞的涂层翘曲问题是可以预防的。两种系统都具有优异的摩擦学性能［摩擦系数在0.3左右；比磨损率在（6～13）$\times 10^{-7}$ $mm^3/(N \cdot m)$范围］，当后固化温度为215℃时，新溶剂的使用能带来更佳的耐磨性。

1.2.6 喉科医生激光手术实习用模型材料

1.2.6.1 目标

最近几年在医学上，内镜手术已经越来越普遍，它所带来的手术创伤及住院时间都明显减少。二氧化碳激光技术在耳鼻喉科医学领域的引进，彻底改变了喉部外科领域的现状[52]。

目前，在这一领域实习的外科医生，是在一个有经验的同事的密切监督下进行学习使用该技术的。在某些情况下，也会使用尸体或动物模型。因此，学习的效果与在教学机构或可用的尸体或动物模型下操作的数量成正比。为了减少尸体或动物模型的数量，值得大力发展能够精确模拟激光手术的实习用的人工材料，得以使学员在不伤害患者的情况下提高他们的手术技巧（图1.39）。

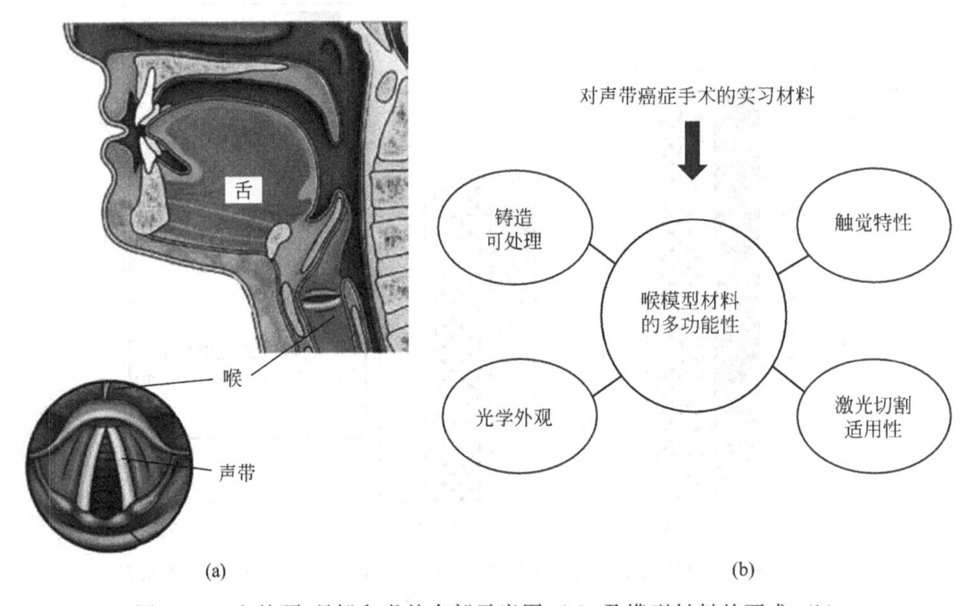

图1.39 人的颈-咽部和喉的内部示意图（a）及模型材料的要求（b）

为了尽可能地模仿真实的喉部，开发的实习用模型应符合如下要求：第一，它应该完全没有道德问题；第二，它能用激光手术进行干预；第三，为了真实地模拟人体组织，要求材料具有逼真的触觉。触觉（材料表面的感觉）需要达到，被指导的医生具有与在实际情况下使用外科手术器械相同的接触的感觉。与触觉同样重要的是材料的激光切割行为，即材料在激光产生的高温下具有与人体组织类似的反应。要做到这一点，材料需要具有类似于人体组织的实际上近70%的高水含量。

1.2.6.2 实验及结果

1.2.6.2.1 模型材料的制备

明胶作为一种合适的基体材料，能够满足上述条件。它由UD Chemie GmbH（Wörrstadt，Germany）供应，Bloom值为300。材料由生猪皮胶原获得。

由于人的组织具有一定程度的各向异性，需要考虑明胶的纤维增强。黏胶短纤维丝（$\phi=12\mu m$，$L=2mm$）由STW Heinrich Kautzmann GmbH（Schenkenzell，Germany）供应。添加剂是甘油和聚乙二醇（PEG 400）(VWR International GmbH，Darmstadt，Germany)。这些多元醇增加了明胶的凝胶强度，而且它们也有防腐剂的作用。明胶的保存是很重要的，因为它是一种天然物质，会相对迅速地被细菌污染、被真菌攻击。为达到逼真的着色效果，可加入钛白粉、食用染料（胭脂红）。混合物中最大的组分是60%（质量分数）的蒸馏水。

然而，由于该混合物中有大量的水，亲水性纤维会有膨胀倾向，这阻碍了复合物的混合以及铸造工艺的实施，为此需要对纤维进行疏水处理。疏水剂*N*-(2-氨基乙基)-3-油包水微乳液，与纤维在微碱性水溶液中反应，来制备疏水性纤维。搅拌混合近2h，分离出纤维，然后在烘箱中60℃干燥。

通过在混合物中加入少量的交联剂，完成材料的最终处理。试剂戊二醛是明胶的固化剂，因为它能以化学键连接蛋白链的游离氨基。此外，通过添加硅烷，含有末端氨基的纤维，也能发生交联。因为交联后的材料在一定程度上形成了一个三维网络，导致混合物凝固。由阿基米德原理测量明胶材料的密度，得到的值为（1.09 ± 0.05）g/cm^3。

模型的制造：在70℃下高速搅拌，混合所有成分。45min后，热溶液浇铸入一个聚氯乙烯（PVC）制成的中空体。通过一个简单的浸渍过程，用一个代表人喉部实际形状的反（或负）形式的硅树脂反模具，实现喉模型的制造。为了生产这种反模具，需要先将高度清澈的液体硅橡胶倒入人类尸体的喉部，制造一个人体模型［图1.40(a)］。将这种负形式浸入温和的高度清澈的明胶混合物中，明胶固化后，形成喉模型［图1.40（b)］。材料冷却时，混合物会糊化，喉模型须在4℃冷藏24h。然后，硅树脂反模具即可分离，得到喉模型，适合在内镜下进行激光手术试验。为了保护喉模型，它必须包装在热塑性薄膜中，否则材料的湿度会在周围环境下变化，材料迅速脱水。

1.2.6.2.2 适用性试验

材料的物理和力学性能决定了喉模型在接近现实的情况下实习使用时的适用性。但遗憾的是，该材料特性不能以客观的方式与原人类喉组织比较。因此，为了筛选合适的模型材料，需要在手术室进行真实的手术器械和激光装置的实际测试。为此，本研究用同一类型的材料制造了一个简单的工件。该工件有一个环形

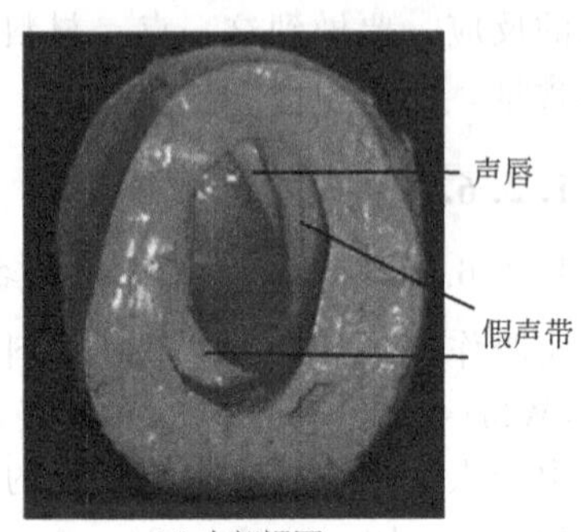

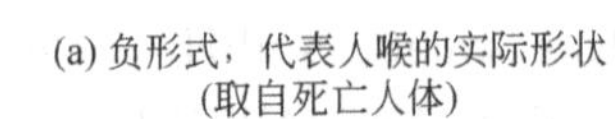
(a) 负形式，代表人喉的实际形状
(取自死亡人体)

(b) 喉模型
塑料PVC管保护

(c) 内部视图

图 1.40 用负形式（a）和 PVC 管生产人工喉（包括液体明胶混合物）(b)，以及浸渍，明胶复合物凝固，去除负形式后内部视图（看起来像一个真正的人的喉咙）(c)

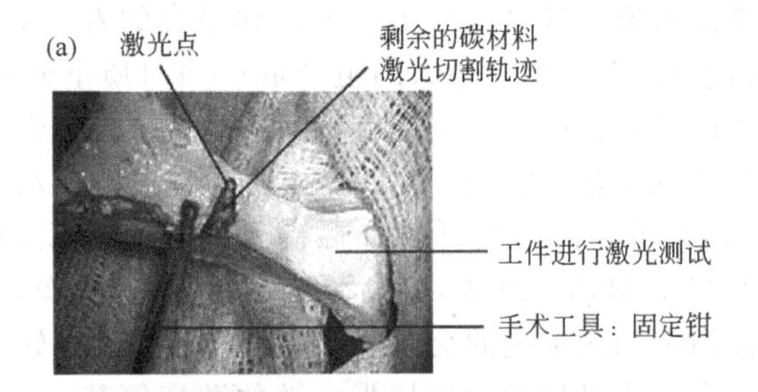

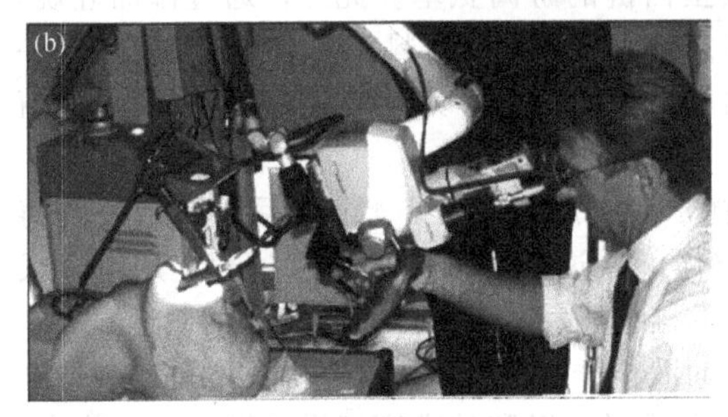

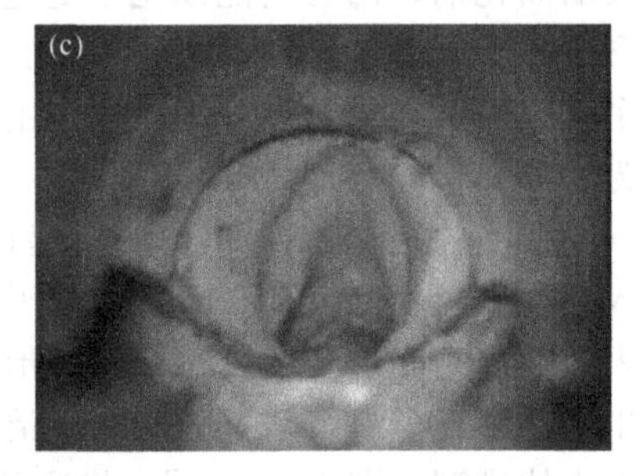

图 1.41 激光切割研究（a）、用内镜器械虚拟实训（b）和人工喉视图（c）

的几何结构，如图 1.41(a) 所示，它卡在手术台的紧固件上，以进一步研究激光切割的适用性。

首先，一个有经验的外科医生，用主观感觉测试材料的触觉。如果触觉符合要求，则用常用的固定钳，将喉样本材料（更换病变组织）进行固定、拉伸，然后用激光束切割。当材料的变化类似于人喉部组织（触觉和切割行为）时，则测试材料满足了最重要的要求。喉模型材料附加拉伸试验（根据 ISO 527-1 和 ISO 527-2，加载速率 50mm/min）表明，模型材料的平均应力-应变曲线在肌肉和皮肤伸展区之间（图 1.42）[53]。

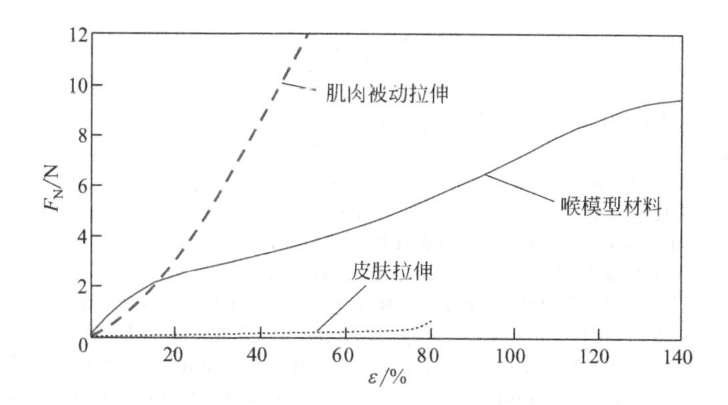

图 1.42 喉模型材料与各组织器官对应行为的力-应变曲线

事实上，在几次大会上已经成功地报道了本研究的喉模型，同时编写入德国医学院的课程中，以教育年轻的医学学生[54]。

1.3 结论

在几乎所有的应用中，使用的材料必须具备一定的多功能性。在许多情况下，实现一个轻量级的组件，低密度是很重要的，但同时材料必须足够强，使组件可以承受一定的机械负载。有的还要求具有其他功能特性，例如高的热和/或导电性，以防止组件积电或过热。此外，还有可加工成特定形状的要求。通常，聚合物复合材料可以达到多功能性的最佳组合。本章给出了几个例子，包括几个工程应用以及一个医疗应用。

致谢

感谢下列人士对这一章在图片和文字部分的贡献：Dr. Andreas Noll，Dr. Rosa Medina，Dr. Zdravka Rasheva，Dr. Nicole Knor，Dr. Xianqiang Pei，Assoc. Prof. Dr. Abdulhakim Almajid，Dr. Li Chang，Prof. Dr. Frank Haupert，Dr. Michael Harrass，Prof. Dr. Norbert Stasche 和他的团队，IVW 的技术人员和实验室工程师。更要感谢德国资助机构德国科学基金会（DFG）、德国联邦教育及研究部（BMBF）、亚历山大·冯·洪堡基金会、RLP 创新基金和史丹顿工业基金会。

参考文献

[1] http://www.soetelaboratory.ugent.be/03_a_ceramic.shtml.
[2] http://www.igus.co.uk/wpck/7768/xiros_F180_Leitfaehig.
[3] http://www.plasticsconverters.eu/markets/automotive.
[4] Gojny FH, Wichmann MHG, Köpke U, Fiedler B, Schulte K. Carbon nanotube-reinforced epoxy-composites: enhanced stiffness and fracture toughness at low nanotube content. Composites Sci Technol 2004;64:2363–71.
[5] Thostenson ET, Chou T-W. On the elastic properties of carbon nanotube-based composites: modelling and characterization. J Phys D Appl Phys 2003;36:573–82.
[6] Noll A, Friedrich K, Burkhart T, Breuer U. Effective multifunctionality of poly (*p*-phenylene sulfide) nanocomposites filled with different amounts of carbon nanotubes, graphite and short carbon fibers. Polym Composites 2013;34(9):1405–12.
[7] Noll A. Effektive Multifunktionalität von monomodal, bimodal und multimodal Kohlenstoff-Nanoröhren, Graphit und kurzen Kohlenstofffasern gefülltem Polyphenylensulfid, IVW Schriftenreihe, Band 98, 2012, Institut für Verbundwerkstoffe, TU Kaiserslautern, Kaiserslautern, Germany. ISBN 978-3-934930-94-0.
[8] McLachlan DS, Blaszkiewicz M, Newnham RE. Electrical resistivity of composites. J Am Ceramic Soc 1990;73:2187–203.
[9] Friedrich K, Chang L, Haupert F. Current and future applications of polymer composites in the field of tribology, Nikolais L, Meo M, Miletta E, editors. Composite materials. New York, NY: Springer; 2011. http://www.springer.com/materials/special+types/book/978-0-85729-165-3.
[10] Tsai J-L, Huang B-H, Cheng Y-L. Enhancing fracture toughness of glass/epoxy composites by using rubber particles together with silica nanoparticles. J Composite Mater 2009;43(25):3107–17.
[11] http://ec.europa.eu/research/transport/news/items/success_for_low_weight_auto_parts_project_en.htm.
[12] Medina R. Rubber Toughened and Nanoparticle Reinforced Epoxy Composites, IVW Schriftenreihe, Band 84, 2009, Institut für Verbundwerkstoffe, TU Kaiserslautern, Kaiserslautern, Germany. ISBN 3-934930-80-8.
[13] Medina R, Haupert F, Schlarb AK. Glass fiber reinforced composites (GFRCs) from toughened and nanomodified epoxy matrices. J Mater Sci 2008;43(9):3245–52.
[14] Erdem N, Cireli AA, Erdogan UH. Flame retardancy behaviors and structural properties of polypropylene/nano-SiO_2 composite textile filaments. J Appl Polym Sci 2009;111(4):2085–91.
[15] Mallakpour S, Zeraatpisheh F. Novel flame retardant zirconia-reinforced nanocomposites containing chlorinated poly(amide-imide): synthesis and morphology probe. J Exp Nanosci 2013. http://dx.doi.org/10.1080/17458080.2013.775711.
[16] Friedrich K, Zhang Z, Klein P. Wear of polymer composites, Stachowiak GW, editor. Wear-materials, mechanisms, practice, vol. II. Chichester, England: John Wiley & Sons; 2005. p. 269–90.
[17] Zhang MQ, Rong MZ, Friedrich K. Handbook of organic–inorganic hybrid materials and nanocomposites, Nalwa HS, editor. Nanocomposites, vol. 2. Los Angeles, CA: American Scientific Publ.; 2003. p. 113–50.
[18] Zhang Z, Breidt C, Chang L, Haupert F, Friedrich K. Enhancement of the wear resistance of epoxy: short carbon fibre, graphite, PTFE, and nano-TiO_2. Composites Part A 2004;35:1385–92.

[19] Knör N. Dissertation (in German), Influence of processing technology and material composition on structure–property relationships of thermoplastic nanocomposites, 2009, IVW-Schriftenreihe, Band 93, 2010, Institut für Verbundwcrkstoffe, TU Kaiserslautern, Kaiserslautern, Gcrmany, ISBN 3-934930-89-1.
[20] Friedrich K, Knör N, Almajid AA. Processing–structure–property relationships of thermoplastic nano-composites used in friction and wear applications. Mech Comp Mat 2012;48(2):179–92.
[21] Potente H, Bastian M, Flecke J. Design of a compounding extruder by means of the SIGMA simulation software. Adv Polym Technol 1999;18:147–70.
[22] Chang L, Friedrich K. Enhancement effect of nanoparticles on the sliding wear of short fiber-reinforced polymer composites: a critical discussion of wear mechanisms. Tribol Int 2010;43:2355–64.
[23] Haupert F, Xian G, Oster F, Walter R, Friedrich K. Tribological behavior of nanoparticle reinforced polymeric coatings. In: Proc. 14th int. colloquium tribology, Stuttgart, Germany; 2004. p. 5–11.
[24] Oster F, Haupert F, Friedrich K, Bickle W, Müller M. Tribologische Hochleistungsbeschichtungen aus neuartigen polyetheretherketon (PEEK)-compounds. Tribologie und Schmierungstechnik 2004;51(3):17–24.
[25] Sari NJ, Sinmazcelik T, Yilmaz T. Erosive wear studies of glass fiber- and carbon fiber reinforced polyetheretherketone composites at low particle speed. J Thermoplast Compos Mater 2011;24:333–50.
[26] Suresh A, Harsha AP, Ghosh MK. Solid particle erosion of unidirectional fiber reinforced thermoplastic composites. Wear 2009;267:1516–24.
[27] Tewari US, Harsha AP, Häger AM, Friedrich K. Solid particle erosion of unidirectional carbon fiber reinforced polyetheretherketone composites. Wear 2002;252:992–1000.
[28] Friedrich K. Erosive wear of polymer surfaces by steel ball blasting. J. Mater Sci 1986;21:3317–32.
[29] Wear resistant composites technology from ICI fiberite. Adv Composites Bull 1994;5:9.
[30] Almajid A, Friedrich K, Floeck J, Burkhart T. Surface damage characteristics and specific wear rates of a new continuous carbon fiber (CF)/polyetheretherketone (PEEK) composite under sliding and rolling contact conditions. Appl Composite Mater 2010;18:211–30.
[31] http://www.cmc.de/cmc-produkte.0.html.
[32] Patnaik A, Satapathy A, Chand N, Barkoula NM, Biswas S. Solid particle erosion wear characteristics of fiber and particulate filled polymer composites: a review. Wear 2010;268:249–63.
[33] Pei X-Q, Friedrich K. Erosive wear properties of unidirectional carbon fiber reinforced PEEK composites. Tribol Int 2012;55:135–40.
[34] Barkoula N-M, Karger-Kocsis J. Solid particle erosion of unidirectional GF reinforced EP composites with different fiber/matrix adhesion. J Reinf Plast Compos 2002;21:1377–88.
[35] Friedrich K, Pei X-Q, Almajid AA. Specific erosive wear rate of neat polymer films and various polymer composites. J Reinf Plast Compos 2002;21:1377–88.
[36] Harsha AP, Venkatraman B. Solid particle erosion behavior of various polyaryletherketone composites. Wear 2003;254:693–712.
[37] Arjula S, Harsha AP, Ghosh MK. Solid-particle erosion behavior of high-performance thermoplastic polymers. J Mater Sci 2008;43:1757–68.
[38] Drensky G, Hamed A, Tabakoff W, Abot J. Experimental investigation of polymer matrix reinforced composite erosion characteristics. Wear 2011;270:146–51.
[39] Sarı N, Sınmazçelik T. Erosive wear behavior of carbon fiber/polyetherimide composites under low particle speed. Mater Des 2007;28:351–5.

[40] Miyazaki N, Hamao T. Solid particle erosion of thermoplastic resins reinforced by short fibers. J Composite Mater 1994;28:871–83.

[41] Patnaik A, Satapathy A, Mahapatra SS, Dash RR. Modified erosion wear characteristics of glass–polyester composites by silicon carbide filling: a parametric study using Taguchi technique. Int J Mater Prod Technol 2010;38:131–52.

[42] http://www.ropepartner.com/fiberglass-blade-repair/.

[43] http://www.windkraftkonstruktion.vogel.de/verbindungstechnik/articles/229032/.

[44] Canter N. Advanced piston skirt coatings. Tribol Lubrication Technol 2011;2:2–3.

[45] Rasheva Z. Polyamidimid—basierte Beschichtungen für schnell laufende Maschinenelemente mit integrieten Tribofunktionen, Institut für Verbundwerkstoffe, PhD dissertation, Technical University Kaiserslautern, Kaiserslautern, Germany; 2014.

[46] Alger M. Polymer science dictionary, 2nd ed. London, UK: Chapman & Hall; 1997.

[47] Murray T. Poly(amide-imides): wire enamels with excellent thermal and chemical properties. Macromol Mater Eng 2008;293:350–60.

[48] Chafin II RW. A thesis presented to the academic faculty Torlon® and silicalite mixed matrix membranes for xylene isomer purification. Atlanta, GA: Georgia Institute of Technology; 2007.

[49] Robertson G, Guiver M, Yoshikawa M, Brownstein S. Structural determination of Torlon 4000T polyamide-imide by NMR spectroscopy. Polymer 2004;45:1111–17.

[50] Processing Guide Torlon Polyamid-imide (PAI), Solvay Specialty Polymers USA LLC, Version 2.2, 2012.

[51] http://www.kspg.com/fileadmin/media/Broschueren/Poduktbroschueren/KS_Kolbenschmidt/Kolben_Pkw/ko_liteKs_e.pdf.

[52] Stasche N, Bernecker F, Hoermann K. New CO_2 laser waveguide systems: advances in surgery of tracheal stenosis. In: Proc. SPIE 2623, medical applications of lasers III, 530; 1996, http://dx.doi.org/10.1117/12.230300.

[53] Brinckmann P, Frobin W, Leivseth G. Orthopaedische Biomechanik. Stuttgart, Germany: Georg Thieme Verlag; 2000. p. 53–4.

[54] Harrass M, Strübbe K, Friedrich K, Schlarb AK, Ensthaler J, Quirrenbach T, et al. Integration von Verwertungsstrategien in der Materialforschung-Modellwerkstoffe in der Medizin. Mat Wiss Werksttech 2007;38(10):821–8.

第2章

创新的多功能复合材料

Mohamed S. Aly-Hassan

京都工业大学，日本，京都

在多功能的宏伟世界里，人类越来越有必要在相同的系统下，最大限度地提高其适用性和性能。我们的身体就是一个完美的奇迹，是多功能系统最好的例子。比如我们可以看、听、尝、闻、摸、说话、走路等，所有或部分这些动作能够高效地同时或连续进行[1]。

2.1 引言

2.1.1 多功能产品

在30年前，想象一下你要离开家一周，去参加一个重要的会议。在这趟旅行中，你需要许多东西（例如，计算机、电话、报警器、全球定位系统、摄像机、音频/视频播放器、录音机、信封或邮票，以及一些书籍），那么你如何携带所有的这些东西去旅行？这种情况唤起了工业界和学术界去开发新的多功能产品和更智能、更小的产品。幸运的是，现在如果你有一个创新的多功能产品，如一个智能手机，你可以把所有这些东西放在你的口袋里。

2.1.2 多功能复合材料

在过去的十年中，复合材料因为具有较轻的重量和优异力学性能，已被越来

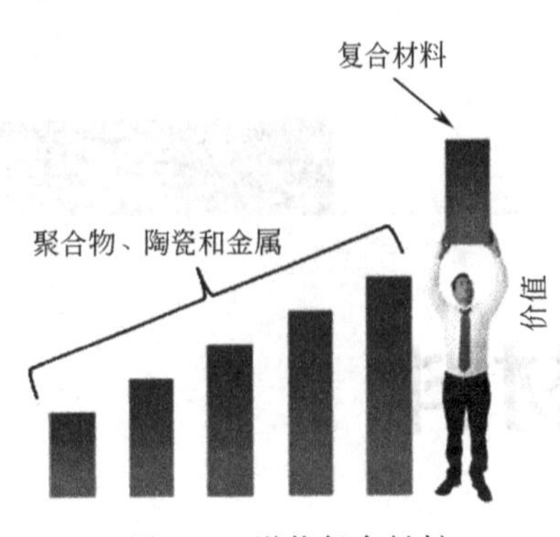

图 2.1 增值复合材料

越多地应用于结构材料，在许多领域中替代金属、陶瓷和聚合物材料（例如，航空航天、汽车、建筑、能源）。复合材料重量轻、节约能源，还能通过利用可生物降解的原料作为纤维与基体来减少二氧化碳排放。

尽管复合材料已得到广泛应用，但复合材料与其他材料相比，仍然是比较昂贵的。为了生产与金属、陶瓷和聚合物相比具有价格优势的复合材料，我们应该对复合材料进行增值（图 2.1），使复合材料不仅具有轻质、优异的性能，还能增加附加功能或新的性能（如健康监测和自我修复）。

简单地说，增加了功能的复合材料就是多功能复合材料。多功能复合材料与其他复合材料相比（如碳纤维或玻璃纤维增强聚合物复合材料［glass-fiber-reinforced polymer，GFRP)］是相当新的，大多仍处于发展阶段，但在不同的高科技领域，已经有一些应用实例了。

2.1.3 目标和概要

最近，对智能和更小的复合产品的需求越来越多，促进了多功能复合材料的快速发展。这些复合材料不仅能用作结构材料，也具备所需的附加功能，如热、电、磁、光、化学、生物特性。为了实现这一目标，复合材料科学家需要通过创新和发展新一代复合材料，以及面向未来的纳米复合材料，来创造一个复合材料发展的新高度。在复合材料中加入更多的功能，如热、电、磁、光学、化学和生物性能等，与它们的结构功能同时使用，将产生更高性能的复合材料，从而具有与金属、陶瓷和聚合物材料相比拟的竞争力。此外，当两个系统或多个系统被一个具有更高效率和更低燃油消耗的多系统所代替时，新系统能够显著地减小质量。

在本章中，基于下面的创新定义，创新是创造新的，或旧的以一个新的方式重新组合（米迦勒万斯）简要介绍两个创新的多功能复合材料的例子。这种创新的复合材料可以节约能源、更有效地管理热能，并由于它的多功能性可以减少二氧化碳的排放，有助于提高复合材料在一些新领域的应用。

第一个例子是基于上述定义的第一部分“创新是创造新的”，用纳米技术作为开发先进能源复合材料的方法，给复合材料增加一个新的性能，叫作“创新多功能碳/碳复合材料”。这一新材料能直接通过传导或引导大部分热量按所希望的方向转移，或者通过改变热结构区域功能，使该材料的平面热导率具有独特的能力。

创新的多功能复合材料的第二个例子，是基于上述定义的第二部分“创新是旧的以一个新方式的重新组合”，通过纳米技术和杂交技术发展智能三明治复合结构，叫作“创新的多功能三明治型降雪区域的屋顶复合结构”。这些智能屋顶，通过用纳米涂料涂覆，能够消除屋顶上降下的雪或雨。此外，一个小的电加热管系统安装在屋顶里面，用作补充或替代系统来融化与屋顶的纳米涂料层接触的积雪。这些屋顶应该具有足够强的结构、重量轻、隔热（以防止热量从家里面泄漏到外面）、隔音（用来阻止降水声音进入屋内）。

这两种创新的多功能复合材料，预计将对发展新的轻重量、小尺寸、高性能复合材料产生巨大的促进作用。

2.2 创新型多功能碳/碳复合材料

2.2.1 碳/碳复合材料简介

在 20 世纪 60 年代后期，虽然石墨是典型的超高温材料，但是其韧性的缺乏促进了碳纤维增强碳基复合材料或所谓的碳/碳复合材料的发展[2,3]。由于这些复合材料的成本高，最初的发展被限制在太空和军事用途，如火箭喷嘴和再入空间飞行器的热防护系统（thermal protection system，TPS）[3,4]。碳/碳复合材料的密度小于 $2g/cm^3$，在无氧环境中，具有高韧性和强度，及固有的 3000℃以上的高热稳定性。这使碳/碳复合材料成为在超高温环境中应用的最有前途的备选材料。因此近十年来，碳/碳复合材料受到学术界、航空航天、军工等越来越多的关注。

碳/碳复合材料的一些最重要和有用的性质是，在温度高达 3000℃，在非氧化性气氛中，具有高强度、低热膨胀系数、高热导率、高抗热震性、高压烧蚀环境下的低衰退[2-8] 以及高断裂韧性和轻量化的性能[9-14]。碳/碳复合材料的独特性能之一是机械强度随工作温度的增加而增加[15-17]。碳/碳复合材料的这些特殊性质，已经使这类材料大量地用于航空航天和国防工业，如火箭喷嘴、再入太空车的前缘、太空中的车辆、制动盘和加热炉的管理组件等。

最近，在日本进行了一个实用性的研究，日本航空航天探索机构（JAXA）使用碳/碳复合材料作为 ATREX 发动机主要的承重构件（例如，尖端涡轮机叶片、热交换器、燃烧室、进气和活塞式喷管），用在长期服役的热结构中[18]。这些组件的工作温度范围在 1500～3000℃，因此，必须使用碳/碳复合材料来制造。ATREX 是预冷喷气发动机，它在低转速时用作涡轮喷气发动机，达到 6 马赫时用作冲压发动机。液态氢在 ATREX 发动机中不仅是燃料，也是一种冷却流动剂。该强大的引擎被设计为日本的主要航天飞机（HOPE-X）的引擎。HOPE-X 是水平起飞、发射/两阶段轨道（HTOL/TSTO）的航天飞机。

太空工业的主要挑战一直是降低将有效载荷送入轨道的发射成本。因此，航天器设计人员已经努力降低了航天器发射成本，大幅降低了太空船的质量或燃料消耗，他们认为现在可能已经达到了设计极限。现在，常规把有效载荷送入地球轨道的火箭设计成本，大致在 20000 美元/千克，并且为了能把自效载荷送到更深空间增加到了 200000 美元/千克。航天飞机的成本应该以一个数量级降低，但它实际上并没有降低。在本研究中，为了找到一个实际的关于通过复合材料的多功能性来降低成本是否可能的答案，进行了一种新的尝试，即通过降低航天器的质量（包括燃料）和解决一些附加的技术问题，来降低发射成本。

正如下面例子中，换热器的热损失不仅降低了传热效率，而且也使得换热器需要保温材料或附加冷却系统，来克服这种不理想的热损失所带来的副作用。图 2.2 表明，一个圆筒形的热交换器的热流体沿纵向的孔方向流动。由于在常规材料中热传导的均匀性，热交换器的热损失和热增益几乎相同。如图 2.2 所示，以降低热损失为代价来增加热增益是可能的吗？

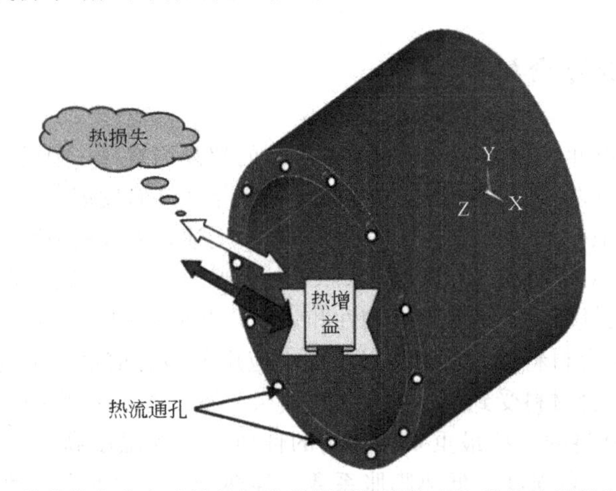

图 2.2 沿着纵向孔流动的热气流的圆环柱形热交换器的热损耗和热增益

目前热交换器形状的主要问题是大量的能量（约 50%）作为热损失流出系统。因此，以减少热交换器中的热损失为代价增加热增益，能使换热过程中的效率得以显著提升。通过这种方式来改进传热效率是非常重要的，因为通过减少或消除冷却系统或减少所需的燃料质量，它可以减少热交换器的总质量。

2.2.2 创新型多功能碳/碳复合材料与纳米技术

2.2.2.1 引言

片状（例如，纳米黏土和铝氧烷）或形状不同的纳米填料、纳米纤维/纳米管［例如，单壁碳纳米管（single-walled carbon nanotube，SWCNT），多壁碳纳米管（multiwalled carbon nanotube，MWCNT），杯状层叠的碳纳米管（cup-stacked carbon nanotube，CSCNT），气相生长碳纤维（vapor grown carbon fiber，VGCF）或球（如富勒烯）]，已应用到传统的聚合物基体中，以增强基体的机械、热、电、气、液阻等特性，同时也增强了复合材料的多功能性[19-26]。由 Iijima[27] 在 1991 年发现的碳纳米管（carbon nanotube，CNT）已经是广泛研究和重点发展的对象。许多研究者已经报道了 CNT 和碳纳米纤维的杰出的导热和导电、刚度、强度和韧性[28]。因此，广受关注的碳纳米纤维和碳纳米管成为增强两相和三相复合材料性能的极好的备选材料。

在本研究中，使用了一种新型碳纳米管的分散方法，产生了新一代多功能的有额外热功能的复合材料，称为热指示功能/特性。

这些独特的复合材料具有把大部分热量传递到散热结构中的首选区域的特殊能力，如图 2.3 所示。在沿面内材料的方向，可以显著发挥这个特殊的功能，来改善热转移过程。为了实现这个定向导热，在连续碳基体/分散的碳纳米管平纹织造的碳纤维织物中，添加了独特的碳/碳复合材料，来改变面内热导率。

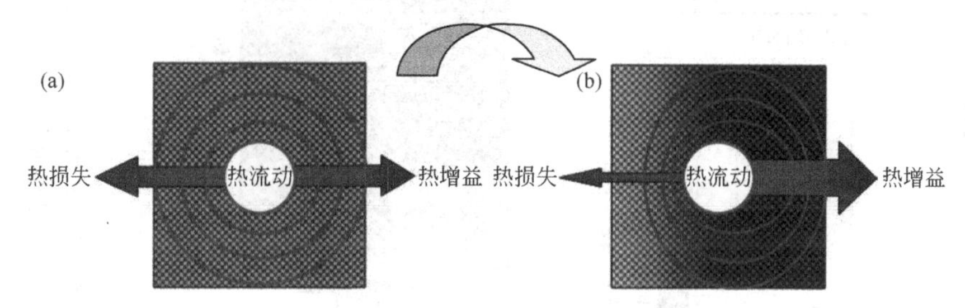

图 2.3 传统的材料（a）和新的导热材料（b）的热传递的比较

这些创新的碳/碳复合材料既能节省能源，又能提高热交换器的传热效率，降低结构的热应力，还能作为半主动或被动的 TPS 去保护航天器的金属框架免受在折返阶段的超高温度，而不需要液体或冷却液流量，因此可以显著减少二氧化碳排放。

此工程复合材料已经过了实验和数值模拟测验[29,30]。原位全视野的红外（IR）测量与有限元分析表明，所设计的复合材料的传热方向，基本上可以由分散的几个百分比含量的碳纳米管，结合传统长碳纤维的强化碳复合材料的基体取向进行控制。

这项研究已在 JAXA 开展多年。他们通过基于材料设计的新概念，实现“特性功能化”的复合表面，给基体创造一个新的属性或功能，来获得多功能碳/碳纤维复合材料。

2.2.2.2 复合材料的制造

为了获得这种独特的热传导性能，本研究通过分散的高导电填料（如碳纳米管/纳米纤维）制备出了一种新型的碳/碳复合材料。

在整个连续的平纹编织的碳织物的基体上，贴合不同面内的热传导功能的复合材料，来制备热定向复合材料的过程如图 2.4 所示。

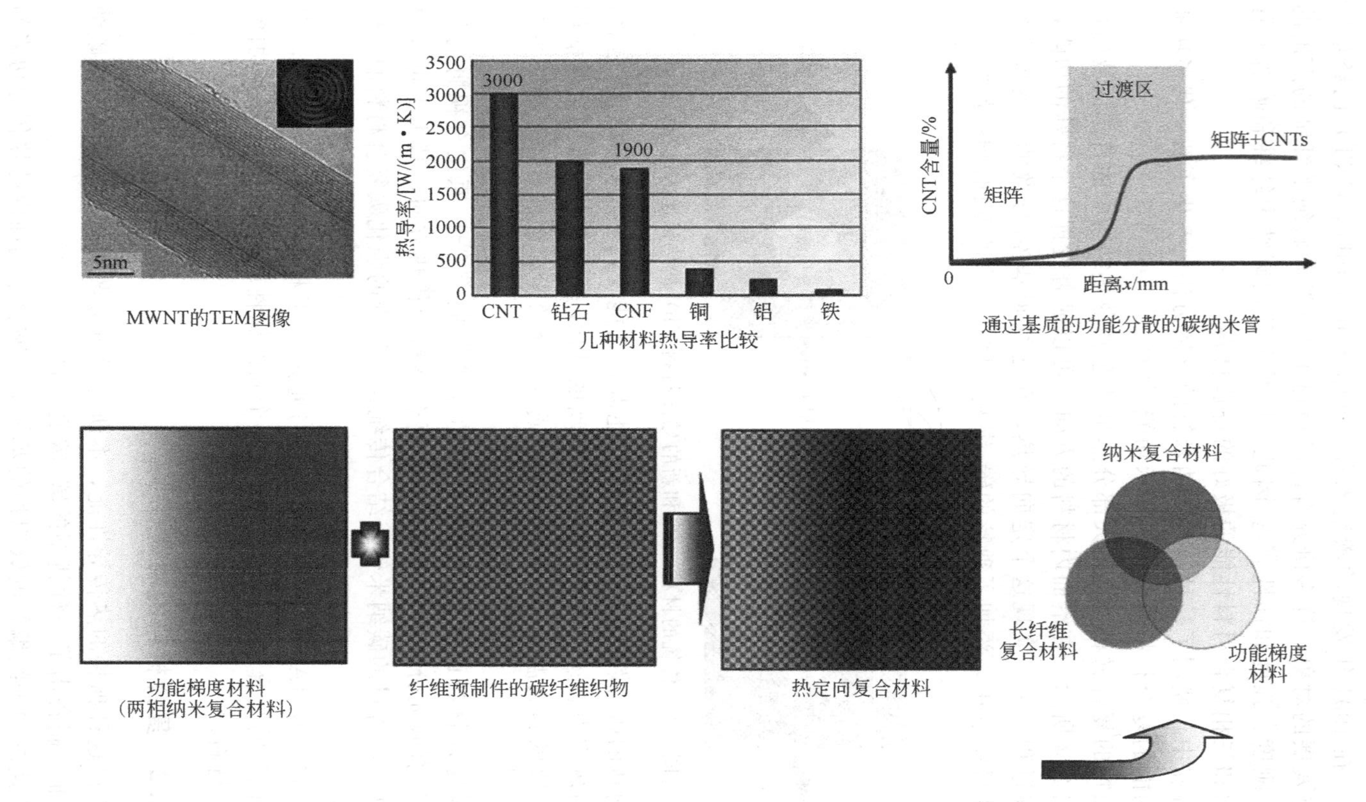

图 2.4 通过复合材料基体制备具有功能性的 CNT 分散体的导热复合材料的概念和过程示意图

在这些复合材料中，使用的平纹织物是聚丙烯腈（PAN）基碳纤维，其热导率为 6.3W/(m·K)（直径为 7μm 的 T300-1k 纤维，由日本东丽生产），而用的碳纳米填料是由气相生长的碳纳米管/纳米纤维 VGCF（昭和电工株式会社，日本），它具有约 1200W/(m·K)的热导率。这些新型碳/碳复合材料的基体，是通过聚合物浸渍和热裂解（PIP），从热导率约 3W/(m·K)的酚醛树脂（PR-53056，可溶酚醛型，住友电木有限公司，日本）裂解出来的。

VGCF 具有随机取向性，有时几十根纳米纤维聚集在一起。VGCF 是在烃（如苯和甲烷）分解时而催化生长成的，在 1200℃的生长温度和在 2800℃石墨化时使用过渡金属颗粒作为催化剂[31]。这些纳米纤维的微观形貌显示，在平行于纤维轴的方向，石墨基面有高度取向；横截面图片显示纤维具有环形圈质地（即超多壁碳纳米管）。

这种结构能产生优良的力学性能，以及很高的导热和导电性[31]。VGCF 的基本性能总结于表 2.1。上述碳纤维具有约 1200W/(m·K)的非凡热导率，而酚醛树脂衍生的碳纤维和碳基体，各自具有约 6.3W/(m·K)和 3W/(m·K)的热导率。

表 2.1 使用后的 VGCF 的性能

性能	数值	性能	数值
纤维直径/nm	100～150	比表面积/(m^2/g)	13
纤维长度/μm	10～20	电阻率/Ω·cm	1×10^{-4}
长径比	66～133	热导率/[W/(m·K)]	1200
真密度/(g/cm^3)	2.0	灰份	0.1%
堆积密度/(g/cm^3)	0.04	格子距离(C_0)/nm	0.679

2.2.2.3 导热性能的评价

为了评估定向导热碳/碳复合材料在面内定向方向的热传导能力，本研究构建了一个专用装置，它包括可控加热板、红外照相机（CEDIP，法国）、数据采集系统、使用热成像信号重构（TSR）方法的图像处理系统、温度记录仪和热电偶等。直径为 25mm 的铝筒一端接触受控加热板，另一端接触所使用的复合材料板，这种定向导热的碳/碳的复合材料板的底面中心有局部加热源。另外，为了尽可能减少热源与复合材料板间的对流热传递，在可控加热板与复合材料板之间插入了厚度为 20mm 的隔热板，FIBERMAX14R（由日本东芝高密度耐火材料有限公司提供）。

图 2.5 为我们建造的具有局部加热源的在线 IR 测量系统的原理图，图 2.6 为该测量系统的实物图。由于所使用 IR 相机的温度限制，定向导热碳/碳复合材料标本的上表面的温度扩展和温度分布的原位全场测量，只测量到 120℃。

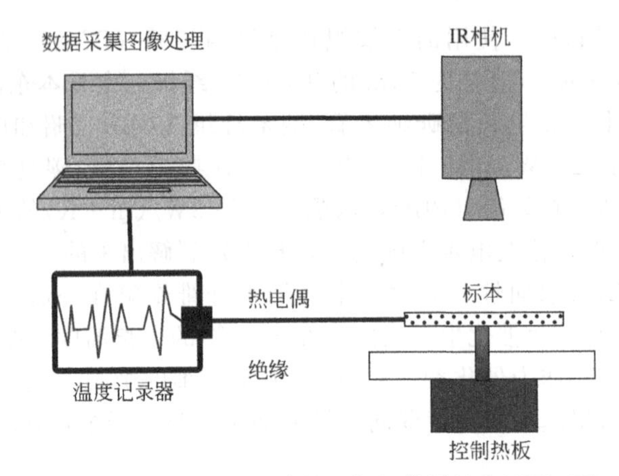

图 2.5 有局部加热系统的现场红外测量装置原理图

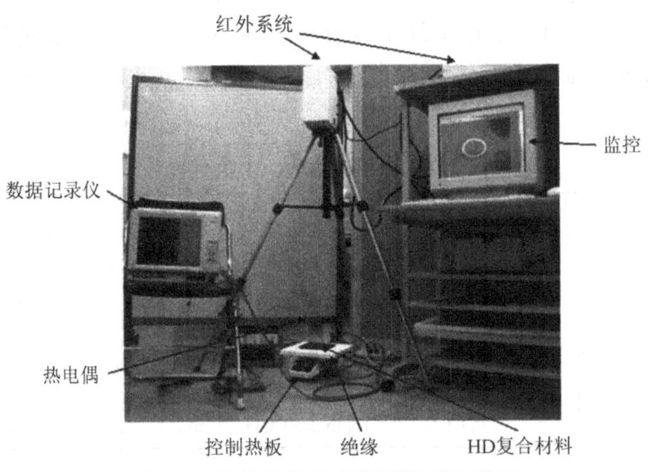

图 2.6 热传导传热现场测量系统装置

2.2.3 结果与讨论

2.2.3.1 VGCF 分散功能的测定

正如在材料加工中所解释的，VGCF 分散在整个基体中，来制造定向导热的碳/碳复合材料，实现面内导热的功能化。因此，为了确定定向导热碳/碳复合材料 VGCF 的分布函数，用精细的金刚石锯片在定向导热的碳/酚醛复合材料中切了一个矩形条，尺寸为 120mm×6mm×3mm。因此，将这个矩形条进行切割可以得到 8 个 15mm×6mm×3mm 的样条，然后对碳/酚醛复合材料进行热解实验，这个过程在 1000℃、氩气氛围下进行 1h，以产生碳化的碳/碳复合材料。因此，VGCF 的质量分数（%）与复合材料（x 轴向）质量的关系，可通过碳纤维质量和酚醛树脂产生碳的质量来得到。图 2.7 为通过上述过程计算的复合材料与

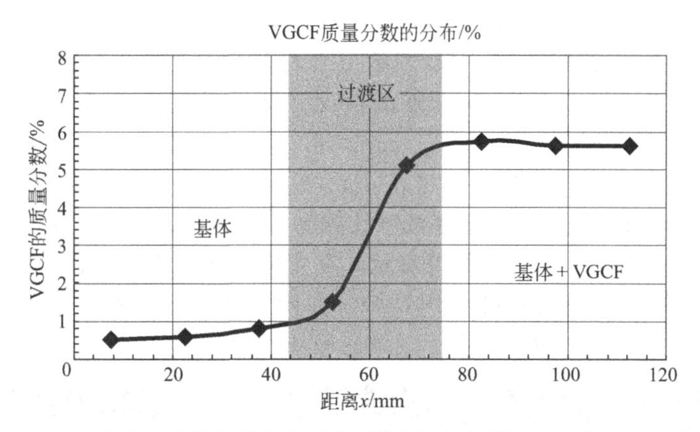

图 2.7 VGCF 的质量分数与沿定向导热碳/碳复合材料的平面方向的距离的关系

VGCF 含量的关系。

2.2.3.2 显微镜观察

为了验证图 2.7 的结果，使用扫描电子显微镜（SEM)(S-4700，日立，日本)，在高放大倍数下来观察制造的定向导热碳/碳复合材料，并监测 VGCF 的聚集条件。对导热的碳/酚醛复合材料（碳化碳/碳复合材料）进行热解处理，然后用上述扫描电镜观察，发现 SEM 显微照片沿 x 轴方向，以 7.5mm、22.5mm、37.5mm、52.5mm、67.5mm、82.5mm、97.5mm 和 112.5mm 的距离，在整个基体上表现出几乎相同的 VGCF 含量的分散趋势，正如图 2.7 所描述的那样。22.5mm 和 112.5mm 两种距离得到的 SEM 样品如图 2.8 所示。在所制造的碳/碳复合材料上进行微观分析，也显示了 VGCF 有良好的分散性。

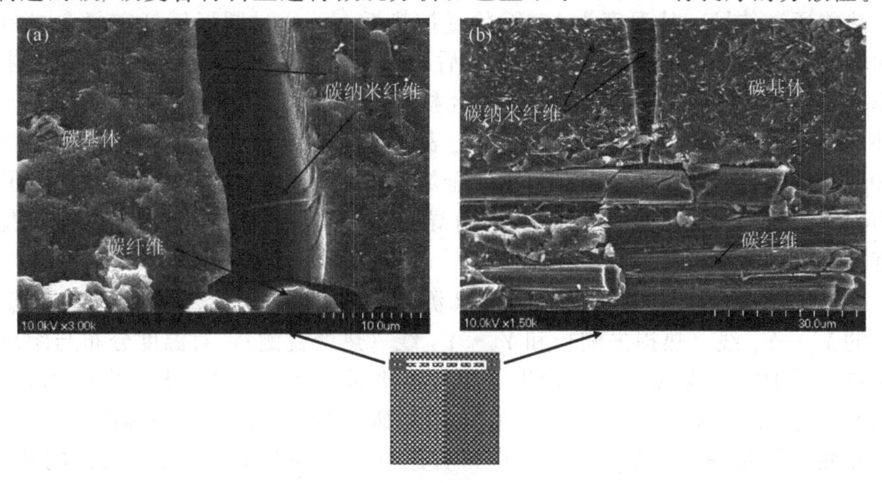

图 2.8 扫描电镜照片显示通过定向导热碳/碳复合材料的碳基体的碳纳米纤维

(a) 在最左侧；(b) 在最右侧

用配有激光扫描系统的光学显微镜（LSM5 帕斯卡，卡尔蔡司显微成像 GMBH，德国），观察定向导热碳/酚醛复合材料中，功能梯度基体（通过树脂分散渗透 VGCF 得到）渗透碳纤维的情况。结果发现，在沿 x 轴以 7.5mm、22.5mm、37.5mm、52.5mm、67.5mm、82.5mm、97.5mm 和 112.5mm 长度的导热的碳/酚醛复合材料样本，由 30μm、9μm、6μm 和 1μm 的钻石浆料抛光，接着用 0.05μm 的解聚氧化铝悬浮液（比埃勒有限公司，湖崖，IL，美国）的伽马微抛光进行再次抛光。微观形貌显示，在定向导热的碳/酚醛复合材料中，功能梯度基体很好地渗透进碳纤维织物中，如图 2.9 所示。此外，还观察到随着 VGCF 的含量沿 x 轴增加，出现了轻微的破坏现象。

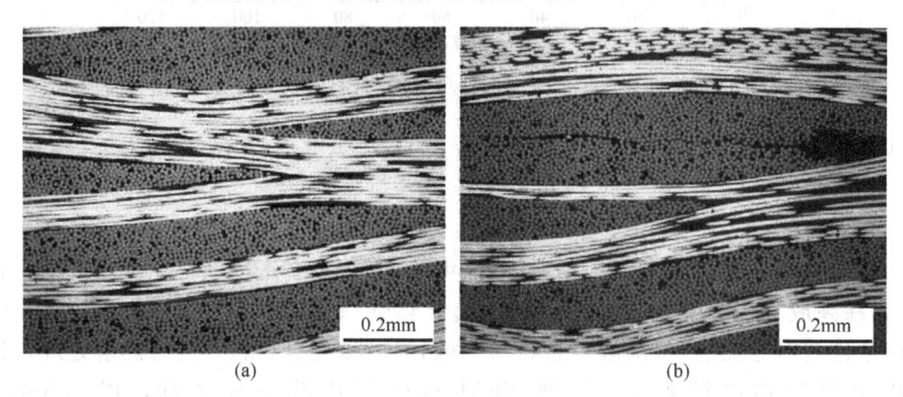

图 2.9　碳化前的导热碳/酚醛复合材料内部结构的光学显微照片

(a) 在距离为 7.5mm 处的显微照片；(b) 在距离 97.5mm 处的显微照片

2.2.3.3　定向导热碳/碳复合材料的实验评价

热能通过传导，从温度为 150℃的受控热板上，通过圆形铝杆向复合材料的底面转移，如图 2.5 和图 2.6 所示。然后，由于复合材料基体上分散的碳纳米管的作用，该热能通过定向导热碳/碳复合材料沿面内方向传导。到达稳态后，用红外系统测量定向导热碳/碳复合材料上表面的面内温度的分布和辐射情况。图 2.10 为定向导热碳/碳复合材料面内的全域红外观测的温度分布。此外，为了验证 IR 数据，用热电偶分别测量了定向导热碳/碳复合材料上表面的八个点的温度。

要准确理解上述结果（面内全域 IR 测量，图 2.10），沿定向导热碳/碳复合材料的 Y_1—Y_1 线（热损失侧）和 Y_2—Y_2 线（热增益侧），对温度分布与距离的关系进行了测定。线 X_0—X_0 代表了中心水平轴，而 Y_0—Y_0 表示中心垂直轴，如图 2.10 所示。图 2.11 展示了定向导热碳/碳复合材料温度与距离的关系，即：沿着左侧（热损失侧，Y_1—Y_1 线）和右侧（热增益侧，Y_2—Y_2 线）的边缘，热增益侧比热损失侧显示出了更高的温度分布。

计算图 2.11 两条曲线下面的面积可知，热增益侧曲线 Y_2—Y_2 下的区域面

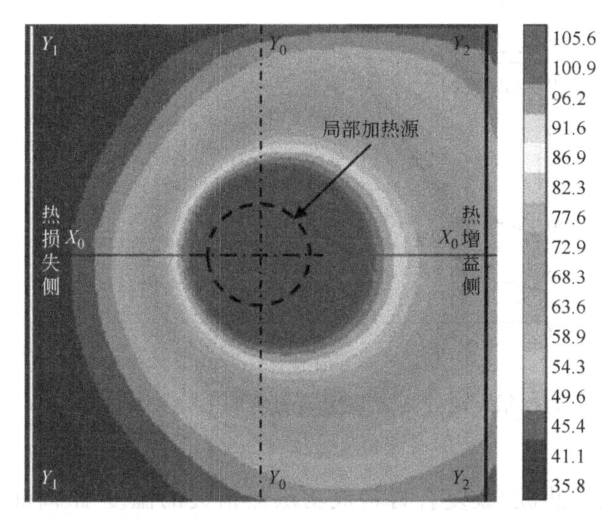

图 2.10　面内全域碳/碳复合材料的红外热辐射温度分布

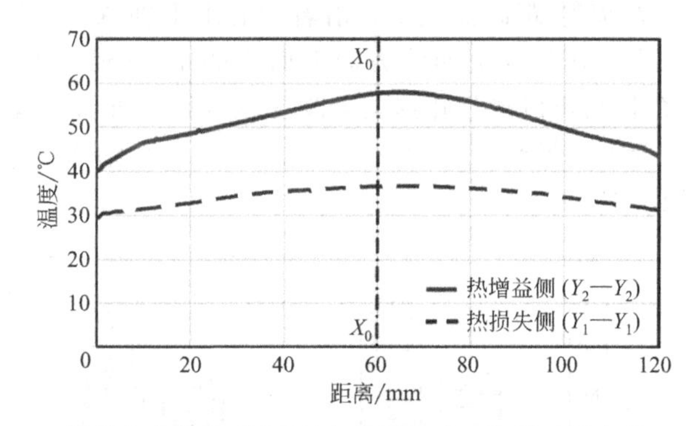

图 2.11　沿着定向导热碳/碳复合材料右边（热增益侧曲线 Y_2—Y_2）和左边（热损失侧曲线 Y_1—Y_1）的温度与距离之间的对比关系

积是在热损失侧曲线 Y_1—Y_1 下的约 1.49 倍。这意味着，通过传导传递到右侧的热能比转移到左侧的约多 49%。这 49%的改善所带来的好处是，一些热能从热损失侧被撤回到热增益侧。

此外，沿定向导热碳/碳复合材料的 X_0—X_0 线（如图 2.10 所示）的中央水平轴，可以获得温度和辐射与距离的变化关系。图 2.12 表示沿定向导热碳/碳复合材料的 X_0—X_0 线，以及温度和辐射与距离的关系。

当在复合材料底面上应用圆形中央加热装置时，沿 X_0—X_0 线最右侧点的实测温度较最左侧点的高约 60%。同样地，这两个点之间的辐射差约为 2.8W/(m^2 · sr)，即沿线 X_0—X_0 极右点的辐射较极左点的高约 96%。

图 2.12 中最重要的结果不是温度或辐射的差异，而是曲线下的区域所表示出来的热能传导的不同。由于热增益沿中心水平轴 X_0—X_0 的改善，正如图

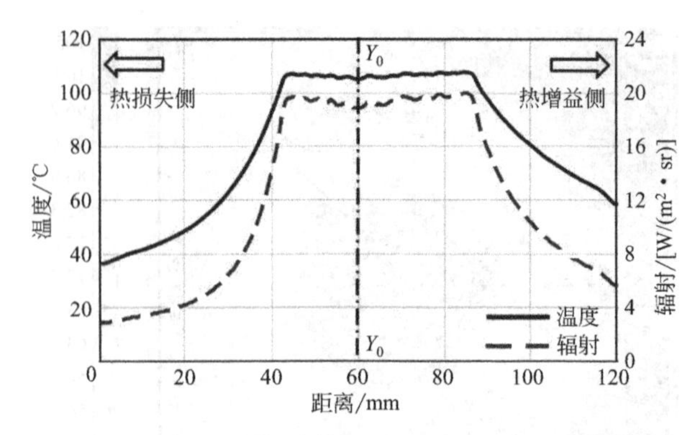

图 2.12 沿定向导热碳/碳复合材料的中心水平轴 X_0—X_0 的温度和辐射对距离的关系

2.13 所示，定向导热碳/碳复合材料成功从热损失的温度-距离曲线区域减少大约 12%，并且引导它们到热增益边升高大约 12%。换言之，热传导率和热损失率比值约为 1.27。在辐射-距离曲线中，沿着中心水平轴 X_0—X_0，热增益方向的曲线下的区域大约是在热损失曲线方向下面积的 1.60 倍。上面的计算表明，定向导热碳/碳复合材料可以牺牲热损失来改善热增益。图 2.13 表示对于热损失和热增益方向，沿着定向导热碳/碳复合材料的中心水平轴 X_0—X_0，温度和辐射与距离下的区域的对比。

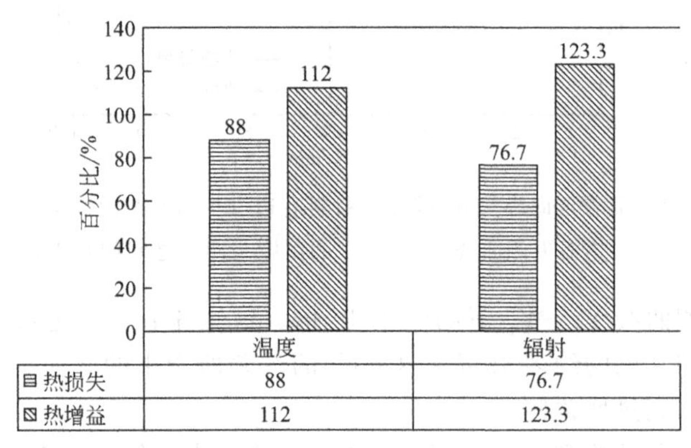

图 2.13 沿定向导热碳/碳复合材料的中心水平轴 X_0—X_0，温度和辐射率与距离下的区域

从上述结果和讨论中可以看出，热传输方向实质上是由几个百分比的碳纳米管/纳米纤维的功能分散体，通过定向导热碳/碳复合材料的基体控制的。定向导热碳/碳复合材料表现出独特性能，即在功能上通过改变面内材料的热导率，引导或将大多数的热能传导到热所需方向或热结构区域。

这种新颖而且独特的特性将能够创造复合材料未来应用的新维度。

2.2.4 定向导热碳/碳复合材料的具体应用

定向导热碳/碳复合物能在航天领域有一些应用，其中轻量化和高效率的能量消耗比是该领域非常重要的要求（例如，热交换器、燃烧室、塞式喷管、涡轮机和 TPS)。此外，该定向导热碳/碳复合材料，在再入空间飞行器中，通过改变复合材料面内的热导率，来从高温区域向低温区域分散热通量，可以用来代替半被动或主动 TPS。此外，这些新颖的复合材料可通过减小温度梯度，来降低热应力。例如，在严重热应力载荷条件下，再入空间飞行器的头罩在很短的时间内工作，操作温度从环境温度增加至约 1500℃，由温度梯度和几何约束诱导产生了巨大的热应力。

在航空航天领域，上述提到的这些关于热结构的三大挑战，以及它们潜在的通过使用定向导热碳/碳复合材料来获得的解决方案，将简要地描述如下。

2.2.4.1 热结构的质量、成本和热传输效率的挑战

正如本章前言中所述，碳/碳复合材料的主要用途是作为温度超过 1500℃的热结构材料。在过去的这十年，碳/碳复合材料在航空航天上的应用进行了多方面尝试，如作为发动机上的可承重用的构件或作为可重复用的 TPS 用于再入空间飞行器。当我们看到碳/碳复合材料，在新的吸气式高超声速飞行器和火箭推送装置（如航天飞机轨道器）上应用时，严峻的热结构性挑战需要尝试一种新的方法来进行热管理，其中包括 TPS 和热结构[32,33]。火箭推送系统是对质量非常敏感的，其结构质量百分比大约为总起飞质量（gross takeoff weight，GTOW）的 10%。这意味着如果有 1kg 的结构添加到火箭推送系统上，就需要 10kg 的（推进剂）质量加到总的系统上[33]。

因此，定向导热碳/碳复合材料的首要挑战是通过提高 TPS 和热结构的热传输效率来减少质量和成本。正如在上述定向导热碳/碳复合材料实验评估中解释的（图 2.10～图 2.13)，这些创新的复合材料能以减少热损失侧的温度为代价，增加热增益侧的温度，就像在一些传热中应用一样，如图 2.14 所示，热交换器通过传导提高了热传输效率。当热损失减小，热增益增加，质量和成本将相应减少。

2.2.4.2 没有工作流体或冷却液的半被动和主动式 TPS 的挑战

从弹道式再入飞行器到超高声速巡航飞行器，这些高超声速飞行器无论是在地球大气层中还是在非地球大气中飞行[33] 都需要 TPS。

在超声速飞行过程中，一般有多个选择来应对严峻热环境。目前有三种热管理系统可用来冷却高超声速或再入空间飞行器：被动、半被动和主动式。被动式 TPS 有三种结构形式，即一个绝缘结构用于相对短时间的中等热通量；散热器

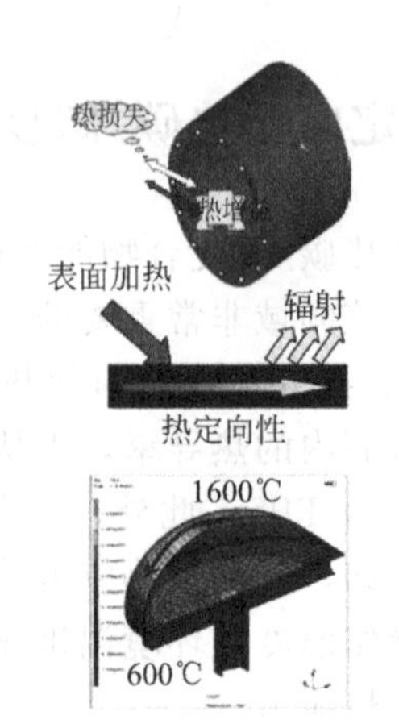

图 2.14　新型定向导热碳/碳复合材料的优点和潜在的应用

结构具有用于瞬态情况下的中等热通量；以及一个用作长期适度热通量的热结构[33]。半被动和主动式 TPS 结构都包括一个独立工作的流体和泵送的冷却剂流体。虽然在长时间高热通量情况下，半被动和主动式 TPS 结构比被动结构更有效，但这里的温度过高，TPS 在高超声速或再入空间飞行器上的作用不会很好。这是因为用在半被动和主动式 TPS 结构中的工作流体或冷却剂流体的蒸发温度是一定的。

接下来，定向导热碳/碳复合材料的二次挑战是：不用工作流体和泵的冷却液流，使半被动或主动式 TPS 在超高温下应用，如图 2.14 所示。上述实验评价中的定向导热碳/碳复合材料（图 2.12 和图 2.13），可以通过碳纳米管在基体中分散的不同，重新分配从复合材料发射的辐射率，就像半被动或主动式 TPS 的热机制那样，但在这些智能结构中，没有工作流体和泵送的冷却液流。这些定向导热碳/碳复合材料，在很长一段时间可以用于高热通量和高温情况的热结构中。

2.2.4.3　热结构的挑战

热结构对高超声速或再入空间飞行器的挑战可能是相当严峻的。热结构的一个主要挑战是来自巨大的热梯度，如燃烧室前部和再入空间飞行器的前缘。在另一个例子中，在低温罐中储有作为燃料的液态氢，液态氢的温度低至－253℃，而 TPS 的外表面温度可能是 1000～1700℃。在如此宽的温度范围内有不同的材料在工作，同时还有各种附加组件（罐、保温层、结构件、TPS 等）在不同维度伸展或收缩，这是非常有挑战性的。控制面通常是热的，它通常连接到里面温度很低的执行器上。此外，在一些结构上，由于需要低阻力，在高机械载荷作用下会出现较薄的截面[33]。由于高温造成的热膨胀，这些高机械载荷通常会产生升温，在薄截面位置会产生大变形。热结构模拟结果显示，由于热膨胀的约束而导致的高压缩热应力，将使再入空间飞行器的主导边缘不能工作[33]。

因此，定向导热碳/碳复合材料的第三个挑战是，通过降低温度梯度的差异

(ΔT)(如图 2.14 所示)，减少薄截面热结构的热应力和变形。如上所示的定向导热碳/碳复合材料（图 2.10）的实验结果显示，这些创新的复合材料可以通过改变功能性材料的面内的热传导率，即通过重新分配温度分布，指引或引导转移热传导至所需方向或热结构的区域。图 2.14 总结了定向导热碳/碳复合材料在一些潜在的航空航天应用中的优势。

这种复合材料系统在广泛的热转移应用领域成为备选系统是很有可能的，特别是在需要高效传导热量以及轻量化的情形下。该定向导热复合材料可以打开定向导热材料新时代的大门，而且功能性分散的碳纳米管在新一代材料中将扮演越来越重要的角色。新一代材料因其热转移应用的逃逸热，有助于减缓地球的升温。最后，我们相信未来的复合材料将不仅具有纯粹的多功能特性，而且会有越来越多的可控多功能复合材料，而且功能分散的碳纳米管技术会在其中发挥重要作用。

2.2.5 总结

在本研究中，创新的定向导热碳/碳复合材料已经发展了多功能复合应用。定向导热碳/碳复合材料是多功能控制的复合材料，这种材料在碳基体中含有功能分散的碳纳米管，通过热结构面内方向的传导，达到控制热转移的特殊目的。基于基础实验的成功结果和定向导热碳/碳复合材料的数值分析，几个创新的应用可以被引入到下一代的先进复合材料中。这种创新的复合材料有独特的优势和应用，如通过更智能和更小的换热器提高传热效率，节省能源和环境，减少薄的热结构的热应力，在再入空间飞行器中不用复杂的工作流体或对流冷却系统，而是采用半被动或被动的 TPS。

2.3 降雪地区用新型多功能三明治结构玻璃钢/黄麻复合材料屋面瓦

2.3.1 本研究的目的和目标

在北方地区，每年有太多的人因为屋顶上的积雪/冰而丧生和受伤。这些雪/冰事故最常见的原因包括，人在清雪/冰过程中，从屋顶滑下来落在地面上；积累的雪/冰由于重量使屋顶倒塌；锋利的冰刃突然从房顶上掉在过往的行人身上。据日本冰雪协会的年度报告，在日本大部分的屋顶上雪/冰受害者主要是由于在人工清雪/冰过程中，居民从倾斜的屋顶滑倒并跌落到地面。为了避免这种风险性工作，居民可以使用一种电加热系统，去融化屋顶上累积的雪/冰，但最初，令人遗憾的是其运行成本和加热系统的重量是相当高的。这种清扫过程中的危险情况，激励着京都工业大学的研究小组，研制了一个创新和经济的三明治复合结构，作为解决这个问题的方案，来取代传统斜屋面结构的智能屋顶。

作为创新型复合材料的第二个例子，下面将简要地介绍一种新型的多功能三明治复合结构，这种结构在降雪地区可用于智能倾斜屋顶。这种新型的三明治复合材料结构可以自动清洁自身的雪/冰，而不需要人在房子上亲自消除积累在倾斜的屋顶上的雪/冰，因为这些智能复合屋顶是由水纳米驱避系统涂层的。除了纳米涂层系统，一个小的电加热线圈系统可安装在屋顶结构中，作为防雪纳米涂层系统的补充体系。这个供热系统帮助纳米涂层系统通过融化屋顶表面累积的雪/冰层快速清除雪。

这种创新的三明治复合结构使用厚而轻的天然纤维垫作为核心层，使用薄和硬玻璃纤维复合材料作为皮层。这些智能倾斜屋顶应足够结实、轻质、保温隔热，防止从家里面到外面的热泄漏，同时对外面的雨声隔声。根据米迦勒万斯的创新的定义"创新是创造新的，或旧的东西以一个新的方式进行重新排列"，本研究的创新是以一个新的方法重新利用一些旧的技术。

2.3.2 引言

麻纤维是完全可生物降解和可回收的环境友好型材料。麻纤维有热和适度的保持水分性能，对皮肤无刺激，有良好的绝缘性能[34-39]。目前世界范围内年生产麻纤维约320万吨，用于各行各业。在市场上，麻纤维消费最大的是布袋工业。作为环保型的黄麻袋可替代非生物降解塑料袋，一般塑料袋都是石油制成的，而纸袋需要使用大量木材。每年都有大量的黄麻纤维被浪费掉并被填埋，以黄麻布生产过程中的条，或是黄麻袋报废后的布的形式。

因此，我们在以前的研究中进行了几次尝试[40-44]，使用上述提到的报废麻纤维，或再利用废弃的麻纤维条，回收废旧麻袋，来制造有价值的黄麻/聚合物复合材料——三明治型黄麻复合材料。

三明治型黄麻复合材料结构通过玻璃钢层压板做成的两个薄且硬的"皮肤"，吸附到一个轻的黄麻垫制成的厚厚的夹心上。整个过程和一些潜在的应用，如图2.15所示。这些天然纤维复合材料能有许多适当的应用，如用于室内建筑的隔热和隔音墙壁内层，家具用的轻质板和有电子设施的房屋。

2.3.3 三明治结构玻璃钢/黄麻复合材料的制备与力学测试

日本矢野有限公司制备的黄麻纤维毡，由50%的黄麻条和50%回收黄麻组成。黄麻纤维条与切碎的回收黄麻纤维混合制作成一个针刺的轻质且厚的麻垫，其中切碎的黄麻纤维是从散的用过的咖啡粒袋得到的。然后麻纤维垫作为一种轻质且厚的芯材被插入两层硬而薄的由玻璃纤维增强不饱和聚酯基复合材料

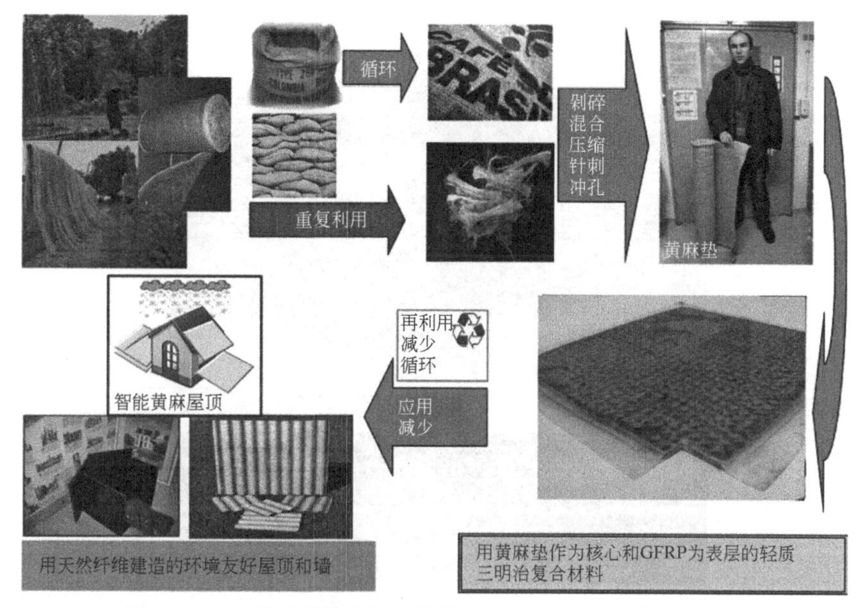

图 2.15 三明治型黄麻复合材料生产过程和一些潜在的应用

(GFRP) 制成的皮层中间。每个皮层由一个单一的普通玻璃纤维织物构成，这种织物通过手糊法用不饱和聚酯树脂进行了浸渍。

所使用的 Rigorac™ 不饱和聚酯，来自日本昭和电工公司，而固化剂甲基乙基酮过氧化物 (PERMEN)，由日本 NOF 公司生产。然后，成功制造出既能降低成本又能减少 CO_2 排放的轻质三明治复合结构。多功能三明治型玻璃钢/黄麻复合材料结构的设计理念如图 2.16 所示。图 2.17 表示的是多功能三明治型玻璃

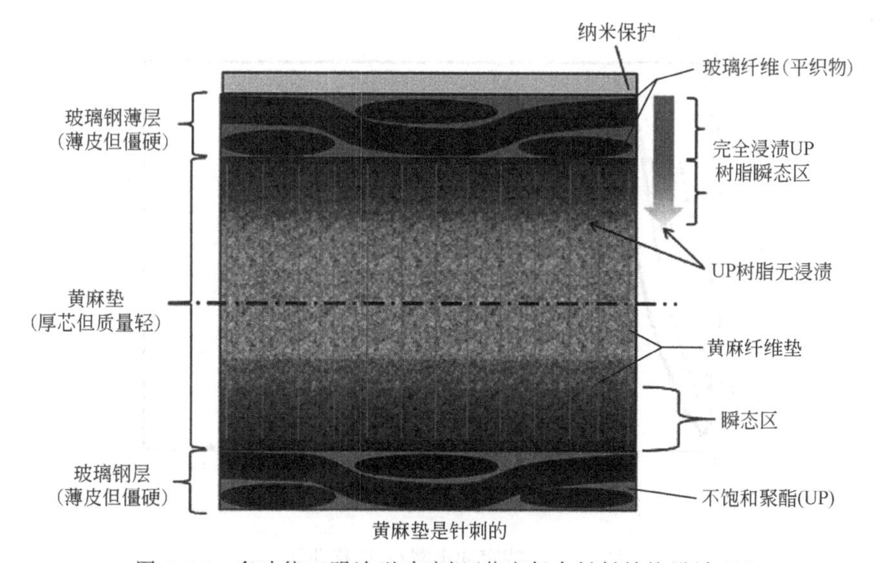

图 2.16 多功能三明治型玻璃钢/黄麻复合材料结构设计理念

图 2.17 三明治型玻璃钢/黄麻复合材料制作面板的结构和尺寸

钢/黄麻复合材料制作面板的结构和尺寸。

两种天然纤维复合材料与三明治型玻璃钢/黄麻复合材料的面板的特定冲击载荷-位移曲线对比，如图 2.18 所示。三明治型玻璃钢/黄麻复合材料表现出比固体玻璃钢/黄麻复合材料和棕榈纤维垫型复合材料更高的特定总冲击能和特定的冲击强度，以及比其他两种复合材料和纯树脂更大的变形和非脆性断裂行为。

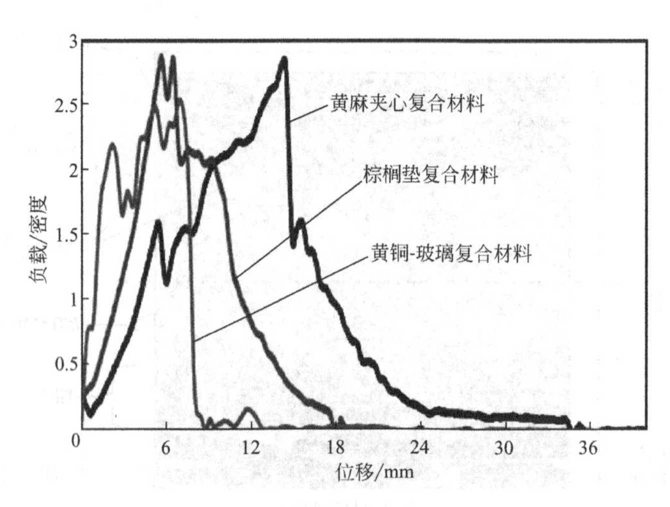

图 2.18 特定冲击载荷-位移曲线

2.3.4 智能屋面瓦在降雪地区的潜在应用

这种新颖的三明治复合结构不需要任何人攀登房子去除斜屋顶上的冰/雪，因为复合屋顶是由防水/雪纳米涂层系统组成的。除了纳米涂层系统，一个小的电加热线圈系统可安装在屋顶结构中，用作防雪剂纳米涂层系统的辅助系统。

该加热系统可通过融化屋顶表面的积雪/冰的接触层，帮助纳米涂层系统更快地除雪。这些降雪地区的智能多功能屋顶是耐用、坚固、轻便的，它们还表现出隔热、隔声和防水/冰的性能。图 2.19 显示出传统屋顶和智能玻璃钢/黄麻复合屋顶之间的区别。

图 2.19 传统的屋顶和智能玻璃钢/黄麻复合屋顶之间的区别

使用这些智能屋顶还有其他的重要作用，如回收和增值废弃黄麻纤维；环保和低的维护需求；减少工期以及有更少的残留物和更清洁的建设现场。这一创新屋顶技术的可行性研究，表现出了较高的经济活力，因为目标市场全部位于富裕的西方世界（如加拿大、美国、北欧地区、俄罗斯和日本），而在贫困国家多数黄麻纤维的价格较低（如孟加拉国、印度和斯里兰卡）。

2.3.5 总结

本研究调查了整体低密度的由玻璃钢皮层与黄麻纤维毡芯层结合制成的三明治型复合结构的加工工艺。黄麻纤维具有对热和声能良好的绝缘性能，可完全生物降解和回收。因此，厚而轻的针刺黄麻垫能用作两个硬的昂贵的薄玻璃钢板皮层间的软核心，来构建高性能的夹层复合材料结构。这种三明治结构表现出比复合材料和纯树脂更高的总冲击能量和特定的冲击强度，具有比复合材料和纯树脂较大的变形和非脆性断裂行为。一个由上述提到的三明治结构制造的多功能屋顶被用作降雪地区的智能屋顶使用。这些带有小型电加热辅助系统的智能屋顶，能够通过涂布安装在屋顶三明治玻璃钢/复合材料的外表面上的防雪涂层的纳米效果自动移除落下的雪。

致谢

题为“创新型多功能碳/碳复合材料”部的作者感谢日本协会进行了科学的推广，并提供了日本学术振兴会奖学金和先进复合中心的财政支持（2004～2006），作者也希望对JAXA表示衷心的感谢。作者感谢小笠原俊夫博士（主研究员）、八田浩教授（JAXA的先进复合材料中心主任），与他们进行了有价值的讨论和技术支持。感谢Y. Sato博士和JAXA的冈田隆夫博士在构建IR系统上的帮助。研究项目题为“有创新的热传导性能的复合材料”参加了在新加坡举办的亚洲2009复合材料秀，提交到JEC复合材料创新奖（类别：过程），获得了第一个亚军。

题为“降雪地区用新型多功能三明治结构玻璃钢/黄麻复合材料屋面瓦”这一部分的作者，想对在日本京都工业大学的纤维科学系的滨田博之教授表达衷心感谢，他提供了材料、设施和有价值的讨论。作者还要感谢访问日本京都工艺纤维大学的未来应用传统技术中心（F-ACT）的梅村俊教授，他提供了有关应用价值的讨论。本研究项目在2012年JEC美洲复合材料展（波士顿，USA）上，入选了最终的JEC美洲复合材料创新奖2012（类别：建筑和基础设施）。

参考文献

[1] Aly-Hassan MS. A new perspective in multifunctional composite materials. The 2013 METI international workshop on a new perspective in advancement of composite materials and the international METI-Shikoku forum on innovations in advanced composite materials: a look toward future applications. Takamatsu, Kagawa, Japan; 2013.

[2] Thomas CR, editor. Essentials of carbon/carbon composites. Great Britain: Royal Society of Chemistry (Pub); 1993. p. 1–36.

[3] Fitzer E, Manocha LM. Carbon reinforcements and carbon/carbon composites. Germany: Springer Verlag GmbH & Co.; 1998.

[4] Krenkel W, editor. Ceramic matrix composites: fiber reinforced ceramics and their applications. Weinheim, Germany: John Wiley & Sons; 2008.

[5] Schmidt DL, Davidson KE, Theibert S. Unique applications of carbon–carbon composite materials (Part One). SAMPE J 1999;35(3):27–39.

[6] Schmidt DL, Davidson KE, Theibert S. Unique applications of carbon–carbon composite materials (Part Two). SAMPE J 1999;35(4):51–63.

[7] Schmidt DL, Davidson KE, Theibert S. Unique applications of carbon–carbon composite materials (Part Three). SAMPE J 1999;35(5):47–55.

[8] Evans AG, Zok FW. Review: the physics and mechanics of fibre-reinforced brittle matrix composites. J Mater Sci 1994;29:3857–96.
[9] Aly-Hassan MS, Hatta H, Wakayama S, Watanabe M, Miyagawa K. Comparison of 2D and 3D carbon/carbon composites with respect to damage and fracture resistance. Carbon 2003;41(5):1069–78.
[10] Aly-Hassan MS, Hatta H, Wakayama S. Effect of zigzag damage extension mechanism on fracture toughness of cross-ply laminated carbon/carbon composites. Adv Compos Mater 2003;12(2–3):223–36.
[11] Hatta H, Aly-Hassan MS, Hatsukade Y, Wakayama S, Suemasu H, Kasai N. Damage detection of C/C composites using ESPI and SQUID techniques. Compos Sci Technol 2005;65(7–8):1098–106.
[12] Hatta H, Goto K, Ikegaki S, Kawahara I, Aly-Hassan MS, Hamada H. Tensile strength and fiber/matrix interfacial properties of 2D- and 3D-carbon/carbon composites. Eur Ceram Soc 2005;25(4):535–42.
[13] Hatta H, Denk L, Watanabe T, Shiota I, Aly-Hassan MS. Fracture behavior of carbon/carbon composites with cross-ply lamination. Compos Mater 2004;38(17):1479–94.
[14] Hatta H, Goto K, Aoki T. Strengths of C/C composites under tensile, shear, and compressive loading: role of interfacial shear strength. Compos Sci Technol 2005;65(15–16):2550–62.
[15] Goto K, Hatta H, Oe M, Koizumi T. Tensile strength and deformation of a two-dimensional carbon–carbon composite at elevated temperature. J Am Ceram 2003;86(12):2129–35.
[16] Sauder C, Lamon J, Pailler R. The tensile behavior of carbon fibers at high temperatures up to 2400°C. Carbon 2004;42:715–25.
[17] Aoki T, Yamane Y, Ogasawara T, Ogawa T, Sugimoto S, Ishikawa T. Measurements of fiber bundle interfacial properties of three-dimensionally reinforced carbon/carbon composites up to 2273 K. Carbon 2007;45:459–67.
[18] Hatta H, Goto K, Sato T, Tanatsugu N. Applications of carbon–carbon composites to an engine for future space vehicle. Adv Compos Mater 2003;12(2–3):237–59.
[19] Schadler LS. Polymer-based and polymer-filled nanocomposites Nanocomposite science and technology. Weinheim: Wiley-VCH; 2003.
[20] Kojima Y, Usuki A, Kawasaki M, Okada A, Fukushima Y, Kurauchi T, et al. Mechanical properties of nylon 6-clay hybrid. J Mater Res 1993;8:1185–9.
[21] Gojny FH, Wichmann MHG, Fiedler B, Schulte K. Influence of different carbon nanotubes on the mechanical properties of epoxy matrix composites—a comparative study. Compos Sci Technol 2005;65:2300–13.
[22] Delozier DM, Watson KA, Smith JG, Connell JW. Preparation and characterization of space durable polymer nanocomposite films. Compos Sci Technol 2005;65:749–55.
[23] Zhu B-K, Xie S-H, Xu Z-K, Xu Y-Y. Preparation and properties of polyimide/multi-walled carbon nanotubes (MWCTs) nanocomposites. Compos Sci Technol 2006;66:548–54.
[24] Liu W, Hoa SV, Pugh M. Fracture toughness and water uptake of high-performance epoxy/nanoclay nanocomposites. Compos Sci Technol 2005;65:2364–73.
[25] Kim JK, Hu C, Woo RSC, Sham M-L. Moisture barrier characteristics of organoclay-epoxy nanocomposites. Compos Sci Technol 2005;65:805–13.
[26] Ogasawara T, Ishida Y, Ishikawa T, Aoki T, Ogura T. Helium gas permeability of montmorillonite/epoxy nanocomposites. Composites Part A 2006;37(12):2236–40.
[27] Iijima S. Helical microtubules of graphite carbon. Nature 1991;354:56–8.
[28] Thostenson ET, Ren Z, Chou TW. Review: advances in the science and technology of carbon nanotubes and their composites. Compos Sci Technol 2001;61:1899–912.
[29] Aly-Hassan MS, Ogasawara T. Heat-directed CFRP composites by functionally dispersed multi walled carbon nanotubes through the matrix. Proceeding of 2006 interna-

tional conference on bio-nanotechnology, ICBN2006, Al-Ain. UAE; 2006. p. 222–6.
[30] Aly-Hassan MS. Novel multifunctional composites by functionally dispersed carbon nanotubes throughout the matrix of carbon/carbon composites. Proceedings of ASME 2nd multifunctional nanocomposites and nanomaterials, Sharm El Sheikh, Egypt; 2008.
[31] Endo M, Kim YA, Hayashi T, Nishimura K, Matusita T, Miyashita K, et al. Vapor-grown carbon fibers (VGCFs) basic properties and their battery applications. Carbon 2001;39:1287–97.
[32] Launius RD, Jenkins DR. Coming home: reentry and recovery from space. Washington, DC: NASA SP-2011-593; 2012.
[33] Glass D. Ceramic matrix composite (CMC) thermal protection systems (TPS) and hot structures for hypersonic vehicles. In: Proceedings of 15th AIAA space planes and hypersonic systems and technologies conference, Dayton, USA; 2008. p.1–36.
[34] Pervaiz M, Sain MM. Carbon storage potential in natural fiber composites. Resour Conserv Recycl 2003;39:325–40.
[35] Mohanty AK, Misra M, Drazal LT. Natural fibers, biopolymers, and biocomposites. New York, NY: Taylor & Francis; 2005.
[36] Pickering KL. Properties and performance of natural-fibre composites. Cambridge, UK: Woodhead Publishing Limited; 2008.
[37] Nabi Saheb D, Jog JP. Natural fiber polymer composites: a review. Adv Polym Technol 1999;18(4):351–63.
[38] Roe PJ, Ansell MP. Jute-reinforced polyester composites. J Mater Sci 1985;20:4015–20.
[39] Acha BA, Marcovich NE, Reboredo MM. Physical and mechanical characterization of jute fabric composites. J Appl Polym Sci 2005;98:639–50.
[40] Aly-Hassan MS, Hamada H. Multifunctional sandwich panels with jute fiber-core and GFRP skins for snowfall regions. Proceedings of the 9th joint Canada–Japan workshop on composites, Kyoto, Japan; 2012.
[41] Aly-Hassan MS, Hamada H. Multifunctional sandwich panels with jute fiber-core and GFRP skins. ASME 2012 international mechanical engineering congress & exposition, Houston, TX; 2012.
[42] Koshino T, Aly-Hassan MS, Hamada H. Jute fiber reinforced polymeric composites with flexible interphase. Proceedings of ASME 2012 international mechanical engineering congress & exposition, Houston, TX; 2012.
[43] Nishida R, Thodsaratpreeyakul W, Aly-Hassan MS, Hamada H. The effects of matrix properties upon the tensile properties and notch sensitivity of jute mat polymeric composites. Proceedings of the 7th international conference on fracture of polymers, composites and adhesives, Les Diablerets, Switzerland; 2014.
[44] Aly-Hassan MS, Nishida R, Thodsaratpreeyakul W, Hamada H. The effects of matrix type and properties upon the tensile properties and notch sensitivity of recycled jute mat reinforced polymeric matrix composites. Proceedings of ANTEC 2014, Las Vegas, NV; 2014.

第3章

天然纤维作增强体的多功能聚合物复合材料——木塑复合材料

Z. A. Mohd Ishak 和 R. Mat Taib
马来西亚科技大学，材料与矿产资源工程学院马来西亚，槟城

3.1 引言

木塑复合材料（WPCs）代表一类综合了木质和热塑性塑料的优良性质和低成本优点的新兴材料[1]。热塑性塑料的一个积极属性是其加工过程可以是注射成型或者挤出成型，这就允许 WPCs 产品具有多种应用。而木纤维则有利于使得此复合材料具有比热塑性塑料和天然的木头更高的刚性[1]。用于制造 WPCs 的常见塑料包括 PE（聚乙烯）[1]、PP（聚丙烯）[2]、PS（聚苯乙烯）[3] 和 PVC（聚氯乙烯）[4] 等。其他热塑性塑料，例如酚醛树脂[5]、环氧树脂[6] 和聚酯[7] 也可以用作木塑复合材料的原料。如今，WPCs 在建筑行业已经有了广泛的用途，其中主要是用作装饰木材和护栏木材。

由于良好的特殊力学性能、较低的成本和维修率，WPCs 具有作为结构部件的潜力。木质纤维具有极性和亲水性，而大部分热塑性塑料，例如 PP 和 PE 是非极性的也是疏水的。由于存在这种极性差异，木质纤维不太可能和热塑性聚合物发生化学相容。这导致木质纤维在热塑性聚合物熔体中难以均匀分散，且界面黏结较差，造成复合材料性能低劣。木质纤维的亲水性能也导致 WPCs 的高度吸湿性，不利于复合材料的力学性能。为了完全利用 WPCs 的潜力，这些缺点需要考虑和克服。最常见的提高 WPCs 中纤维和基体界面黏结的方法是通过使用适量的偶联剂，例如马来酸酐接枝聚烯烃。Arbelaiz 等[8] 研究了马来酸酐接枝聚丙烯（maleic anhydride grafted polypropylene，MAPP）的含量和种类对亚麻束-PP 复合材料的力学性能的影响。他们的结果显示，使用 MAPP 作为偶联

剂，复合材料的力学性能得到了提高，吸水率降低。MAPP的作用受到酸含量和MAPP分子量的影响。Li等[9] 以MAPP为偶联剂研究了经白腐菌处理过的大麻纤维增强PP复合材料的界面剪切强度。通过单根纤维的拉拔测试以及Bowyer和Bader模型都发现，经过白腐真菌处理过的复合材料比未经过处理的复合材料具有更高的界面剪切强度。作者把这个发现归因于非纤维素的去除和纤维表面粗糙度的提高，这使得纤维表面积变大，有利于羟基和MAPP之间的作用，同时提高了机械互锁，使界面结合得更好。另外一种提高界面黏结强度的方法是用化学处理法改进木质纤维的表面性质。化学处理的方法包括碱[10,11]、硅烷[10,11]、乙酰化[10]、苯甲酰化[12]、酰化[13] 和异氰酸酯[14]。Pothan等[10] 研究了纤维表面处理对香蕉树纤维增强聚酯复合材料的动态力学性能的影响。他们用动态模量和阻尼系数来量化复合材料的界面相互作用。实验中纤维用硅烷、氢氧化钠和乙酸酐进行了处理，结果显示，提高复合材料中纤维-基体黏结强度最有效的化学药品是γ-甲基丙烯酰三甲氧基硅烷。Nma等[11] 研究了碱、硅烷以及联合碱和硅烷的表面处理方法，对黄麻-PBS（聚丁二酸丁二醇酯）复合材料力学性能和吸水率的影响。结果发现经过碱和硅烷共同处理的纤维，比单独用碱或者硅烷处理的纤维表现出更好的力学性能，而比没有处理过的纤维的吸水率低。作者认为这可以归因于经过化学处理之后的PBS和黄麻的界面黏结增强了。从某种程度上说，界面黏结增强可能阻碍复合材料结构中水分子的自由运动，减少水分子相互作用的机会和通道，阻止被处理纤维的羟基官能团之间氢键的形成[15]。

至于应用，通常要求材料具有多功能，即材料可以表现出不止一种功能。例如装饰材料必须有足够的刚度、耐燃性以及阻碍微生物侵袭的功能。木质和热塑性塑料都是有机材料，并且WPCs对火焰敏感[2]。商业热塑性塑料，例如PE和PP的耐热值大约为木头的三倍[16]。因此，WPCs表现出非常高的火灾风险，需要改进以确保公共安全。木质在WPCs中提供了多种生物有机体的食物来源，包括昆虫、真菌、细菌和海洋蛀虫[17]。将木质颗粒嵌入到聚合物基体中是为了限制水分的摄入，因为湿度水平在20%以下才可以预防真菌腐烂[18]。在一个理想的WPC产品中，聚合物阻止嵌入的木质颗粒摄入水分。理论上，这将高效增强WPCs的耐真菌腐蚀持久性，以至于不会发生真菌腐蚀[18]。此外，聚合物固有的高度抗生物降解性也可以阻止真菌腐蚀，而无须化学防腐剂[19]。然而，有很多因素会在几年内破坏新的WPC产品的表面性质[18]。例如，表面磨损会将木质成分暴露在潮湿环境中，使得真菌有腐蚀的条件。结果，WPCs容易受到真菌腐蚀。第一个证明WPC装饰材料在使用过程中（安装10年以后）存在真菌腐蚀和变色的是Morris和Cooper[20]。WPCs在户外的长久耐用性[21] 似乎已经惊动了商业界和科学界。WPCs的生物降解性可以导致一些不良影响，例如失去美感、质量和力学性能[22]，降解速率与木质-塑料比例、使用的添加剂、木质颗粒尺寸和木质种类密切相关[23]。

WPCs的制备是通过传统的塑料加工设备的，例如挤出成型和注射成型。

最简单的制备多功能 WPCs 的方法是在熔融过程添加多种添加剂。比如添加阻燃剂，可提高 WPCs 的耐燃性质。使用最广泛的阻燃剂是无机化合物、卤代化合物和磷化合物[2]。基于溴的卤代化合物是有效的阻燃剂。这类阻燃剂在凝聚相中重新或者终止燃烧化学反应[1]。高浓度的溴气也能保护材料避免暴露在氧气中得以燃烧[1]。近年来，关于卤代阻燃剂在燃烧过程中释放的有毒气体和烟气，引起了越来越多的关注[24]。基于环境安全原因，已经限制了危险阻燃剂的使用，使得卤代阻燃剂成为广泛使用的阻燃剂[24]。膨胀型阻燃剂（IFR）系统由于不含卤素，环境友好，效率高，可以替代卤代阻燃剂而得到了极大的关注[24]。一个 IFR 系统通常包括三个部分：酸源、炭化剂（成炭剂）和起泡剂[24]。大部分 IFR 系统都是基于聚磷酸铵（APP）（一种酸源）、三聚氰胺（MEL）（作为起泡剂）和季戊四醇（PER）（作为成炭剂）[25]。如果催化剂和起泡剂是结合的，则这三种混合物系统可以减少到两种，例如 MEL 磷酸盐[25]。膨胀发生的时候，几个不同的反应必须同时发生，但是要按正确的顺序。首先，酸源必须分解得到脱水剂，来和半无烟炭成型剂形成酯；然后，得到的酯必须开始脱水，并同时和起泡剂产生的气体一起交联到炭上[25]；形成的膨胀炭作为绝缘体保护底层结构材料，隔绝火焰和热量[25]。尽管如此，IFR 系统也有缺点，该系统的吸湿性和聚合物基体不兼容[26]。WPCs 的阻燃性质可以通过多种方法检验，例如在 UL94 上进行燃烧测试、极限氧指数（LOI）测试和锥形量热分析。

保护 WPCs 不受真菌腐蚀的常见方式是加入添加剂，如化学杀菌剂或抗菌剂，如硼酸锌（ZnB）[27]。硼酸盐是优异杀真菌剂和杀虫剂，ZnB 是特别有吸引力的，因为它具有非常低的水溶性，并且不会影响制造工艺，也不会受制造工艺的影响[28]。WPCs 对生物有机体的耐久性可以通过衰减测试评估，例如美国木材保护者协会标准 E10、ASTM 标准 D1413、ASTM 标准 D2017 土块测试。一般情况下，评估 WPC 的耐久性的主要困难是块体已经是湿的。在这些测试中，WPC 的固有抗吸湿性通常可以极大地限制大部分真菌腐蚀。而一旦润湿了，WPCs 的木质将减少[23]。为了将几年到几个月的真菌腐蚀时间缩短到可以检测到的时间，可以使用几个预处理方法，例如浸泡和煮沸[18]。通常以重量减轻、水分含量和机械测试来量化 WPCs 的耐腐蚀性。

在以下章节中，一些木粉（WF）-热塑性塑料和天然纤维-热塑性塑料复合材料的研究结果都受到添加剂的影响，例如 IFR 系统和 ZnB 对复合材料的可燃性和耐腐蚀性的影响。下文也讨论了复合材料的自然老化和吸水性。

3.2 PP/WF 复合材料

在这项研究中，用双螺杆挤出机和注模机制备了填充有 WF 的 PP 复合材料，使用MAPP来提高WF和PP的相互作用。IFR系统包括APP、PER和MEL以及其他添加剂，润滑剂（L）和抗菌剂（AM）也加入复合制剂中（表3.1）。研究了复合材料的热分解、阻燃性和机械性能。此外，天然暴露和吸水性对复合材料性能的影响，也用来研究这些复合材料的耐久性。

表3.1 PP和PP/WF复合材料的配方

样本	组成/%					
	PP	WF	MAPP	IFR	L	AM
PP0	100	—	—	—	—	—
PP1	40	60	—	—	—	—
PP2	40	60	5	—	—	—
PP3	40	30	5	30	—	—
PP4	36	30	5	30	4	
PP5	35	30	5	30	—	5
PP6	31	30	5	30	4	5

3.2.1 热性能

图3.1和图3.2是PP、WF和PP/WF的热失重（TG）曲线和DTG曲线。TGA相关的数据如表3.2所示。正如图3.1所示，WF在250～370℃之间出现快速热分解。WF的DTG曲线在80℃出现失水峰（图3.2），之后分别在315℃出现分解的肩峰和385℃出现强分解峰。第一个分解峰是由于半纤维素的分解，第二个是由于纤维素的分解。纤维素的分解分为几个步骤，包括吸附的水的解吸、纤维素分子链和水交联形成二氢纤维素、二氢纤维素分解产生炭和挥发物、形成左旋葡萄糖、左旋葡萄糖分解产生易燃和不可燃挥发物和其他物质、如焦油和焦炭[29]。木质素，WF的另外一种主要成分，降解速率比纤维素和半纤维素低很多，降解温度范围也宽一些，在200～500℃[29]。弱键在200～300℃内断裂，芳环强键在较高温度发生裂解[29]。425℃时由于木质素的分解而使质量损失达到最大。最终纤维素和木质素分解都形成炭。Dorez等[29]研究了纯纤维素和一些天然纤维的热行为，以及PBS/天然纤维的耐火性质。他们发现700℃时，纯纤维素产生的炭（10%）小于天然纤维产生的（18%～27%）。这说明炭形成于天然纤维热分解的最后阶段，主要来源于木质素的分解[30]。纯PP（PP0）在260℃开始分解，在490℃完全分解。DTG曲线显示在448℃有一个强峰，而WF在600℃的残炭率是41%，PP在相同温度下没有残炭量（表3.2）。

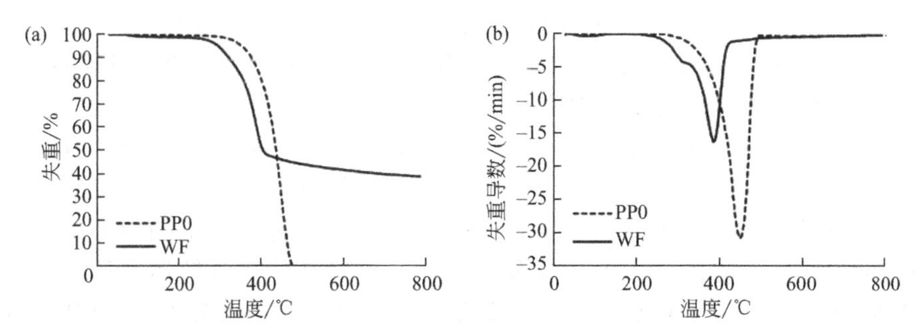

图 3.1 PP 和 WF 在纯氮气条件下的 TG 测试失重（a）和失重导数（b）

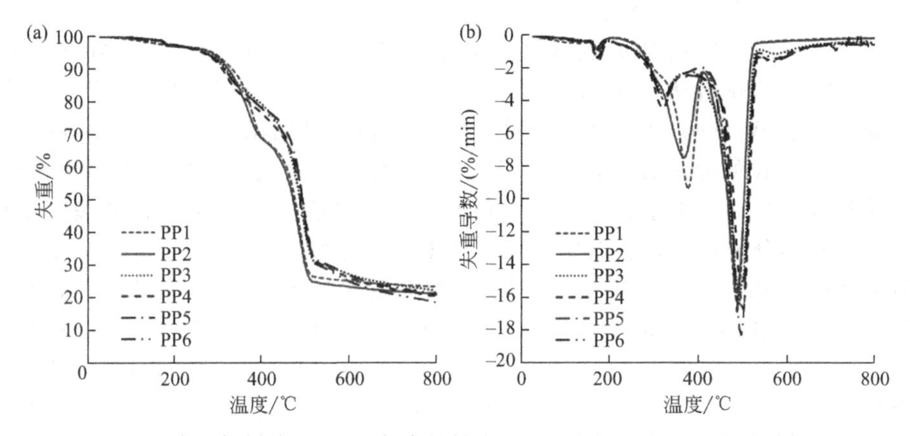

图 3.2 具有添加剂的 PP/WF 复合材料的 TG 测试失重（a）和失重导数（b）

表 3.2 PP、WF 和 PP/WF 复合材料的 TGA 数据

样本	$T_{2\%}$ /℃	T_{1peak} /℃	R_{1peak} /(%/min)	T_{2peak} /℃	R_{2peak} /(%/min)	炭渣在 600℃/%
PP0	327	448	30.6	—	—	0
WF	280	385	16.4			41.2
PP1	288	378	7.7	488	15.3	25.1
PP2	288	368	7.5	488	15.7	23.4
PP3	268	323	3.6	493	16.5	27.3
PP4	264	323	4.4	503	16.7	26.2
PP5	264	323	3.9	498	18.3	27.0
PP6	262	323	3.8	488	16.9	25.1

PP/WF（PP1）复合材料在 172℃有第一次失重，这是所吸附的水分的释放。此复合材料有三个分解阶段，303～327℃之间的宽肩峰、378℃和 488℃的两阶段分解峰。肩峰和第一次分解峰是由于 WF 的热分解。此外，WF 的添加使得 PP 复合材料的分解温度从 448℃升高到 488℃，失重率从 30.6%减小到 15.3%，这说明 WF 的存在对 PP 的热分解有积极作用。复合材料中 WF 的热分解形成炭主要来自木质素的分解[29,30]，炭的形成可以充当屏障以防止 PP 受热。

结果，PP的分解温度升高。炭也能隔绝氧气，减小PP的燃烧速率，最终导致失重率减小。600℃的失重率为25.1%。由于PP的燃烧没有显著的残炭量，WF是复合材料中形成残炭的主要物质。

向PP/WF（PP2）复合材料中添加MAPP能稍微减小第一阶段的分解温度，从378℃减小到368℃，这与WF成分的热分解有关（表3.2）。MAPP的使用可能比WF具有更低的热分解温度，并在WF的分解温度范围内分解。随着自由基的形成，可能诱导了WF成分的分解。MAPP的热分解温度低是因为基底PP的分子量低。而MAPP的添加没有影响到WF的最大失重率，PP的热分解温度和最大失重率随MAPP的加入保持不变。MAPP的分解预计在600℃，没有炭残留。PP2复合材料在600℃的残炭量从25.1%减小到23.4%。

PP/WF/MAPP（PP3）复合材料中加入IFR系统之后改变了热分解行为。第一分解阶段的峰值从368℃减小到了323℃，表明复合材料的热稳定性降低，这可能是由于WF的首先分解。因此，第一分解阶段的温度不仅和WF的分解有关，还和IFR的分解有关[31,32]。由于APP热解产生的酸可能导致脱水反应，和天然纤维成分（纤维素、半纤维素和木质素）的催化—C—O—键断裂产生许多低聚物和小分子物质，从而导致天然纤维提前分解[33]，正如在本研究中所观察到的那样。Shumao[33]等研究了添加APP的苎麻-纤维增强聚乳酸生物复合材料的阻燃性和力学性能，发现280～390℃的失重阶段分裂成240～280℃和300～385℃两个显著的失重阶段。作者认为，添加APP之后复合材料的热稳定性降低了，第一阶段的失重是由于APP裂解，苎麻纤维的提前分解是由APP分解释放的酸造成的。APP分解产生不可燃的气体，如NH_3和H_2O，这些不可燃气体可以稀释空气中的可燃气体，从而延缓燃烧。这或许可以解释第一分解阶段的最大失重率（52%）从7.5g/min减小到3.6g/min的原因。而PP的分解温度从488℃升高到了493℃。IFR系统通常包括三个部分：酸源、起泡剂和碳源[24]。在燃烧过程中，这些元素之间的协同作用可导致形成膨胀炭层，从而为下层的材料隔绝热和氧[24]。这会减慢热量和质量的转移，并中断材料的分解。估计在燃烧过程中形成了一种膨胀炭层，有效地保护了PP进一步燃烧，导致在PP3复合材料中的PP组分的热分解温度增加。然而，从PP3复合材料的第三阶段分解DTG曲线［图3.2（b）］可以观察到，这种膨胀炭层是不稳定的，并趋向于在高温时坍塌，相应的降解温度为573℃。PP3复合材料在600℃的残炭率从23.4%增加到27.3%，表明IFR有效地促进了复合材料炭的形成。这些炭部分来源于WF分解，部分来源于IFR[31,32]。

向PP3复合材料中添加润滑剂，没有改变木质成分的分解温度。而相应的最大失重率，从3.6%增大到4.4%。PP的分解温度升高了10℃，最大失重速率没有变化。形成的膨胀炭层没有PP3的稳定，并在568℃时分解。加入抗菌剂使得PP复合材料的分解温度升高5℃，最大失重率从16.5%/min提高到18.3%/min。对于第三分解阶段，分解温度为578℃，比PP3的分解温度高

5℃。当润滑剂和抗菌剂同时存在复合体系（PP6 复合材料）中，PP 组分的降解温度从 493℃降低到 488℃，残炭率从 27.3%减小到 25.1%。第三分解阶段的温度为 567℃，这表明所形成的膨胀炭层的热稳定性比 PP3 复合材料的差。由此可知，添加润滑剂或抗菌剂或两者的组合，可能影响 IFR 反应机制，导致复合材料中形成的膨胀炭层热稳定性较差。

3.2.2 阻燃性

表 3.3 是 PP 和 PP/WF 复合材料的 UL94-V 和 LOI 测试结果。没有 IFR 时，纯 PP（PP0）、PP/WF（PP1）和 PP/WF 共混物（PP2）容易燃烧，且伴有熔融滴落，这引燃了燃烧样品下方的棉花。这个观察结果显示，PP0、PP1 和 PP2 复合材料对火焰极其敏感。由于样品在燃烧过程中完全消耗了，PP0、PP1 和 PP2 复合材料可以根据 UL94-V 归类为未分级。添加 IFR 增强了 PP/WF（PP3）复合材料的阻燃性，这是由于燃烧过程中，在样品表面形成了大量的厚碳层。这种碳层导致复合材料表现出火焰自熄，火焰熄灭后具有最大约 1s 的燃烧时间。PP3 复合材料的燃烧样本没有熔融滴落现象，这些特性使该复合材料通过 V-0 等级测试，这是在本次测试中的最高等级。当该复合材料中加入润滑剂、抗菌剂或它们的组合时，也能观察到类似的行为。因此，相应的 PP4、PP5 和 PP6 复合材料也通过了 V-0 级测试或呈自熄性能。

表 3.3 PP 和 PP/WF 复合材料的 UL94-V 和 LOI 测试结果

样本	UL94-V 评分(3.2mm)	每个样品的最大燃烧时间/s	所有五个样品的总燃烧时间/s	棉点火	LOI /%
PP0	未评级	>60	>300	Yes	19
PP1	未评级	>60	>300	Yes	20
PP2	未评级	>60	>300	Yes	20
PP3	V-0	1	5	No	24
PP4	V-0	1	5	No	25
PP5	V-0	1	5	No	25
PP6	V-0	1	5	No	25

LOI 实验是测量燃烧所需的最小氧气浓度[2]。具有高阻燃性的样品需要更高的氧浓度才能燃烧。正常大气压的空气中大约含 21%的氧气。材料的 LOI 低于 21%则被认为在空气中容易燃烧。缓慢燃烧材料的 LOI 大于 21%但低于 28%。自熄材料的 LOI 大于 28%并当移除火焰或火源后中止燃烧。表 3.3 给出了纯 PP 和 PP/WF 复合材料的测试结果。纯 PP（PP0）和 PP/WF（PP1）复合材料的 LOI 值分别为 19%和 20%，因此都是易燃材料。PP2 复合材料的 LOI 值为 20%，也是易燃材料，这表明 MAPP 的添加对复合材料的阻燃性没有积极作用。IFR 的添加使得 PP2 复合材料的 LOI 值从 20%增加至 24%。其他复合材料添加 IFR 或者不同的添加剂也表现出超过 21%的 LOI 值，例如 25%。从 UL94-

V 和 LOI 结果可知，润滑剂和抗菌剂或者两者混合物的添加对 PP/WF 复合材料的阻燃性没有产生不利影响。

3.2.3　力学性能

图 3.3 显示的是 PP 和 PP/WF 复合材料的拉伸和弯曲性能。MAPP 被用来提高极性 WF 和非极性 PP 的相互作用。添加 MAPP（PP2）的 PP/WF 复合材料的拉伸和弯曲强度比添加 MAPP（PP1）的更好。与 PP1 复合材料相比，PP2 复合材料的力学性能显著改善，例如，拉伸强度和弯曲强度分别提高到 88%和 75%。MAPP 在提高填料基体相互作用的机理如下：MAPP 的酸酐基团与 WF 表面的羟基经酯化反应而相互作用，而 MAPP 的 PP 长链会扩散，形成缠结并与 PP 基体共结晶。这两者在 PP 基体之间形成完全黏合的桥梁，以确保它们之间的有效应力传递。图 3.4 对比了 PP1 复合材料与 PP2 复合材料的断裂面。与 PP1 复合材料不同的是，PP2 复合材料的断裂面围绕 WF 和 WF 颗粒没有空隙包埋在 PP 基体中，表明具有更好的相互作用。

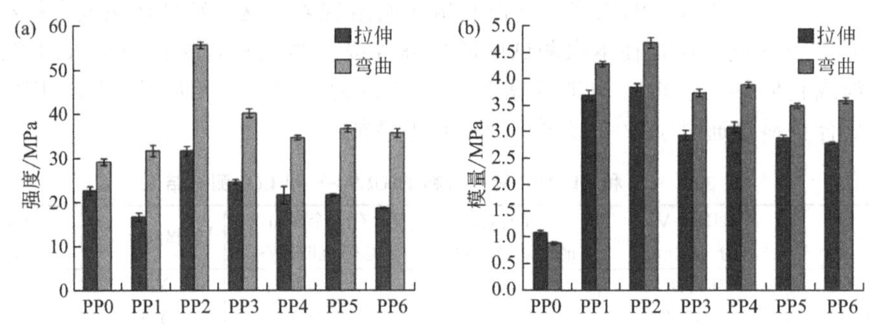

图 3.3　PP 和 PP/WF 复合材料的强度（a）和模量（b）

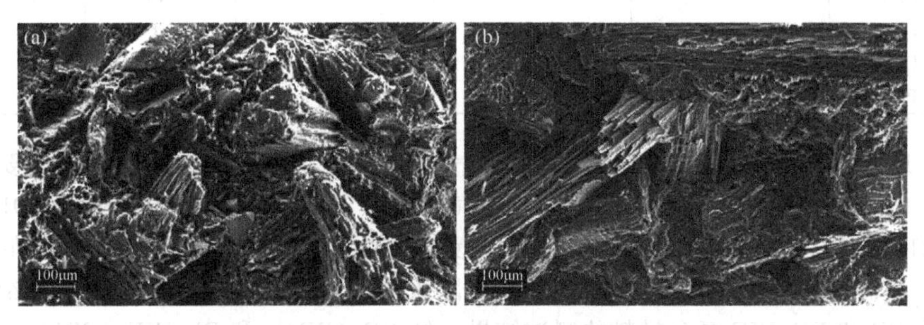

图 3.4　PP1(a) 和 PP2(b) 复合材料的 SEM 照片

尽管 MAPP 存在，添加 IFR 却显示出对 PP/WF（PP3）复合材料拉伸强度和弯曲强度的负面影响。和没有 IFR 的复合材料（PP2）相比，拉伸强度和弯曲强度分别减小到 22%和 28%。这可能是由于在 IFR 存在的情况下，APP 和 PP

基体的相融性较差，MAPP 和 WF 之间存在低效酯化反应。根据 Li 和 He[34]的处理过程，低分子量多元醇如 PER，很容易分散到木质纤维和马来酸酐接枝聚乙烯（MAPE）之间的界面中。PER 阻止了大部分木质纤维表面的羟基基团和 MAPE 的酸酐基团的酯交换反应，并用 PER 和 MAPE 的反应取代这些反应，反应见下。

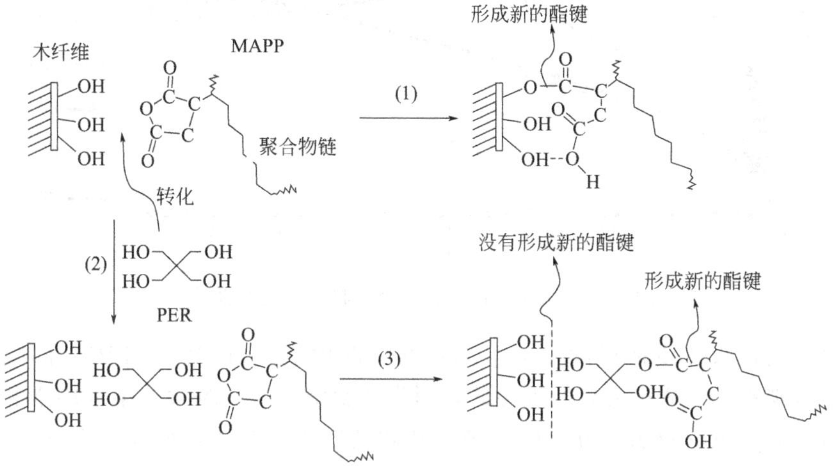

作者认为减少木质纤维和 MAPE 的黏合，导致了复合材料的力学性能降低。Zhang 等[32] 将 APP 添加到 PP/木质纤维复合材料中。他们发现尽管存在相容剂 MAPP，复合材料的拉伸强度和断裂伸长率仍然减小了。作者认为这是由于 APP 和 PP 基体的相容性不够导致的。在复合材料的断裂面显微镜照片上观察到凝聚的 APP 大颗粒，作者认为这些颗粒也促使复合材料力学性能降低。然而，复合材料的拉伸强度和弯曲强度较纯 PP 好。加入润滑剂（PP4 复合材料）、抗菌剂（PP5 复合材料）、以及润滑剂和抗菌剂的混合物（PP6 复合材料）也观察到，PP/WF 复合材料的拉伸强度和抗弯强度都进一步降低。但是这些复合材料的弯曲强度比纯 PP 的好，拉伸强度显著地低于纯 PP，这说明填料和基体之间应力传递效率较低。润滑剂和抗菌剂等添加剂可能会中断 WF 和 MAPP 之间的反应，导致填充物和基体之间的相互作用相对较弱。有报道指出，WPCs 的力学性能会随着 APP[1,32,33]、氢氧化镁[2] 和 IFR[34] 等阻燃剂的添加而降低。为了优化阻燃复合材料的力学性能，阻燃剂的表面也必须与聚合物基体相容。

如所预期的，加入 WF 增加了 PP1 复合材料的拉伸模量和弯曲模量。MAPP 的加入将 PP2 复合材料的拉伸模量和弯曲模量分别提高了大约 4%和 9%。

3.2.4 吸水性

图 3.5 显示了 PP 和 PP/WF 复合材料的浸泡时间（以天为单位）与吸水量的关系。图中纯 PP（PP0）吸水量太小以至于无法观察到，所以可以忽略。这

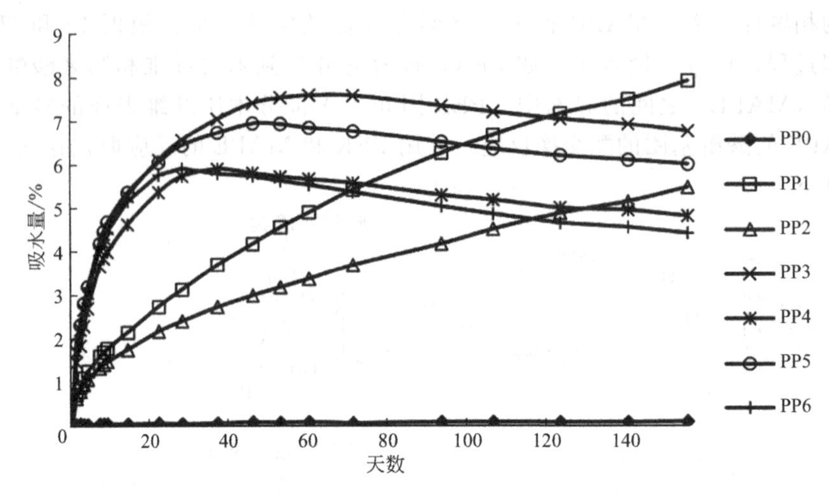

图 3.5 PP 和 PP/WF 复合材料的水吸收曲线

是由材料的疏水性质造成的。由于 WF 的吸湿性质，PP/WF（PP1）的吸水量可以显著观察到。WF 是高度吸湿的，因为细胞壁，即纤维素、半纤维素和木质素都含有通过氢键吸引水分子的许多羟基和其他含氧基团，如酯、羰基和羧基。水的吸收可以通过表面化学修饰法，如乙酰化[35] 来改变 WF 成分的性质，从而限制其吸湿性。乙酰酯化 WF 的羟基使 WF 更疏水，从而使其尺寸稳定[36]。相容的 PP/WF（PP2）复合材料能吸收大量的水，但速度和吸水水平比 PP1 复合材料低。许多研究人员将这个现象归因于改进的填料-基体黏附，使其通过毛细作用限制了水分子的流动性，而难以渗透到复合结构内[15]。在 PP3 复合材料中，质量分数为 50%的 WF 被置换为 IFR。与 PP1 和 PP2 复合材料相比，该复合材料表现出更大水分吸收量（超过 100%），表明 APP 的吸湿多于 WF。APP 一直是容易吸收水分的和可溶于水的[1,37]。经过长时间的吸水，一些 APP 可能已经可溶于水，并从复合材料浸出，导致复合材料的吸水量达到平台期后反而降低。APP 在水中的溶解度可以通过用化学品，如三聚氰胺-甲醛（MF）包裹 APP 颗粒来减少[37]。Wu 等[37] 用疏水材料 MF 树脂涂层包裹 APP，用 10%的 MF 溶液溶解包裹的 APP，发现在 20℃时减少了 50%的 APP。IFR 的其他成分，如 PER 和三聚氰胺也吸收水分[24]，并且会对含 IFR 复合材料的防水性产生不利影响。含有润滑剂（PP4 复合材料）、抗菌剂（PP5 复合材料）或者两个添加剂的混合物（PP6 复合材料）的复合材料，也显示了与 PP3 复合材料相似的吸水趋势，但具有低得多的吸水量，特别是最大吸水量。这些结果表明，润滑剂和抗菌剂比 APP 更早从复合材料中析出。这可能导致形成空隙，最终促进复合材料结构内的水分子的运动，并提高 APP 的溶解速率。

吸水率可以影响 WPCs 的力学性能。表 3.4 是 PP 和 PP/WF 复合材料与水接触之前（对照）和之后（湿）的拉伸性能结果，也包括在 70℃的烘箱中处理 24h

(再干燥) 后的老化样品的残余拉伸性能。由表 3.4 可明显看出，纯 PP (PP0) 的拉伸性能稍受水的吸收的影响。相反，PP/WF 复合材料的拉伸性能受到相当大的影响。吸水后 PP/WF (PP1) 复合材料的拉伸强度和模量分别降低了 15%和 25%。由于复合材料两相不相容，任何影响拉伸性能的主导因素可归因于填料和水的相互作用。WF 成分的溶胀可能会导致 WF 颗粒的内部断裂，在高密度聚乙烯 (HDPE) 基体中形成微裂纹[23]，这两者最终都将影响 PP1 复合材料的拉伸性能。

表 3.4 PP 和 PP/WF 复合材料吸收水分和重新干燥之后① 的拉伸性能趋势

样本	拉伸性能	控制	湿度②	重新干燥③
PP0	拉伸强度/MPa	22.34(0.54)	−6.2(0.11)	91.1(0.16)
	拉伸模量/GPa	1.06(0.05)	−23.6(0.01)	78.3(0.04)
PP1	拉伸强度/MPa	16.97(0.45)	−14.8(0.37)	82.4(1.10)
	拉伸模量/GPa	3.74(0.07)	−24.6(0.02)	85.0(0.20)
PP2	拉伸强度/MPa	31.45(0.44)	−11.9(0.08)	94.5(0.30)
	拉伸模量/GPa	3.85(0.12)	7.9(0.03)	92.3(0.15)
PP3	拉伸强度/MPa	24.10(0.28)	−51.1(0.20)	69.5(0.04)
	拉伸模量/GPa	2.97(0.08)	−52.5(0.01)	75.4(0.01)
PP4	拉伸强度/MPa	21.79(1.66)	−53.2(0.06)	62.4(0.02)
	拉伸模量/GPa	3.05(0.11)	−49.5(0.08)	73.8(0.02)
PP5	拉伸强度/MPa	22.01(0.15)	−49.8(0.13)	65.0(0.32)
	拉伸模量/GPa	2.92(0.05)	−54.1(0.02)	73.3(0.01)
PP6	拉伸强度/MPa	19.37(0.15)	−49.6(0.07)	67.2(0.11)
	拉伸模量/GPa	2.83(0.01)	−49.8(0.03)	76.0(0.02)

① 括号中的数字为标准偏差；

② 吸水后属性变化的百分比；

③ 重新干燥之后属性恢复的百分比。

作为与 MAPP 复合的材料，PP2 复合材料拉伸性能的降低，是由于水分子与除了上述界面区域以外的界面的相互作用。通过加入 MAPP 改进填料-基体的相互作用，可能是不足以限制水分子在复合结构中通过扩散和毛细作用运动的[15]。界面区域存在的水分子可能造成 WF 颗粒之间的相互作用，HDPE 基体降解导致从基体传递到填料的应力不足，正如随着吸水率增加而拉伸性能降低所反映的那样[15]。尽管如此，PP2 复合材料的拉伸性能损失比 PP1 复合材料少。当一半 WF 被置换为 IFR 时，观察到 PP3 复合材料的拉伸性能下降更大。而 PP3 复合材料的拉伸强度和模量分别减小 51%和 52%，PP2 复合材料分别只降低 12%和 8% (表 3.4)。这可能是由于从复合材料浸出了一些水溶性的 APP (IFR 的主要成分)。因此可以预估，IFR 在复合材料结构内形成空隙，充当应力集中部位而导致内部的拉伸特性降低。添加了润滑剂 (PP4 复合材料)、抗菌剂 (PP5 复合材料)，或者润滑剂和抗菌剂的混合物 (PP6 复合材料) 的复合材料的拉伸性能的损失百分比相差不大。这些复合材料的拉伸性能的降低也可能是由于界面的降解，形成了微裂纹或者空隙。

除了润湿状态，对新干燥的复合材料样品也进行了拉伸试验，即通过烘箱对与水接触过的样品进行干燥处理。目的是要确定恢复的拉伸性能的百分比。其结果也如表3.4所示。

PP1复合材料拉伸强度和模量的恢复百分比分别为91%和78%。这可能是由于填料性质和复合结构产生了一些永久性破坏，如微裂纹，也可能是由于填料溶胀导致。PP2复合材料能表现出较好的恢复，其拉伸恢复百分比超过90%。这可能是由于重新干燥后填料-基体的相互作用得到了恢复[15]。复合材料PP3、PP4、PP5和PP6的拉伸性能的恢复非常差。只有低于70%的拉伸强度和低于80%的拉伸模量得到恢复。原因是析出一些APP和其他的IFR组分，导致在这些复合材料中形成了空隙，填料溶胀造成的这些空隙连同微裂纹充当应力集中部位，造成这些复合材料拉伸性能恢复较差。重新干燥的样品的结果表明，重新干燥的填料-基体相互作用的恢复率不足以弥补微裂缝和空隙对复合材料性能产生的不利影响。

3.2.5 耐候性

自然老化试验是将复合材料放在槟城的马来西亚理科大学进行自然老化来实施的。自然环境下的槟城平均天气状况列于表3.5。图3.6是PP和PP/WF复合材料老化之前的表面显微照片，PP的显微照片看起来光滑。虽然所有的复合材料样品的表面也相对平稳，WF颗粒则在几个区域都能明显看到。后者可能是由于填料含量太高以及注射成型的加工条件并没有促进PP基体流过并包裹WF颗粒。此外，空隙在PP基体的边缘很明显，并且暴露在WF颗粒之间。自然老化之后，PP和PP/WF复合材料的表面表现出明显不同的外观（图3.7）。在PP和PP/WF复合材料的表面上微裂纹是显而易见的。PP基体的微裂纹和暴露的WF颗粒在自然老化的PP/WF复合材料中非常明显。PP和PP/WF复合材料表面上微裂纹的存在，表明这些材料在自然老化时经历了氧化降解。当PP基体暴露于紫外线辐射（在太阳光谱）时，其经过表面氧化反应而产生光降解。PP基体的光降解产生了自由基，可能会发生分子链断裂。因为高透氧性，复合材料表面层的非晶区容易发生断链[37]。由于从断链衍生的短链具有高流动性，容易发生再结晶[37]。这导致体积收缩，反过来又引起复合材料表面层内的应力退化。如果表面层（PP基体）无法抵抗残余内应力，或因自然老化过程中温度变化引起的外部压力就会变得脆弱，很容易破解。WF是疏水材料，并且在老化期间由于水分的吸收和解吸而具有膨胀和收缩的倾向。没有被PP基体包裹的WF颗粒，可从环境和降雨中吸收水分。膨胀WF颗粒的溶胀压力将同时造成PP基体产生脆性微裂纹，特别是在其周边。当被PP基体包裹的WF颗粒破碎成小块的时候，WF颗粒在复合材料表面变得更加明显和突出，见图3.7(b)。不含MAPP(PP1)的PP/WF复合材料表面比其他复合材料经历的损害更严重，见图3.7(b)。

表 3.5 自然环境下槟城平均天气状况

温度/℃	相对湿度/%	雨量/mm	紫外线能量/(J/m^2)
27.3	81.1	177.0	3338.6

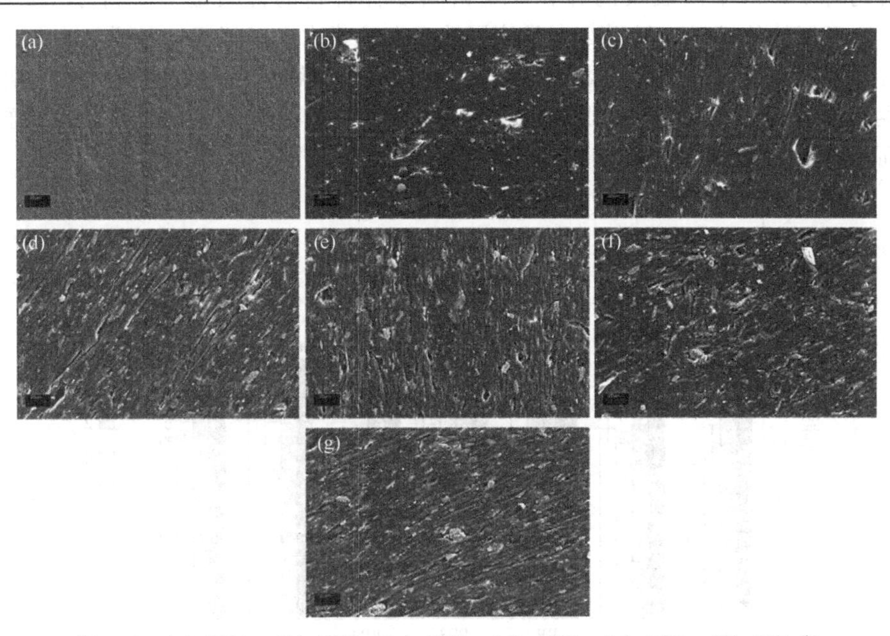

图 3.6 (a) PP0，(b) PP1，(c) PP2，(d) PP3，(e) PP4，(f) PP5 和 (g) PP6 在放置到自然环境之前的表面 SEM 照片

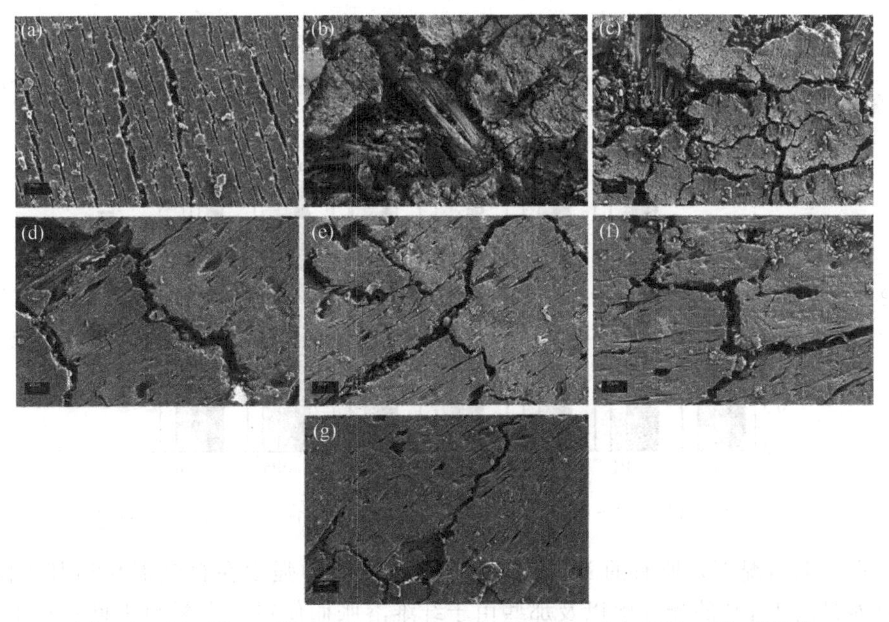

图 3.7 (a) PP0，(b) PP1，(c) PP2，(d) PP3，(e) PP4，(f) PP5 和 (g) PP6 在放置到自然环境之后的表面 SEM 照片（暴露 6 个月）

图 3.8 和图 3.9 分别为 PP 和 PP/WF 复合材料的拉伸强度和拉伸模量。对于纯 PP（PP0），暴露老化 2 个月后的拉伸强度变化不显著。在暴露第 4 和第 6 个月的时候，由于微裂纹的存在，观察到复合材料的性质显著下降了 33%和 46%。至于拉伸模量，暴露 2 个月该属性也未显著改变。相反，暴露 4 个月和 6 个月后观察到属性分别增加 8%和 16%。PP 的光降解可能导致断链。断链期间产生的短链移动性更强，可以进行重结晶，从而导致结晶度变大，特别是在样品表面[37]。这也许可以解释自然老化后 PP0 拉伸模量的增加。

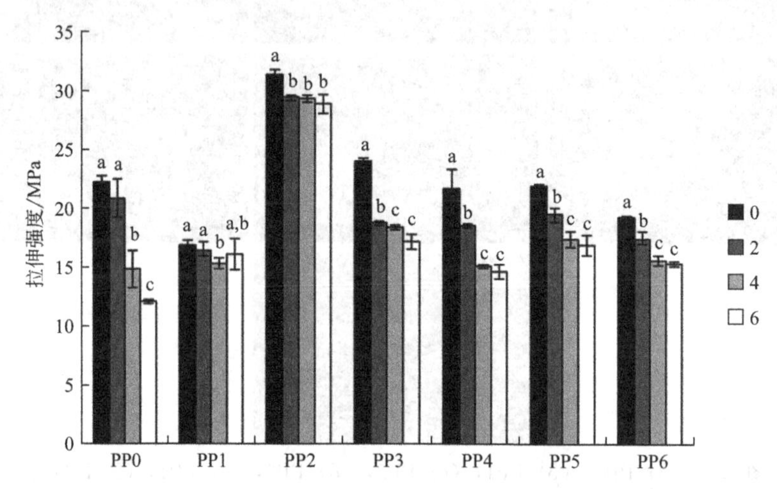

图 3.8 自然气候（0～6 个月）对 PP 和 PP/WF 复合材料拉伸强度的影响

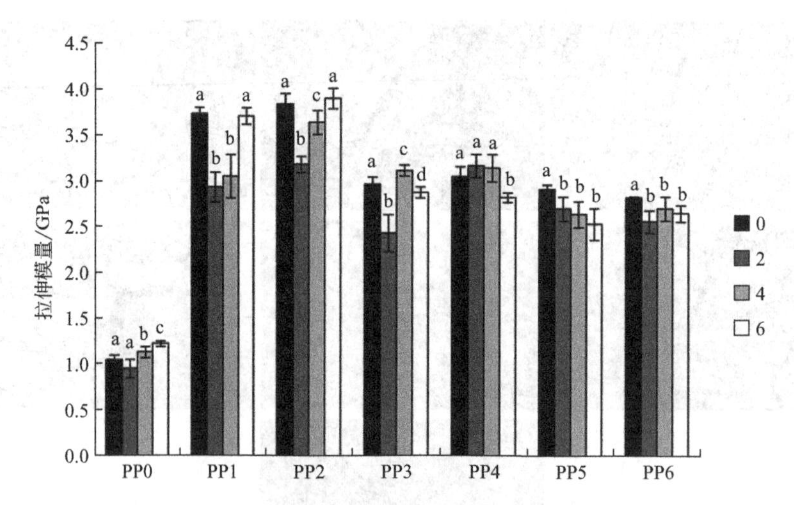

图 3.9 自然气候（0～6 个月）对 PP 和 PP/WF 复合材料拉伸模量的影响

在一般情况下，所有的 PP/WF 复合材料的拉伸强度在自然老化后都下降。这可能是由于 PP 的光降解以及那些由于纤维溶胀而使得复合材料表面形成的微裂纹（图 3.7）造成的。此外，WF 也经历了光降解，也能使复合材料拉伸强度减小。暴露时间在 2 个月和 6 个月之间时，PP/WF 复合 MAPP（PP2）材料的拉伸强度变化微不足道。这可能是由于更好的填料-基体的相互作用，降低了 WF 的膨胀和 PP 基体周边微裂纹的形成。质量分数为 50%的 WF 被置换为 IFR 时，PP3 复合材料的拉伸强度保留很小。经过 2 个月的暴露，和 PP2 复合材料（−6%）相比，PP3 复合材料显著下降 22%。抗拉强度另一个显著下降是暴露 4 个月（−23%）和 6（−28%）个月的时候。在 PP3 复合材料中，WF 和 IFR 作为异质，可能增加了复合材料表面和内部的孔隙，然后水分子可以很容易地渗入复合结构内部，这会加速自然老化对复合材料性能的不利影响[38]。添加了润滑剂的 PP/WF 复合材料（PP4 复合材料）经历 2 个月的暴露后，拉伸强度下降了 15%。暴露 4 个月和 6 个月后，其性质进一步显著下降，但是比 PP3 复合材料的稍低。这些值比未暴露的不含 MAPP（PP1 复合材料）的 PP/WF 复合材料的初始值分别低 10%和 13%。加入抗菌剂（PP5 复合材料）的 PP/WF 复合材料能更好地保留拉伸强度，其在暴露 2 个月、4 个月和 6 个月后的拉伸强度比 PP4 复合材料大。将润滑剂和抗菌剂（PP6 复合材料）同时添加到复合材料，暴露 2 个月、4 个月和 6 个月后，显示的拉伸强度跟 PP4 复合材料相当或稍好。类似于 PP4 复合材料，PP5 和 PP6 复合材料的拉伸强度值在暴露 4 个月和 6 个月后，都低于未暴露的 PP1 复合物的初始值。

PP1 复合材料的拉伸模量在暴露 2 个月和 4 个月后，分别显著降低 21%和 18%。未暴露的 PP1 复合材料的拉伸模量显著增加。观察到的 PP2 复合材料拉伸模量的变化趋势，和 PP1 复合材料类似，但变化的值比 PP1 复合材料高得多。和 PP1 复合材料类似，PP2 复合材料暴露 6 个月后的拉伸弹性模量相当于未暴露的复合材料。复合材料的拉伸弹性模量的增加，可能是由于 PP 基体的结晶度增加而导致其刚度增加造成的。IFR（PP3 复合材料）复合材料暴露 2 个月后拉伸模量下降 18%，暴露 4 个月和 6 个月后，拉伸模量分别增加 5%和减小 3%。PP4 复合材料的拉伸模量在暴露 2 个月和 4 个月后的变化都微不足道，暴露 6 个月后拉伸模量显著下降 7%。添加了抗菌剂的复合材料（PP5 复合材料）和同时添加抗菌剂和润滑剂的复合材料（PP6 复合材料），在暴露 2 个月后拉伸模量显著降低。暴露 4 个月和 6 个月后，PP5 复合材料的拉伸模量持续减小，而 PP6 复合材料的拉伸模量稍有增加，但比未暴露的复合材料的低。

3.3 HDPE/WF 复合材料

用双螺杆挤出机和注塑机制备 HDPE 和 WF 的复合材料，填料质量分数固定为 50%。分别加入 0.5%、1.0%和 1.5%的 ZnB 到复合材料中。弯曲试验样品埋在马来西亚理科大学工程校区（北纬 5°8′N，东经 100°29′E）的土壤中，土埋深度大约 6in（1in=0.0254m），埋 6 个月。从最近的气象站巴特沃斯（北纬

5°28′N，东经 100°23′E）获得温度和降雨的气象数据。每日平均温度在 31.5℃ 和 27.8℃，而平均降雨量约为 167mm。每 2 个月从地下的每个复合材料制剂中取出 5 个试样并进行表征。质量损失的计算是基于存在于复合材料中的 WF 颗粒的量，假定 HDPE 基体是不发生降解的。

3.3.1 质量损失

图 3.10(a) 是 HDPE/WF 复合材料分别在含有和不含有 ZnB 时受到真菌腐蚀的质量损失情况。热塑性聚烯烃包括 HDPE 是高度耐生物降解的，因为其主链仅由碳原子构成[23]。而 WF 提供了有机体和真菌生物的食物来源[17]。因此所有的质量损失可以假定来自 WF。为了使复合材料在土埋期间产生质量损失，WF 组件必须具有高含水量并应便于真菌腐蚀。所有的复合材料在土埋 3 个月后，质量损失小于 1%。复合材料土埋 6 个月后质量损失显著增加。平均减重随着土埋时间的延长而增加，另外 ZnB 的加入在一定程度上可保护其免受真菌腐蚀。与不含有 ZnB 的复合材料相比，含有 ZnB 的平均质量损失较低。

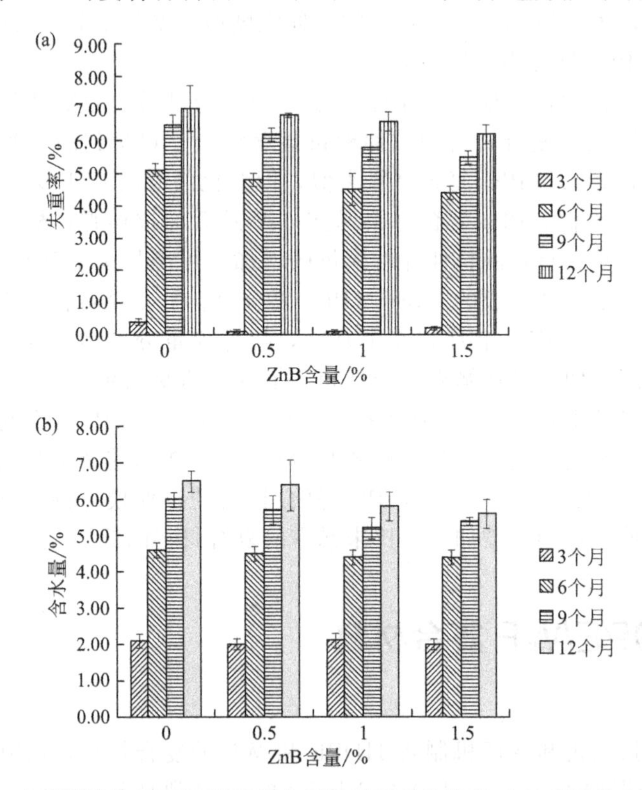

图 3.10 土埋导致的 HDPE/WF 复合材料的平均失重率（a）和平均含水量（b）

3.3.2 含水率

图 3.10(b) 表示的是 HDPE/WF 复合材料含有和不含有 ZnB 时，经土埋试验后的平均含水量。发现所有的复合材料都吸收了一些水分。HDPE 基体为疏水材料，因此可以假设所有的水分都被 WF 颗粒和空隙吸收。大量的复合材料都测得了水分含量。如果考虑复合材料中的 WF 成分的平均含水量，该值将大约是图 3.10(b) 所示的两倍。复合材料样品可能随厚度存在一个含水梯度，因为水分是缓慢扩散进 WPCs 的[17]。该复合材料内部具有非常低的含水量，同时外表面层的含水量是饱和的[17]。因此复合材料表面的 WF 颗粒可以具有较高含水量；比图 3.10(b) 高的含水量使得它们更容易受到真菌腐蚀。这可以解释复合材料土埋试验后的质量损失。

3.3.3 韧性

表 3.6 是 HDPE/WF 复合材料（含和不含 ZnB）在土埋试验前后的弯曲强度和弯曲模量。所有复合材料的弯曲强度都随土埋时间的延长而减小。这可能是由于土埋过程中吸收了水分造成纤维溶胀，导致 HDPE 基体中的 WF 颗粒周围形成微裂纹，WF 和 HDPE 基体相互作用减弱。和含有 ZnB 的复合材料相比，不含有 ZnB 的复合材料的弯曲强度稍微高一些，这表明 ZnB 对最小化真菌腐蚀有积极影响。弯曲性能减弱的程度随 ZnB 含量的增大而减小。

表 3.6 土埋①前后 HDPE/WF 复合材料的弯曲性能趋势

ZnB 含量/%	属性	土埋时间/月				
		0	3	6	9	12
0	弯曲强度/MPa	21.10	18.53 (−12.2)	18.39 (−12.8)	17.30 (−18.0)	17.00 (−19.5)
	弯曲模量/GPa	2.19	1.96 (−10.8)	1.92 (−12.4)	1.83 (−16.4)	1.66 (−24.5)
0.5	弯曲强度/MPa	21.62	19.80 (−8.4)	19.61 (−9.3)	18.53 (−14.3)	18.04 (−16.5)
	弯曲模量/GPa	2.29	2.18 (−5.0)	2.08 (−9.2)	2.05 (−10.5)	2.01 (−12.3)
1.0	弯曲强度/MPa	21.19	19.70 (−7.0)	19.44 (−8.3)	18.59 (−12.7)	17.98 (−15.2)
	弯曲模量/GPa	2.33	2.30 (−1.3)	2.18 (−6.7)	2.07 (−11.2)	2.04 (−12.5)
1.5	弯曲强度/MPa	21.16	19.60 (−7.4)	19.32 (−8.6)	18.53 (−12.4)	18.14 (−14.3)
	弯曲模量/GPa	2.42	2.41 (−0.5)	2.26 (−6.6)	2.173 (−10.4)	2.14 (−11.5)

① 括号中的数字是土埋后的属性变化的百分比。

3.3.4 表面形貌

图 3.11 分别是含有和不含有 ZnB 的 HDPE/WF 复合材料土埋前后的表面显微照片。虽然所有的复合材料的表面相对光滑，但 WF 颗粒在几个区域比较明显。后者可能是由于填料含量太高，注射成型的加工条件未能促进 HDPE 基体熔融和流过并包裹 WF 颗粒。这些未经包裹的 WF 颗粒被暴露在复合材料的表面，当水分的含量高到足以腐烂的时候，其容易受到真菌的腐蚀。此外，图中可见空隙是很明显的，尤其是在 HDPE 基体的边缘和暴露的 WF 颗粒之间。这些空隙可以归因于非极性 HDPE 基体和极性 WF 颗粒之间的固有不相容性。这些空隙可为水分子提供渗透到复合结构内的简单通道，有助于提高真菌侵袭的比表面积[39]。

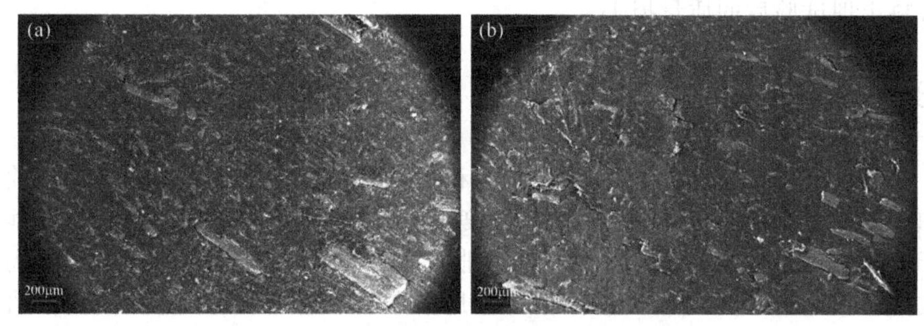

图 3.11 土埋之前复合材料表面的 SEM 照片
(a) 0% ZnB 和 (b) 1.5% ZnB

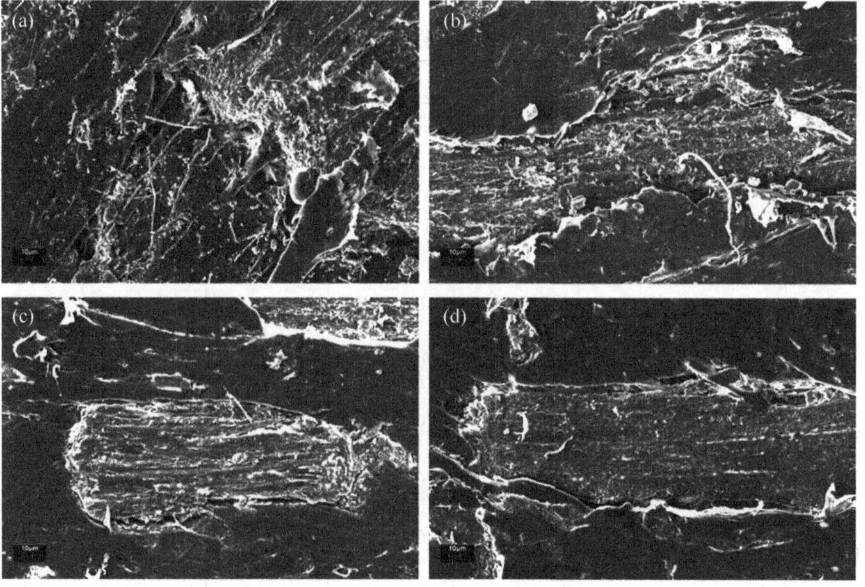

图 3.12 土埋 12 个月之后 HDPE/WF 复合材料表面的 SEM 照片
(a) 0% ZnB; (b) 0.5% ZnB; (c) 1.0% ZnB; (d) 1.5% ZnB

含有和不含有 ZnB 的 HDPE/WF 复合材料土埋后的表面显微照片如图 3.12 所示。在不含有 ZnB 的 HDPE/WF 复合物的表面上观察到了严重的真菌生长，证明了 WF 颗粒不能抵抗真菌腐蚀，土埋条件（温度和含水量）有利于复合材料上的真菌生长。这一现象和复合材料产生较大的质量损失和较低的弯曲性能是吻合的。至于含有 ZnB 的复合材料，ZnB 含量为 0.5%的时候真菌腐蚀是清晰存在的，但 ZnB 的含量为 1.0%和 1.5%的时候则不是很明显。这种现象在重量减轻和弯曲性能的结果中已经有所反映。

3.4 红麻纤维/聚乳酸复合材料的增韧

材料对环境的影响得到了越来越多的关注，新的规则和条例迫使制造商使用更环保和更温和的材料，如可生物降解的复合材料及其制品。可生物降解的复合材料是将生物可降解聚合物如聚乳酸（PLA）和天然纤维红麻纤维（KF）或填料结合来制备的。在这项研究中，通过内部混合和压缩成型制备 PLA/KF 复合材料。KF 的质量分数固定为 40%。研究了加入不同含量的抗冲改性剂（IM）(乙烯丙烯酸酯共聚物；杜邦公司 Biomax®Strong 100）对复合材料的力学性能的影响。

3.4.1 力学性能

PLA 和所有的复合材料的力学性能列于表 3.7。PLA/KF 复合材料的拉伸强度和模量都随 IM 的增加而减小。这种结果是预料中的，可以归因于 IM 的橡胶状行为降低了复合材料的力学性能[40] 并减小了 PLA 基体的结晶度[41]。IM 质量分数分别为 10%和 20%的 PLA/IM/KF 复合材料，表现出和 PLA/KF 复合材料相媲美的断裂伸长率。当复合材料中的 IM 质量分数分别为 30%和 40%时，断裂伸长率分别显著增加 54%和 96%（表 3.7)。图 3.13 (a)～(c) 为用高系数（R^2 值）检测的 IM 含量和拉伸性质之间的线性变化。与其他研究人员报道的不同的基体和填料的改性复合物的冲击改性降低[40-44] 基本类似。加入质量分数为 10%的 IM，能将 PLA/KF 复合材料的缺口悬臂梁式冲击强度稍微增大 8%。当复合材料中加入的 IM 质量分数等于或者超过 20%时，观察到抗冲击强度显著降低。当 PLA/IM/KF 复合材料中的 IM 质量分数为 40%时，复合材料的缺口悬臂梁式冲击强度从 6.27kJ/m^2 增加到 11.03kJ/m^2，增大了 76%（表 3.7)。R^2 值为 0.926 时，复合材料的缺口悬臂梁式冲击强度与 IM 含量呈现指数增长，见图 3.13(d)。基于以前的工作[41]，IM 有望形成分散相并在复合材料中作为应力集中相。涉及的增韧机理被认为是和 PLA/IM 共混物中观察到的是一样的[41]，这是 PLA 基体通过界面剥离和剪切屈服形成的橡胶气蚀。这些机制可以帮助消散或吸收裂纹扩展所释放的能量。

表 3.7 PLA/KF 复合材料①的力学性能

材料	拉伸强度/MPa	拉伸模量/GPa	断裂伸长率/%	缺口冲击强度/(kJ/m²)
PLA	46.92±1.48	2.12±0.13	3.18±0.19	7.83±1.07
PLA/KF	25.39±5.16	3.61±0.47	0.84±0.17	6.27±0.69
PLA/10IM/KF	21.83±2.22 (−14.02)	3.34±0.12 (−7.48)	0.85±0.03 (+1.19)	6.78±0.0. (+8.13)
PLA/20IM/KF	16.15±2.16 (−36.39)	2.43±0.33 (−32.67)	0.88±0.08 (+4.76)	7.47±0.95 (+19.14)
PLA/30IM/KF	13.90±2.07 (−45.25)	1.95±0.26 (−45.98)	1.29±0.32 (+53.57)	8.38±1.18 (+33.65)
PLA/40IM/KF	8.03±0.53 (−68.37)	1.09±0.11 (−69.81)	1.65±0.19 (+96.43)	11.03±0.83 (+75.92)

① 括号中的数字是与 PLA/KF 复合材料相比的属性变化率。

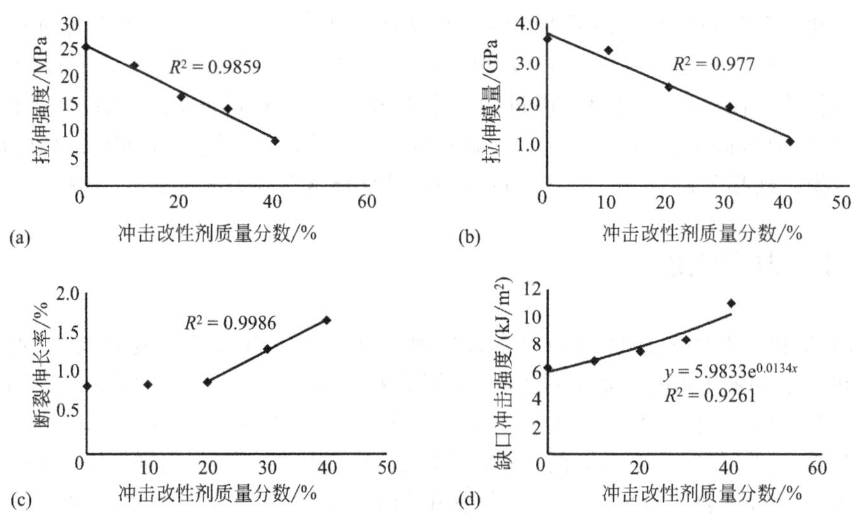

图 3.13 PLA/KF 和 PLA/IM/KF 复合材料的（a）拉伸强度、（b）拉伸模量、（c）断裂伸长率和（d）缺口冲击强度

3.4.2 断面形貌

图 3.14 显示了不同 IM 含量的 PLA/KF 复合材料的拉伸断裂面的 SEM 照片。不含 IM 的复合材料的 SEM 照片上，在纤维和纤维断裂面上拉出的短纤维几乎观察不到明显的间隙（箭头所示）[图 3.14(a)]，这表明 PLA 和 KF 之间有一定程度的相互作用，并且在一些地方比 KF 的强。KF 和 PLA 之间的相互作用可以归因于 KF 的羟基基团和 PLA 的末端羟基[45,46]，或羧酸基团[47] 以及 PLA 酯基上的羰基[48] 之间形成了氢键。尽管如此，PLA/KF 复合材料的拉伸强度

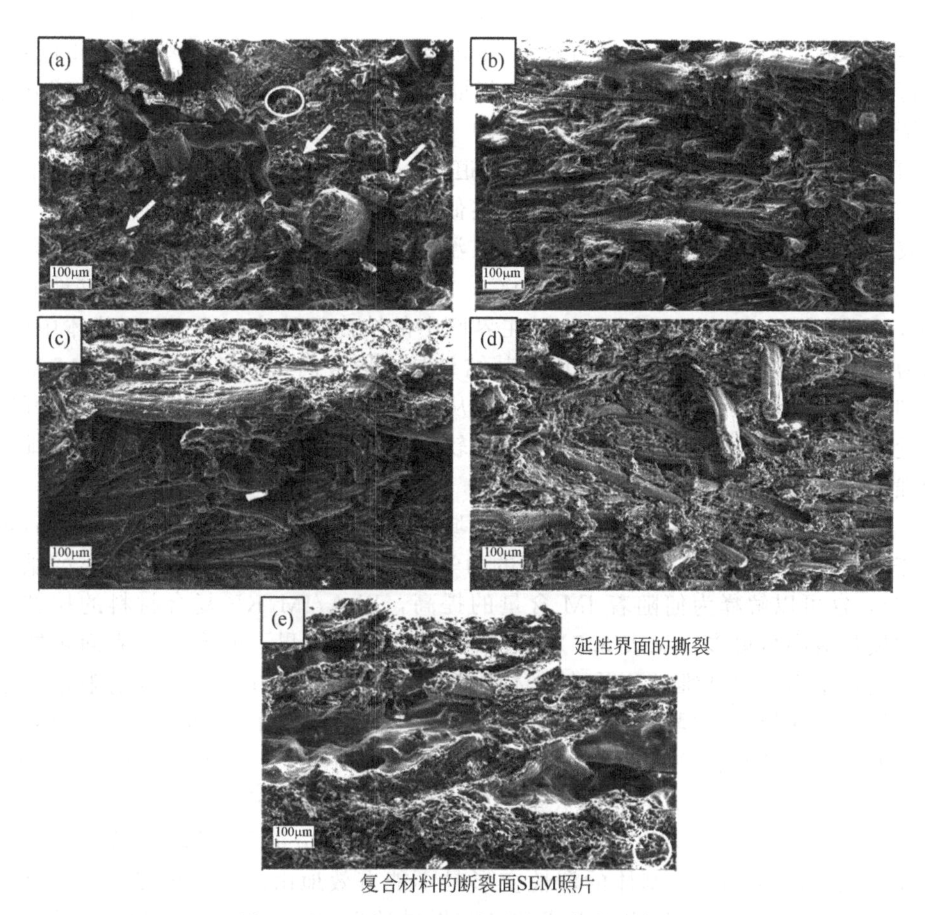

图 3.14 不同 IM 含量的 PLA/KF 复合材料拉伸断裂面的 SEM 照片
(a) PLA/KF; (b) PLA/10IM/KF; (c) PLA/2-IM/KF;
(d) PLA/30IM/KF 和 (e) PLA/40IM/KF

比未填充的 PLA 的低（表 3.7），这可能是由于在复合材料中的纤维长径比的平均值较小导致的（小于临界纤维长径比）。纤维的初始长径比约为 21。纤维的长度可能在混合过程中减小，这可能减小纤维的长径比，从而导致纤维的增强效果较差。观察到有单根纤维形式的 KF 单独分离和分散体（如白色圈所示）[图 3.14(a)]。一些纤维在混合过程中可能经历开纤处理或原纤化。

从含有 IM 的复合材料的断裂面的纤维结构照片中，观察到 KF 嵌入了 PLA 基体中 [图 3.14 (b)～(e)]。随着 IM 含量的增大，KF 被塑性变形材料所包裹的部分增加。IM 含有环氧官能团，可以与 KF 的羟基反应。然后 PLA 和 IM 可以在混合过程中与 KF 反应。以下 SEM 照片是根据图 3.14 (b)～(e) 观察的，表明 IM 比 PLA 对 KF 的羟基的亲和力更大。图 3.14(e) 中显示一些“串”将 KF 表面和 IM 连接，表明 KF 和 IM 的黏合很好（图中圆圈所示）。在混合过程中，一些来源于树脂周围的 IM 区可能向 KF 迁移，将 PLA 大分子拉近在一起。

这是可能的，因为IM的环氧官能基团也和PLA的官能团（末端羟基和羧基）进行反应[49,50]。这就导致形成了一个界面，它是PLA和IM的混合或是部分地围绕所述纤维表面的增韧PLA相形成的。因此IM的加入可以用来改性PLA和KF的边界区域的界面。Sui等[51]也报道了一个从SEM观察到的短玻璃纤维增强尼龙6，6复合材料（夹杂橡胶）的类似形貌。他们观察到在纤维周围聚集了橡胶和尼龙的混合物。此外，IM在加工温度（190℃）下黏度（IM的熔点大约72℃）可能低于PLA（熔点大约160℃）的。因此，IM可以比PLA更好地润湿KF，以促进KF-IM相互作用。IM在界面中的浓度可能高于在PLA基体中的，因为IM更倾向于附着到纤维表面。其结果是，形成高延展性和柔性的IM富集增韧PLA相。这种柔性界面对于将应力从PLA基体转移到纤维，以及抑制纤维附近PLA分子链段的移动性来说可能太软[52]。这使得纤维和KF在复合纤维中增强的有效性降低。

随着IM含量的增大，更多的IM区域可能迁移到纤维表面和界面，然后可能变得更软和更柔。不仅降低了IM的力学性能[40]，还减小了PLA基体的结晶度[41]，这可以解释为何随着IM含量的提高，PLA/IM/KF复合材料的拉伸强度和模量减小得更多（见表3.7）。根据拉伸强度的结果，所形成的界面可能是脆弱的，结果一些纤维松弛并从基体中拉出。从图3.14(e)中可以清晰地观察到柔性界面在拉伸过程中的延性撕裂。从PLA/KF复合材料的断裂面上观察到，没有发生明显的塑性变形的脆性断裂表面［图3.14(a)］。相反，在PLA/IM/KF复合材料的断裂面，观察到大量的塑性变形的材料［图3.14（b）～(e)］。以基体拉伸或剪切屈服的形式存在的塑性变形，是由于分散在基体相中的IM区的橡胶空化导致的。PLA基体的塑性变形是不能有效地由刚性KF抑制的，因为柔性界面是在纤维和基体之间形成的。结果导致在PLA基体中产生大量的塑性变形。当复合材料中的IM质量分数等于或大于20%时，PLA基体的塑性变形变得更加明显。这在冲击试验的结果中有所反映。然而，很难从显微照片看到IM区，因为在扫描电镜观测时使用的是低倍（100倍）。

3.5 结论

研究了IFR和其他添加剂对PP/WF复合材料的耐热性、易燃性和力学性能的影响。也进行了耐久性试验，即水吸收和自然老化试验，以评估复合材料的性能。基于UL94-V和LOI试验结果可知，IFR对PP/WF复合材料具有有效的阻燃性。IFR的添加减小了初始分解温度，但增加了PP组分的分解温度，还促进复合材料炭的形成。结果表明，添加IFR之后，发现复合材料的力学性能有所降低，这是因为APP和PP基体的相容性较差，MAPP和WF在PER存在的情况下，对于促进填料-基体的黏合的相互作用不够。具有IFR的复合材料延长吸水后并没有达到平台期，吸水量反而由于从复合材料中浸出了水溶性的 APP 而下降。添加了 IFR 的复合材料重新干燥后，表现出较差的拉伸性质恢复，这是由于第一次吸水之后永久破坏了空隙和微裂纹。只添加了 MAPP 的 PP/WF 复合材料的拉伸性能恢复得更好。自然老化导致复合材料表面形成微裂纹，如扫描电镜所观察到的，结果降低了复合材料的拉伸性能。加入 MAPP，减少了自然老化对拉伸性能的负面影响。

将 ZnB 添加到 HDPE/WF 复合材料中，对 WF 成分的真菌腐蚀提供了一些保护。含 ZnB 的复合材料，比不含 ZnB 的复合材料，具有更低的吸湿性和失重率。此外，在复合物表面没有观察到真菌腐蚀。弯曲性能的降低可能是真菌腐蚀和由于土埋试验中填料吸收水分而溶胀，导致形成微裂纹造成的。

IM 对 PLA/KF 复合材料的拉伸强度和模量有负面影响，但对断裂伸长率和缺口冲击强度有正面影响。具有高 R^2 值时，拉伸性质和 IM 含量呈线性变化。然而，冲击强度随 IM 含量的增加而呈指数增长。IM 的加入改进了 PLA 基体和 KF 的边界区域。通过 SEM 观察到涂覆有增韧基体相（柔性界面）的纤维，嵌入 PLA/IM/KF 复合材料的断裂表面上。除了纤维剥离和拔出，由于 PLA 基体的可变形能力的提高和弹性界面的形成，使得 PLA/IM/KF 复合材料冲击强度增加。

致谢

作者要感谢马来西亚科学技术与创新部（MOSTI）(科学基金项目编号：03-01-05-SF0137 和 IRPA 合同授权号：304/PBAHAN/6050054）和马来西亚大学（短期拨款号：304/PBAHAN/60311019）为这些项目提供的财政支持。在这篇文章中，我们还要感谢我们有才华的研究生 M. B. Abu Bakar，N. Samsir 和 M. Z. Thirmizir 的研究工作报告。

参考文献

[1] Stark NM, White RH, Mueller SA, Osswald TA. Evaluation of various fire retardants for use in wood flour–polyethylene composites. Polym Degrad Stab 2010;95(9):1903–10.
[2] Sain M, Park SH, Suhara F, Law S. Flame retardant and mechanical properties of natural fibre–PP composites containing magnesium hydroxide. Polym Degrad Stab 2004;83(2):363–7.
[3] Doroudiani S, Kortschot MT. Expanded wood fiber polystyrene composites: processing–structure–mechanical properties relationships. J Thermoplast Compos Mater 2004;17(1):13–30.
[4] Fang Y, Wang Q, Guo C, Song Y, Cooper PA. Effect of zinc borate and wood flour on thermal degradation and fire retardancy of polyvinyl chloride (PVC) composites. J Anal

Appl Pyrolysis 2013;100:230–6.
[5] Del Saz-Orozco B, Alonso M, Oliet M, Domínguez JC, Rodriguez F. Effects of formulation variables on density, compressive mechanical properties and morphology of wood flour-reinforced phenolic foams. Composites Part B 2014;56:546–52.
[6] Doan TTL, Brodowsky H, Mäder E. Jute fibre/epoxy composites: surface properties and interfacial adhesion. Compos Sci Technol 2012;72(10):1160–6.
[7] Ratna Prasad AV, Mohana Rao K. Mechanical properties of natural fibre reinforced polyester composites: jowar, sisal and bamboo. Mater Des 2011;32(8):4658–63.
[8] Arbelaiz A, Fernandez B, Ramos JA, Retegi A, Llano-Ponte R, Mondragon I. Mechanical properties of short flax fibre bundle/polypropylene composites: influence of matrix/fibre modification, fibre content, water uptake and recycling. Compos Sci Technol 2005;65(10):1582–92.
[9] Li Y, Pickering KL, Farrell RL. Determination of interfacial shear strength of white rot fungi treated hemp fibre reinforced polypropylene. Compos Sci Technol 2009;69(7):1165–71.
[10] Pothan LA, Thomas S, Groeninckx G. The role of fibre/matrix interactions on the dynamic mechanical properties of chemically modified banana fibre/polyester composites. Composites Part A 2006;37(9):1260–9.
[11] Nam TH, Ogihara S, Nakatani H, Kobayashi S, Song JI. Mechanical and thermal properties and water absorption of jute fiber reinforced poly(butylene succinate) biodegradable composites. Adv Compos Mater 2012;21(3):241–58.
[12] Annie Paul S, Boudenne A, Ibos L, Candau Y, Joseph K, Thomas S. Effect of fiber loading and chemical treatments on thermophysical properties of banana fiber/polypropylene commingled composite materials. Composites Part A 2008;39(9):1582–8.
[13] Sreekala MS, Kumaran MG, Joseph S, Jacob M, Thomas S. Oil palm fibre reinforced phenol formaldehyde composites: influence of fibre surface modifications on the mechanical performance. Appl Compos Mater 2000;7(5–6):295–329.
[14] Karmarkar A, Chauhan SS, Modak JM, Chanda M. Mechanical properties of wood–fiber reinforced polypropylene composites: effect of a novel compatibilizer with isocyanate functional group. Composites Part A 2007;38(2):227–33.
[15] Taib RM, Ishak ZM, Rozman HD, Glasser WG. Effect of moisture absorption on the tensile properties of steam-exploded acacia mangium fiber–polypropylene osites. J Thermoplast Compos Mater 2006;19(5):475–89.
[16] Seefeldt H, Braun U. A new flame retardant for wood materials tested in wood-plastic composites. Macromol Mater Eng 2012;297:814–20.
[17] Stark NM, Gardner DJ. Outdoor durability of wood—polymer composites Niska KO, Sam M, editors. Wood—polymer composites. Cambridge, UK: Woodhead Publishing Limited; 2008. p. 142–65.
[18] Naumann A, Stephan I, Noll M. Material resistance of weathered wood-plastic composites against fungal decay. Int Biodeterior Biodegradation 2012;75:28–35.
[19] Verhey S, Laks P, Richter D. Laboratory decay resistance of woodfiber/thermoplastic composites. For Prod J 2001;51(9).
[20] Morris PI, Cooper P. Recycled plastic/wood composite lumber attacked by fungi. For Prod J 1998;48(1):86.
[21] Verhey SA, Laks PE. Wood particle size affects the decay resistance of woodfibers/thermoplastic composites. For Prod J 2002;52(11/12):78.
[22] Fabiyi JS, McDonald AG, Morrell JJ, Freitag C. Effects of wood species on durability and chemical changes of fungal decayed wood plastic composites. Composites Part A 2011;42:501.
[23] Schirp A, Ibach RE, Pendleton DE, Wolcott MP. Biological degradation of wood-plastic

composites (WPC) and strategies for improving the resistance of WPC against biological decay Schultz TP, editor. Development of commercial wood preservatives. ACS symposium series 982. Washington, DC: American Chemical Society; 2008. p. 480–507.
[24] Bai G, Guo C, Li L. Synergistic effect of intumescent flame retardant and expandable graphite on mechanical and flame-retardant properties of wood flour-polypropylene composites. Construction and Building Materials 2014;50:148–53.
[25] Kandola BK, Horrocks AR. Complex char formation in flame-retarded fibre-intumescent combinations—II. Thermal analytical studies. Polym Degrad Stab 1996;54(2):289–303.
[26] Zhang Y, Chen X, Fang Z. Synergistic effects of expandable graphite and ammonium polyphosphate with a new carbon source derived from biomass in flame retardant ABS. J Appl Polym Sci 2013;128(4):2424–32.
[27] Ibach RE. Durability of wood-plastic composite lumber McGraw-Hill yearbook of science & technology. New York: McGraw-Hill; 2010. p. 113–16.
[28] Morrell JJ, Stark NM, Pendleton DE, McDonald AG. Durability of wood-plastic composites Tenth international conference on wood & biofiber plastic composites and cellulose nanocomposites symposium. Madison, WI: Forest Products Society; 2010. ISBN 978-1-892529-55-8 (p. 978–81).
[29] Dorez G, Taguet A, Ferry L, Lopez-Cuesta JM. Thermal and fire behavior of natural fibers/PBS biocomposites. Polym Degrad Stab 2013;98(1):87–95.
[30] Chapple S, Anandjiwala R. Flammability of natural fiber-reinforced composites and strategies for fire retardancy: a review. J Thermoplast Compos Mater 2010;23(6):871–93.
[31] Schartel B, Braun U, Schwarz U, Reinemann S. Fire retardancy of polypropylene/flax blends. Polymer 2003;44(20):6241–50.
[32] Zhang ZX, Zhang J, Lu BX, Xin ZX, Kang CK, Kim JK. Effect of flame retardants on mechanical properties, flammability and foamability of PP/wood–fiber composites. Composites Part B 2012;43(2):150–8.
[33] Shumao L, Jie R, Hua Y, Tao Y, Weizhong Y. Influence of ammonium polyphosphate on the flame retardancy and mechanical properties of ramie fiber-reinforced poly(lactic acid) biocomposites. Polym Int 2010;59(2):242–8.
[34] Li B, He J. Investigation of mechanical property, flame retardancy and thermal degradation of LLDPE–wood-fibre composites. Polym Degrad Stab 2004;83(2):241–6.
[35] Taib RM, Ramarad S, Ishak ZM, Rozman HD. Effect of immersion time in water on the tensile properties of acetylated steam-exploded acacia mangium fibers-filled polyethylene composites. J Thermoplast Compos Mater 2009;22(1):83–98.
[36] Ibach RE, Clemons CM, & Schumann RL. Wood-plastic composites with reduced moisture: effects of chemical modification on durability in the laboratory and field. In: Nicole M. Stark (ed.). Proceedings of the 9th international conference on wood & biofiber plastic composites. Madison, WI; 2007. p. 259–66.
[37] Wu K, Wang Z, Liang H. Microencapsulation of ammonium polyphosphate: preparation, characterization, and its flame retardance in polypropylene. Polym Compos 2008;29(8):854–60.
[38] Garcia M, Hidalgo J, Garmendia I, Garcia-Jaca J. Wood–plastics composites with better fire retardancy and durability performance. Composites Part A 2009;40(11):1772–6.
[39] Shogren RL, Doane WM, Garlotta D, Lawton JW, Willett JL. Biodegradation of starch/polylactic acid/poly(hydroxyester-ether) composite bars in soil. Polym Degrad Stab 2003;79(3):405–11.
[40] Rana AK, Mandal A, Bandyopadhyay S. Short jute fiber reinforced polypropylene composites: effect of compatibiliser, impact modifier and fiber loading. Compos Sci Technol 2003;63(6):801–6.

[41] Taib R, Ghaleb ZA, Mohd Ishak ZA. Thermal, mechanical, and morphological properties of polylactic acid toughened with an impact modifier. J Appl Polym Sci 2012;123(5):2715–25.
[42] Park BD, Balatinecz JJ. Mechanical properties of wood-fiber/toughened isotactic polypropylene composites. Polym compos 1997;18(1):79–89.
[43] Liu H, Wu Q, Han G, Yao F, Kojima Y, Suzuki S. Compatibilizing and toughening bamboo flour-filled HDPE composites: mechanical properties and morphologies. Composites Part A 2008;39(12):1891–900.
[44] Sombatsompop N, Yotinwattanakumtorn C, Thongpin C. Influence of type and concentration of maleic anhydride grafted polypropylene and impact modifiers on mechanical properties of PP/wood sawdust composites. J Appl Polym Sci 2005;97(2):475–84.
[45] Bax B, Müssig J. Impact and tensile properties of PLA/Cordenka and PLA/flax composites. Compos Sci Technol 2008;68(7):1601–7.
[46] Yew GH, Mohd Yusof AM, Mohd Ishak ZA, Ishiaku US. Water absorption and enzymatic degradation of poly(lactic acid)/rice starch composites. Polym Degrad Stab 2005;90(3):488–500.
[47] Shah BL, Selke SE, Walters MB, Heiden PA. Effects of wood flour and chitosan on mechanical, chemical, and thermal properties of polylactide. Polym Compos 2008;29(6):655–63.
[48] Garlotta D. A literature review of poly(lactic acid). J Polym Environ 2001;9(2):63–84.
[49] Takagi Y, Yasuda R, Yamaoka M, Yamane T. Morphologies and mechanical properties of polylactide blends with medium chain length poly(3-hydroxyalkanoate) and chemically modified poly(3-hydroxyalkanoate). J Appl Polym Sci 2004;93(5):2363–9.
[50] Kim YF, Choi CN, Kim YD, Lee KY, Lee MS. Compatibilization of immiscible poly(L-lactide) and low density polyethylene blends. Fibers Polym 2004;5(4):270–4.
[51] Sui GX, Wong SC, Yang R, Yue CY. The effect of fiber inclusions in toughened plastics—part II: determination of micromechanical parameters. Compos Sci Technol 2005;65(2):221–9.
[52] Oksman K, Clemons C. Mechanical properties polypropylene-wood. J Appl Polym Sci 1998;67:1503–13.

第4章

天然纤维：其复合材料及可燃性表征

Debes Bhattacharyya，Aruna Subasinghe 和 Nam Kyeun Kim
奥克兰大学，机械工程系高级复合材料中心，新西兰，奥克兰

4.1 引言

在过去的几十年中，由于钢和铝制品的高成本，合成纤维基聚合物复合材料在世界范围内的使用大大增加。在工程应用中，尽管通过提高这些复合材料的力学性能，非常有助于其广泛的应用，但当暴露于高温环境时它们往往是脆弱的，在某些情况下还会释放热量而有助于火的蔓延。此外，它也可能产生大量的烟雾和有毒的烟气，降低能见度并引起健康危害。由于这些原因，在飞机、船舶、建筑、陆地运输、石油和天然气设施、家用电器和其他需要高耐火性的应用中，对这些复合材料有严格的消防法规规定[1]。

天然纤维是丰富和低成本的材料，具有如低密度、高韧性、相对高的比强度/刚度性能、低耐磨性、低能耗、CO_2 中立的优点。这些特性引起了对天然纤维替代合成纤维的研究[2,3]。最近，为了治理环境问题，已执行全面的严格规定，可能由自然纤维来替代合成纤维。此外，有时天然纤维的固有特性也有利于复合材料的功能特性。在这方面，天然纤维的环境友好性，优于玻璃纤维增强复合材料。天然纤维复合材料可以作为多功能材料，因为它们除了力学性能和特有的阻燃性能好外，也拥有优良的能量吸收和隔音特性[4]。纤维素纳米晶须近来也被用在复合材料中来实现一定的电传导性能[5]。然而，天然纤维有利的关键点是[6]：

- 天然纤维产品与玻璃纤维相比，具有较低的环境危害；
- 天然纤维复合材料在同等性能下有较高的纤维含量，可以降低污染聚合物

的使用量；

• 轻质天然纤维复合材料可以提高燃油效率，减少在组件应用阶段的碳排放（特别是在汽车行业）；

• 最终焚烧或降解带来的能量可以回收和减少碳排放。

天然纤维的生产比玻璃纤维的制造少消耗60%的能源；然而，当用作聚合物复合材料的增强材料时，由于其降解性、阻燃性和界面黏合差，会存在一些问题。此外，在相对较低的温度100～200℃，天然纤维增强复合材料可能会软化、蠕变和扭曲（力学性能退化），导致承重结构的屈曲。满足钢筋混凝土结构在火灾中的最小强度要求，是对纤维增强混凝土结构的要求。在300～500℃，聚合物基体分解，释放热量和有毒的挥发性物质。燃烧的聚合物分解为可燃气体、不燃气体、液体、固体（通常为炭）和夹带的固体颗粒（烟）。这些物质可能会产生危害，如有毒气体演变、物理完整性的损失、熔化滴落从而提供其他的点火源[7]。

4.1.1 天然纤维

天然纤维是根据其来源细分的，如植物纤维、动物纤维和矿物纤维，见图4.1[8-10]。

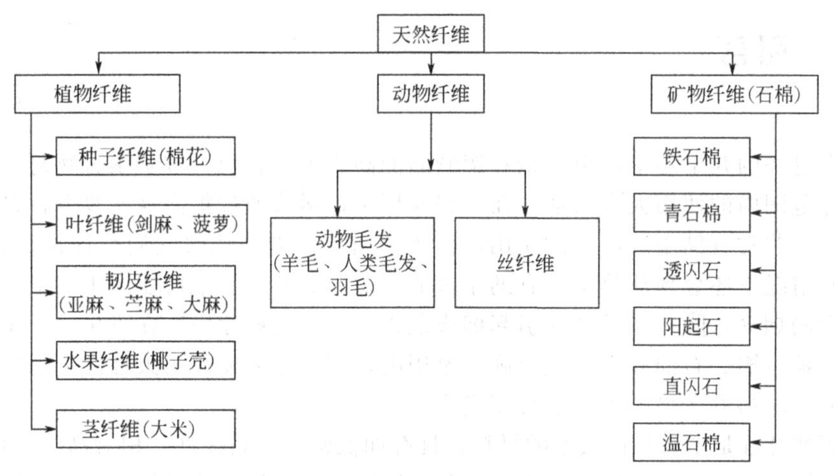

图4.1 天然纤维的分类[8]

植物纤维也被称为木质纤维素，它们是由纤维素纤维和木质素基体组成的[11]。一般来说，用于复合材料的天然纤维为木质纤维，即剑麻、亚麻、大麻、黄麻、红麻、竹、木纤维。同时，矿物基纤维大多是由石棉组成的。这些纤维不过几厘米，它们的完全晶体结构使其区别于植物和动物纤维[10]。尽管这些纤维具有很强的力学性能和阻燃性能，由于其对人类健康的极端风险，已禁止其应用[12]。基于蛋白质的动物纤维可分为2组：α-角蛋白纤维（头发、羊毛、羽毛）和丝素纤维（丝和蜘蛛网）[13]。得益于交织和纤维表面摩擦力的蛋白纤维的原纤结构，其能使得不连续纤维产生长线。它们在断裂伸长和良好的耐热性上，都优于纤维素纤维[14]。本章的重点是植物纤维和动物纤维的概况，和它们广泛应用于复合材料的增强材料时的可燃性问题。

天然纤维增强复合材料的性能取决于几方面的因素，包括化学成分、晶胞参数、微纤丝角、缺陷、结构、纤维的物理机械性能，以及纤维与聚合物的相互作用[15]。使用这些天然纤维的主要缺点是它们的亲水性，一般会导致与疏水性聚合物基体的黏附性产生问题[16]。图 4.2 显示了这些天然纤维的生命周期的各个阶段[17]。

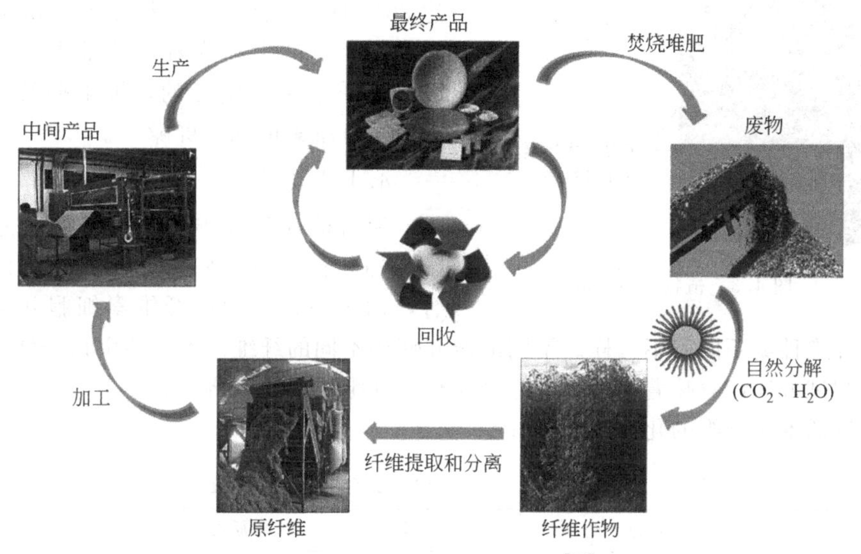

图 4.2 天然纤维的生命周期[17]

最近，可生物降解的材料已经吸引了世界各地的关注。在 2005～2009 年间，生物降解聚合物的全球市场规模翻了一番。在 2009 年，欧洲对可生物降解聚合物的应用相比 2008 年的最大增长率为 5%～10%。在北美、欧洲和亚洲，可生物降解聚合物的总消费量从 2009 年至 2014 年平均年增长率为 13%，占全球市场材料消耗的大部分[8]。到 2016 年，在天然纤维应用市场，建筑业占约 70%的消费，汽车行业超过 15%。天然纤维复合材料在欧洲的主要应用领域是汽车和交通运输业[18]。汽车市场部门并不是唯一的天然纤维的使用量增加的地方，在过去 10 年中，天然纤维进入工业和商业市场也有 13%的增长率[19]。

4.1.1.1 植物纤维

4.1.1.1.1 结构

从应用的角度来说，生产天然纤维的植物一般分为两类：原发性和继发性。原发性植物是那些纤维是其主要产物的，而继发性植物是那些主要利用其他功能，纤维只是作为副产物的。例如黄麻、红麻、大麻、剑麻、棉花是原发性植物，而菠萝、谷物、秸秆、龙舌兰、棕榈油和椰壳是继发性植物[20]。

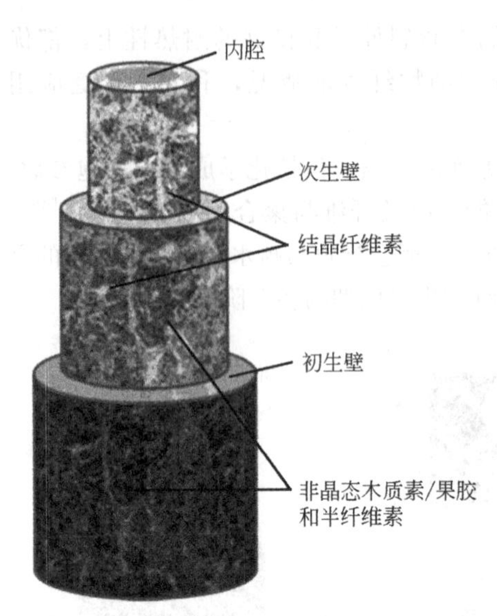

图 4.3 植物纤维结构

来自植物的天然纤维主要由纤维素、半纤维素、木质素、果胶和其他蜡状物质组成，如图 4.3 所示。在各种应用中，从植物中提取的天然纤维一般作为热塑性塑料和热固性复合材料的增强材料来使用。

纤维素是一种高结晶结构，含有高达 80%的结晶区。半纤维素是去除果胶后由高支链的多糖附着在纤维素上组成的。木质素是无定形的，细胞壁硬，并充当了纤维素的保护屏障[8]。

4.1.1.1.2 化学成分

所有植物基纤维的纤维素的基本化学结构相似，但它们都有不同程度的聚合，而每一种类型的纤维素细胞几何形状随纤维种类不同而不一样。不同的研究使用不同的纤维。不同的生长条件，不同的测试方法，意味着很难列出一个完整的纤维性能的表格。表 4.1 中列出了一些常见的木质纤维的化学成分[21]。

表 4.1 一些常见天然植物纤维的化学成分（质量分数）

纤维	纤维素/%	半纤维素/%	木质素/%	蜡/%
甘蔗	55.2	16.8	25.3	—
竹	26～43	30	21～31	—
亚麻	71	18.6～20.6	2.2	1.5
红麻	72	20.3	9	—
黄麻	61～71	14～20	12～13	0.5
麻	68	15	10	0.8
苎麻	68.6～76.2	13～16	0.6～0.7	0.3
马尼拉麻	56～63	20～25	7～9	3
剑麻	65	12	9.9	2
椰壳	32～43	0.15～0.25	40～45	—
油棕	65	—	29	—
菠萝	81	—	12.7	—
卡罗阿叶	73.6	9.9	7.5	—
麦秸	38～45	15～31	12～20	—
稻壳	35～45	19～25	20	14～17
稻草	41～57	33	8～19	8～28

纤维素是天然植物纤维中最重要的组成成分，但纤维素的耐热性较差。决定植物纤维综合性能的其他重要因素是其结构、化学组成、微纤丝角、细胞尺寸和纤维缺陷[22,23]。天然纤维作为增强材料应用的限制主要包括[24]：

① 每批纤维性能不一致和影响纤维质量的其他因素；

② 天然纤维的高可燃性；

③ 性能限制，特别是拉伸强度、冲击强度和低热阻；

④ 吸湿敏感性；

⑤ 气味和成雾性。

为了有效地在复合材料产品中使用，了解广泛使用的植物基纤维的个体特性和生长条件是很重要的。

亚麻属于植物基韧皮纤维，由于其高的力学性能和耐热性能，是目前最广泛使用的一种材料。它生长在温带地区，是世界上最古老的纤维作物之一。亚麻植物的生命周期有 12 个不同的生长阶段。亚麻最常使用在高附加纺织市场中。目前用于汽车领域的内部结构（包括轿门、轿顶、靴衬和包裹货架）的热塑性复合材料板中[25,26]。

黄麻为黄麻属植物，包括约 100 个物种。它是目前产量最高的最便宜的韧皮纤维。孟加拉国、印度和中国为其发展提供了最好的条件。它是一年生植物，在季风气候下生长茂盛，长达 2.5～4.5m。黄麻基热塑性树脂基体复合材料在德国汽车门板行业具有可观的市场[27]。红麻属木槿属植物，大约有 300 种。红麻在美国是一种新的作物，作为复合产品的原材料，显示出良好的潜力。它就像印度和孟加拉国的麦斯塔、南非的砧木根、印度尼西亚的爪哇黄麻、我国台湾的红麻。植物在空心处具有独特的长麻（约为茎干重的 35%）与短芯纤维的组合。红麻具有较高的生长率，在 4～5 个月就能生长到 4～6m 的高度。因为它成长快速，并可在当地气候下每年产两次作物，因而在马来西亚引起了浓厚的兴趣[27,28]。

另一个值得注意的韧皮纤维作物是大麻，属于大麻类。大麻是一种原产于中亚的一年生植物，在中国已种植 4500 多年。大麻是细的、浅色、有光泽，通过脱胶得到较强的韧皮纤维。大麻是目前欧盟资助的一个非农业项目，并有进一步在欧洲发展的可能。它与亚麻纤维类似，也被用于汽车行业[29]。苎麻属荨麻科，包括约 100 种。苎麻作为纺织纤维，相比其他商业上重要的韧皮纤维，其受欢迎的程度在很大程度上受到了生产区域和其化学组成需要更多预处理的限制。

叶纤维如剑麻，是龙舌兰属植物，在巴西和东非有商业化生产。芭蕉/香蕉纤维，来自香蕉植物，耐、抗海水。马尼拉麻是商业上可用的最强纤维素纤维，长于菲律宾，目前产于厄瓜多尔，曾经是海洋绳索的首选纤维。

当使用天然纤维制造复合材料时，保持其最终产品的均匀性以有效地评价复合材料的性能是很重要的。任何亲水性的天然纤维（如红麻）添加到疏水性的塑料［如聚丙烯（PP）］中，由于基体中纤维的非均匀分散和较差的纤维-基体的界面结合，将导致复合材料的性能很差。然而，这个问题可以通过选择合适的相容剂（例如，马来酸酐接枝 PP）或处理纤维表面来克服。所以，近年来，由于产品与普通注塑合成塑料相比有着良好的力学性能和增加的成本性能比，天然纤维在注射成型的使用已大幅增加[30]。天然纤维的热稳定性有限，导致在加工过程中超过 200℃时降解，也限制了使用大规模的制造方法，这必须通过提高制造技术的精度来克服。

利用天然植物纤维制造复合材料的另一个挑战是保持其高长径比，以达到优异的热、机械和功能特性。复合材料加工方法，如挤出成型和注射成型，对纤维长径比和纤维长度有明显的影响。把纤维束分解成单独的纤维而不破坏它们是很重要的。纤维在基体材料有效分散和分布，避免团聚，可以得到具有增强性能的均匀复合材料。研究发现，由于沿着聚合物流动方向上的纤维取向的改善和尺寸变化，纤维分散度的增加，与挤出或注射成型相关的纤维长度的减少可能不会显著影响拉伸性能[31]。

4.1.1.2 动物纤维

与植物纤维不同，动物纤维主要由蛋白质组成。蛋白质纤维有广泛的天然来源，如动物和昆虫，作为生命的基本构建，起着重要的作用。它们有利于流动性、弹性、支撑、稳定和保护细胞、组织和生物体[32]。纤维的整体性能，由形成多肽链的氨基酸的序列和类型决定。蛋白质纤维的主要类别是 α-角蛋白和丝素纤维。它们因其高可扩展性和在纺织品制造中的应用而受到重视[13]。

4.1.1.2.1 结构

α-角蛋白纤维主要是羊毛和各种哺乳动物的毛发，具有高度复杂的结构和不同的化学成分。角蛋白通常具有耐久性、不溶性、化学惰性[33]。大多数哺乳动物的纤维由三个主要的结构组成：外部的角质层、皮层和髓质。重叠的角质层细胞在皮层周围形成一个保护套；皮层占毛纤维的主要体积并决定纤维的力学性能；粗纤维具有皮质层的皮质细胞所包围的空泡化的髓质细胞[34]。图 4.4 为典型的羊毛纤维形态结构。角质层在表面由鳞片结构组成，可以提供毛的触感和疏水性[35]。

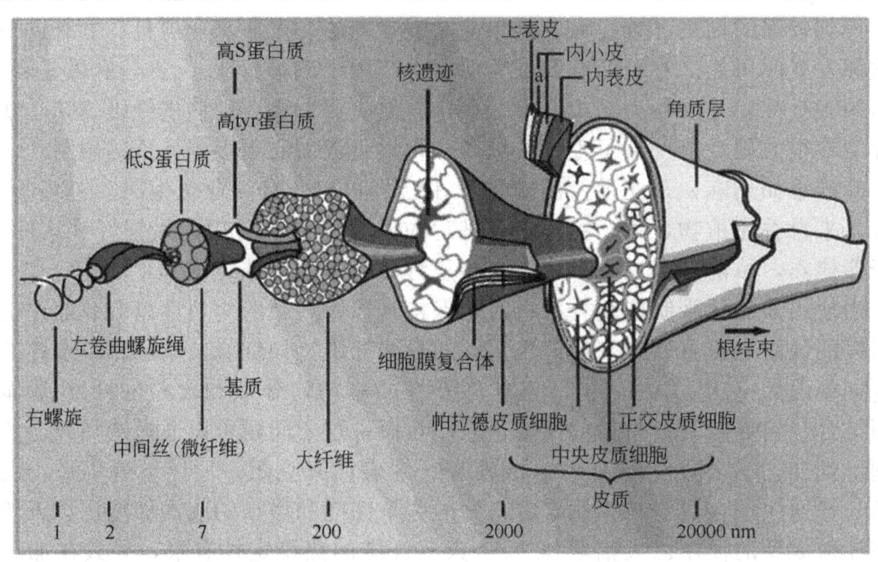

图 4.4 在渐进放大倍率（produced by H. Roe from a drawing by Dr. R. D. B. Fraser）下的羊毛纤维的截面图[36]

羊毛的 90%是由皮质组成的。皮质细胞是多面的纺锤形，约 100μm 长。特别是，一种被称为微纤维的生物中间丝被嵌入到基体中，如图 4.4 所示。在皮层中的这种微纤-基体的复合结构，明显有利于提升羊毛的力学性能[33]。皮质细胞通过细胞膜复合物彼此黏附，这些复合物形成细胞间质的连续相。少量的这种复合物可以将皮质细胞与角质层分开，并使水和化学试剂渗透到羊毛中[36]。髓质是一个小的组成部分，目前沿粗 α-角蛋白纤维轴有连续的、不连续的或分散的状态[13]。

丝素蛋白纤维主要指从家蚕和蜘蛛纺出的蛋白长丝。由于其光泽、触觉性能、耐久性和强大的力学和热性能，蚕茧丝已在纺织品中使用了很长时间[37]。蚕丝蛋白含有组合平行的 β-折叠结晶结构[38,39]。在 β 片晶中，高结晶度和良好的排列结构直接影响丝纤维的力学性能。图 4.5 显示了原料茧丝和丝纤维形态的侧视图。蚕丝纤维外层的丝胶可以作为黏合剂，来保持纤维核心和整体结构性能[40]。

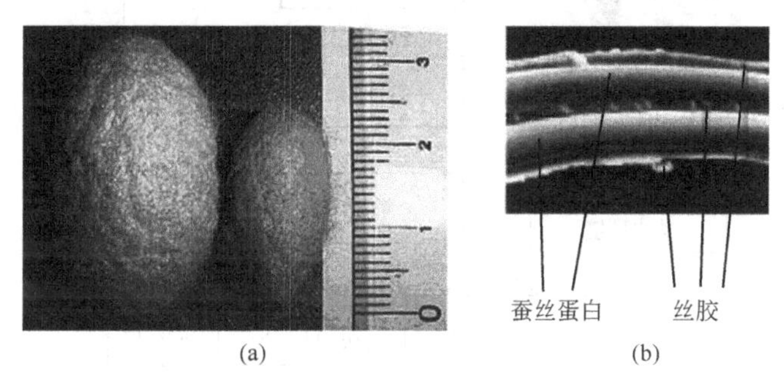

图 4.5 原料茧丝（a）和丝纤维形态侧视图（b）[40]

4.1.1.2.2 化学成分

蛋白质纤维一般由碳、氢、氧、氮和硫组成。天然纤维蛋白由肽键连接的多个氨基酸缩合而成。蛋白质的化学结构可以表示为（—NHCHRCO—），其中 R 表示氨基酸侧链。不同侧链基团的氨基酸序列通过多肽链的相互作用来形成蛋白质结构的基础[41]。蚕丝有 16 种氨基酸，其中甘氨酸、丙氨酸和丝氨酸是主要的。特别地，甘氨酸-丙氨酸重复序列是重要的基团，它们决定了纤维的刚性结构和力学性能[37]。羽毛纤维作为一种蛋白质纤维，氨基酸序列具有约 60%疏水性氨基酸，其余 40%为亲水性氨基酸[42]。该序列包括半胱氨酸、甘氨酸、脯氨酸和丝氨酸，几乎没有组氨酸、赖氨酸和蛋氨酸[43]。羊毛有 18 种 α-氨基酸，主要包括胱氨酸、赖氨酸、谷氨酸和天冬氨酸[36]。通过一对半胱氨酸残基的反应产生的二硫键，主要提供了这些纤维对热、冷、光、水、生物攻击和机械变形所致环境降解的高稳定性[41]。

4.1.2 阻燃性

4.1.2.1 热分解机理

当复合材料暴露于足够大的由火辐射的热通量时，聚合物基体和纤维将发生热分解，产生挥发性气体、固体碳质炭和空气中的烟尘颗粒（烟）。其中挥发物包括各种气体，包括可燃的（例如，一氧化碳、甲烷和低分子有机物）和不可燃的（二氧化碳、水）。这些从复合材料分解扩散到火焰区，其中的可燃性挥发物与氧反应，导致最终燃烧产物（通常是二氧化碳、水、烟雾颗粒和少量一氧化碳）的形成并伴随着热释放。为了使这个过程持续下去，聚合物复合材料必须吸收足够的热量，才能继续分解，产生可燃气体，如图 4.6 所示[44]。

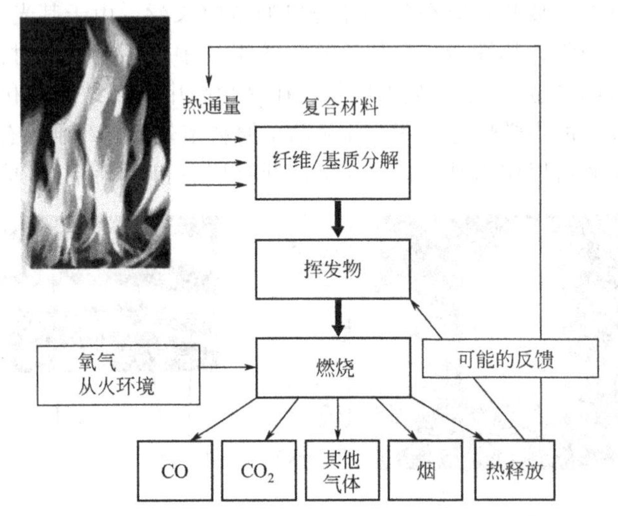

图 4.6 聚合物复合材料的热分解机理研究[44]

复合材料在火中的行为主要受聚合物基体，即有机纤维热分解的化学过程的控制。通过打破或减缓燃烧循环中的分支反应，复合材料的可燃性会降低。阻燃聚合物通过以下方式之一或几种方式的组合来打破这个燃烧循环[45]：

① 改变热降解过程，以减少可燃气体释放量；

② 通过除去 H 和 OH 产生灭火的分解气体；

③ 通过改变热传导和/或特定的热性能，降低材料的温度。

4.1.2.2 阻燃剂

阻燃剂被归类为添加剂或反应性化合物。添加剂在加工过程中均匀地共混到聚合物中，但不与聚合物发生化学反应。反应性化合物在加工过程中与高分子聚合成一体，形成分子网络结构。反应性阻燃剂主要包括卤素（溴和氯）、磷、无机和三聚氰胺化合物[46]。

4.1.2.2.1 阻燃填料

填料是在加工的最后阶段添加到聚合物中的无机惰性化合物，它降低了成品的易燃性。使用填料主要是由于其成本较低、相对容易添加到聚合物中和高耐火性。需要注意的是，填充物很少单独使用，而是与其他阻燃剂（如有机卤素或有机磷化合物）组合使用，来达到高等级的阻燃性。凝聚相活性填料包含几个阻燃机理，其中包括：

- 稀释可燃有机物的量；
- 降低复合材料的温度，作为散热体；
- 降低温度，吸热分解，产生水或具有较高的比热容的不燃性物质；
- 通过利用分解反应能吸热的聚合物，降低热释放速率（heat release rate，HRR）；
- 增加聚合物基体的芳香化比例，以便分解时能形成可减慢复合材料热传导和减少可燃气体排放的含碳焦的绝缘表面层。

填料应仅用于具有化学相容性的聚合物，否则材料的力学性能和环境耐久性会严重退化。填料可能产生其他不利的影响，包括聚合物熔体黏度的增加和凝胶时间的减少，这使得加工更困难。许多填料受潮会逐步水解，这会降低其阻燃作用[47,48]。

氢氧化铝（aluminum trihydroxide，ATH），也被称为水合氧化铝，是聚合物和聚合物复合材料最常用的活性阻燃填料。在燃烧过程中，ATH 的气相和固相都是活性的，当大量使用时，其通过分解，释放出水和（某些情况下）烟，能非常有效地抑制燃烧[49,50]。分解反应的一个附加好处是，不会产生任何有毒或腐蚀性气体。然而，ATH 的分解温度约为 220℃，因此不能用于加工温度超过该温度的聚合物[51]。

氢氧化镁作为阻燃剂，与 ATH 类似，在火中也是几种阻燃机理同时发生。镁化合物与 ATH 相同，也需要在质量分数大（30%～60%）时才能产生显著的阻燃性。通过高度填充和稀释聚合物，会减少复合材料中可燃有机材料的体积含量，从而降低其易燃性[52]。

4.1.2.2.2 卤素类阻燃剂

卤素类化合物含有在燃烧过程中非常活跃的气相阻燃元素溴或氯，其作用机制是碳卤键的断裂。卤化聚合物主要的阻燃作用是中断气相反应，控制火的燃烧温度。在火中，溴化或氯化聚合物分解释放出活性卤素，从而终止有机挥发物的放热分解反应，这样来降低燃烧温度[53]。

有一点不好的是，卤代聚合物和聚合物基复合材料会释放含腐蚀性、酸性和有毒气体的烟雾，严重危害人的健康和环境。由于这些原因，环保团体已经迫使各国政府禁止或严格限制使用卤素。

4.1.2.2.3 含磷阻燃剂

磷作为一种气体或凝聚相阻燃剂，其阻燃效果取决于被填充聚合物的化学性质和热稳定性。气相阻燃机制在大多数热塑性塑料和热固性聚合物中占主导地位。该机制涉及在升高的温度下聚合物中磷自由基的释放，其中挥发过程必须发生在 350～400℃才有效，否则该聚合物本身将分解[54]。

在气相状态中发挥作用的二级阻燃机理是在聚合物热表面产生覆盖效应。当磷化合物用于含氧和羟基的有机聚合物时，它们主要在凝聚相起阻燃作用。在这些聚合物体系中的磷能促进焦炭的形成，从而减少可燃性挥发物释放到火中。磷还可以通过促进熔滴生成，加快某些热塑性塑料的热损失[55]。

4.1.2.2.4 膨胀型阻燃剂

“膨胀型阻燃”来自拉丁语“intumescere”，意思是膨胀。悲剧作家 John Webster（1580～1624）使用这个词有两个含义：“由于热而产生和增大体积”或“通过发泡而产生扩大效应”。这意味着，当加热超过临界温度时，材料开始膨胀，然后扩大。这个过程的结果是在材料表面产生泡沫炭化层，从而保护底层材料不受热通量或火的作用[56,57]。

膨胀型阻燃聚合物基本上是一个凝聚相阻燃机制的特例[58]。膨胀阻燃体系能随着气体燃料温度升高而热降解，因此在燃烧反应的早期阶段即能中断聚合物的自我持续燃烧。它通过在燃烧聚合物表面发泡和产生焦炭，产生膨胀阻燃结果。由此产生的泡沫状空泡炭化层，其密度随温度的升高而减小，从而保护下面的材料不受热通量或火的作用（图 4.7）。因此，炭化层作为物理屏障，能减缓气体和凝聚相之间的传热和传质。高效膨胀型阻燃剂不仅影响聚合物材料的防火性能，也影响材料的其他性能，比如成本[59]。

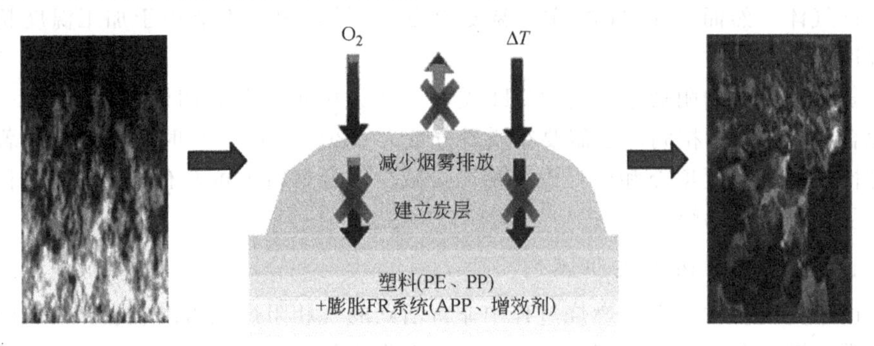

图 4.7 膨胀型阻燃聚合物复合材料的热分解机理

下列情况按顺序发生在膨胀现象的发展过程中：

- 无机酸通常在 150～250℃之间释放，这取决于其来源和其他成分；
- 在温度略高于酸释放温度时，酸会酯化富含碳的成分；
- 在酯化前或酯化过程中，材料的混合物发生熔化；
- 酯脱水分解，导致形成碳-无机残留物；
- 从上述反应和降解产品（特别是那些从发泡剂分解产生的）释放的气体导致碳化材料发泡；
- 反应接近完成，凝胶最后凝固，形成多胞泡沫的固体形式。

然而，膨胀体系的阻燃效果很难预测，因为膨胀过程的发生和所得到的泡沫炭的防火性的关系尚未完全得以解释。焦炭的表征也相当复杂，需要用固态表征的特殊技术[60]。

4.1.2.3 植物纤维和易燃性

经常通过添加纤维组分来改善会暴露于高温的某些聚合物基体的较差的耐热性能。对天然纤维来说，由于这些纤维比合成纤维更易燃，其阻燃性能的改善通常是很有限的，但仍然有许多方法能增加复合材料抗热降解的性能。

影响燃烧性能的一个重要因素是纤维取向，其中取向增加会导致热解减少。木质纤维素纤维结晶度的增加，会导致热解过程中左旋葡聚糖增加。由于含有高浓度的左旋葡聚糖，具有高结晶度精细结构的纤维会导致植物纤维的可燃性增加。木质纤维素增强复合材料中的纤维素，会导致更高的可燃性，而更高的木质素和灰分含量会导致形成更大的焦炭[61,62]。当复合材料暴露于火焰时，焦炭能保护其下面的材料，从而提高复合材料的热阻性和结构的完整性。

植物纤维的热降解涉及一系列的过程，包括水的吸附与解吸，纤维素链的交联与水的挥发形成脱氢纤维素，脱氢纤维素分解产生炭和挥发物，形成左旋葡聚糖，左旋葡聚糖分解产生易燃和不燃挥发物、气体、焦油和焦炭[63]。在降解过程中，木质素在160～450℃之间分解，在200～260℃之间为半纤维素分解，在250～350℃之间为纤维素分解。木质素的热分解过程包括，相对较弱的键在一个较低的温度断裂，在一个较高的温度发生芳香环强键的断裂。因为纤维不具有木质素芳香环赋予的抗氧化性，所以当木质素含量较低时，降解在较高的温度下开始[64]。

采用不同植物纤维的各种研究显示，复合材料的降解行为与纤维的含量和类型密切相关。

4.1.2.4 动物纤维和易燃性

羊毛具有独特的物理和化学性质，使其成为广泛应用的纤维材料。尤其是羊毛天然的低可燃性，增加了其在纺织业的价值。尽管在强热源作用下，羊毛也会在空气中燃烧，但因其会形成绝缘灰或炭，羊毛能很快自熄[36]。此外，羊毛点燃时无熔滴滴落。羊毛的天然抗火性能与较高的氮元素和水分含量、着火温度高、燃烧热量低、火焰温度低和较高的极限氧指数（LOI）相关[65,66]。此外，密织的羊毛织物是极好的热绝缘体，并且燃烧时产生焦炭[67]。表 4.2 列出了羊毛和其他纤维的热性能数据。

表 4.2 纤维的热性能数据[65,68]

纤维	T_g/℃ 玻璃化转变	T_m/℃ 融化	T_p/℃ 热解	T_c/℃ 燃烧	燃烧热 /(kcal/g)①	LOI/%
羊毛	—	—	245	600	4.9	25.2
棉花	—	—	350	350	3.9	18.4
蚕丝	—	—	250			22～23
尼龙 6	50	215	431	450	7.9	20～21.5

续表

纤维	T_g/℃ 玻璃化转变	T_m/℃ 融化	T_p/℃ 热解	T_c/℃ 燃烧	燃烧热 /(kcal/g)①	LOI/%
涤纶	80～90	255	420～477	480	5.7	20～21.5
聚丙烯	−20	165	469	550	11.1	18.6
芳纶	340	560	590	>550		29
黏胶	—	—	350	420		18.9
聚乙烯氧化物	<80	100～160	>180	450	5.1	37～39

① 1kcal=4.184kJ。

羊毛中半胱氨酸的高硫含量（3%～4%）与高氮含量（15%～16%），决定了其具有优良的阻燃性能[69]。在燃烧时羊毛中的二硫键会断裂，然后半胱氨酸发生氧化，这可能是确定羊毛阻燃性的主要反应[70]。半胱氨酸的 α 取代基的交联和脱水倾向，高度影响焦炭的形成。羊毛燃烧先炭化而不熔化，因此羊毛的成炭能力也有利于其耐火。由于羊毛以膨胀方式燃烧，所以膨胀型阻燃剂，如磷酸铵能有效降低羊毛的易燃性。

其他的角蛋白纤维，如羽毛也有类似羊毛的二硫键。羊毛的化学结构暗示着纤维的热稳定性，二硫化物交联键中含硫半胱氨酸有助于降低可燃性。而人们对羽毛燃烧的理解不像羊毛那样清楚。羽毛相比羊毛（11%～17%）含有较低的半胱氨酸（7%）[43]，因而羽毛比羊毛有较低的阻燃性。

丝绸燃烧也有炭化特性，表现出较低的可燃性[71]。焦炭的形成主要是受丝氨酸 α-取代基内羟基的脱水和交联倾向的影响。此外，氮含量较高（约15%～18%）也提高了丝绸的阻燃性[69]。

4.2 可燃性测试方法

4.2.1 热重分析

在分解过程中，产品的质量会随温度和/或时间发生变化，这种效应可以用热重分析法（TGA）精确测量［图4.8(a)］。气氛的选择和测试样品初始质量以及试样室的条件，是获得准确的质量损失的关键因素。惰性气体，如氦、氮和氩气，都适合用于纯热分解（热解）的测定。氧气和空气作为氧化气氛能用来测定物质的热氧化分解[72]。

由于不同纤维素纤维的基本特征相似，所以其热分解过程有很类似的TGA和微分热重（DTG）曲线。天然纤维的降解过程包括在约260℃温度下引发的脱水、挥发性组分的排放以及由于温度升高而导致的氧化分解，形成炭而引起的快速质量损失[7]。本研究中植物纤维的降解行为的TGA和DTG分析如图4.8(b)所示。

衍生分析显示，红麻的降解涉及三个不同的峰，前两个峰大约在285℃和

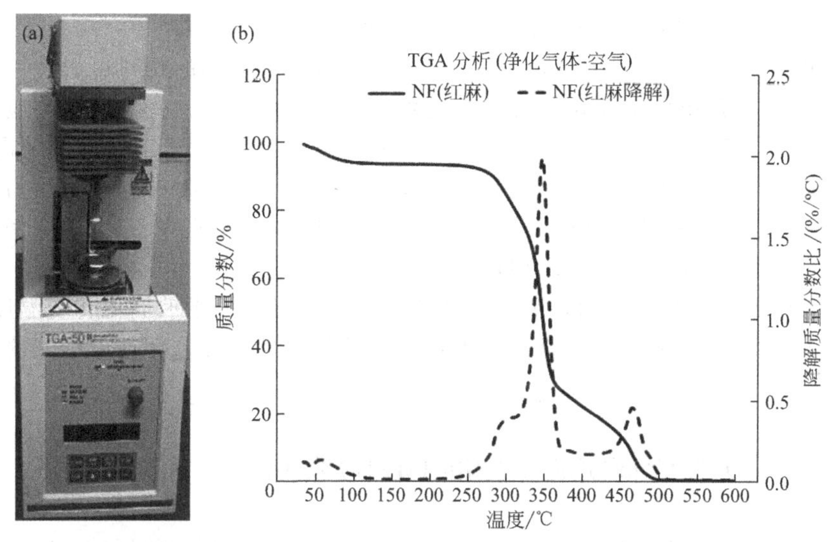

图 4.8 热重分析仪（a）和植物纤维（红麻）的分解过程（b）

350℃，分别是半纤维素和纤维素的分解，第三个峰大约在 470℃，是木质素和剩余蜡状物质的燃烧。对于亚麻、剑麻、黄麻纤维的热降解，我们利用 TGA 发现，剑麻、黄麻的热降解是相似的，主峰都在 340℃，而亚麻在较高温度下才开始降解，主峰在 345℃。

天然纤维的热降解对天然纤维复合材料的开发很关键，因此在热固性复合材料中，热降解与固化温度有关；对于热塑性复合材料，热降解与挤压温度有关。低温降解过程与半纤维素的降解有关，而高温降解过程与木质素降解有关。这两个过程的表观活化能分别约为 117kJ/mol 和 146kJ/mol，分别对应半纤维素和木质素的降解[73]。

4.2.2 LOI 分析

本试验方法（ASTM D2863）用来测量在氧气和氮气的混合流动气体中，能使塑料燃烧的最小氧气的浓度。

在这个测试中，有一个小试样垂直树立着，氧和氮气在透明的烟囱中向上流动。首先试样的上端被点燃，随后观察试样燃烧行为，比较燃烧的持续时间，或已被燃烧的试样的长度，并规定每一次燃烧的限度。试验样品在氮和氧精确控制的环境中燃烧。调节供应气体，流量表读数用来计算氧气指数（图 4.9）。通过在不同的

图 4.9 LOI 分析仪
(www. indiamart. com)

氧浓度中测试一系列的试样，来确定最低的氧浓度。

LOI通常是用来说明在LOI试验参数下，不同聚合物的相对可燃性。具有较高LOI的聚合物会比较低LOI的聚合物有较低的易燃性。一般来说，应谨慎使用LOI作为聚合物复合材料的燃烧性能的衡量，因为在真正的火灾情况下，其他因素，如较低的亲氧性和较高的空气流速和温度，会影响聚合物复合材料的LOI。此外，LOI和其他燃烧属性关系不大，包括热释放速率HRR、烟密度和总放热量（total heat release，THR）[61,74]。

天然纤维是非热塑性的，因此其分解（裂解）温度低于玻璃化转变温度和/或熔化温度[75]。不同于蛋白纤维，植物纤维的耐火性较差，例如，棉花的LOI值为18～20，而羊毛的值为25。

4.2.3 美国保险商实验室标准UL-94测试

美国保险商实验室标准（UL-94）测试是一个实验室规模的试验，它通过观测来确定塑料材料的可燃性等级。根据样本的保持位置，测试有两个不同的类型：水平和垂直测试，并且每一个测试都遵循一个特定的标准测试程序和设置。

水平燃烧试验主要测量着火30s后沿100mm长样本的燃烧速率。样本火熄灭发生在参考标志25～100mm间的或燃烧率在40mm/min到参考标志100mm的，没有明火的情况下样品可以被归为HB（水平燃烧）。图4.10[76] 为水平燃烧试验的装置示意图。

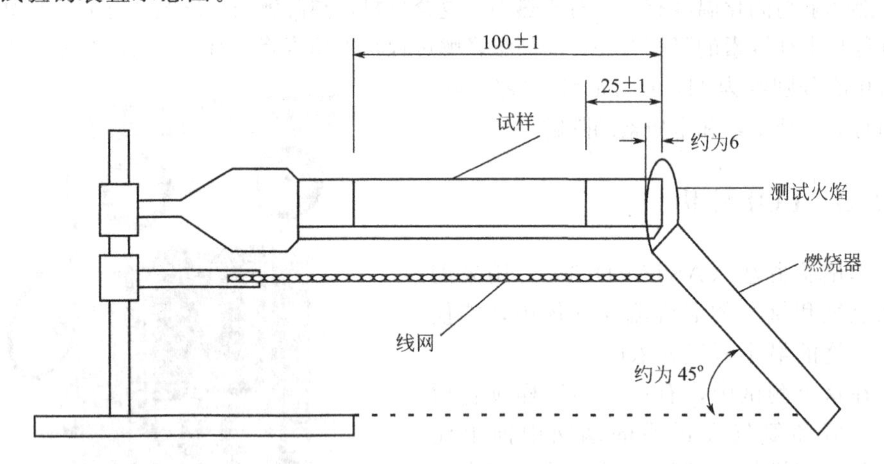

图4.10 ASTM D635[76] 中的水平燃烧试验装置（正视图，图中尺寸单位：mm）

垂直燃烧试验的样本放置在垂直位置，它用来测量不同燃烧特性，如火点燃和火焰蔓延的趋势。在试验中，将样本暴露于20mm（50W）火中10s，如果第一个程序后有火，记录 t_1，然后记录另一个10s；记录熄灭的时间 t_2，火光消失

时间 t_3。图 4.11[77] 为试验的装置图。测试也可以将样本分类为 V0、V1、V2，取决于时间值的等级。

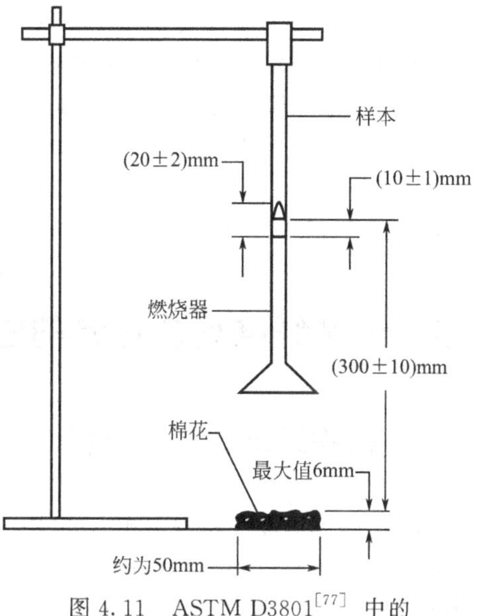

图 4.11 ASTM D3801[77] 中的垂直燃烧试验装置

4.2.4 锥形量热仪测试

锥形量热仪（cone calorimeter，CC）是一种台架规模试验装置，用来测量试样的燃烧反应。该仪器基本上由电加热器、点火源和气体采集系统组成，如图 4.12 所示[78]。在 ISO 标准（ISO DIS 5660）和 ASTM 标准（ASTM E1354）中描述了现代装置的整个测试程序和测量方法。

100mm×100mm 的试样可水平或垂直安装在锥台加热器下面。该设备可以施加 0 到 $100kW/m^2$ 之间受控水平的辐射热，以达到强制火灾条件，并可提供广泛的定量数据，这些数据不仅代表火灾风险，如 HRR、THR 和点火时间（TTI），还有火灾危害情况，如烟雾释放

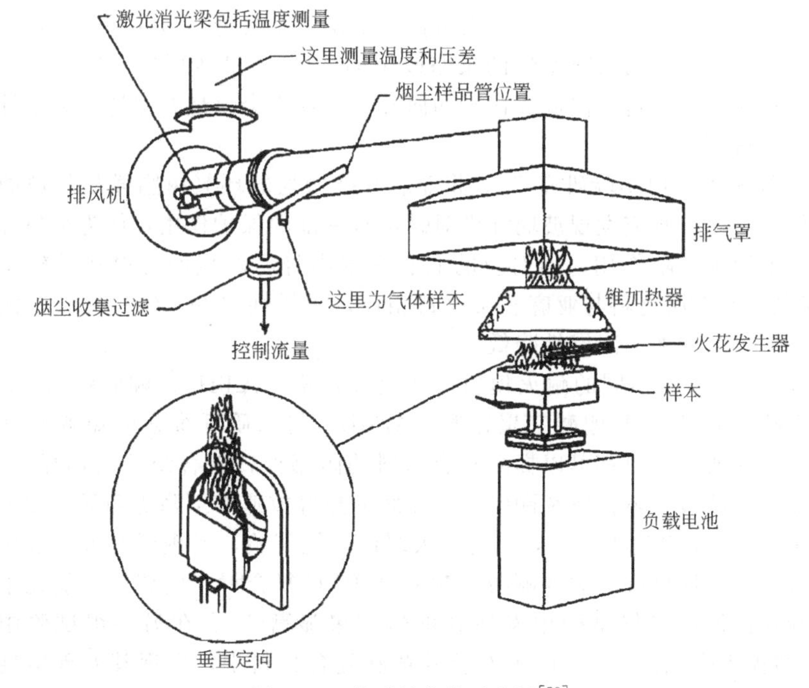

图 4.12 锥形量热仪示意图[78]

和CO产生情况[79]。基于每消耗1kg氧约释放13.1×10^3kJ热量的关系，即可通过测量选定热通量下样品的氧消耗量来获得THR和HRR[80]。可以手动记录有或无火花点火器情况下样品的点火时间。此外，可以通过烟雾过滤系统、气体收集系统分别得到产生的烟雾和气体的量。全面的数据集可用于理解样品的燃烧行为，例如膨胀、结构坍塌、焦炭形成和起泡，在测试期间以及在真实火灾场景或其他火灾测试的模拟中进行目视观察。

4.3 天然纤维复合材料的阻燃性

4.3.1 植物纤维基复合材料

可燃过程包括加热、热分解、点火、燃烧和火焰蔓延。一旦着火，减小火灾的方法之一就是使可燃材料远离火源并降低放热速率。在这方面，可以将不含阻燃剂的产品与含阻燃剂的同种产品做比较，来设计并解决特定的火灾情形。使用非阻燃材料会导致迅速放热，短时间内发生爆燃现象，并排放大量有毒的一氧化碳；而使用阻燃材料可以延迟爆燃，而且在某些情况下使产品难以点燃[81]。如果在天然纤维复合材料中加入阻燃剂，则要求其对纤维的附着力和结构不产生影响。

目前，研究中使用的许多阻燃策略都是根据用于改善热塑性和热固性聚合物以及天然纤维基纺织品的阻燃性的策略改编的[73,82]。虽然理论上这应该适用于天然纤维基热塑性塑料，但挑战在于如何开发一种不会燃烧并保持其力学性能稳定的复合材料[83]。

Chai等做了一项实验研究[84]，将亚麻纤维增强的环氧树脂样品与玻璃纤维增强结构做对比。研究发现玻璃纤维对燃烧有局部的保护作用，作为散热片并对燃烧有一个物理屏蔽作用，而对应的亚麻纤维本身易燃烧而且放热率较高。玻璃/亚麻混合的多层材料与亚麻多层材料相比，阻燃性更好，结构完整，而且随着天然补强组分增加，阻燃性降低[85]。

Lazko等[86] 用不同的耐火填料，如氢氧化铝（ATH）、硼酸锌（ZB）、磷酸三聚氰胺（MMP）和硼酸三聚氰胺（MMB）与木质纤维素的短亚麻纤维混合，结果发现所有填料都可以提高复合材料的阻燃性，综合统计其热释放速率，发现硼酸锌、磷酸三聚氰胺和硼酸三聚氰胺的热释放速率下降更明显。在UL-94（UL-94HB）水平燃烧测试下，进行无火缓慢燃烧试验，发现所有添加剂中硼酸三聚氰胺的阻燃性最好。添加硼酸锌对木粉/PVC复合材料的燃烧性能几乎没有影响，却在锥形量热仪试验中发现其抑烟效果显著[87]。在另一组试验中，将1%的磷酸钠阻燃剂加入5%的天然胶乳黄麻复合材料中，发现其展现出良好的灭火能力，可抑制火焰蔓延[88]。

添加木质纤维素或阻燃填料都可以增强植物纤维的阻燃性。木质素含量高的椰壳纤维，LOI 指数增加，故可增强椰子纤维和 PP 复合材料的阻燃性[89]。由聚乳酸（PLA）、稻壳和 20%的红麻共混而成的绿色复合材料，经过测试，发现与添加阻燃剂之前燃烧时间相似，显然这是因为稻壳降低了纤维的比表面积，而加入氢氧化铝和颜料（氧化铁）作为阻燃剂则可以延长开始燃烧的时间[90]。至于木屑/稻壳/PP/$Mg(OH)_2$ 复合材料，即在天然纤维和 PP 复合材料中添加金属氢氧化物，可以有效减弱可燃性，因为与纯聚合物纤维相比，这样几乎减少了 35%的水平燃烧速率，同时增加了 42%的 LOI。然而，在复合材料中加入硼酸锌和硼酸对其阻燃性没有明显影响[91]。

纳米复合材料是一种能有效降低复合材料阻燃性的新型无机材料[92,93]。最近，在天然纤维复合材料中加入不同的纳米粒子，发现了一些有趣的结果。Biswal[94] 用香蕉纤维补强的 PP 复合材料，混合 3%的纳米黏土，经过锥形量热仪测试发现加入纳米黏土的复合材料比 PP 复合材料燃烧更早，而且随着纳米黏土粒子的减少，平均热释放速率和质量损失率（MLR）也大大减小；而增加纤维含量百分比，可使热释放速率和质量损失率增加。在另一项研究中，保持剑麻纤维含量（30%）不变，同样观察纳米黏土的影响，发现增加纳米黏土的含量，可大大降低复合材料的燃烧速率，因为其表面形成了一种高性能的炭质硅酸盐烧焦物[95]。进一步做 PP/松果纤维与黏土粒子复合的 DTG 分析，发现加入纤维导致降解温度降低，而在所研究的温度范围内，黏土的热稳定性良好[96]。这些结果表明纳米黏土可以有效减小天然纤维复合材料的可燃性。

如今，膨胀系统是最有前景的防火措施，因为它们在受热时形成一个表面烧焦的单元，不断扩张、膨胀，以保护内部材料，隔离热流和火源。因此，可以将纤维素材料与膨胀系统相结合，得到一种很有潜力的阻燃剂。

新合成的多功能添加剂，如少量的多磷酸铵（ammonium polyphosphate，APP），可以有效应用于亚麻纤维补强的 PLA/热塑性淀粉基生物聚合物复合材料中，表现出良好的阻燃性[97]。将 APP 加入复合材料中，达到了 UL-94 V0 等级，而且热释放速率峰值（peak heat release rate，pk-HRR）下降了 55%。在另一项研究中，PP/亚麻/APP 膨胀系统（含季戊四醇和三聚氰胺）表明：加入亚麻纤维会削弱树脂基的灭火性能，而在 UL-94 V0 防火测试瞬时完全灭火状态下，发现膨胀复合材料使火势蔓延速率减小了 62%[98]。PP/亚麻（70∶30）复合材料在不同热流下的热释放速率对比试验发现，添加 APP（25%）和膨胀石墨（EG）(15%和 25%EG）作为阻燃剂，使 pk-HRR 值大大减小，结果也证明了 EG 的影响。加入 25%EG 的 PP/亚麻复合材料的 LOI 值达到 30，进一步表明是 V1 等级[99]。用纯磷酸盐和膨胀系统填充亚麻编织材料的防火性能显示出，亚麻可能与磷酸盐反应具有炭化效应，或是其降解产物使系统趋于稳定[100]。

最近发现，复合阻燃剂如 APP、$Mg(OH)_2$、硼酸锌以及 $Mg(OH)_2$ 与 APP 一起，加入剑麻纤维/PP 复合材料中，改善了纤维的阻燃性和 PP 复合材料的热稳定性，且力学性能不变。Jeencham 等[101] 发现，添加 APP 或 APP 与硼酸锌的混合物，可以增强剑麻纤维/PP 复合材料的阻燃性。高密度聚乙烯（HDPE）和木粉复合材料（70∶30）的锥形量热仪测试表明：添加 4%的膨胀 APP 可使热释放速率减小 30%。而且随着木粉含量的增加，复合材料的完整性也变好，这也进一步解释了熔滴现象以及复合材料的质量损失率下降了 25%[102]。PE/木粉掺杂 APP 和其他不同阻燃剂的锥形量热仪研究证明：APP 和金属氢氧化物使阻燃性能最佳，而硼酸锌和溴基阻燃剂性能最差[103]。Zhang 等[104] 发现，在 PP/木粉/APP 中加入二氧化硅，比纯纤维的 LOI 指数更高，pk-HRR 减小了 40%，从而增强了复合纤维的阻燃性，而且在 TGA 热降解测试中，热性能也有所增强，在坩埚中加热 600℃至残炭率为 26%，这是因为添加了热稳定性好的 APP，高密度聚乙烯和木粉的复合材料通过催化酯化、脱水、成炭，所以残炭率高[105]。

含木粉、聚苯乙烯和木屑的试样，掺杂联胺多磷酸盐（DAP）后，大大降低了热降解速率，因此 LOI 指数减小，残炭量增加[106]。多种酚醛树脂与不饱和聚酯混纺固化后，加入磷系阻燃剂可使阻燃性提高。这些阻燃添加剂包含气相和凝聚相组分，其燃烧过程中会产生烟雾和残炭[107]。Suardana 等[108] 发现联胺多磷酸盐浓度的变化，对 PLA/椰子纤维、PP/椰子纤维和 PP/黄麻纤维复合材料的阻燃性影响很大。在所有复合材料中，随着联胺多磷酸盐含量增加，燃烧率和质量损失下降，并发现用 5%的联胺多磷酸盐处理的纤维燃烧时间最长，质量损失最少。

把 APP 加入 PP/红麻复合材料中，其 LOI 指数增加，表明阻燃性增强。在 TGA 测试中，发现红麻纤维使 PP/APP 复合材料热稳定性降低，然而，APP 含量增加，对热稳定性没有明显影响[109]。在另一项研究中，用红麻纤维补强 PLA，并加入 APP 作为阻燃材料，聚乙二醇（PEG）作增塑剂，在 PLA/红麻/PEG/APP 的生物复合材料中，也发现 APP 含量增加使阻燃性增强，然而，碱处理的红麻纤维热稳定性更强，但由于纤维中木质素的损失使残炭量降低[110]。

4.3.1.1　红麻/PP 复合材料的阻燃性

在最近研究中，发现红麻纤维是一种培养周期短至 4～5 个月的速生木质素纤维。由于在红麻纤维中木质素含量高，所以在燃烧过程中它会形成隔热层。除此之外，羊毛中固有的阻燃成分可降低材料的可燃性。我们还认为，它进一步提高了天然纤维复合材料的阻燃性能，并最大限度地减少了所需的阻燃添加剂含量，以获得标准的测试结果。因此，天然纤维的研究工作是基于红麻和羊毛纤维，并添加了膨胀型阻燃剂 APP[111]。

在疏水性塑料（PP）中加入亲水性天然纤维（红麻）将导致复合材料由于基质中不均匀的纤维分散和较差的纤维-基质界面而具有差的性能。为了解决这一问题，我们从杜邦新西兰有限公司购买了马来酸酐接枝聚丙烯［熔融指数（MFI）＝

120g/10min、190℃/2.16kg]，作为纤维和基体的修饰成分添加到混合物中。天然纤维应用方面另一主要限制是热稳定性有限，导致加工温度超过200℃时发生降解[112]。为了避免这一点，处理红麻韧皮纤维的温度需保持200℃以下（红麻韧皮纤维购买于新西兰布鲁斯史密斯有限公司）。处理不同的添加剂粒子如红麻和APP需高剪切混合，以达到最优分散（膨胀APP，P=22%，N=21%，由新西兰Chemcolour工业有限公司提供），为此使用同向双螺杆挤出机，如图4.13所示，其中L/D=40∶1。基体材料（PP嵌段共聚物，MFI=8.0g/10min、230℃/2.16kg）和抗氧化剂（抗氧剂1076）购买于新西兰克莱恩有限公司。

图4.13 混合所用交叉式同向双螺杆挤出机

可以优化配混过程（将纤维添加到聚合物基质中），使纤维断裂最小化并改善形态，以使天然纤维复合材料具有最佳的最终性能。为了使制备过程中纤维断裂尽量少，用堆垛机将红麻丝切成了7.5mm的长纤维，再将这些切断的纤维用研磨机研磨得到2.5mm的短纤维并干燥（表4.3）。

表4.3 材料和干燥参数

材料/纤维类型	等级	干燥温度/℃	干燥时间/h
PP	三星道达尔BI452	80	>12
红麻	韧皮部	70	>40

将PP和MAPP研磨成粉末并在空气干燥箱中干燥，然后以PP∶洋麻为70∶30的比例，并添加3%的MAPP，在高强度涡轮增压机中干混。

用于生产测试试样的注塑机为Boy50A，其温度变化如表4.4和图4.14所示。对试样进行标准测试，并对天然纤维复合材料做阻燃性能测试。

表4.4 注射成型工艺参数

工艺参数	PP/红麻	工艺参数	PP/红麻
温度1/℃	170	温度4/℃	180
温度2/℃	175	注塑压力最大值/bar①	45
温度3/℃	175		

① 1bar=100000Pa。

为观察复合材料的均匀性，使用光学显微镜观测纤维长度分布及纤维损伤情况。图4.15(a)显示了混合过程中纤维变短时不同种纤维的损伤情况。这可能是由于在挤出机/注塑机中剪切混合时，纤维被揉捏导致了分散和断裂。在SEM图4.15(b)中可以观察到更多的粒子分布情况，这证明即使是不相容产生了少许空洞（MAPP可使孔洞增多），但剪切混合仍可使其混合均匀。我们初期工作的主要目标是研究膨胀型

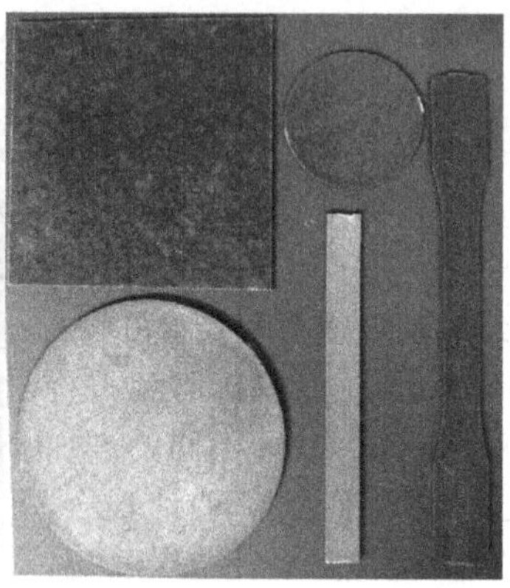

图 4.14　Boy50A 注塑机及试样

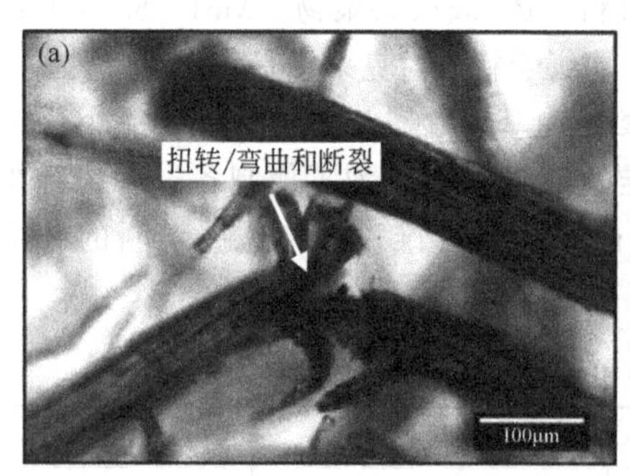

图 4.15　加工时试样损伤情况
(a) 光学显微镜；(b) SEM

阻燃体系中，有无 APP 时，PP/红麻天然纤维复合材料的阻燃效果。

使用 TGA 和 DTG 分析评估聚合物与纤维复合材料的热分解，以及这些对膨胀型 APP 阻燃剂的影响，如图 4.16 所示，以确定膨胀型阻燃体系对 PP/红麻复合材料的降解减缓效果。

PP 分解是单独进行的，其他混合物分解中有两个主峰。PP 在惰性气体氛围下在 280℃左右开始分解，重量损失率最大值发生在 426℃。含有 30%红麻纤维的 PP 混合物不断发生热分解，在 369℃时达到第一个峰值，在 443℃达到最大分解值。MAPP 的添加，提供了有效的界面黏附，因而使复合材料的热分解性能提高。添加了 APP 阻燃剂的复合材料也有两个明显的峰值，其中最高峰温度为 486℃。

纯 PP 在一旦达到降解温度时（$T_{5\%}$），随着温度升高而迅速降解，在 600℃则没有任何残留，如表 4.5 所示。而在 TGA 测试中，发现红麻和 APP 基复合材料则留有残渣，证明残炭具有协同效应。由于红麻中含有木质素，PP/红麻复合材料完全分解后，留有约 5%的残渣。APP 基阻燃复合材料在 600℃有 20%的残渣。APP 的非氧化分解在初分解阶段（$T_{1\max}$）形成炭质层，然后形成膨胀炭化层，进而形成隔热层，这进一步阻止火焰深入材料中并在燃烧面上释放挥发

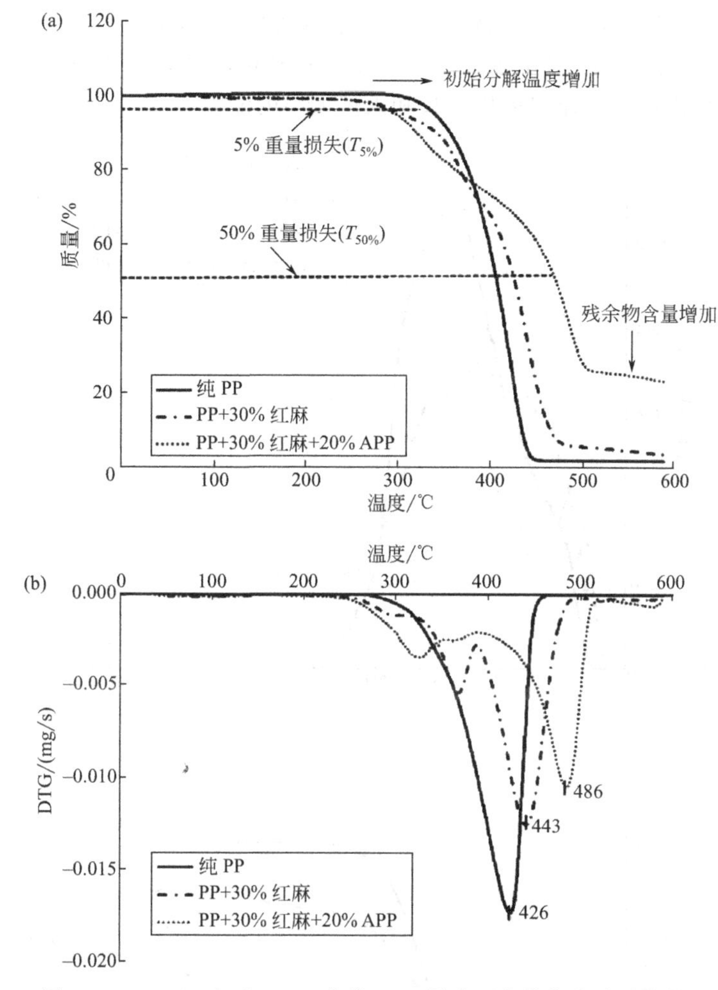

图 4.16 TGA(a) 和 DTG 曲线 (b)(图中百分数皆为质量分数)

物，因此减缓热分解速率。与其他混合物相比，高分子聚合物的起始分解温度($T_{5\%}$=342℃) 更高，说明了纤维有效碳化的影响，而且与高分子聚合物相比，含有 APP 的复合材料起始分解温度更低 (表 4.5)。

表 4.5 阻燃复合材料的 TGA 参数

材料	温度/℃				
	$T_{5\%}$①	T_{1max}②	$T_{50\%}$①	T_{2max}②	$\Delta T(T_{2max}-T_{1max})$
PP	342	426	409	N/A③	N/A
PP+30%红麻	308	369	428	443	74
PP+30%红麻+20%APP	300	327	472	486	159

① $T_{5\%}$和 $T_{50\%}$为在 5%和 50%质量损失下的温度。

② T_{1max} 和 T_{2max} 为从 DTG 曲线中所得的第一和第二质量损失峰值温度。

③ N/A 表示不适用。

在锥形量热仪测试中，保持受控的恒定热通量（$50kW/m^2$）以观察复合材料的燃烧过程。图4.17显示了天然纤维复合材料中不同量的阻燃剂的效果，以及通过提供炭化效果来控制火焰生长和火焰大小的能力。

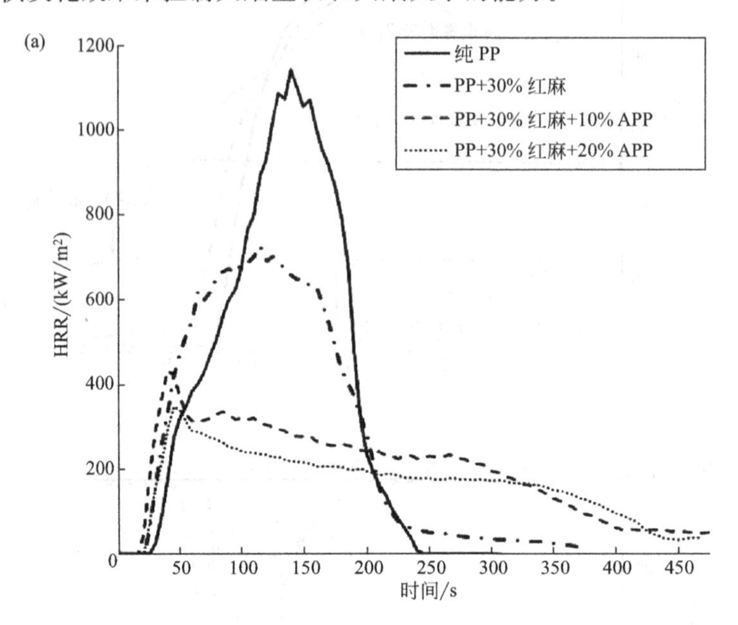

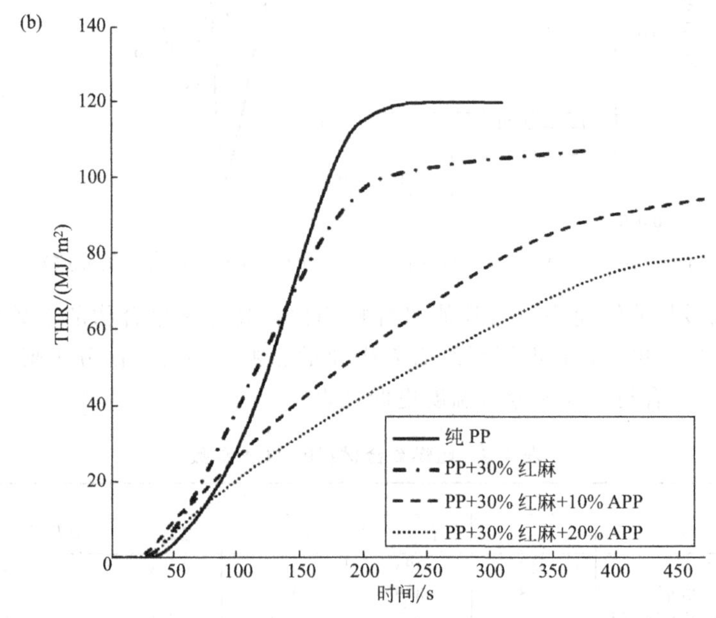

图4.17　添加阻燃剂APP的PP/红麻复合纤维锥形量热仪测试结果

（a）热释放速率；（b）THR

如图 4.17(a) 所示，与纯 PP 相比，天然纤维的存在使 pk-HRR 值明显减小，而且由于含有 APP，pk-HRR 值进一步减小。聚合物本身的热稳定性起主要作用，复合材料中的 APP 通过产生活性较低的自由基而在凝聚相中起阻燃剂的作用。APP 还具有在初始点火后在气相中产生覆盖效应的能力。不同比例（10%和 20%）PP/红麻复合材料中的膨胀 APP 的测试表明，气相覆盖效应已经通过使具有低 pk-HRR 的热释放速率曲线变平 [图 4.17(a)]。与纯 PP 相比，通过降低总热释放量进一步增强了这一点。

在评估复合材料的阻燃性能时，持续的燃烧热量提供了有关材料能否熄灭或扩散火灾趋势的重要信息。进行 UL-94V 标准测试以分析由于持续燃烧导致的复合材料的热行为，结果列于表 4.6 中。

表 4.6 阻燃复合材料的阻燃性能

试样	阻燃性能						
	UL-94V 测试			锥形量热仪测试			
	一定时间内平均试样下落/s	平均试样燃烧时间/s	等级	TTI/s	pk-HRR/(kW/m²)	FPI/(m²·s/kW)	THR/(MJ/m²)
PP	15	90	无	21	1145.08	0.018	119.94
PP+30%红麻	52	102	无	18	729.00	0.025	104.93
PP+30%红麻+20%APP	110	180	无	16	351.01	0.046	79.29

阻燃复合材料比纯 PP 更早点燃，但实际它的 pk-HRR 值却更低，因为含有 APP 使燃烧后形成膨胀炭屏障。这增加了它的耐火性能的值（fire performance index，FPI），FPI 是评估火灾火势的最佳指标（FPI 值越大，危险性越小）。在 UL-94V 标准测试中，纯 PP 在燃烧初始阶段开始滴落 [图 4.18(a)]，导致火势增长。这一现象进一步促使了火势蔓延，因此使火灾危险性增加。红麻中木质素含量较高，导致滴落时间相对延迟，而且 APP 的存在使滴落更加延迟，进一步提高了阻燃性 [图 4.18(b) 和 (c)]。

4.3.2 动物纤维基复合材料

关于动物纤维基复合材料的多数报道，都旨在证实其对力学与物理性能的强化效应。对于动物纤维基复合材料的热性能，已经用 TGA 和差示扫描热量计进行了测试，然而对于可燃性，如燃烧测试和锥形量热仪测试，在动物纤维基复合材料领域属于新内容。本节利用先前和现在不同的测试方法，讨论了蚕丝、羽毛和羊毛纤维复合材料的热性能。

Lee 等[113] 采用压缩成型工艺制成了短蚕丝（家蚕）纤维补强的聚丁二酸

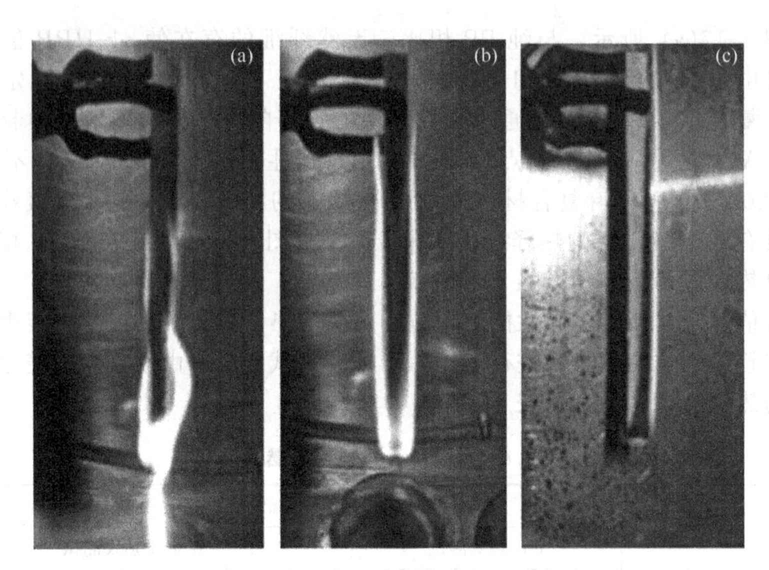

图 4.18 UL-94 标准测试结果
(a) 纯 PP；(b) PP+红麻；(c) PP+红麻+APP

丁二醇酯（PBS）。TGA 测试发现蚕丝对复合材料的热稳定性起重要作用。在350℃以下，复合材料的热稳定性随着蚕丝纤维含量增加而降低，在350℃以上，随着蚕丝纤维含量增加而热稳定性增加。另外，PBS 的热稳定性和尺寸稳定性随着生物复合材料中添加蚕丝纤维而显著增强。Cheung 等[114] 采用注射成型制备了碎蚕丝纤维和 PLA 基复合材料。TGA 结果也表明在400℃下，生物复合材料比纯 PLA 的残渣更多（生物复合材料约18%，纯 PLA 约5%）。此外，Chaisomkul 等[115] 采用手糊工艺制备了蚕丝和环氧基复合材料。像羽毛、热塑性聚合物复合材料、蚕丝也会使残渣含量增加，并使复合材料质量损失速率减小。

Wrześniewska-Tosik 等[116] 研究了羽毛与聚氨酯（PU）膨胀复合材料中，羽毛纤维对复合材料阻燃性的影响。通过 TGA 测试，他们发现添加羽毛可以增强热稳定性。另外，可燃性测试表明，添加羽毛与未添加羽毛相比，LOI 指数增加了26.7%，HB 速率减小（20mm/min）。Cheng 等[117] 也利用注射成型工艺制备了羽毛纤维增强的 PLA 复合材料。羽毛增加了复合材料的拉伸模量和热稳定性，因而对热性质和力学性能起积极作用。具体来讲，TGA 和热力学分析表明，含有5%羽毛纤维的复合材料热稳定性更好，在 PLA 中纤维分散均匀。其他热塑性聚合物如 PP 和聚乙烯，也可以用作羽毛基复合材料的聚合物基体[118,119]。所研究的 TGA 结果也证明了添加羽毛纤维能使复合材料的热稳定性增加。

羊毛基复合材料的热稳定性主要是通过 TGA 测试来研究的。TGA 结果明显证明，添加羊毛使聚合物复合材料的热稳定性增强[120-122]。Conzatti 等[122] 在文献中提到，在聚酯基复合材料中添加羊毛纤维，可使残炭率增加到17%。

Bertini 等[123] 从羊毛中提取了角蛋白，然后制备了 PP 基复合材料。角蛋白含量增加也提高了热稳定性和阻燃性。锥形量热仪测试结果说明，与纯 PP 相比，羊毛的角蛋白和 PP 基复合材料的热释放速率和总放热量 THR 值减小。此外，Kim 等[124] 通过连续挤压，制造了短羊毛纤维与 PP 复合材料，且使纤维在复合材料中分散均匀。水平燃烧速率和 pk-HRR 的减小证明该复合材料的阻燃性增强。

4.3.2.1 羊毛-PP 复合材料的阻燃性

为了使羊毛的阻燃性满足工业要求，需在聚合物复合材料中加入阻燃添加剂，使其阻燃性明显改善。即使羊毛本不易燃，但仍需在羊毛基复合材料中加入阻燃剂来满足工业上更高的要求。

目前研究使用 APP 作为羊毛和 PP 复合材料的膨胀阻燃剂[125]。APP 是一种主要由磷（22%）和氮（21%）组成的涂覆膨胀材料。羊毛、PP 和 APP 的复合材料通过两步制得，即挤出和压缩成型。用 Brabender 双螺杆挤出机 LTE26（螺杆长度 L ∶ 螺杆直径 $D=32$）在 175℃下将短羊毛纤维、PP 和 APP 熔融共混。然后用液压机（Carver4332，印第安纳州，美国）在 190℃、5min 内将混合物颗粒压模，制成各种测试样本。

纯 PP 和复合材料的热分解，可通过惰性气体下升温后试样的质量损失来研究。如图 4.19(a) 所示，在 TGA 测试曲线中，羊毛和纯 PP 分别在 230℃和 280℃左右开始分解，分别剩余 28.8%和 1.1%的残炭量。30%的羊毛与 PP 基复合材料的分解分为两步：第一步是在 240℃，羊毛发生分解；第二步是在约 360℃，复合材料发生最终分解。在 700℃残渣约为 7.9%。如图 4.19(a) 所示，在羊毛-PP 复合材料中添加 APP，残留量明显增加。羊毛炭化以及膨胀阻燃添加剂导致复合材料燃烧后残渣量约为 19.6%。

UL-94 垂直燃烧试验也表明了羊毛和 APP 在燃烧过程中的重要影响。羊毛-PP-APP 复合材料在两次 10s 燃烧试验中不发生燃烧，因此表 4.7 得到了 V0 评级。在试样边缘形成烧焦的炭，就像屏障一样阻止了进一步燃烧，因而燃烧停止后，火立即熄灭没有任何火光。

表 4.7 锥形量热仪数据和纯 PP、羊毛-PP、PP-APP、羊毛-PP-APP 复合材料的 UL-94V 燃烧率

试样	TTI /s	热分解速率峰值(PHRR) /(kW/m^2)	到达热分解速率峰值的时间 (TPHRR)/s	THR /(MJ/m^2)	CO /(kg/kg)	CO_2 /(kg/kg)	UL-94
PP	32	1022.5	133.3	117.4	0.023	3.16	N/R
30%羊毛-PP	16	807.6	145	110.4	0.026	2.6	N/R
PP-20%APP	21	285.3	285	104.4	0.04	2.54	V0
30%羊毛-PP-20%APP	16.7	223.7	371.7	89.6	0.04	2.16	V0

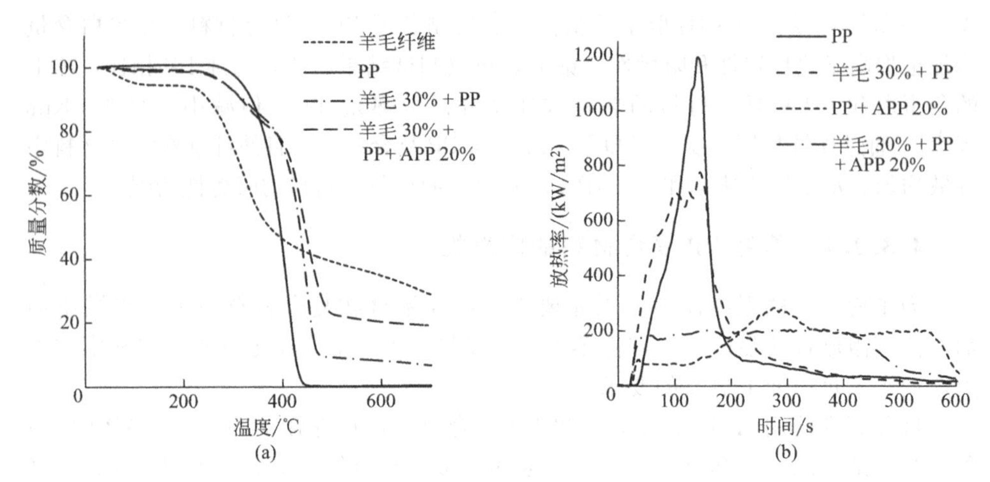

图 4.19 纯 PP 和羊毛-PP 复合材料的 TGA 曲线（a）和热释放速率（b）

此外，锥形量热仪测试测量了不同的可燃性参数，如点火时间、热释放速率、THR 和产烟量。图 4.19(b) 给出了纯 PP、羊毛-PP、PP-APP 以及羊毛-PP-APP 复合材料的热释放速率曲线。羊毛和添加 APP 的羊毛的 pk-HRR 分别减小了 53.7%和 81.2%。表 4.7 也提供了纯 PP、PP-APP 以及羊毛-PP-APP 复合材料的锥形量热仪数据。点火时间、THR 和 CO_2 随着 APP 的添加而减少，而 CO 增加，这是因为燃烧不充分导致的。而且也不难发现，含羊毛的复合材料热释放速率值更低，到达 PHRR 的时间更长，因此含羊毛复合材料比 PP-APP 复合材料的阻燃性更好。

燃烧时生成的炭可使阻燃性降低，因为挥发性物质如燃料、气体和火会通过炭的孔隙渗入材料中并导致进一步燃烧。因此，复合材料成分间发生的化学和物理反应所生成的炭结构，在确定可燃性方面起着重要作用。图 4.20(a) 和 (b)

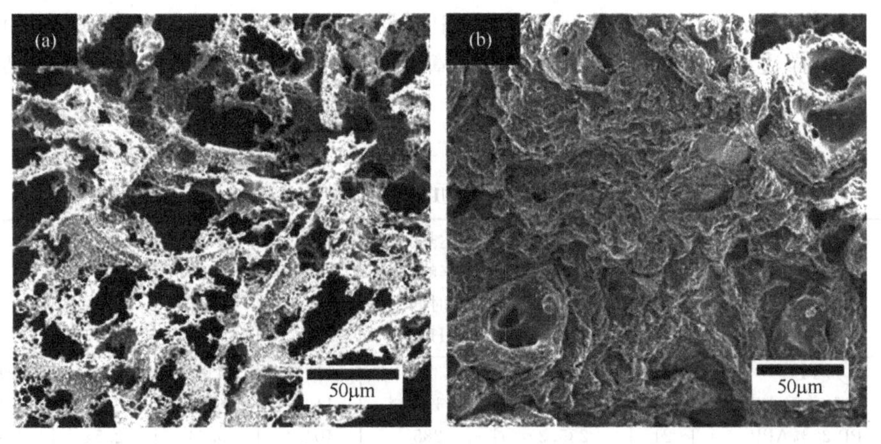

图 4.20 羊毛-PP 复合材料烧焦后内表面的微观形貌图

(a) 无 APP；(b) 有 APP

分别表明在锥形量热仪测试后，含与不含阻燃剂的羊毛-PP复合材料残炭的结构。由图可知，不含APP的炭有着发达的孔结构，这些孔和腔的尺寸各不相同，可为火和基体之间的热传导提供路径。相反，含阻燃剂的炭结构紧密［图4.20(b)］，因此炭中的热量和挥发性气体大大减少。

4.3.3 纤维杂化

在过去的数十年里，在复合材料中同时使用多种纤维已被广泛应用在工程中，从而达到提高性能、满足工业需求的目的。最近，随着利用自然资源法规和条例的出台，在很多应用中已经添加了植物基天然纤维，例如在汽车、建筑和包装行业。然而，由于高聚物主要是在高温下进行加工的，所以除了要考虑植物基纤维的机械特性之外，热稳定性也是需要考虑的重要因素[126]。将两种或两种以上纤维杂化，可扬长避短。杂化材料的组分是由杂化需求、制造和最终应用（设计需要）决定的。每种纤维需发挥自身的最佳优势，所以纤维的相容性也是一项重要因素。因此，为了减少生产成本、综合性能优势，需要仔细控制工艺过程与设备[127]。

在杂化中，制得纤维的性能主要取决于复合材料中纤维长度、纤维的含量和取向、混合程度、纤维与基体的结合、复合材料中每种纤维的排布等因素。由两种不同纤维素纤维杂化成的复合纤维与纤维素/合成树脂纤维混杂有很大不同。橡胶增韧聚酯-红麻纳米复合材料的杂化，表明复合材料的所有成分都完全固化了，而且满足热性能[128]。对于碳、红麻和天然橡胶PP基复合材料的杂化，有人研究了它们的热性能和力学性能，发现与马来酸酐接枝PP相容的复合材料相比，不相容的更趋于一致且性能更好[129]。

设想中，角蛋白-纤维素基生物复合材料可用于能降解的包装、一次性用品、农用薄膜、具有新功能如改善阻燃性和吸湿性的纺织纤维[130]。在这方面，未来的工作重点是，通过优化物理和力学性能来制造不同天然纤维混用增强及阻燃的混合复合材料，以便为不同的工业应用制造广泛使用的最终产品。

4.4 本章小结

通过检索文献，对用于阻燃的天然纤维/工程塑料复合材料的新研究已经有了清晰的脉络。其主要发现总结如下：

- 在许多发表的文章中，短天然纤维的物理和力学性能得到了大量关注，而热稳定性和阻燃性的研究却很少。
- 制造业需要利用快速成型工艺大规模批量化加工防火工程复合材料。

• 目前有一个需要解决的问题，即短天然纤维在阻燃工程方面的性能和降解性能，在已经发表的文章中结论都有所不同。

• 工程中纤维的有效分散和分布可使天然纤维复合材料的阻燃性提高。

• 与纯 PP 相比，红麻和羊毛复合材料的滴落现象和热释放速率减少，因而阻燃性能优异。

• 在天然纤维基复合材料中加入膨胀阻燃剂 APP，可降低燃烧时间、避免滴落，因而有效增强了阻燃性。含有 20%的 APP 即可达到 UL-94 V0 等级。

参考文献

[1] Mouritz AP, Mathys Z, Gibson AG. Heat release of polymer composites in fire. Compos Part A Appl Sci Manuf 2006;37(7):1040–54.

[2] Islam MS, Church JS, Miao M. Effect of removing polypropylene fibre surface finishes on mechanical performance of kenaf/polypropylene composites. Compos Part A Appl Sci Manuf 2011;42(11):1687–93.

[3] Sukyai P, Sriroth K, Lee BH, Kim HJ. The effect of bacterial cellulose on the mechanical and thermal expansion properties of kenaf/polylactic acid composites. Shenzhen 2012:1343–51.

[4] Rao S, Das R, Bhattacharyya D. Investigation of bond strength and energy absorption capabilities in recyclable sandwich panels. Compos Part A Appl Sci Manuf 2013;45: 6–13.

[5] Liu D, Sui G, Bhattacharyya D. Synthesis and characterisation of nanocellulose-based polyaniline conducting films. Compos Sci Technol 2014;99:31–6.

[6] Joshi SV, Drzal L, Mohanty A, Arora S. Are natural fiber composites environmentally superior to glass fiber reinforced composites? Compos Part A Appl Sci Manuf 2004;35(3):371–6.

[7] Azwa ZN, Yousif BF, Manalo AC, Karunasena W. A review on the degradability of polymeric composites based on natural fibres. Mater Des 2013;47:424–42.

[8] Mohini S, Asokan P, Anusha S, Ruhi H, Sonal W. Composite materials from natural resources: recent trends and future potentials, Tesinova P, editor. Advances in composite materials – analysis of natural and man-made materials. InTech; 2011. ISBN: 978-953-307-449-8, http://dx.doi.org/10.5772/18264. Available from: <http://www.intechopen.com/books/advances-in-composite-materials-analysis-of-natural-and-man-made-materials/composite-materials-from-natural-resources-recent-trends-and-future-potentials>.

[9] Bledzki AK, Gassan J. Composites reinforced with cellulose based fibres. Prog Polym Sci 1999;24(2):221–74.

[10] Lee SM. Handbook of composite reinforcements. New York, USA: John Wiley & Sons; 1992.

[11] Satyanarayana K, Sukumaran K, Mukherjee P, Pavithran C, Pillai S. Natural fibre–polymer composites. Cement Concrete Compos 1990;12(2):117–36.

[12] Alleman JE, Mossman BT. Asbestos revisited. Sci Am 1997;277(1):54–7.

[13] Feughelman M. Natural protein fibers. J Appl Polym Sci 2002;83(3):489–507.

[14] Kimura T, Aoki S. Application of silk composite to decorative laminate. Adv Compos Mater 2007;16(4):349–60.

[15] Anandjiwala RD, Blouw S. Composites from bast fibres—prospects and potential in the changing market environment. J Nat Fibers 2007;4(2):91–901.
[16] Zampaloni M, Pourboghrat F, Yankovich SA, Rodgers BN, Moore J, Drzal LT. Kenaf natural fiber reinforced polypropylene composites: a discussion on manufacturing problems and solutions. Compos Part A Appl Sci Manuf 2007;38(6):1569–80.
[17] Akil HM, Omar MF, Mazuki AAM, Safiee S, Ishak ZAM, Abu Bakar A. Kenaf fiber reinforced composites: a review. Mater Des 2011;32(8–9):4107–21.
[18] Medina L, Schledjewski R, Schlarb AK. Process related mechanical properties of press molded natural fiber reinforced polymers. Compos Sci Technol 2009;69(9):1404–11.
[19] Jawaid M, Abdul Khalil HPS. Cellulosic/synthetic fibre reinforced polymer hybrid composites: a review. Carbohydr Polym 2011;86(1):1–18.
[20] Pickering K. Properties and performance of natural-fibre composites. New York, NY: Elsevier; 2008.
[21] Faruk O, Bledzki AK, Fink HP, Sain M. Biocomposites reinforced with natural fibers: 2000–2010. Prog Polym Sci 2012.
[22] Dittenber DB, GangaRao HVS. Critical review of recent publications on use of natural composites in infrastructure. Compos Part A Appl Sci Manuf 2012;43(8):1419–29.
[23] John MJ, Thomas S. Biofibres and biocomposites. Carbohydr Polym 2008;71(3):343–64.
[24] Sallih N, Lescher P, Bhattacharyya D. Factorial study of material and process parameters on the mechanical properties of extruded kenaf fibre/polypropylene composite sheets. Compos Part A: Appl Sci Manuf 2014;61:91–107.
[25] Turner JA. Linseed law: a handbook for growers and advisers. Suffolk, UK: BASF United Kingdom Limited, Agricultural Business Area; 1987.
[26] Sharma HS, Van Sumere CF. Biology and processing of flax. London, UK: M Publication; 1992.
[27] Summerscales J, Dissanayake NPJ, Virk AS, Hall W. A review of bast fibres and their composites. Part 1—Fibres as reinforcements. Compos Part A Appl Sci Manuf 2010;41(10):1329–35.
[28] Farnfield C, Alvey PJ. Textile terms and definitions. Manchester, UK: Textile Institute; 1975.
[29] Lewington A. Plants for people. : Random House; 2003.
[30] Alemdar A, Zhang H, Sain M, Cescutti G, Müssig J. Determination of fiber size distributions of injection moulded polypropylene/natural fibers using X-ray microtomography. Adv Eng Mater 2008;10(1–2):126–30.
[31] Barkoula NM, Garkhail SK, Peijs T. Effect of compounding and injection molding on the mechanical properties of flax fiber polypropylene composites. J Reinforced Plastics Compos 2010;29(9):1366–85.
[32] Scheibel T. Protein fibers as performance proteins: new technologies and applications. Curr Opin Biotechnol 2005;16(4):427–33.
[33] Zahn H, Föhles J, Nlenhaus M, Schwan A, Spel M. Wool as a biological composite structure. Ind Eng Chem Prod Res Dev 1980;19(4):496–501.
[34] Jones LN, Rivett DE, Tucker DJ. Wool and related mammalian fibers. Handb Fiber Chem 2010:331.
[35] Zahn H, Wortmann F, Wortmann G, Schaefer K, Hoffmann R, Finch R. Wool. Wollmann encyclopedia industry of textile. Weinheim: Wiley-VCH Verlag GmbH & Co; 2005.
[36] Christoe JR, Denning RJ, Evans DJ, Huson MG, Jones LN, Lamb PR, et al. Wool. Encyclopedia of polymer science and technology. New Jersey, USA: John Wiley & Sons, Inc; 2002.
[37] Akira M, Joo KH, Irene Y, Xianyan W, Peggy C, David L. Silk. Handbook of fiber chemistry, 3rd ed. Oxford, UK: Taylor & Francis; 2006.

[38] Marsh RE, Corey RB, Pauling L. An investigation of the structure of silk fibroin. Biochim Biophys Acta 1955;16:1–34.
[39] Jiang P, Liu H, Wang C, Wu L, Huang J, Guo C. Tensile behavior and morphology of differently degummed silkworm (*Bombyx mori*) cocoon silk fibres. Mater Lett 2006;60(7):919–25.
[40] Cheung H-Y, Ho M-P, Lau K-T, Cardona F, Hui D. Natural fibre-reinforced composites for bioengineering and environmental engineering applications. Compos Part B Eng 2009;40(7):655–63.
[41] McKittrick J, Chen P-Y, Bodde S, Yang W, Novitskaya E, Meyers M. The structure, functions, and mechanical properties of keratin. Jom 2012;64(4):449–68.
[42] Arai KM, Takahashi R, Yokote Y, Akahane K. Amino-acid sequence of feather keratin from fowl. Eur J Biochem 1983;132(3):501–7.
[43] Bullions T, Gillespie R, Price-O'Brien J, Loos A. The effect of maleic anhydride modified polypropylene on the mechanical properties of feather fiber, kraft pulp, polypropylene composites. J Appl Polym Sci 2004;92(6):3771–83.
[44] Pal G, Macskasy H. Plastics: their behavior in fires. New York, NY: Elsevier; 1991.
[45] Madorsky SL. Thermal degradation of polymers. New York, NY: Robert E. Kreiger; 1985.
[46] Mouritz AP, Gibson AG. Fire properties of polymer composite materials. Netherlands: Springer; 2007.
[47] Horrocks AR, Price D. Fire retardant materials. Cambridge, UK: Woodhead Publishing; 2001.
[48] Cullis CF, Hirschler MM. The combustion of organic polymers. Oxford: Clarendon Press; 1981.
[49] Beyer G. Flame retardant properties of EVA-nanocomposites and improvements by combination of nanofillers with aluminium trihydrate. Fire Mater 2001;25(5):193–7.
[50] Baillet C, Delfosse L. The combustion of polyolefins filled with metallic hydroxides and antimony trioxide. Polym Degradation Stability 1990;30(1):89–99.
[51] Liang J, Zhang Y. A study of the flame-retardant properties of polypropylene/Al (OH) 3/Mg (OH) 2 composites. Polym Int 2010;59(4):539–42.
[52] Formosa J, Chimenos JM, Lacasta AM, Haurie L. Thermal study of low-grade magnesium hydroxide used as fire retardant and in passive fire protection. Thermochimica Acta 2011;515(1):43–50.
[53] Wilson WE, O'Donovan JT, Fristrom RM. Flame inhibition by halogen compounds. Symposium (International) on combustion. New York, USA: Elsevier; 1969. p. 929–42.
[54] Levchik SV, Weil ED. A review of recent progress in phosphorus-based flame retardants. J Fire Sci 2006;24(5):345–64.
[55] Lindsay CI, Hill SB, Hearn M, Manton G, Everall N, Bunn A, et al. Mechanisms of action of phosphorus based flame retardants in acrylic polymers. Polym Int 2000;49(10):1183–92.
[56] Vandersall HL. Intumescent coating systems, their development and chemistry. J Fire Flammability 1971;2(2):97–140.
[57] Bourbigot S, Le Bras M, Duquesne S, Rochery M. Recent advances for intumescent polymers. Macromol Mater Eng 2004;289(6):499–511.
[58] Camino G, Costa L, Trossarelli L. Study of the mechanism of intumescence in fire retardant polymers: Part V—Mechanism of formation of gaseous products in the thermal degradation of ammonium polyphosphate. Polym Degradation Stability 1985;12(3):203–11.
[59] Enescu D, Frache A, Lavaselli M, Monticelli O, Marino F. Novel phosphorous–nitrogen intumescent flame retardant system. Its effects on flame retardancy and thermal

properties of polypropylene. Polym Degradation Stability 2013;98(1):297–305.
[60] Liu W, Chen DQ, Wang YZ, Wang DY, Qu MH. Char-forming mechanism of a novel polymeric flame retardant with char agent. Polym Degradation Stability 2007;92(6):1046–52.
[61] Chapple S, Anandjiwala R. Flammability of natural fiber-reinforced composites and strategies for fire retardancy: a review. J Thermoplastic Compos Mater 2010;23(6):871–93.
[62] Sahoo S, Misra M, Mohanty AK. Enhanced properties of lignin-based biodegradable polymer composites using injection moulding process. Compos Part A Appl Sci Manuf 2011;42(11):1710–8.
[63] Horrocks A. An introduction to the burning behaviour of cellulosic fibres. J Soc Dyers Colourists 1983;99(7–8):191–7.
[64] Manfredi LB, Rodríguez ES, Wladyka-Przybylak M, Vázquez A. Thermal degradation and fire resistance of unsaturated polyester, modified acrylic resins and their composites with natural fibres. Polym Degradation Stability 2006;91(2):255–61.
[65] Benisek L. Flame retardance of protein fibers Lewin M, Atlas SM, Pearce EM, editors. Flame-retardant polymeric materials. New York, USA: Plenum Press; 1975. p. 137–91.
[66] Johnson NAG, Wood EJ, Ingham PE, McNeil SJ, McFarlane ID. Wool as a technical fibre. J Text Inst 2003;94(3–4):26–41.
[67] Oulton D. Fire-retardant textiles. Chemistry of the Textiles Industry. Berlin, Heidelberg: Springer; 1995. p. 102–24.
[68] Bajaj P. Heat and flame protection. Handb Tech Text 2000:223–63.
[69] Price D, Horrocks A. Polymer degradation and the matching of FR chemistry to degradation, 2nd ed. New York, NY: CRC Press; 2010.
[70] Horrocks AR, Davies PJ. Char formation in flame-retarded wool fibres. Part 1. Effect of intumescent on thermogravimetric behaviour. Fire Mater 2000;24(3):151–7.
[71] Guan JP, Chen GQ. Flame retardancy finish with an organophosphorus retardant on silk fabrics. Fire Mater 2006;30(6):415–24.
[72] Ehrenstein GW, Riedel G, Trawiel P. Thermal analysis of plastics. Munich, Germany: Hanser; 2004.
[73] Kozłowski R, Władyka-Przybylak M. Flammability and fire resistance of composites reinforced by natural fibers. Polym Adv Technol 2008;19(6):446–53.
[74] Gibson AG. Fire properties of polymer composite materials. Berlin, Heidelberg: Springer; 2007.
[75] Lewin M, Basch A. Structure, pyrolysis, and flammability of cellulose. Flame-retardant polymeric materials. Berlin, Heidelberg: Springer; 1978. p. 1–41.
[76] ASTM. Standard test method for rate of burning and/or extent and time of burning of plastics in a horizontal position. Pennsylvania, USA; 2010.
[77] ASTM. Standard test method for measuring the comparative burning characteristics of solid plastics in a vertical position. Pennsylvania, USA; 2010.
[78] Babrauskas V, Peacock RD. Heat release rate: the single most important variable in fire hazard. Fire Saf J 1992;18(3):255–72.
[79] Schartel B, Bartholmai M, Knoll U. Some comments on the use of cone calorimeter data. Polym Degradation Stability 2005;88(3):540–7.
[80] Babrauskas V. Development of the cone calorimeter—a bench-scale heat release rate apparatus based on oxygen consumption. Fire Mater 1984;8(2):81–95.
[81] Morgan AB, Gilman JW. An overview of flame retardancy of polymeric materials: application, technology, and future directions. Fire Mater 2013;37(4):259–79.
[82] Hapuarachchi TD, Ren G, Fan M, Hogg PJ, Peijs T. Fire retardancy of natural fibre reinforced sheet moulding compound. Appl Compos Mater 2007;14(4):251–64.

[83] Wittek T, Tanimoto T. Mechanical properties and fire retardancy of bidirectional reinforced composite based on biodegradable starch resin and basalt fibres. Express Polym Lett 2008;2(11):810–22.
[84] Chai MW, Bickerton S, Bhattacharyya D, Das R. Influence of natural fibre reinforcements on the flammability of bio-derived composite materials. Compos Part B Eng 2012;43(7):2867–74.
[85] Rao S, Bhardwaj A, Beehag A, Bhattacharyya D. Fire performance of flax laminates and their hybrids. Adv Mater Res: Trans Tech Publ 2012:114–7.
[86] Lazko J, Landercy N, Laoutid F, Dangreau L, Huguet M, Talon O. Flame retardant treatments of insulating agro-materials from flax short fibres. Polym Degradation Stability 2013;98(5):1043–51.
[87] Fang Y, Wang Q, Guo C, Song Y, Cooper PA. Effect of zinc borate and wood flour on thermal degradation and fire retardancy of polyvinyl chloride (PVC) composites. J Anal Appl Pyrolysis 2013;100:230–6.
[88] Fatima S, Mohanty AR. Acoustical and fire-retardant properties of jute composite materials. Appl Acoust 2011;72(2–3):108–14.
[89] Ayrilmis N, Jarusombuti S, Fueangvivat V, Bauchongkol P, White RH. Coir fiber reinforced polypropylene composite panel for automotive interior applications. Fibers Polym 2011;12(7):919–26.
[90] García M, Garmendia I, García J. Influence of natural fiber type in eco-composites. J Appl Polym Sci 2008;107(5):2994–3004.
[91] Sain M, Park S, Suhara F, Law S. Flame retardant and mechanical properties of natural fibre–PP composites containing magnesium hydroxide. Polym Degradation Stability 2004;83(2):363–7.
[92] Wilkie CA. An introduction to the use of fillers and nanocomposites in fire retardancy. Fire Retardancy Polym: New Appl Miner Fillers 2005:1–15.
[93] Kiliaris P, Papaspyrides CD. Polymer/layered silicate (clay) nanocomposites: an overview of flame retardancy. Prog Polym Sci 2010;35(7):902–58.
[94] Biswal M, Mohanty S, Nayak SK. Thermal stability and flammability of banana-fiber-reinforced polypropylene nanocomposites. J Appl Polym Sci 2012;125(Suppl. 2):E432–43.
[95] Chanprapanon W, Suppakarn N, Jarukumjorn K. Flame retardancy, thermal stability, and mechanical properties of sisal fiber/organoclay/polypropylene composites. Adv Mater Res 2012;410:47–50.
[96] Arrakhiz FZ, Benmoussa K, Bouhfid R, Qaiss A. Pine cone fiber/clay hybrid composite: mechanical and thermal properties. Mater Des 2013;50:376–81.
[97] Bocz K, Szolnoki B, Marosi A, Tábi T, Wladyka-Przybylak M, Marosi G. Flax fibre reinforced PLA/TPS biocomposites flame retarded with multifunctional additive system. Polym Degrad Stabil 2014;106:63–73.
[98] Le Bras M, Duquesne S, Fois M, Grisel M, Poutch F. Intumescent polypropylene/flax blends: a preliminary study. Polym Degradation Stability 2005;88(1):80–4.
[99] Schartel B, Braun U, Schwarz U, Reinemann S. Fire retardancy of polypropylene/flax blends. Polymer 2003;44(20):6241–50.
[100] Duquesne S, Samyn F, Ouagne P, Bourbigot S. Flame retardancy and mechanical properties of flax reinforced woven for composite applications. J Ind Text 2015;44(5). http://dx.doi.org/10.1177/1528083713505633.
[101] Jeencham R, Suppakarn N, Jarukumjorn K. Effect of flame retardants on flame retardant, mechanical, and thermal properties of sisal fiber/polypropylene composites. Compos Part B Eng 2014;56:249–53.
[102] Pan M, Mei C, Song Y. A novel fire retardant affects fire performance and mechanical properties of wood flour–high density polyethylene composites. BioResources

2012;7(2):1760–70.
[103] Stark NM, White RH, Mueller SA, Osswald TA. Evaluation of various fire retardants for use in wood flour–polyethylene composites. Polym Degradation Stability 2010;95(9):1903–10.
[104] Zhang ZX, Zhang J, Lu B-X, Xin ZX, Kang CK, Kim JK. Effect of flame retardants on mechanical properties, flammability and foamability of PP/wood–fiber composites. Compos Part B Eng 2012;43(2):150–8.
[105] Li B, He J. Investigation of mechanical property, flame retardancy and thermal degradation of LLDPE–wood–fibre composites. Polym Degradation Stability 2004;83(2):241–6.
[106] Chindaprasirt P, Hiziroglu S, Waisurasingha C, Kasemsiri P. Properties of wood flour/expanded polystyrene waste composites modified with diammonium phosphate flame retardant. Polym Compos 2015;36(4):604–12.
[107] Kandola BK, Krishnan L, Ebdon JR. Blends of unsaturated polyester and phenolic resins for application as fire-resistant matrices in fibre-reinforced composites: effects of added flame retardants. Polym Degradation Stability 2013.
[108] Suardana NPG, Ku MS, Lim JK. Effects of diammonium phosphate on the flammability and mechanical properties of bio-composites. Mater Des 2011;32(4):1990–9.
[109] Ismail A, Hassan A, Bakar AA, Jawaid M. Flame retardancy and mechanical properties of kenaf filled polypropylene (PP) containing ammonium polyphosphate (APP). Sains Malaysiana 2013;42(4):429–34.
[110] Shukor F, Hassan A, Saiful Islam M, Mokhtar M, Hasan M. Effect of ammonium polyphosphate on flame retardancy, thermal stability and mechanical properties of alkali treated kenaf fiber filled PLA biocomposites. Mater Des 2014;54:425–9.
[111] Subasinghe A, Bhattacharyya D. Performance of different intumescent ammonium polyphosphate flame retardants in PP/kenaf fibre composites. Compos Part A Appl Sci Manuf 2014.
[112] Tajvidi M, Takemura A. Thermal degradation of natural fiber-reinforced polypropylene composites. J Thermoplastic Compos Mater 2010;23(3):281–98.
[113] Lee SM, Cho D, Park WH, Lee SG, Han SO, Drzal LT. Novel silk/poly(butylene succinate) biocomposites: the effect of short fibre content on their mechanical and thermal properties. Compos Sci Technol 2005;65(3):647–57.
[114] Cheung H-Y, Lau K-T, Tao X-M, Hui D. A potential material for tissue engineering: silkworm silk/PLA biocomposite. Compos Part B Eng 2008;39(6):1026–33.
[115] Chaisomkul N, Suppakarn N, Sutapun W. Study of *B. mori* silk fabric and *B. mori* silk reinforced epoxy composite. Adv Mater Res 2012;410:329–32.
[116] Wrześniewska-Tosik K, Zajchowski S, Bryśkiewicz A, Ryszkowska J. Feathers as a flame-retardant in elastic polyurethane foam. Fibres Text East Eur 2014;22(103):119–218.
[117] Cheng S, Lau K-T, Liu T, Zhao Y, Lam P-M, Yin Y. Mechanical and thermal properties of chicken feather fiber/PLA green composites. Compos Part B Eng 2009;40(7):650–4.
[118] Amieva EJ-C, Velasco-Santos C, Martínez-Hernández A, Rivera-Armenta J, Mendoza-Martínez A, Castaño V. Composites from chicken feathers quill and recycled polypropylene. J Compos Mater 2015;49(3):275–83. http://dx.doi.org/10.1177/0021998313518359.
[119] Ghani SA, Tan SJ, Yeng TS. Properties of chicken feather fiber-filled low-density polyethylene composites: the effect of polyethylene grafted maleic anhydride. Polymer-Plastics Technol Eng 2013;52(5):495–500.
[120] Conzatti L, Giunco F, Stagnaro P, Patrucco A, Marano C, Rink M, et al. Composites based on polypropylene and short wool fibres. Compos Part A Appl Sci Manuf 2013;47(0):165–71.

[121] Xu W, Wang X, Li W, Peng X, Liu X, Wang XG. Characterization of superfine wool powder/poly(propylene) blend film. Macromol Mater Eng 2007;292(5):674–80.
[122] Conzatti L, Giunco F, Stagnaro P, Capobianco M, Castellano M, Marsano E. Polyester-based biocomposites containing wool fibres. Compos Part A Appl Sci Manuf 2012;43(7):1113–19.
[123] Bertini F, Canetti M, Patrucco A, Zoccola M. Wool keratin–polypropylene composites: properties and thermal degradation. Polym Degradation Stability 2013;98(5):980–7.
[124] Kim NK, Bhattacharya D, Lin RJT. Multi-functional properties of wool fibre composites Sombatsompop N, Bhattacharya D, Cheung H, editors. Multi-functional materials and structures IV. Bangkok, Thailand: Advanced Materials Research; 2013. p. 8–11.
[125] Kim NK, Lin RJT, Bhattacharyya D. Extruded short wool fibre composites: mechanical and fire retardant properties. Compos Part B: Eng 2014;67:472–80.
[126] Aji IS, Zainudin ES, Khalina A, Sapuan SM, Khairul MD. Thermal property determination of hybridized kenaf/PALF reinforced HDPE composite by thermogravimetric analysis. J Therm Anal Calorimetry 2012;109(2):893–900.
[127] Hamid MRY, Ab Ghani MH, Ahmad S. Effect of antioxidants and fire retardants as mineral fillers on the physical and mechanical properties of high loading hybrid biocomposites reinforced with rice husks and sawdust. Ind Crops Prod 2012;40(1):96–102.
[128] Bonnia NN, Surip SN, Ratim S, Mahat MM. Mechanical performance of hybrid polyester composites reinforced Cloisite 30B and kenaf fibre. Penang, Malaysia; 2012. p. 136–41.
[129] Anuar H, Ahmad S, Rasid R, Ahmad A, Busu W. Mechanical properties and dynamic mechanical analysis of thermoplastic-natural-rubber-reinforced short carbon fiber and kenaf fiber hybrid composites. J Appl Polym Sci 2008;107(6):4043–52.
[130] Aluigi A, Vineis C, Ceria A, Tonin C. Composite biomaterials from fibre wastes: characterization of wool–cellulose acetate blends. Compos Part A Appl Sci Manuf 2008;39(1):126–32.

第5章

可生物降解聚乳酸与纳米黏土多功能纳米生物复合材料

Suprakas Sinha Ray[1, 2]

[1]科学与工业研究理事会，DST/CSIR 国家纳米结构材料中心，南非，比勒陀利亚

[2]约翰内斯堡大学，应用化学系，南非，约翰内斯堡

5.1 前言

如今，环境友好问题已经促使聚合物科学家、工程师、生产商们去使用生物可降解聚合物替代化石燃料生产的聚合物。可降解聚合物材料通常表示为聚合物能在自然环境中发生降解，降解过程包括化学结构的改变、力学性能减退和结构上发生变化，并且最后生成环境友好型产物，例如水、二氧化碳、矿物质、生物质和腐蚀材料中间体[1,2]。这个过程需要特定的条件来保证聚合物的降解，例如：一定的 pH 值、湿度、含氧量和一定的金属元素。

生物可降解聚合物可以通过玉米、木质纤维、甘蔗这类生物材料来制备，也可以通过细菌从小分子像丁酸或戊酸中合成[3]。可生物降解的聚合物可以来源于石油，也可以来源于生物和石油的混合物。最有名的石油衍生生物降解聚合物是脂肪族聚酯或脂肪族芳香族共聚酯。但是来源于可再生资源的生物降解聚合物越来越受到重视，因为和完全石油衍生物相比，它们更加环保，并且在堆肥后能控制二氧化碳平衡。一个在此方向上最有前途的聚合物是聚乳酸或聚交酯，因为它是由农产品加工而成的，在特定条件下易于生物降解[4]。聚乳酸［poly (lactic acid)］和聚交酯是同一种化学产品，简称 PLA，它们之间唯一的区别是它们生产的方式。

聚乳酸不是一种新的聚合物，但是最近随着从农产品中合成乳酸单体制造业的发展，将它推向了新兴的可生物分解塑料工业的前端。通常，PLA 具有良好

的弹性模量，包括热塑性和生物相容性。一些 Ingeo™ 给出的 PLA 的各种性能列于表 5.1 中。

表 5.1 来源于 NatureWorks 公司的 Ingeo™ 给出的 PLA 性能总结

性能	数值
典型的片密度	0.593kg/L(37lb/$ft^3$①)
特性密度	1.24～1.25g/mL
熔融密度(200℃)	1.12g/mL
颗粒密度	0.79～0.85kg/L(49～53lb/ft^3)
玻璃化温度	55～60℃
熔点	145～170℃
比热容(25℃)	1.20J/g
热导率(结晶颗粒,25℃时结晶度为 25%)	0.16W/(m·K)
热导率(非晶片,25℃)	0.13W/(m·K)

① 1lb/ft^3=16.02kg/m^3。

由于具有弹性模量高、透明、低毒和环境友好的特点，PLA 有很大的潜能可以发展为大众商品，如包装材料。但是 PLA 的一些本质缺点，如结晶度低、很脆、低的气体阻隔、热稳定性差、易燃以及加工范围小，使其应用受限。最近，人们开展了大量研究来提高 PLA 的热稳定性和耐冲击性。这样，它可以和聚丙烯、聚苯乙烯这些聚合物的商品竞争。做过的研究包括：使用有机/无机填料[5]和增塑剂[6]，或将 PLA 与其他可生物降解[7,8]或非生物降解材料混合[9]。

在过去的二十年中，纳米尺度以及随之兴起的纳米科学和技术，提供了独特的机会来开发多种高性能组合的先进材料。这些新材料通过开发新的性能及利用不同成分间的协同作用，来解决传统材料性能不足的缺点。这些成分仅在形态的长度尺度和与给定性质的基本物理性质相关的临界长度重合时才出现。这些材料被称为纳米复合材料，其中总界面面积成为关键特征，而不仅仅是成分的相对体积分数。有研究表明，聚合物纳米复合材料技术不仅扩大了传统填充聚合物性能提升的空间，而且引入了完全新的性能组合，从而使塑料有了新的应用领域[10,11]。

在过去的几年里，很多不同型号的纳米添加剂，如黏土、碳纳米管、石墨烯、多面体低聚倍半硅氧烷（polyhedral oligomeric silsesquioxanes，POSS）、聚合物纳米填料、金属、金属氧化物陶瓷以及金属-非氧化物陶瓷，添加到 PLA 中，形成纳米复合材料[12]。但是，PLA 和纳米黏土的复合，引起了当今对绿色材料的研究兴趣，这是由于小比重掺入黏土纳米片中，就能提高 PLA[5,11]的力学性能，而不影响它原本的加工性能。而且，黏土的自然储量大、经济，当然最重要的是黏土环保。

本章报道了用于PLA/黏土纳米复合材料开发的最重要的加工技术以及纳米复合材料结构与所得多功能性质之间的相互关系。本章还总结了PLA/黏土纳米复合材料的主要研究挑战和未来前景。

5.2 黏土和黏土聚合物纳米复合材料的形成

通常用于制备黏土聚合物纳米复合材料（polymer nanocomposites，PNCs）的黏土，属于2∶1分层或者层状硅酸盐。它们的晶胞结构包含两层四面体硅原子和共边界的铝、或氢氧化镁八面片层结构的结合[2,13]。层的厚度大约是1nm；根据颗粒状黏土及其来源，这些层的横向尺寸在30nm到几微米或更大范围内变化[10]（图5.1）。黏土之间有规律堆叠，它们之间的范德华力间隙成为夹层或坑道。各层中的同构取代（如：Al^{3+}被Mg^{2+}或Fe^{2+}取代，或者Mg^{2+}被Li^{+}取代）所生成的负电荷，被坑道内的强碱和碱土金属阳离子平衡。这种类型的黏土具有适中的表面电荷，也就是阳离子交换能力，通常用mmol/100g黏土来表征其阳离子交换能力。这种电荷不是局部恒定的，而是从层到层都不同，是整个晶体的平均值。

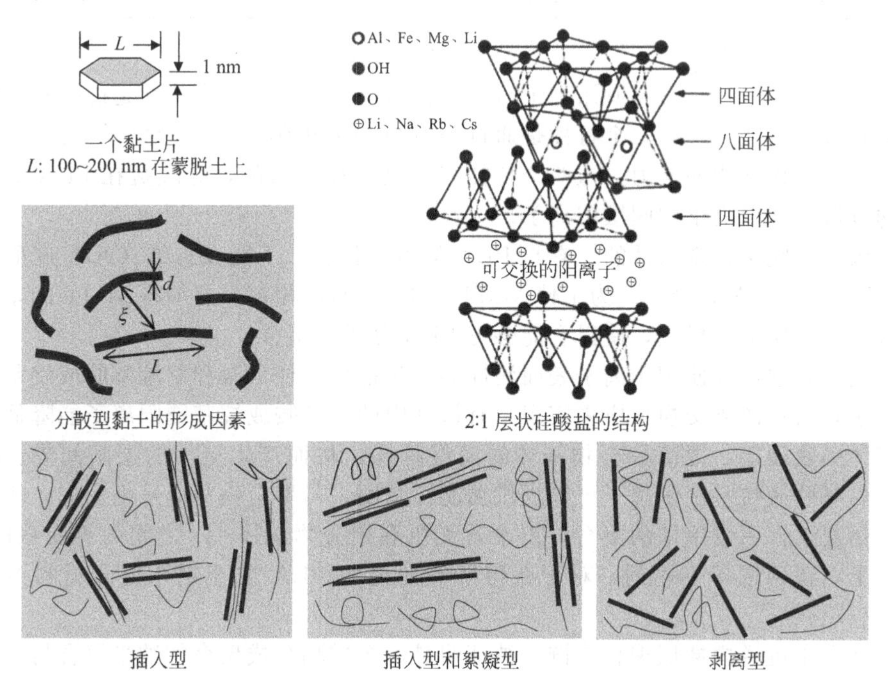

图5.1 蒙脱土晶体结构图，三大类热动力学方法获得的含有黏土的PNCs及其复合机理

蒙脱土（montmorillonite，MMT）是制备PLA/黏土纳米复合材料最常用的黏土材料。MMT有两种结构：四面体取代和八面体取代。在四面体取代结构的MMT中，负电荷在硅酸盐层表面。因此，相比于八面体取代聚合物基体可以更容易地结合。纯MMT的物理特性总结在表5.2中。

表5.2 蒙脱土的物理特性

项目	特性
颜色	通常是白色、灰色或者黄色带有粉红色或者绿色
光泽	暗淡
透明度	结晶是半透明的，普通的不透明
晶系	单斜晶系；2/m
单细胞分子量	540.5g/mL
结晶习惯	通常紧凑型或片状中可以找到。也被视为纤维和粉末状被石英包裹
触感	柔软，手感同肥皂水
分裂	沿着一个方向完美分布
硬度	1～2(莫氏硬度，室温)
平均密度	2.3～3g/mL
断裂	不均匀的层状
溶胀行为	MMT晶体加入水中几乎溶胀30倍
常见的产地	中国、法国、意大利、日本、美国和世界上许多其他地方
伴生矿物	其他黏土、花岗岩、黑云母、石英等

注：此表是根据Amethyst Galleries，Inc.网站上的信息编制的[22]。

聚合物纳米复合材料所用黏土需要具备两个特性：第一个特性是硅酸盐颗粒分散到各层的能力。第二个特性是通过与有机和无机阳离子进行离子交换反应，微调其表面化学能的能力。这两个特征当然是互相关联的，硅酸盐在PLA基体层的分散程度取决于中间层阳离子。

天然蒙脱土是亲水性的，它与PLA基体不相容，不能在二维（2D）硅酸盐坑道内容纳PLA大分子。为了使MMT与PLA基体相容，必须将MMT的亲水硅酸盐层转换为有机层，使得它能够与PLA分子链结合。

通常，这可以使用阳离子表面活性剂，包括伯、仲、叔和季烷基胺或烷基膦阳离子，通过离子交换反应来实现。有机硅中的烷基胺或烷基膦阳离子能降低无机基体的表面能，提高聚合物基体的润湿特性，从而产生更大的层间间隔。此外，烷基胺或烷基膦阳离子可以提供功能性基团，与聚合物基体发生反应，或在某些情况下，引发单体的聚合，以改善无机和聚合物基体[13]之间的界面强度。事实上，正确选择改性剂，对于获得所需性能的PLA/黏土纳米复合材料至关重要。

在黏土坑道内插层聚合物链，被证明是一个成功合成聚合物纳米复合材料的方法。像不混溶的聚合物共混物系统，聚合物链和黏土颗粒的热力学混合情况可通过熵和焓的平衡来描述，这将会决定黏土颗粒在聚合物纳米复合材料中的纳米级分散程度。对黏土颗粒来说，热力学混合是非常重要的，因为黏土片在自然情况下被很强的吸引力结合在一起。因此，很多纯粹的机械方法（如强机械混合、挤压和熔融混合）将黏土颗粒分散到聚合物基体中的效果不好[14]。

根据聚合物基体和（改性或不改性）黏土之间的界面相互作用的强度，可以通过热力学混合获得如下三种不同类型的聚合物纳米复合材料（图 5.1）。

插层聚合物纳米复合材料：在该复合材料里，聚合物链插层黏土的层状结构，符合通常的结晶学规律，跟黏土与聚合物比例无关。插层聚合物纳米复合材料的一般结构特征：包含几层聚合物分子层。这种复合材料的性能类似于陶瓷材料。

剥离聚合物纳米复合材料：在该复合材料中，每个黏土层，根据黏土量以一定的距离平均分散在连续聚合物基体里。通常情况下，剥离聚合物纳米复合材料的黏土含量比插层聚合物纳米复合材料低。

絮凝聚合物纳米复合材料：从概念上来说，絮凝聚合物纳米复合材料和插层聚合物纳米复合材料相同。然而，絮凝聚合物纳米复合材料中黏土的硅酸盐层，有时由于片晶的边缘之间羟基化而产生凝聚。

5.3 加工与表征

通常黏土片晶的纳米级均匀分散，会引起纯聚合物特性的巨大变化。聚合物纳米复合材料性能的改善是黏土片晶和聚合物基体之间的界面相互作用的结果。黏土表面适当的有机改性，可以将一个常规的聚合物/黏土复合材料变为纳米复合材料，或将插层纳米复合材料变为剥离纳米复合材料[15]。因此，需要考虑使用正确的加工方法和加工条件，来确保黏土片晶在聚合物基体中分散均匀。优化的加工条件对于分散良好的硅酸盐层至关重要。除此之外，加工方法和加工条件对聚合物基体的不良影响要最小，且需要避免聚合物基体分解。如果可能的话，使用最环保的工艺路线和那些容易与现有工业加工方法结合的方法，将会具有很强的吸引力。

原位聚合、溶液插层和熔体插层，是已使用的三个主要的聚乳酸/黏土纳米复合材料制备方法。其中，熔体插层是常用的制备 PLA/黏土纳米复合材料的方法，因为它能最好地与工业热塑性塑料的加工技术相结合。

X 射线衍射（XRD）是探测聚合物纳米复合材料结构的常用技术。然而，基于 X 射线衍射图案得到的聚合物纳米复合材料形成机制和它们的真实结构也只是试验性的。最近，无论是从峰值向低散射角方向偏移还是依靠幂次法则，小角度 X 射线散射（SAXS）已被广泛地用来确定所述聚合物纳米复合材料的结构。

在过去的几年中，透射式电子显微镜（TEM）成为研究黏土片在聚合物纳米复合材料中分散度的不可缺少的技术，因为它能定性地观察其内部结构、不同相的空间分布，并可以直接观察结构上的缺陷。尽管这是一个被广泛使用的技术，但是TEM是把一个三维的物体投射到二维平面上。因此，沿厚度方向的样品信息只是堆叠的结果，这实际上会得到聚合物纳米复合材料中，硅酸盐层分散程度的错误结论。为了获得聚合物基体中硅酸盐层分散度的准确信息，电子断层成像或三维的TEM技术开始得到使用。

5.3.1 原位插层法

在该处理方法中，黏土在单体液体中溶胀，聚合物可以在插层片之间形成。对于PLA/黏土纳米复合材料，溶胀前插层间的催化剂能通过阳离子交换引发聚合。

这种技术不是一种广泛用来制备聚乳酸/黏土纳米复合材料[16-21]的技术。使用该技术处理的最主要的PLA/黏土纳米复合材料的结构和形态总结在表5.3中。Paul等[20,21]使用原始蒙脱土、C25A、C30B有机黏土，用三异丙氧基铝作为引发剂，通过1,1-乳酸的原位开环聚合，合成了PLA/黏土纳米复合材料。他们研究了有机改性剂、黏土量对于黏土分散程度的影响。通过对XRD图谱和TEM的观察，证实了插入（对于MMT-Na^+和C25A）和剥离（C30B）纳米复合材料的形成。C30B的剥离纳米复合材料的形成可能是因为覆盖硅酸盐层表面的羟基被激活，引发聚合造成的。根据作者所述，硅酸盐分层是由于PLA链和羟基发生接枝反应造成的。

表5.3 主要的PLA/黏土纳米复合材料的加工技术和结构特征

加工技术	纳米复合材料	有机改性剂	结构特征	参考文献
原位插层	PLA/三乙基铝	C30B	剥离	[22,23]
		MMT-Na^+	插层	[22,23]
		C25A	插层	[22,23]
	PLA/辛酸亚锡	C30B	剥离	[22,23]
		C20A	插层/剥离	[16]
色母粒	PLA	C30B	插层/剥离	[22,23]
	PLA/PCL	DK4(双十八烷基二甲基溴化胺改性MMT)	插层/剥离	[24]
	PLA/三乙基铝/PEG	C30B	插层/剥离	[16]
	PLA/辛酸亚锡	C30B	插层	[16]
溶剂铸造	PLA/氯仿	MMT-C_{18}(二甲基二硬脂基胺)	类晶团聚体	[25]
		MMT-Na^+	微米级复合材料	[26]
		MMT-CAB	插层	[27]
		C30B	插层	[26,27]
		C20A	插层	[26]
		MMT-FA(脂肪酸酰胺)	插层	[28]

续表

加工技术	纳米复合材料	有机改性剂	结构特征	参考文献
溶剂铸造	PLA/DMAc	MMT-FHA	插层	[28]
		MMT-CDFA	部分剥离	[28]
		MMT-C_{16}(十六烷基胺)	插层	[29,30]
		云母-C_{16}(十六烷基胺)	插层	[29,30]
	PLA/三氯甲烷	C30B	剥离	[31]
		C25A	插层/剥离	[31]
		C15A	插层	[31]
熔体插层法	PLA/o-PCL	MMT-C_{18}(烷基胺)	插层-絮凝	[32,33]
	PLA/乙炔三乙酯/柠檬酸	C25A	插层	[34]
	PLA/o-PEG	MMT-PLG(十八胺硬脂胺)	插层	
	PLA/PEG(5%～20%)	MMT-CNa^+	插层	[35]
		C30B	插层	[35]
		C25A	插层	[35]
		C20A	插层	[35]
	PLA	MMT-C_{18}(十八烷基胺)	插层-絮凝	[32,33,36-40]
		MMT-$^3C_{18}$(十八烷基三甲基氯化铵)	插层	[36-41]
		SFM-O(*N*-(椰子油烷基)-*N*,*N*-[双(2-羟乙基)]-甲基胺阳离子	插层/剥离	[36-40]
		SAP-O(十六烷基三丁基磷阳离子)	无序插层	[36-40]
		MMT-C_{16}(正十六烷基三正丁基溴化磷)	插层	[42]
		云母-C_{16}	有序插层	[42]
		蒙脱石-C_8(正辛烷基三正丁基溴化磷)	非插层	[42]
		蒙脱石-C_{12}(正十二烷基三-正丁基溴化磷)	插层	[42]
		蒙脱石-C_{16}	无序插层	[42]
		蒙脱石-Ph(甲基三苯基溴化磷)	微米级聚合	[42]
		C15A	插层	[43]
		C93A	插层	[43]
		C30B/DK2	插层/剥离	[43,44]
		C25A	插层	[43,45]
		C15A	插层	[43,45]
		C20A	插层	[43,45]
		TFC-GPS	剥离/插层	[45]
		OMMT(2MHT 和 2MBHT 改性)	叠层插层/部分剥离	[46]

注：DMAc 为 *N*,*N*′-二甲基乙酰胺。

他们首先通过1,1-乳酸的原位聚合，制备了高度填充的有机改性黏土/PLA母料，然后将其与市售的PLA基质熔融混合，所述PLA基质已经用低分子量的聚乙二醇（PEG）增塑或者未增塑。在典型的合成路线中，第一步，基于高C30B负载量的P（L，L-LA）母料已经通过在120℃下，使用三乙基铝（$AlEt_3$）作为活化剂，将1,1-乳酸在左旋乳酸基体中开环聚合制备。相对于单体的量，C30B质量分数的初始值为53%，这导致嵌入结构的形成。显然，在如此高的黏土含量下，硬脂酸阻碍可防止黏土层完全剥落。第二步，将母料与纯PLA和PEG-增塑的PLA熔融共混。TEM图像显示了PLA和增塑PLA中均匀分散的C30B黏土层。Urbanczyk等报道了类似的结果[16]，他们使用相同的方法制备了PLA/C30B纳米复合材料。在增塑PLA的情况下，剥离效果要好得多。由于直接在黏土层上接枝短P（L，L-LA）链，每种共混物组分之间的相容性，解释了来自母料的这种优异的黏土层重新分布现象。

Cao等[17,18] 用有机改性蒙脱土（OMMT），使用连续微波照射原位开环聚合，得到聚乳酸/黏土纳米复合材料。一个典型的合成方法是，一定量的D,L-乳酸（DLLA）单体和有机改性蒙脱土（OMMT）在氮气氛围下，在高速混合设备内混合。将一定量的混合物（10g）转移到50mL烧杯中，$Sn(Oct)_2$作为催化剂加入，然后将烧杯放置在微波中，连续微波辐射，即可获得聚乳酸/OMMT纳米复合材料。令人失望的是，作者并没有提及用来对MMT改性的表面活性剂，以及准确的反应和照射时间。XRD和TEM结果显示了硅酸盐层在聚乳酸基体中的分散良好。

5.3.2 溶液插层

溶液插层法基于溶剂体系，其中聚合物是可溶的。该聚合物通常溶解于适当的溶剂中，两者混合之前有机改性黏土颗粒分散在相同的或不同的溶剂中。在一般情况下，黏土颗粒由于该堆叠层结合力很弱，很容易分散在大多数溶剂中，一旦浸泡完成后，聚合物溶液与黏土分散混合。聚合物链插层替代硅酸盐内层的溶剂，并且吸附到硅酸盐层表面。在溶剂蒸发后插层结构得到保持，形成纳米复合材料。

整个过程中聚合物与坑道内部溶剂进行交换，吉布斯自由能的微小变化是必需的。聚合物分子从溶液进入黏土夹层的驱动力来自溶剂分子解吸的熵，它补偿了密闭、插层链熵的降低。在这个过程中，相对来说大量的溶剂分子从主体上解吸附，来容纳随之而来的聚合物链。解吸的溶剂分子获得一个平移自由度，得到的熵增益，将补偿在密闭聚合物中链构象熵的减少。因此和溶液插层相比，直接熔体插层有很多优势。使用这种技术得到的PLA/黏土纳米复合材料的结构和形态总结在表5.3中。

Ogata等[25] 首先使用溶液插层技术合成了有机蒙脱土/PLA纳米复合材

料。MMT 用二甲基二硬脂基胺改性，热氯仿用作溶剂。结构表征显示，有机蒙脱土颗粒并没有正确分散，而是形成了硅酸盐层堆叠的类晶团聚体。Chang 等[29,30] 研究了有机改性黏土含量和体积比，对黏土分散程度和 PLA/黏土纳米复合材料性能的影响。在载玻片上进行溶液铸造前，先将合成氟云母（SFMs）和 C_{16} 改性 MMT 在 PLA/二甲基乙酰胺溶液中混合。它们的纳米复合材料形成了插层结构，但就层间间距的扩张程度而言，SFM（有机改性的合成氟云母 OMSFM）比 OMMT 更好。从 XRD 衍射图可以看出，十六烷基胺改性后 MMT-Na^+ 的 d_{001} 间距，从 11.99Å 增加到 25.96Å（1Å$=10^{-10}$m）。对于 PLA/MMT-C_{16} 的 d_{001} 间距是 27.64Å，和质量分数 2%、4%、8%有机黏土的相同；OMSFM 的 d_{001} 间距有极大地增加，从 SFM-Na^+ 的 9.65Å 到 SFM-C_{16} 的 37.03Å。原始黏土的 d_{001} 峰也能在 OMSFM：SFM-C_{16} 图谱中看到。对于 PLA/SFM-C_{16} 初始峰 $2\theta=10.64°$（$d_{001}=9.65$Å）在低角地区有其他峰时仍可观察到，包括质量分数为 2%、4%、8% 的有机黏土的 $2\theta=2.77°$（$d_{001}=37.03$Å）的峰。这意味着原始的 SFM 保留到了最后，这包括了 PLA/SFM-C_{16} 混合物，其中 SFM-C_{16} 含量高达 8%。插层结构在 TEM 照片中也得到证实。

2003 年，Krikorian 和 Pochan[31] 报道了使用溶液铸造法制备 PLA/C30B 纳米复合材料的方法。他们用 100%L-PLA（PLLA），并探讨了不同改性剂的相容性对黏土片在 PLLA 基体整体分散程度的影响。他们使用了 C15A、C30B、C25A 三种不同类型的市售蒙脱土。对于 PLA/C15A 纳米复合材料，d_{001} 间距从 32.36Å 提高到 38.08Å，2%～15% C15A 的 d_{001} 间距同比增长 5.72Å。对于 PLA/C25A 纳米复合材料中，d_{001} 间距从 20.04Å 提高到 36.03Å，和含有 2%～15%黏土相比增长了 15.99Å。低角峰变宽是由于原始有机黏土的平行堆叠和层间堆叠，显示了一些剥离黏土层的存在。因此，在所有不同添加量 C25A 黏土中都能看到剥离和插层结构的混合物。PLA/C30B 纳米复合材料能实现最好的剥离，原始 C30B 的 d_{001} 峰完全消失，证明了该剥落体系。事实上，聚合物基体和有机黏土改性剂之间焓的相互作用，对于硅酸盐层的分散程度发挥了重要作用。改性剂与基体之间的高度混溶性，给硅酸盐层的剥离、黏土堆叠结构堆的破坏提供了驱动力。对于 C30B，PLLA 上的 C＝O 键与有机改性剂的二醇的相互作用，对于硅酸盐层在 PLLA 的分散起到了关键作用。有机改性剂和 PLLA 的混溶性，比层间间距和黏土表面活性剂的量对于分散程度更加重要。

Wu 等[47] 先用正十六烷基三甲基溴化铵阳离子（CTAB）处理蒙脱土，然后用脱乙酰壳多糖改性，增强了黏土和 PLA 的相互作用，也得到了剥离结构。这种对黏土表面改性，提高其与 PLA 在溶液铸造中的相容性的方法，已有许多研究者进行了尝试[27,28,48]。

在 2009 年期间，McLauchlin 和 Thomas 使用一种新的表面活性剂，椰油酰胺丙基甜菜碱（CAB），对 MMT 进行表面改性，来保证其在 PLA 基体中的正确分散。从椰子油衍生的 CAB 属于甜菜碱类，其包含季铵和羧基。这些都是有趣的分子，其净电荷是pH依赖型。因此，它们在较高的pH值时获得一个负电荷，并在酸性条件下带正电荷。CAB和之前在PLA中分散良好的C30B具有几乎相同的溶解性参数。这种表面活性剂具有羧基，像C30B的羟基一样，可以和PLA分子链的极性区域发生反应。作者研究了CAB在氯仿溶液浇铸制备的PLA纳米复合材料中的分散情况。通过使用X射线衍射，表明了MMT-CAB容易插层到PLA，得到有序插入的纳米复合材料，这个结果也得到了TEM的证实。

5.3.3 熔体插层

在熔体插层技术中，黏土层与聚合物基体在熔融剪切下混合。这种方法相比于原位聚合和聚合物-溶液插层有很大的优势。首先，由于不存在有机溶剂，该方法是对环境无害的。其次，这种方法适应目前的工业加工方法，例如挤出和注射成型。最近的研究还表明，有机改性黏土的最佳层间结构，就单位面积数和表面活性剂链的大小而言，最有利于形成纳米复合材料；聚合物链的嵌入程度取决于黏土表面和聚合物基质之间存在的焓相互作用。

根据传统理论，在熔融插层时，聚合物链逐渐进入黏土坑道和坑道的间隙(d间距)，然后开始膨胀，直到克服范德华力，层片之间开始剥离[49,50]。然而，根据Dennis等[51]及Hunter等[52]的研究，插层/剥离是在剪切过程中发生的，剪切时数以千计的8～10μm类晶团聚体颗粒，被分离机械和化学力的组合作用分离，从而避免形成更小的类晶团聚体。单层硅酸盐晶片最后从小的堆叠层上剥离下来，以完成剥离工序。

对于聚乳酸/黏土纳米复合材料，熔融加工具有一个缺点：PLA基体在机械剪切力或者在给定的加工温度下会发生分解。由于热稳定性很差，PLA会经过一个加工不稳定过程：热、氧化和水解。这将导致聚合物链的断裂，并因此导致分子量减少。这种降解在含有有机黏土的纳米复合材料的加工过程中，可能加速PLA分解而变得更糟。在PLA/黏土纳米复合材料的熔融加工过程中，长时间的持续高剪切对于层间剥离是必须的。然而，这样的高剪切力和长时间停留在熔融加工机械内，无论是挤出机还是密闭式混合机，都将导致聚乳酸分子链的降解。同样，高温剪切也会降低聚乳酸基体的黏度。如果存在蒙脱土和PLA热焓的相互作用，可以预期它会加快聚乳酸链从熔体相往坑道内扩散。然而，PLA在黏土上的剪切作用同时被减弱。因此，细致地优化加工参数，对于PLA这种热敏生物基聚合物是非常必要的。

在过去的几年中，熔融插层已被广泛用于制备PLA/黏土纳米复合材料[5,12,53]。使用这种技术制备的主要PLA/黏土纳米复合材料的结构和形貌总结于表5.3中。这篇文章的作者[13,32,33,36-40,54]已广泛使用熔融插层法，来制备PLA/硅酸盐纳米复合材料。通常，无论是插层、插层絮凝、近乎剥离，还是插层和剥离共存，硅酸盐的比表面积、有机改性剂和硅酸盐加载量将决定它们对复合材料结构的影响。作者首先使用熔融挤出技术[32,33] 制备了 PLA/MMT-C_{18} 纳米复合材料，其中，MMT-C_{18} 在市场上可以买到，是经过有机改性的十八烷基胺阳离子改性剂（Nanocor）。在一个典型的制备过程中，黏土和 PLA 在一个袋子里预混，然后再经双螺杆挤出机在 190℃共混挤出。为了提高黏土和 PLA 的相容性，作者使用了少量 oligo-PCL（o-PCL）。X 射线衍射结果中 d_{001} 峰的峰值位置向低角度的偏移，证实在 PCL 作用下 MMT-C_{18} 成功插层。更高的黏土含量将导致插层度降低。但是，对于 PLA/o-PCL/MMT-C_{18}，X 射线衍射峰（d_{001}）的位置没有随着黏土的添加而改变，但峰值变得稍微明显一些，这表明加入 o-PCL 后，硅酸盐层能更好地平行堆积。从图 5.2 的 TEM 照片观察到，PLA/MMT-C_{18} 和 PLA/o-PCL/MMT-C_{18} 都出现了堆叠和絮凝硅酸盐单层，随机分布在 PLA 基体中。根据 TEM 图像，作者计算出外形参数（参照图 5.1），包括平均长度和分散层叠硅酸盐层的厚度，以及它们之间关联长度。作者估计独立的硅酸盐层堆叠层数量，PLA/MMT-C_{18}（3%黏土）大约为 13 层，PLA/o-PCL/MMT-C_{-18}（3.3%黏土）为 10 层。掺杂少量 o-PCL 到纳米复合材料中，不仅产生更好的平行堆积，而且由于硅酸盐层边到边的羟基化作用，会形成更强的絮凝。

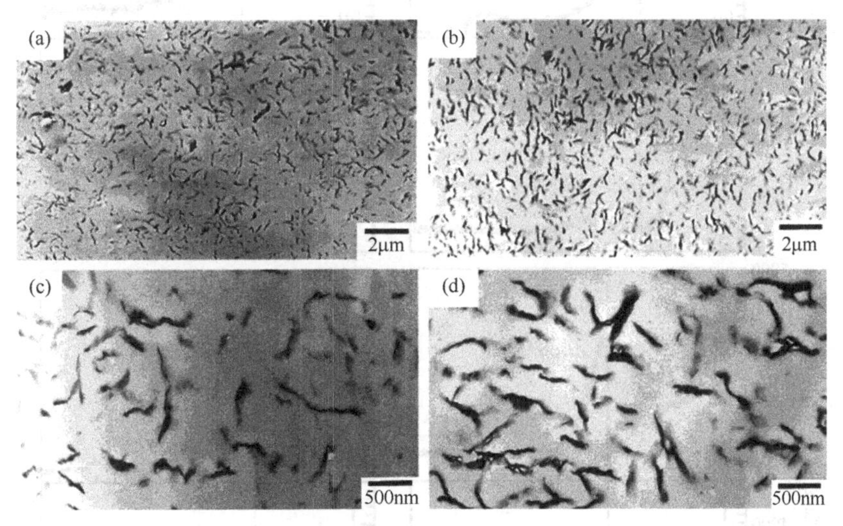

图 5.2 TEM 图（实体是插层有机黏土的横截面，明亮区域是基体）[32,33]

（a）PLA/MMT-C_{18} 3%黏土（10000 倍）；（b）PLA/o-PCL/MMT-C_{18} 3.3%黏土（10000 倍）；（c）LA/MMT-C_{18} 3%黏土（40000 倍）；（d）PLA/o-PCL/MMT-C_{18} 3.3%黏土（40000 倍）

除了 o-PCL，其他聚合物，诸如 PEG[22,23,55-57] 和 PCL[58,59] 也被各种研究人员用作相容剂和增塑剂，试图提高分散性和熔融聚乳酸的加工性能。这些聚合物通常用作增塑剂，使聚乳酸熔体加工过程中流动性更好。

有许多研究分析了黏土的类型和它如何影响熔体插层过程的黏土分散程度。

本章作者[36-40]也研究了不同型号的黏土在PLA基体中的分散能力。使用了四种类型的黏土和四种不同的有机改性剂，其中包括十八烷基胺阳离子改性MMT、$MMT-C_{18}$、三甲基十八烷基胺阳离子改性MMT、$MMT-^3C_{18}$、*N*-(椰油烷基)-*N*,*N*-[双(2-羟乙基)]-*N*-乙基胺阳离子改性SFM、SFM-O和滑石粉改性与十六烷基阳离子、SAP-O，黏土的浓度保持在4%，加工方法使用了Ray等[32,33]报道的一种典型熔融加工方法。四个有机改性的黏土和纳米复合材料(黏土4%）的广角X射线衍射图见图5.3，d_{001}峰向低角度偏移，显示了所有四种含有有机黏土的PLA纳米复合材料出现一定程度的插层结构。除了在PLA/SAP-O的情况下，不存在有机黏土的特征峰。然而，TEM结果定性分析得到黏土在PLA中的分散结果（如图5.1所示)。在图5.4(a）中看到，在$PLA/MMT-C_{18}$作用下引发的硅酸盐层边-边羟基化反应，形成了不同于PLA/

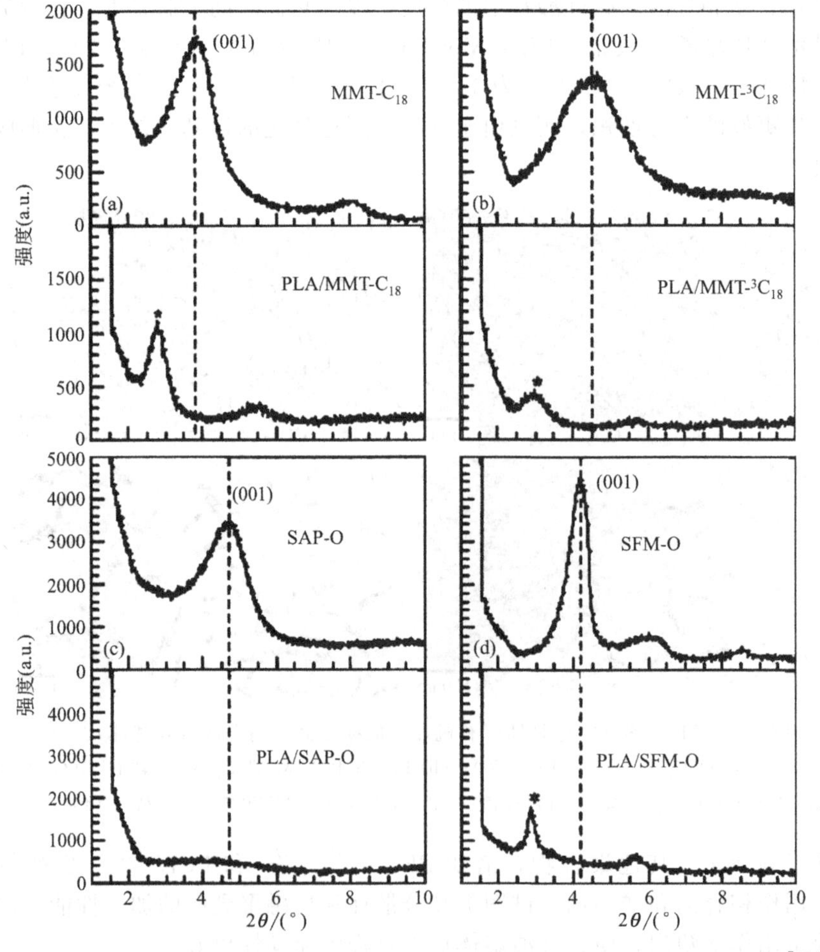

图5.3 四种不同类型的有机黏土和相应的PLA/黏土纳米复合材料（4%黏土)[36-40]

图中虚线表示OMLS的硅酸盐（001）峰面，*就是OMLS在PLA基体中分散的（001）峰

MMT-$^3C_{18}$ 堆叠结构的堆叠，絮凝的硅酸盐层散乱分布在 PLA 基体中，如图 5.4(b) 所示。

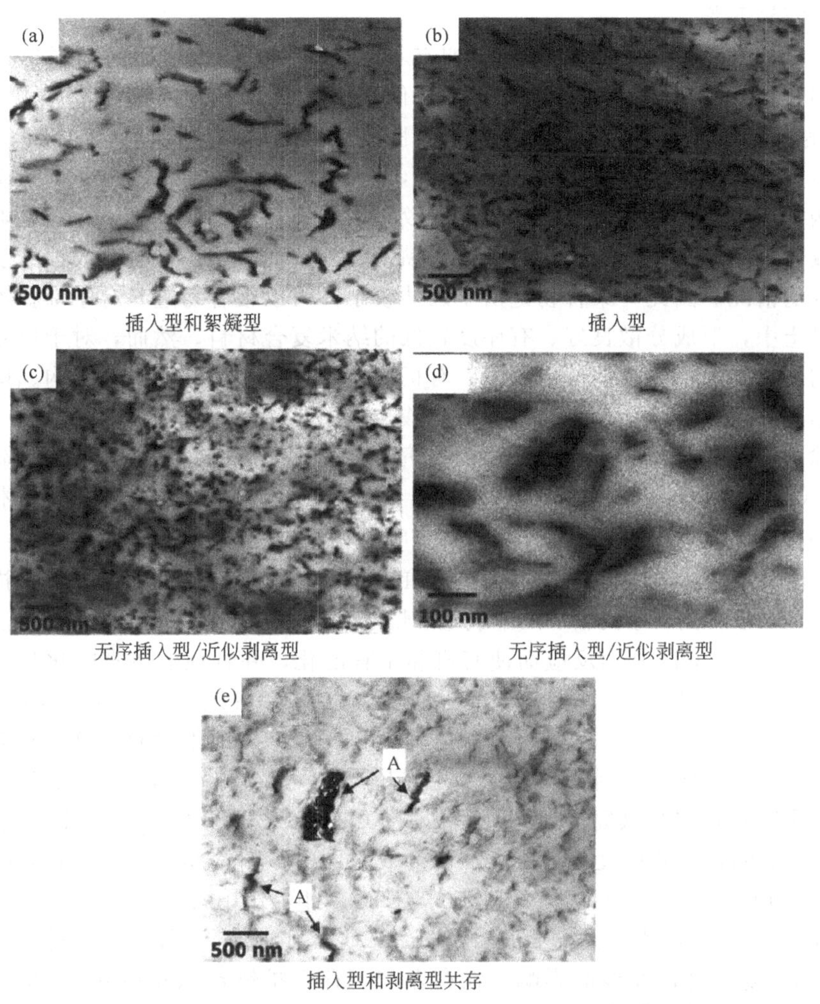

图 5.4 多种 PLA/有机黏土纳米复合材料 TEM 图[36-40]

（黑色实体 SEI 横截面和插层或者剥离硅酸盐层表面，明亮区域为基体）

(a) PLA/C_{18}-MMT；(b) PLA/$^3C_{18}$CMT；(c) 和 (d) PLA-SAP-O；(e) PLA-SFM-O

PLA/SAP-O 的无序或近剥离结构纳米复合材料，如图 5.4(c) 和 (d) 所示，也支持了 X 射线衍射图案中 d_{001} 峰消失［参见图 5.4 (c)］。作者推测这是因为十六烷基盐改性的硅酸盐表面和 PLA 基体的相互作用，比烷基胺盐改性硅酸盐和 PLA 基体间的相互作用更强。然而，PLA/SFM-O 纳米复合材料出现一个非常尖锐的 XRD 峰［参见图 5.4 (d)］。这也说明了有序插层纳米复合材料的形成。实际上，似乎 PLA/SFM-O 纳米复合材料中剥离和插层堆叠共存，如图

5.4(e) 所示。这种插层/剥离混合形式的结构，来自合成氟云母层的化学和尺寸不均匀。通常情况下，大尺寸的横向 SFM 层形成堆叠的插层结构，较小尺寸的横向层容易剥落。

此外，Maiti 等[42] 研究了使用拥有不同链长、不同纵横比的不同类型有机改性剂，包括蒙脱石、蒙脱土和云母，使用熔体插层法制备了相应有机黏土/PLA 纳米复合材料。使用相同的有机改性剂，黏土型号不同时，对于硅酸盐层堆叠结果的影响，SFM 有最高的纵横比，而蒙脱石最小，对于形成插层或剥离的结构发挥了重要作用。硅酸盐层尺寸较小会导致较低的物理干扰，这也限制了有机改性剂的烷基链的构象，降低有机黏土的一致性。这也是有机改性的蒙脱石会出现的情况。因此，聚合物链由于尺寸较小，可以很容易进入有序堆叠较少的有机黏土中，形成分散良好、有序度较低的纳米复合材料。然而，对于尺寸相对较大的云母，由于较长的横向尺寸，有机改性剂很难打乱它的堆叠结构。良好的堆叠结构同样可以阻止聚合物链进入硅酸盐层中心。

除了黏土类型，Ray 等[36-40] 还研究了黏土使用量的影响。通常在添加了 MMT-C_{18}（硅酸盐含量 4%～10%）[36-40] 和 SFM-O[36-40] 后制备出的纳米复合材料的 d_{001} 峰变得尖锐，而且往更高角度平移。Chen 等[45,60,61] 描述了一种有趣的方法，用于在熔融加工过程中增强 PLA 基质中硅酸盐层的分层。作者描述了通过使（缩水甘油氧基丙基）三甲氧基硅烷（GPS）与已经被阳离子表面活性剂改性的黏土的 Si—OH 基团反应而使有机黏土官能化，并且他们将官能化黏土称为“两次官能化的有机黏土”（TFC）。通常，C25A 用 GPS 改性，当两种黏土与 PLLA 熔融共混时，PLLA/TFC 的结构是剥离和嵌入结构的混合物。该结果和 PLLA/C25A 复合材料的纳米级内插层黏土类晶团聚体完全相反。随着剪切时间增长，30min 后 PLLA/TFC 被完全剥离，而相对的 PLA/C25A 仍然会拥有一个插层结构。该作者还表明，剥离程度取决于存在的环氧基团的量。据作者说明，硅酸盐层在 PLLA 基体内的高度剥离，是由于 TFC 与 PLLA 相互作用的增强。

在最近的一份报告里，Najafi 等[62,63] 研究了扩链剂和加工条件对 PLA/C30B 纳米复合材料性能的影响。在存在和不存在扩链剂 Joncryl®-ADR 4368F (BASF，Germany) 的条件下，通过熔融挤出制备纳米复合材料。他们使用了五种不同的挤出策略，来找出有效的加工条件和混合结果。使用 XRD 和 TEM 进行的结构表征表明，当使用母料方法处理纳米复合材料时，将预先干燥的 PLA 和母料进料到螺杆挤出机中，料斗到机头不同区域的温度设定为 175℃、180℃、185℃、190℃、195℃，这样能得到硅酸盐层高度分散且分散均匀的纳米复合材料。干燥的母料、纯 PLA、扩链剂一起挤出，得到了 2%的黏土和 1%扩链剂的纳米复合材料。由于 PLA 在加工过程发生热降解是一个很大的挑战。Najafi 等[62,63] 提出了利用扩链剂来控制基体材料降解。他们以前使用的类似黏土 (C30B) 和加工条件，添加三类不同的扩链剂，如：Joncryl-ADR-4368、聚碳化二亚胺（PCDI）和三（壬基苯基）亚磷酸酯（TNPP）。采用熔融挤出研究了成型后纳米复合材料基体的热稳定性。结果显示，扩链剂对基体分子量有重要影响，它与加工过程中所使用扩链剂的性质直接相关。

近期，Hung 等[64] 采用湿法混炼母料制备了 PLA/黏土纳米复合材料。首先将乙醇中的有机黏土淤浆加入 33%甲苯插层改性溶液中，并在 90℃下混合 3h 使溶剂挥发。使用双螺杆挤出机，将有机黏土母料和纯 PLA 在机筒温度 160℃条件下，挤出制备含有 1%、3%、5%有机黏土的 PLA/黏土纳米复合材料。XRD 和 TEM 结果显示了剥离和部分插层的纳米复合材料。一些作者[5] 在熔融过程中使用超临界二氧化碳来制备 PLA/黏土纳米复合材料。

总之，在过去的几年中，大量研究使用熔体插层制备 PLA/黏土纳米复合材料。黏土表面改性是确保黏土在 PLA 中正确分散的基本原则。其实，合适的黏土表面改性会将微复合材料转变为插层结构，将插层结构材料转变为剥离结构纳米复合材料。

5.4 性质

黏土片在 PLA 基体中均匀分散的复合体系，相比于纯的 PLA 基体材料在很多性能上表现得更好。这些性能的改善包括更高的动态储能模量、拉伸模量和强度的增加，渗透率（气体和水蒸气）降低和可燃性下降、热稳定性改善。研究人员认为，黏土和基体材料在纳米尺寸上的相互作用，是获得具有不同于传统材料的新性能的聚合物纳米复合材料的基础。本节批判性综述了黏土/PLA 纳米复合材料的多功能特征。

5.4.1 力学性能

聚合物纳米复合材料力学性能的提高可以归因于两个原因[10]。首先，黏土层是刚性的，具有比纯的聚合物基体更高的模量。聚合物基体在添加了刚性的黏土层后模量提高。其次，在它们与纯的聚合物混炼后，黏土坑道经过插层和剥离进入聚合物基体中，增加了黏土片和聚合物基体的接触面积。聚合物基体被物理吸收和黏附到黏土层表面，使材料得到硬化。

5.4.1.1 动态力学性能

动态力学分析（dynamic mechanical analysis，DMA）是测量一种给定材料的振荡形变对温度的函数。DMA 结果包含三个参数：①动态储能模量（G'或 E'）；②动态损耗模量（G''或 E''）；③机械阻尼因子或 $\tan\delta$，即动态损耗模量与动态储能模量的比值（G''/G'或 E''/E'），这可用于确定分子流动性转变，比如玻璃化转变温度（T_g）。

DMA已被广泛用于研究不同实验条件下成型的有机黏土/PLA纳米复合材料中PLA基体的热稳定性。图5.5显示G'、G''对温度的依赖性，和各种PLA/OMFSM纳米复合材料以及纯PLA[36-40]的tanδ。和纯PLA相比，在研究温度范围内观察到所有的纳米复合材料G'增强，表明OMSFM对纯PLA的弹性有很大影响。低于玻璃化温度时，所有纳米复合材料G'的增强很明显。然而，和纯PLA相比，所有纳米复合材料的G'在高温时增加得更加明显。这是由于硅酸盐层对纯PLA基体的机械增强和高温时插层扩展的结果。当高于玻璃化温度时材

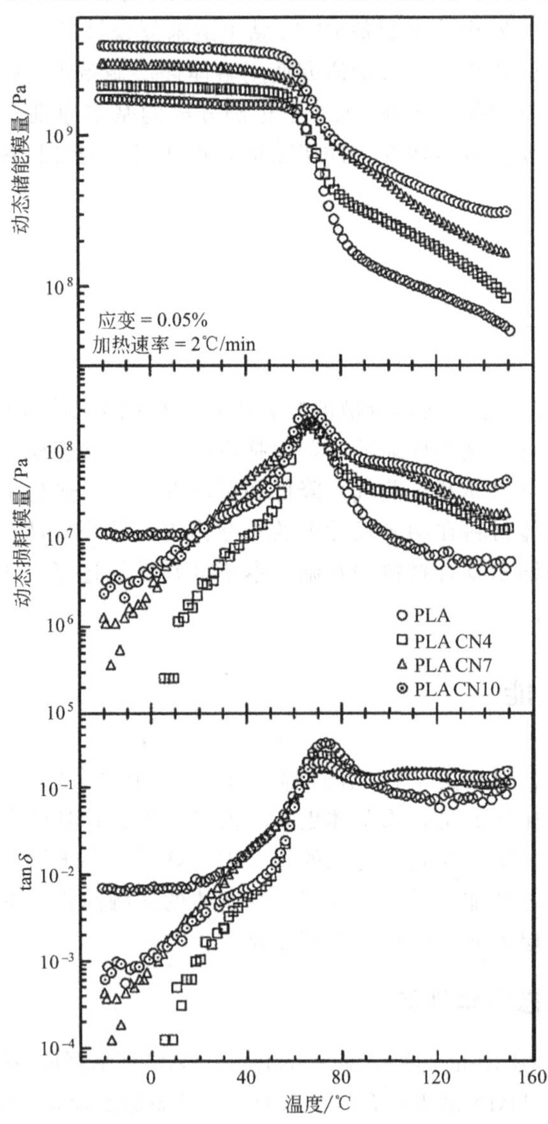

图5.5 G'、G''对温度的依赖性以及纯PLA和PLA/OMSFM（有机改性氟云母）纳米复合材料（PLACNs）的tanδ值（PLACN后面值为OMSFM含量）[36-40]

料变软，硅酸盐层对聚合物基体的加强效果由于分子链运动受阻而变得突出，相应就能观察到G'的增强。

为了确定相容性对纳米复合材料的形态和力学性能的作用，Ray等[32,33] 添加了少量o-PCL来制备PLA/黏土纳米复合材料。类似于PLA/OMSFM体系，在所研究的温度范围内可以观察到G'的增强，这表明有机蒙脱土对纯PLA基体的弹性性能有很大影响。少量的o-PCL并没有导致tanδ曲线大的平移和变宽。然而，高于T_g时G'的变化变得明显，表明分散絮凝颗粒的各向异性增加了复合材料的刚性。

在他们随后的研究中，Ray等[36-40] 用PLA和四种不同的OMMT熔融挤出，制备了一系列PLA/OMMT纳米复合材料。其中，硅酸盐层的结构为插层、插层和絮凝、近剥离或者插层和剥离。DMA的数据显示，所有的纳米复合材料都显示出其动态力学性能的改善。性能的改善程度和PLA基体中硅酸盐层的分散程度有关。在他们进一步研究结果里[36-40]，报告了各种类型黏土/PLA纳米复合材料的动态力学性能。

类似于Ray[36-40]，Krikorian和Pochan[31] 发现PLA动态力学性能的改善程度和硅酸盐层的分散程度是直接相关的。他们实验比较了三种不同的改性MMT纳米复合材料和10%OMMT纳米复合材料，结果显示，前者由于增强相和聚合物基体更大的表面积使得模量更高，而C30B样品发生完全分层（详情请见Krikorian和Pochan[31] 的文章）。

Pluta[65] 研究了复合材料组成和热处理对PLA复合材料结构和性能的影响。他们通过熔融共混法制备了含有OMMT、MMT和增塑剂PEG的复合材料。PLA和OMMT形成了插层纳米复合材料，和MMT形成了微米复合材料。在这两种复合材料中，黏土量保持在3%，10% PEG用作增塑剂。结果表明，动态力学性能对样品的组成、整体形貌、结晶度表现得敏感。

在最近的一份报告中，Fukushima等[66] 研究了黏土片原始特性和有机改性剂两者关系对复合材料动态力学性能的影响。他们通过熔融混合制备了含有5%和10%C30B和MEE（OMFSM来自Co-Op化学品，日本）的黏土/PLA复合材料。在10%黏土时，复合材料的模量最高，并且使用10%MEE时模量增加得最多。作者将观察到的结果归因于MEE比C30B有更高的比表面积。

综上所述可以说，分散的硅酸盐层具有改善聚乳酸基体模量和热稳定性的能力。复合材料性能改善程度和其形貌有直接关系。

5.4.1.2 拉伸性能

在一般情况下，形成聚合物纳米复合材料时，聚合物材料的拉伸弹性模量会得以提高，提高的程度和分散黏土层的平均长度，也就是比表面积有直接关系。在传统的聚合物体系，拉伸模量随着填充体系线性增加。而在聚合物纳米复合材料体系，很低的黏土量即可引起拉伸弹性模量的显著增加[10,67]。极低的黏土添加量能得到模量的极大提高，不能简单归因于引入了较高模量的黏土层（约

170GPa)[10]。有一个理论方法假设分散的黏土层被填料表面的聚合物影响，使得其拥有比原来聚合物更高的弹性模量[68]。受到影响的聚合物可被认为该区域的聚合物由于物理吸附附着在黏土层表面，由于亲和力吸附到黏土层表面而硬化[68]。对于拥有这么高比表面积的黏土层，和聚合物基体的接触面积增大，可以预期很少量的黏土就能极大地增加聚合物的硬度。此外，超出渗透极限，多余的黏土片会进入聚合物那些已经分散有黏土层的区域，这样可以预期聚合物模量的提高将不会这么显著。

关于PLA/黏土纳米复合材料，大多数文献报告了黏土添加量对拉伸性能的作用[2]。Chang等[29,30] 报道，黏土/PLA纳米复合材料的弹性性能是由于有机改性黏土的作用。它们用碳十六改性蒙脱石（MMT-C_{16}）和SFM（云母-C_{16}），制备了PLA/黏土纳米复合材料。纯PLA和各种复合材料的拉伸性能总结于表5.4。对于PLA/MMT-C_{16}纳米复合材料，最终的拉伸强度相比于纯的PLA有了极大的提高，在4%有机黏土时达到了285MPa。类似还有拉伸模量，当有机黏土添加量超过4%时，模量开始下降。但是，PLA/云母-C_{16}纳米复合材料观察到相反的行为，拉伸弹性模量随着云母-C_{16}添加量提高而单调上升。在PLA/云母-C_{16}纳米复合材料中含有8%云母-C_{16}时，其拉伸模量显著提高，类似的纯PLA的拉伸强度、断裂伸长率在复合材料成型后都有很大提高。然而，一定量的有机黏土对应一个最优的断裂伸长值。

表5.4 纯PLA和一些含有黏土的PLA生物复合材料的拉伸性能

有机黏土类型	有机黏土质量分数/%	模量/MPa或GPa	强度/MPa	断裂伸长率/%	参考文献
MMT-C_{16}	0(纯PLA)	208(MPa)	19	845	[29,30]
	2	254	27	981	
	4	285	28	1146	
	6	276	26	1054	
	8	274	25	1060	
云母-C_{16}	2	252	41	1272	[29,30]
	4	270	44	1150	
	6	311	38	1100	
	8	633	31	569	
C25A	0(PLLA)	1.67(GPa)	24.4	735	[60,61]
	2	1.71	28	770	
	5	1.93	24.1	920	
	10	3.46	17.9	855	
TFC	2	1.75	29.4	835	[60,61]
	5	2.65	30.6	735	
	10	5.65	40.3	720	
OREC	0(纯PLA)	1.1±0.1	68.8±0.6	7.9±0.8	[69]
	0.5	1.2±0.1	55.8±1.9	58.7±9	
	1	1.3±0.1	58.7±1.0	209.7±25.7	
	2	1.3±0.1	54.1±2.6	106.1±28.1	
	3	1.3±0.1	46.1±1.4	47.9±3.8	
	5	1.5±0.1	36.8±3.6	25.2±3.8	

从 Chang 等[29,30] 的研究可以得到纳米复合材料弹性性能提高最大时的最佳有机黏土添加量。聚乳酸/云母-C_{16} 纳米复合材料拉伸性能的改进，可以归因于由黏土本身所施加的阻力和较高纵横比的云母层。类似的拉伸模量变化行为可以在 PLLA/MMT 纳米复合材料支架中看到[70]。

纳米复合材料的拉伸模量随着 MMT 含量单调递增。根据 Chang 等[29,30] 的研究，PLLA 纳米复合材料的结晶度和玻璃化转变温度比相应的纯 PLLA 的低。但是纯 PLLA 的模量在加入少量 MMT 后有了显著增加。这一观察结果表明 MMT 层状硅酸盐起到了聚合物链机械增强的作用。

Shibata 等[71] 报道了正十八胺改性 MMT（ODA-M）、PEG 硬脂酰胺改性 MMT（PGS-M）和双甘油四乙酸增塑 PLA（PL-710），和 PEG 制备的 PLA/黏土纳米复合材料的拉伸性能。各种样品的拉伸性能见图 5.6。从图中可以看出，PLA/MMT 复合材料的拉伸模量和强度比纯的 PLA 低得多。在纯 PLA 和其他复合材料中插层 PLA/ODA-M 复合材料，在模量、强度和断裂伸长率上有最大的提高。作者发现，这些结果与硅酸盐层在 PLA 基体中的分散程度有关，PLA/ODA-M 纳米复合材料的堆叠硅酸盐层，具有比 PLA/PGS-M 和 PLA/MMT 复合材料更好的分散性。

PLA-710 与纯 PLA 混合时能观察到显著的变化。纯 PLA 的拉伸模量和拉伸强度随着 PL-710 含量的增加而减小。然而，当 10%的 PL-710 和 PLA/有机黏土混合纳米复合材料（3%，ODA-M 和 PG-M）混合时，纯 PLA 的断裂伸长率显著增加。当 PLA-710 含量提高到 20%时，塑化 PLA 的伸长率和塑化 PLA/OMMTs 相比高很多。报告的结果表明，PLA/PL-710/ODA-M 复合材料的断裂伸长率比 PLA/PL-710 高很多，虽然两个样品断裂的最高应力差别很小。这样的结果可能是由软的 PL-710 链高度插层进入 MMT 的硅酸盐坑道造成的。

相反，与添加 10%（质量分数）PLA-710 相比，添加 10%（质量分数）PEG 更能使纯 PLA 的断裂伸长率有显著改善。然而，OMMTs（ODA-M 和 PHS-M）的加入使 PLA/PEG（质量分数 10%）复合材料的断裂伸长率降低。这个结果可以归因于 PLA/PEG/有机黏土纳米复合材料中聚合物量的插层程度比 PLA/PL-710/有机黏土纳米复合材料低。这一结果说明，硅酸盐层的分散程度，对于控制复合材料拉伸性能起到了重要作用。

PEG 作为增塑剂制备的 PLA/C30B 也观察到类似行为[72]。加入 3%C30B 显著提高了 PLA/PEG 基体的弹性模量，但断裂应变减少了近 40%。多余的 5%C30B 没有改变 PLA/PEG 基体模量的值，但减少了应变和断裂应变值。应力-应变曲线显示 PLA/PEG/C30B 纳米复合材料仍然存在屈服，但拉升会降低屈服应力。

近日，Rhim 等[26] 研究了 OMMT 类型对 PLA 纳米复合材料拉伸性能的影响。他们使用溶液铸造法，制备了含有 50μg/kg 的不同种类的 OMMT 的 PLA 纳米复合材料。拉伸试验结果表明，使用不同类型 OMMT 制备的纳米复合材料，与纯 PLA 相比，强度和断裂伸长率下降了 10%～20%。这一结果表示，硅

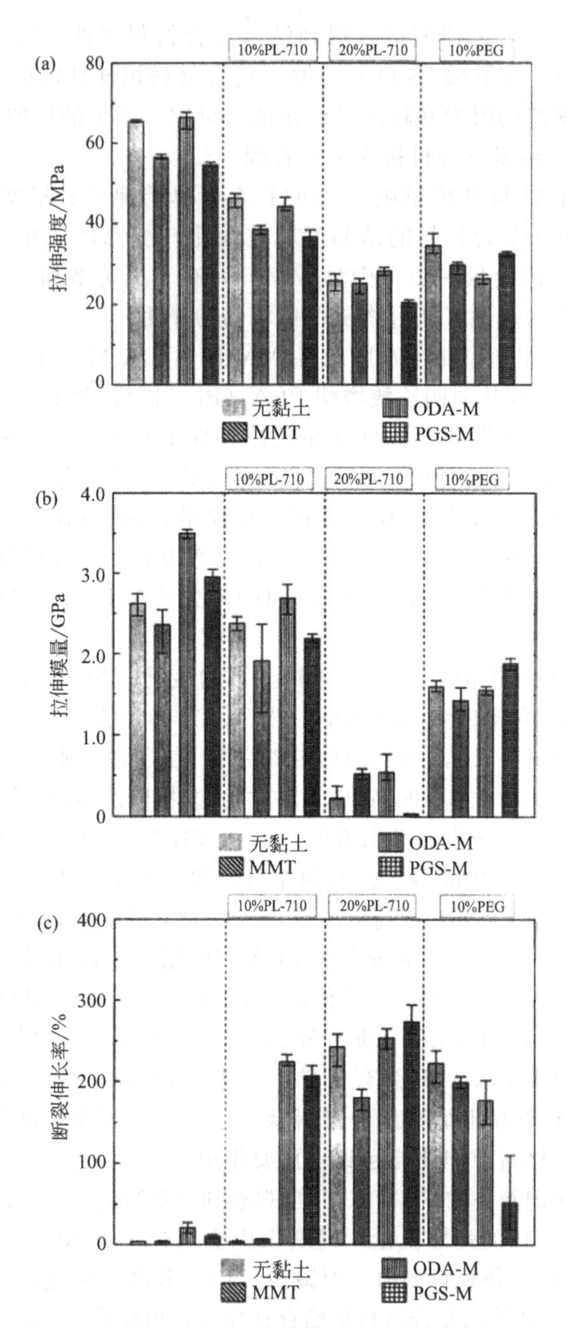

图 5.6 纯 PLA、塑化 PLA 及其 3%有机黏土复合物的拉伸性能（图中百分数皆为质量分数）
(a) 强度；(b) 模量；(c) 拉伸和断裂

酸盐层在聚合物基体内没有形成纳米级分散，而且 OMMT 和 PLA 基体之间相容性很低。使用的有机黏土中，C20A 能更有效地保持制备出的纳米复合材料的强度。

Koh 等[73] 报道了完全相反的结果，他们发现 C30B 能更有效地提高 PLA 纳米复合材料的模量和强度，并保持其断裂伸长率。其他作者也报道了类似的 PLA/黏土纳米复合材料的拉伸性能[17,18,43,74,75]。硅酸盐层在 PLA 基体中的高度分散，以及填料和 PLA 强的内部相互作用是提高纳米复合材料拉伸性能最重要的因素。在另一份研究中，Jaffar[28] 采用不同的 OMMTs，研究了有机改性剂对 PLA 纳米复合材料拉伸性能的影响。他们通过将 OMMT 在脂肪酸、脂肪酸羟肟酸（FHA）、羰基脂肪酰胺（CDFA）水溶液中搅拌改性，所得溶液分别缩写为 FA-MMT、FHA-MMT 和 CDFA-MMT。使用溶液铸造法制备了纳米复合材料。结果表明，非常少量的纯 MMT（Na-MMT）对 PLA 基体具有增强作用。增加 MMT 的量将会引起拉伸性能的降低。这表明，纯 MMT 在 PLA 基体中起着传统的粒状填充作用。而使用 OMMT 制备的 PLA 纳米复合材料的拉伸性能增强行为，与使用纯 MMT 制备的纳米复合材料的相反，OMMT 制备的纳米复合材料的拉伸性能得到提高。关于纳米复合材料，当添加 5%FA-MMT 或 FHA-MMT 和 3%CDFA-MMT 时，将获得最高模量、最大强度和最大断裂伸长率。拉伸性能有改善倾向是由于 PLA 链在有机黏土中有不同的插层。

为了提高 PLA 基体和硅酸盐层的相容性，Chen 等[60,61] 使用了双功能化 C25A。他们使用 [丙基三甲氧基硅烷（GPS）] 为 C25A 引入环氧基，将制备出的 TFC 与纯 PLA 熔融混合。XRD 和 TEM 结果证实，形成了剥离/插层纳米复合材料。

表 5.4 说明 C25A 的引入增加了纯 PLA 的模量，但在 C25A 的量高于 2%时 PLA/C25A 纳米复合材料的强度显著下降。这样的结果表明，C25A 由于层状结构和高比表面积起到了增强填料的作用。但是，使用 2%TFC 制备的 PLA 纳米复合材料拉伸性能依然能提高。提高 TFC 的含量显示模量和强度的显著增强，但是断裂伸长率和纯 PLA 相比变低。这个研究支持了聚合物基体中硅酸盐层的分散增加、基体和填料的热力学相互作用增强将会导致拉伸性能的提高。

另外，Li 等[69] 加入 OREC（有机改性累托石）能显著提高 PLA 的拉伸性能（如表 5.4 所示）。结果显示纳米复合材料的屈服拉伸强度和纯 PLA 相比有所降低。这个结果可能是由于 PLA 基体和硅酸盐层缺少强烈相互作用，导致形成较多的空腔，使得拉伸强度和屈服强度变低。此外，拉伸模量随着黏土的含量增加而逐渐增加。

拉伸结果显示，纯的 PLA 的断裂行为在形成纳米复合材料时，发生了显著改变，尤其在 PLAOR1 复合材料转变时非常显著。对于纳米复合材料，应力应变曲线屈服点以上部分会出现应变软化和冷拉伸相结合的结果，而且出现 PLA 链取向和断裂相竞争的结果。因此，很容易看到应力降低而应变增加，应变超过 20%时出现颈缩，而且在一个恒定应力时，冷拉伸占主导位置。这说明 PLA 分子链取向时有显著的能量耗散。

为了研究 PLA 和纳米复合材料的形貌变化，SEM 能观察到样品表面的拉伸断裂。对于纯PLA的表面拉伸，断裂非常细小，这也证明了PLA在拉伸载荷下变脆的行为。相反的是，随着分子链高度取向，在PLAOR1的表面断裂处出现韧带和表面粗糙。高度取向的韧带是由于PLA基体的分解，失效方式由脆性断裂变为韧性断裂。此外，这些发白的韧性断裂韧带说明了断裂失效前它们不断吸收应力变形能量。但是，PLAOR5的表面拉伸断裂面很粗糙，并且没有韧性断裂，还可以发现大孔隙。这一结果说明OREC严重结块，引起PLA基体和OREC之间发生相分离。大的空隙不仅引起强度的严重降低，而且会导致形成断裂，最终导致在拉伸载荷下发生灾难性失效。

为了探索增韧机制，使PLAOR1的拉伸样品在拉伸测试中发生纵向冷断裂，用SEM观察三个不同应力状态的样品。结果显示，样品拉伸方向上出现大量高度取向韧带，这说明大量的能量被韧带所吸收。此外，这些韧带起到了不同腔室间壁垒的作用，这将阻止腔室在单向拉伸下凝聚和扩展为裂纹，从而起到了良好的增韧作用。因此，可以得出结论：少量的OREC能帮助形成很大数量的韧带，从而提高PLA的韧性。

为了增韧PLA基体，Li等[76] 制备了三种不同型号的PLA复合材料，例如：PLA/OMMT、PLA/芯壳橡胶和PLA/OMMT/芯壳橡胶，并且研究了它们的力学性能。和纯PLA相比，PLA/5%OMMT复合材料模量提高、拉伸强度下降、断裂应变极大降低。另外，PLA/5%OMMT/芯壳橡胶和纯PLA或者PLA/OMMT复合材料相比，断裂应变显著提高，但是模量和强度降低。在同一研究方向上，Balakrishnan等[77] 用线型低密度聚乙烯（LLDPE）增韧PLA纳米复合材料，平衡了其力学性能。在最近的报告里，Najafi等[62,63] 研究了扩链剂以及加工条件对PLA/C30B纳米复合材料的形貌和拉伸性能的影响。拉伸测试结果显示，在现有的扩链剂基础上，硅酸盐层的良好分散和PLA分子量的提高，能同时改善其拉伸性能。

总之，很难同时改善PLA黏土复合材料的拉伸性能。使用橡胶、扩链剂制备的PLA/黏土复合材料能适当提高其拉伸模量、强度、断裂伸长率。研究结果显示，这些性能改善的程度和硅酸盐层在PLA基体内的分散程度，和它们的比表面积直接相关。

5.4.2 热稳定性和可燃性

在聚合物基体中添加无机纳米黏土片，能提高纯的聚合物基体的热稳定性。这种热稳定性的提高，可能来自产物中挥发物的挥发速率减小，而且分解过程中黏土层表面形成耐高温的炭化物，隔离了基体材料，使挥发物逸散和吸收生成的气体难以进入硅酸盐颗粒内[2,10,11]。而且，分散的硅酸盐层能极大改变聚合物基体的分解机制，生成物的量、质量和纯聚合物也完全不同。研究结果还显示，随着黏土含量提高，增强作用快速提高，材料变得不能压缩。这种情况下复合材料的热稳定性会下降[78]。

聚合物材料的热稳定性通常使用热重分析仪（TG）来表征。质量损失是由于高温作用下，材料分解，生成了易挥发物所致。通常将纳米黏土加入PLA基体，能提高纳米复合材料的热稳定性，这是由于纳米黏土起到了绝缘和阻隔热分解的作用。

Bandyopadhyay等[79]首先报道了使用有机改性氟水辉石（FH）或者MMT和PLA熔体插层进行复合，来提高这种生物可降解纳米复合材料的热稳定性。作者表示，PLA插层到FH或者MMT间隙能阻止热降解，而在同样的条件下纯PLA将会完全降解。硅酸盐层对热分解过程中进入的气体和生成的气体起到了阻隔作用，在提高热降解温度的同时，拓宽了开始热降解的温度范围。硅酸盐层的加入，使聚合物热降解产生的焦炭起到了超级绝缘体和挥发物质量传递屏障的作用。

在过去的几年里，已经报道了许多纯PLA、含黏土的PLA纳米复合材料的热重分析结果[17,18,20,21,27-30,34,35,43,44,74,80,81]。例如Pluta等[81]比较了MMT微米复合材料［MC(Q)、纯MMT和MMT-Na^+］和纳米复合材料［NC(Q)、甲基丙烯酸-2-乙基己氢化牛油烷基胺改性MMT］的热稳定性。在空气和氦气氛围下分别测试了纯PLA、MC(Q)和NCA9Q的TG和DTG，结果显示MMT-Na^+的加入，并没有提高PLA在空气氛围里的热稳定性，MC(Q)在氦气氛围里有略微高的热稳定性是由于PLA基体在形成复合材料后分子量有所提高。

NC(Q)得到了最显著的热稳定性结果，它在整个氦气氛围里热降解温度提高了9℃，而在空气氛围里热稳定性提高了23℃。NC(Q)的热稳定性提高是由于复合材料里硅酸盐层的纳米级分散。NC(Q)在热氧化条件下更高的热稳定性说明，NC(Q)在空气和惰性气体氛围里，经过了不同的热分解机制。例如，NC(Q)中形成的焦炭可能起到聚合物基质和热氧化条件下发生火焰燃烧的表面区域之间的物理屏障作用。

Chang等[29,30]对三种不同型号OMMT制备出的PLA纳米复合材料进行了详细的热重分析。发现MMT-C_{16}或者C25A基混合物聚合物的初始分解温度随着有机黏土含量的增加呈线性增加。但是，DTA-MMT制备出的纳米复合材料的初始分解温度，在黏土含量从2%～8%变化时基本保持恒定。这个结果说明纳米复合材料的热稳定性和OMMT的稳定性直接相关。

和Chang等[29,30]类似，Paul等[35]观察到添加OMMT的PLA纳米复合材料热稳定性的提升。他们使用熔融混合制备了含有20%PEG和不同含量MMT（OMMT以及未改性的MMT）的PLA纳米复合材料。未改性MMT是CNa，OMMTs是C30B、C20A和C25A。XRD结果显示，不管使用什么类型的黏土都能形成插层结构的纳米复合材料。图5.7显示的是纯PLA和含有3%有机物的几种不同复合材料的TGA结果。TGA曲线表明复合材料的热稳定性和烷基链的长度或者附着的功能化胺阳离子直接相关。PLA/C30B纳米复合材料的热稳定提高最大。这是由于 PLA/C30B 纳米复合材料中形成了不同类型的插层结构。类似的，Thellen 等[34] 研究了 MMT 的添加对于塑化 PLA 吹塑膜的热稳定性的影响。他们使用了 10%乙酰柠檬酸三乙酯增塑剂和 5%C25A 熔融挤出，制备了纳米复合材料。TGA 结果显示纳米聚合物膜的热分解温度，比纯 PLA 的高大约 9℃。根据作者结论，复合材料热稳定性的提高是由于硅酸盐层在 PLA 基体内达到了纳米尺度分散。

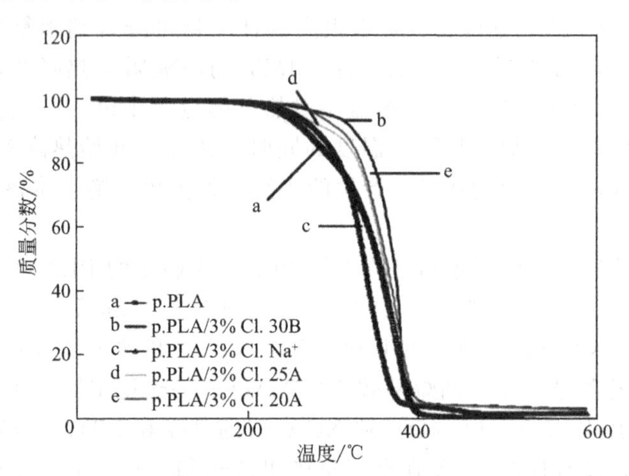

图 5.7 PEG 塑化和添加 3%有机改性蒙脱石的 PLA 热重分析

Cl 表示有机硅酸盐，p. PLA 表示塑化 PLA（试验是在加热速度为 20K/min 的热气流中，样品温度从 25℃升高到了 600℃[35]）

PLA 分子链上的接枝反应，对 OMMTs、C25A 和 C30B[20,21] 纳米复合材料的形貌和热稳定性的影响也得到了研究。科学家也同时研究了有机黏土的添加量对这些材料热稳定性的影响。他们使用 Al（O^iPr)$_3$ 催化合成了聚合乙交酯，以及 CNa、C25A、C30B 通过原位插层得到 PLA 复合材料。TGA 结果显示 PLA 链在硅酸盐层缝隙里的插层程度，对于纳米复合材料整体的热稳定性有很大影响。所有复合材料中 PLA/C30B 表现出最好的热稳定性。尽管 PLA/C30B 表现出比纯 PLA 或者 CNa、C25A 基 PLA 复合材料更好的热稳定性，PLA 的分子量和在 C30B 表面的接枝度比 PLA/CNa 和 PLA/C25A 更低。这一观察结果再次证明了硅酸盐层在 PLA 基体内的分散程度直接影响了复合材料热稳定性。

近些年，一些作者报道了一些类似的黏土/PLA 纳米复合材料的热稳定性增强结果[17,18,27,28,43,48,74,80]。但是，Wu 等[44] 报道了一个完全相反的结果。他们发现 PLA 基体的热稳定性在有机黏土改性纳米复合材料成型后降低，复合材料的初始热分解温度随着黏土含量的提高而逐渐下降。他们使用 2%、4%、6%、8%四种含量的黏土，熔融混合制备了纳米复合材料，使用的黏土经过了甲基牛油二（2-羟基乙基）胺阳离子改性。但是，作者并没有研究纯黏土的影响。纯 PLA 和不同类型纳米复合材料的 TGA 结果见图 5.8，分解 5%时的数据结果也在图中表示了出来。Ogata 使用溶液铸造法制备的 PLA/黏土微米复合材料也观察到了类似结果。据这些作者推测，堆叠和高度团聚硅酸盐层在高温时起到了热源的作用。

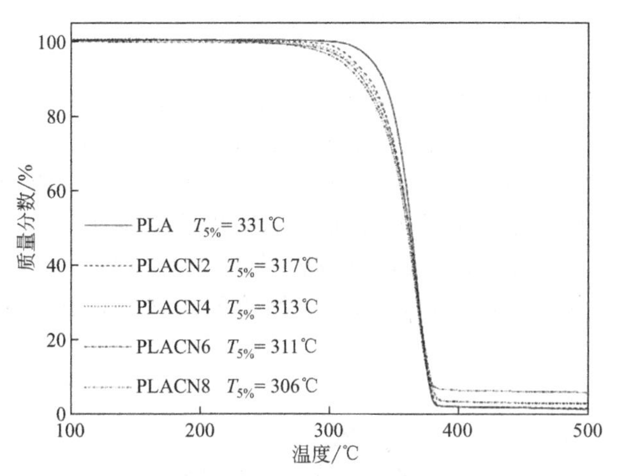

图 5.8 纯 PLA 和几种纳米复合物的 TG 曲线[44]

在另一个最近的报告中，Cheng 等[82] 使用氢氧化铝（ATH）和 C30B 制备了 PLA 复合材料，并研究了其在氧化环境中的热稳定性。TGA 结果显示，当使用氢氧化铝制备 PLA 复合材料时，PLA 基体的降解温度有很大的降低。这是由氢氧化铝较低的脱水温度引起的。当 PLA/氢氧化铝复合材料中添加少量的 C30B 时，PLA 的主要降解温度提高了。例如 PLA/氢氧化铝（40%）复合材料的热降解温度为 321℃，而当使用 35%氢氧化铝和 5% C30B 时，它的热降解温度提高到 337℃。像先前的解释一样，作者认为这是由于纳米黏土层在聚合物燃烧时起到了阻隔作用。

在另一个最近的研究中，Yourdkhani 等[83] 使用商业化黏土 Nanomer 1.28E 和 Nanomer 1.34TCN 熔融加工出 PLA 纳米复合材料。他们使用 SEM 研究了复合材料的形貌，发现使用 Nanomer 1.34TCN 时纳米黏土的分散性更好。使用 TG 研究了热氧化环境下黏土层在纳米复合材料中分散程度对其热稳定性的影响。结果显示，使用 2% 1.34TCN 能将复合材料的热稳定温度提高 8℃，使用同样量的 1.28E 时聚合物基体的热分解温度提高了 6℃。他们发现将 1.28E 的含量提高到 4%，复合材料的热分解温度只提高了 3℃。这是由硅酸盐层分散性差和有机 1.28E 在温度高于 300℃时热稳定性降低引起的。

类似提高热稳定性的方法还有，分散的纳米黏土层也能提高 PLA 的耐火性。最近几篇文章报道了黏土/PLA 纳米复合材料的阻燃性。原因是早期的 PLA 基材料起到了短期包裹作用，它们不需要具有阻燃性。最近，PLA 基材料的应用领域不断扩展，涵盖了结构、电气/电子和运输这些具有火灾隐患的场合，在这些领域阻燃性是非常重要的。

关于材料的防火性质，通过如下物理量来表征，包括热释放速率（HRR）、峰值HRR（pHRR），产烟量和二氧化碳释放量[84]。锥形量热计试验是实验室最广泛使用的研究聚合物材料的阻燃性能的方法之一。pHRR的降低对于防火安全很重要，因为pHRR代表火灾中可能进一步传播或点燃相邻物体的点[84]。

Solarski等[80] 用熔融混合和熔融纺丝生产了PLA/黏土纳米复合材料的复丝。锥形量热仪测试显示该纳米复合材料的pHRR减少了38%。这种减少是由于形成了烧焦物，从而防止易燃的小分子释放以及限制氧扩散到材料内部。在进一步的研究中，这些作者观察到pHRR几乎减少了46%（图5.9）[85]。Murariu等[86] 也报道了PLA-硫酸钙/黏土纳米复合材料的pHRR几乎减少了40%。在UL-94测试中，显示形成了非滴落和焦炭，这在纯PLA中是看不到的。

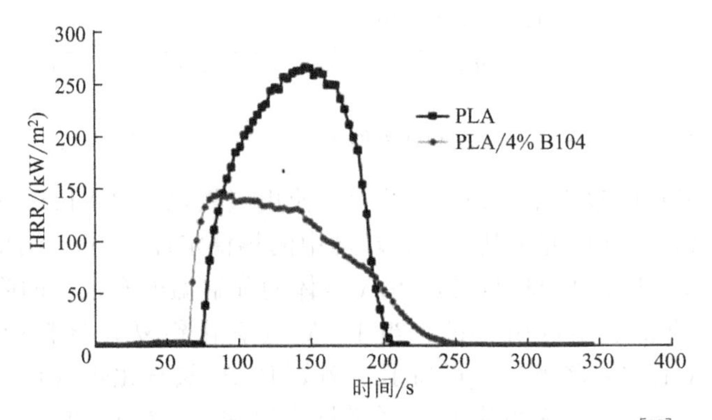

图5.9　PLA和PLA/4% B104的针织面料HRR曲线[85]

近日，Chapple等[87] 报告了使用商业化PLA/淀粉共混物，制备PLA/黏土复合材料的火、热和力学性能。他们采用锥形量热仪（FTT双锥形量热仪）测试了耐火性。该测试的详细结果可参见文献[87]。

该PLA复合材料的HRR曲线见图5.10(a)，属于典型的结果。这些峰很窄，因为样品很薄。可以清楚地看到两种复合材料的较低pHRR（30%～35%）和延长的放热时间。降低的HRR是由于较低的质量损失率，这又是由于向聚合物中加入黏土引起了热解速率降低。两种复合材料都表现出明显的防火性能。

PLA/淀粉混合物（$120m^2/m^2$）的总烟雾释放（total smoke release，TSR）比纯PLA高约4倍。该共混物使用淀粉作为添加剂，这可能是引起该复合物比纯PLA烟雾释放量大的原因。PP5C复合材料中的黏土（用纯PLA和质量分数为5%C30B制备）没有改变TSR，但是在PLA/淀粉复合材料中加入黏土使TSR从$120m^2/m^2$降低到$52m^2/m^2$。该混合物在点火大约75～85s时，即刚好在熄火前，表现出烟雾释放量的急剧增加[图5.10(b)]。对于CP5C30复合材料（质量分数为5%C30B的PLA/淀粉共混复合物），未观察到这种急剧增加；

相反，有一股稳定的烟雾释放。CP5C30 复合材料的较低 TSR 和烟雾释放速率的变化表明，与该树脂的淀粉组分相关的烟雾产生量减少，这可能是由于凝结相中保留的碳形成了大量的焦炭造成的。

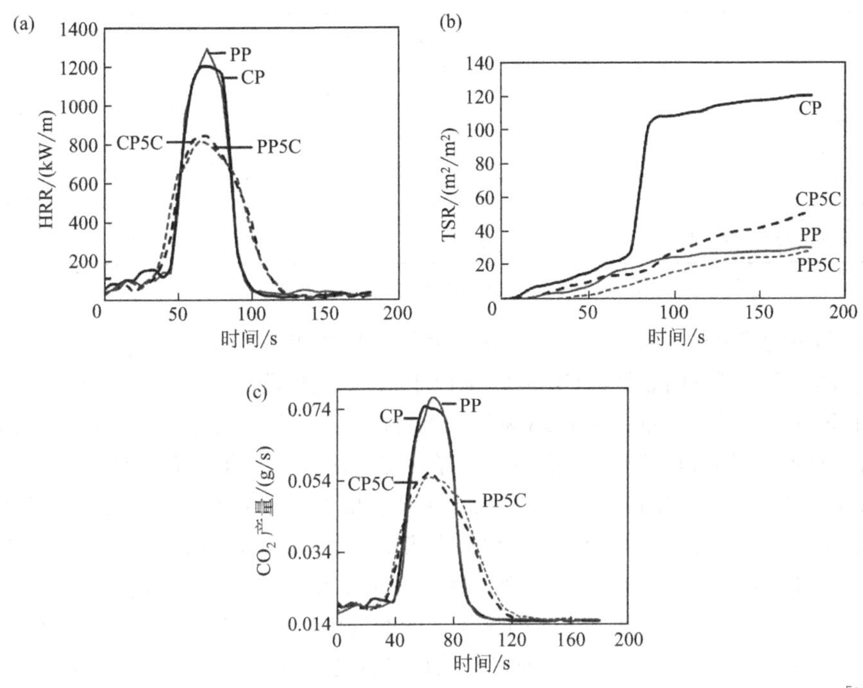

图 5.10 PLA 和 PLA 复合物热释放速率曲线 (a)、TSR (b) 和二氧化碳产量 (c)[87]

对于 PLA/淀粉共混物、CP5C30 复合材料、纯 PLA 和 PP5C30 复合材料，锥形量热仪测试后的总燃烧残余物计算结果分别为 10.55%、13.90%、0.54% 和 4.27%，这些结果与观察到的 TG 测试中的残留物的量一致。Southern Clays 提供的技术信息表明 C30B 黏土的灼烧质量损失为 30%。调整焦炭中的黏土组分，来自 PLA 的焦炭百分比分别为 CP95C 和 PP5C 复合材料的 10.95% 和 0.81%。这些数字与纯 PLAs（PLA/淀粉混合物和纯 PLA 分别为 10.55% 和 0.54%）的比较表明，黏土主要有助于在最终燃烧残渣中形成略高百分比的碳质炭。在复合材料燃烧的早期阶段，也可能形成更高百分比的碳质炭。然而，这些焦炭中的一些在燃烧结束前被氧化，如已经注意到的白炽性所证明的那样。虽然与纯 PLA 相比，两种复合材料的总二氧化碳产量较低（表 5.5），但二氧化碳与一氧化碳的比率略高，表明二氧化碳优先通过碳质炭在燃烧后期阶段放热氧化形成。显示二氧化碳产量的图［图 5.10（c)］也证明碳质炭转化为了二氧化碳，从大约 82s 开始，复合材料的二氧化碳生成率更高。复合材料表现出改善的防火性能，如锥形量热仪测试中较低的 pHRR 和较慢的 HRR 所示。重要的是，还观察到 PLA/淀粉共混物/黏土复合材料的 TSR 降低。添加黏土导致炭形成；然而，目前尚不清楚这是否是黏土迁移（屏障效应）或黏土在PLA内的局部作用的结果。碳质炭在复合材料的最终焦炭残余物中含量较高。

表5.5　PLA和PLA复合物的锥形量热仪测试结果（杯状样品，0～180s）

样品	TTI①/s	TFO②/s	pHRR③/(kW/m²)	TSR④/(m²/m²)	CO_2产量/(kg/kg)	CO_2：CO比例	碳总量/%
PLA/淀粉共混	42	86	1224	120	5.22	213	10.55
共混/5C30B复合材料	37	105	852	52	4.83	276	13.90
纯PLA	44	84	1295	30	5.14	183	0.54
PLA/5C30B复合材料	35	105	839	29	4.31	204	4.27

①最少点燃时间；②最大点燃时间；③最高热释放率；④烟释放总量。

在最近的研究中，Wei等[88]制备了含有黏土的PLA纳米复合材料，并且使用锥形量热仪研究了其阻燃性、UL-94V和LOI（极限氧指数），考察了如下几个影响因素[有机黏土型号、含量、在PLA基体中的分散性、阻燃添加剂（FI）]，对PLA阻燃性的影响。锥形量热仪的测试结果总结在了表5.6中。对于所有的纳米复合材料，其THR值和纯PLA相比几乎没有变化。观察结果说明，纳米黏土层在减慢聚合物基体燃烧速率时，并没有减少整个过程的生热量。换句话说，也就是分散的黏土颗粒起到了物理阻隔的作用。但是，能观察到所有纳米复合材料的TTI值都有所减小。这是由于黏土颗粒催化氧化了进入团聚体表面的气体，这也能在其他的聚合物/黏土纳米复合材料中看到。添加1%（质量分数）FI能进一步减小PLA/C30B（质量分数5%）纳米复合材料的TTI值。但是，它对纯PLA的TTI值和纯PLA和PLAC/C30B（质量分数5%）纳米复合材料的热释放速率值没有影响（图5.10）。

表5.6　几种PLA/黏土纳米复合材料的锥形量热仪测试结果[88]

样品	TTI/s	pHRR/(kW/m²)	THR/(MJ/m²)	残渣量(质量分数)/%
PLA	67±5	415±18	63±1	0.0±0.1
PLAFl	70±1	410±11	62±1	0.1±0.1
PLA2.5CIA	59±2	415±7	61±1	2.0±0.1
PLA5.0CIA	60±4	364±9	60±2	3.3±0.1
PLA2.5CIB	57±3	392±6	67±2	1.4±0.1
PLA5.0CIB	58±2	303±9	62±1	3.5±0.1
PLA5.0CIBFl	45±3	306±11	66±1	3.3±0.1

注：根据Wei等人的许可进行了调整[88]，Elsevier Science Ltd。

在数码相机中能看到各种样品的燃烧残留物，如图5.11所示。从图中能看到，纯PLA已完全燃烧，没有残留。当纯PLA中添加质量分数1%的阻燃剂时，也能观察到类似结果。纳米复合材料的结果完全不同，燃烧后有残留物。作者认为是黏土层在纳米复合材料燃烧后在表面积累，而黏土薄片催化了 PLA 基质的炭化。但是，在含有 2.5%（质量分数）有机黏土（C30B 或者 C20B）的纳米复合材料中并没有看到这种结果。据作者说，这是由于烧焦的燃烧残渣有裂缝，如图 5.11 所示。通过将有机黏土质量分数增加至 5%，观察到 12%和 27%的 pHRR 降低。这种降低是由于保护性表面裂缝和较高的有机黏土含量造成的。而且和含有 C20A 的纳米复合材料相比，PLA/C30B 的 pHRR 值减少得更多。作者解释，这是由于 C30B 在 PLA 基体中的高度分散，形成了更紧凑保护性的绝缘焦炭。值得再次注意的是，与纯 PLA 一样，在 PLA/C30B（质量分数 5%）

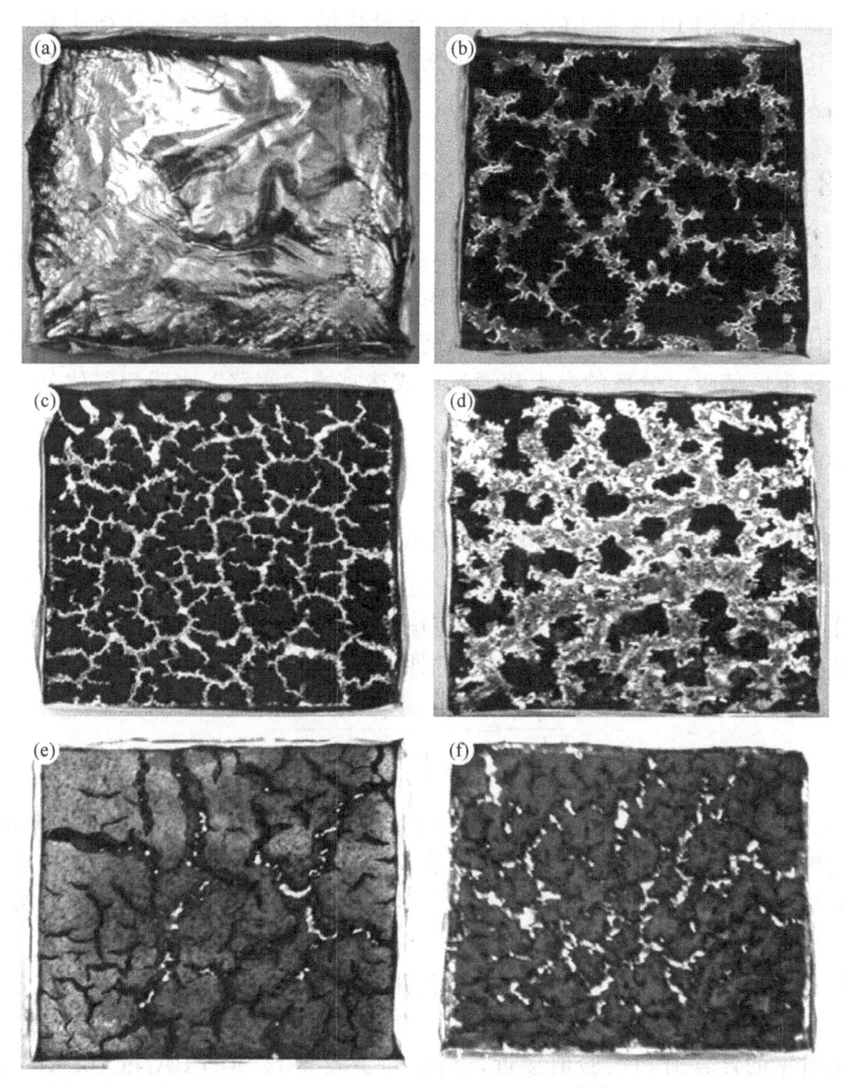

图 5.11 锥形量热仪测试残留物[88]

(a) PLA；(b) PLA2.5CIA；(c) PLA5.0CIB；(d) PLA2.5CIB；(e) PLA5.0CIB 和 (f) PLA5.0CIBFL

纳米复合材料中添加 FI，不会改善 pHRR 或 PLA/C30B 纳米复合材料烧焦残渣的结构。同样，纳米复合材料中添加质量分数 1%的 FI 情况下，添加分散的纳米黏土能部分抑制滴落现象的发生，因此在 UL-94 试验中，维持了 PLA/5C30B/1FI 的阻燃等级。

与强制燃烧试验（在锥形量热计中）一样，黏土颗粒的存在有利于在自持条件（LOI）下点燃。该观察结果再次支持分散的黏土片催化 PLA 表面的点燃。这种催化效应抑制了 LOI 纳米复合材料试验中低氧浓度的不稳定燃烧阶段，在点火发生时提供稳定的自持燃烧。另外，氧含量超过自我维持燃烧的量时，分散的黏土颗粒能限制 PLA 在 LOI 中（像锥形量热仪）强迫燃烧的燃烧速率。作者解释，这一结果和黏土颗粒在燃烧的纳米复合材料表面形成稳定的焦炭有关，它能隔离火焰的热量传递到里面的聚合物，降低其挥发速率。

5.4.3 阻隔性

材料的阻隔性能影响气体、水蒸气、液体和有机物质从高密度区域转移到低密度区域。这个转移过程包括：吸附、溶解、扩散和解吸。

气体或水在蒸发后进入材料表面的高密度区，然后扩散进入材料内部并在材料的低密度区解吸。分散的黏土片通过形成迷宫或“弯路”来阻碍气体分子进入聚合物基体内部。

在高度分层的 PLA/OMSFM（有机改性合成氟云母）纳米复合材料中，能看到燃烧过程形成这样的阻隔路径[36-41]。相对渗透率系数值 P_{PNC}/P_P，其中 P_{PNC} 和 P_P 分别为纳米复合材料和纯 PLA 的渗透率值，它被绘制成关于 OMSFM 含量的曲线。使用尼尔森理论表达式分析数据[89]，其以 PLA 基体中气体渗透率作为横坐标（L_{LS}），分散的硅酸盐颗粒（W_{LS}）为纵坐标，以及它们的体积分数（ϕ_{LS}）的函数来预测复合材料的性能。

$$\frac{P_{PNC}}{P_P}=\frac{1}{1+\left(\frac{L_{LS}}{2W_{LS}}\right)\phi_{LS}} \tag{5.1}$$

由式（5.1）可以看出，纳米复合材料的气体阻隔性能主要由两个因素决定：硅酸盐颗粒分散层的尺寸和它在纳米复合材料中的分散程度。对于给定程度的层状硅酸盐在基质中的分散，纳米复合材料的阻隔性能取决于分散的层状硅酸盐颗粒的尺寸，即它们的纵横比。

根据式（5.1）[41] 和 Ray 等[36-40] 使用实验测得的 L_{LS} 和 d_{LS} 值，估计不同 PLA 基纳米复合材料的氧气透过率，结果列于表 5.7。所有 5 种纳米复合材料的透过率的计算值和实验值接近，结果列于表 5.7。但 PLA/qC16SAP4 体系（季铵盐 C16 改性滑石粉黏土）是个例外，尽管它的比表面积比其他体系的低，但是它的透过率更高。

表 5.7 纯 PLA 和几种 PLA 复合材料薄膜的氧气透过率

样品	氧气透过率/[mL·mm/(m^2·天·MPa)]	氧气透过率①/[mL·mm/(m^2·天·MPa)]	L_{LS}/nm	D_{LS}/nm
PLA	200	200	—	—
PLA/C18MMT4	172	180	450±200	38±17
PLA/$qC^2$18MMT4	171	181	655±212	60±15
PLA/qC18MMT	177	188	200±25	36±19
PLA/qC16SAP4	120	169	50±5	2～3
PLA/qC13(OH)云母 4	71	68	275±25	1～2

① 根据尼尔森理论方程［式 (5.1)］计算。

Gusev 和 Lusti[90] 认为有另外一个因素能影响阻隔性能，也就是含有硅酸盐的聚合物基体中，转移部分的分子量能改变氧气透过率。这和硅酸盐层和聚合物基体在分子水平上的相互作用直接相关。PLA/qC16SAP4 是一个无序插层的体系，伴随着 PLA 的边缘羟基和硅酸盐层的烷基膦阳离子相互作用，反应生成氧化磷。结果，PLA/qC16SAP4 的阻隔性能比其他体系更强[36-40]。

Chang 等[29,30] 报道了添加三种型号 OMMT 熔融混合的 PLA 纳米复合材料的氧气透过率。表 5.8 总结了纯 PLA 和不同纳米复合材料的氧气透过率。结果显示，随着黏土含量的提高，氧气透过率降低，当黏土含量超过 10%，复合材料的透过率降低到了纯 PLA 的一半。而这和添加的 OMMT 的性质无关。这个结果是由于高含量的 OMMT 增加了纳米复合材料中氧气需要走的“弯路”的长度[2,10,11,13]。

表 5.8 PLA/OMLS 混合薄膜氧气透过率[29,30]

黏土质量分数/%	O_2 透过率/[mL/(m^2·天)]		
	MMT-C_{16}	DTA-MMT	C25A
0	777	777	777
4	449	455	—
6	340	353	430
10	327	330	340

Koh 等[73] 研究了 OMMT 颗粒的分散程度和添加量对 PLA 纳米复合材料气体透过率的影响。比较了三种不同 OMMT 添加剂（C30B、C15A 和 C20A）用溶液铸造法制备的 PLA 纳米复合材料的气体透过率结果。XRD 和 TEM 图显示 PLA/C15A 形成了高度插层结构，PLA/C20A 形成了插层和分层共存的结构，PLA/C30B 具有高度分层结构。图 5.12 显示了纯 PLA 和三种不同纳米复合材料的气体渗透性。图中显示纳米复合材料的气体透过率比纯 PLA 的低，而且它随着 OMMT 含量增加而降低。

在一个特定黏土含量时，PLA/C30B 比 PLA/C15A 和 PLA/C20A 纳米复合

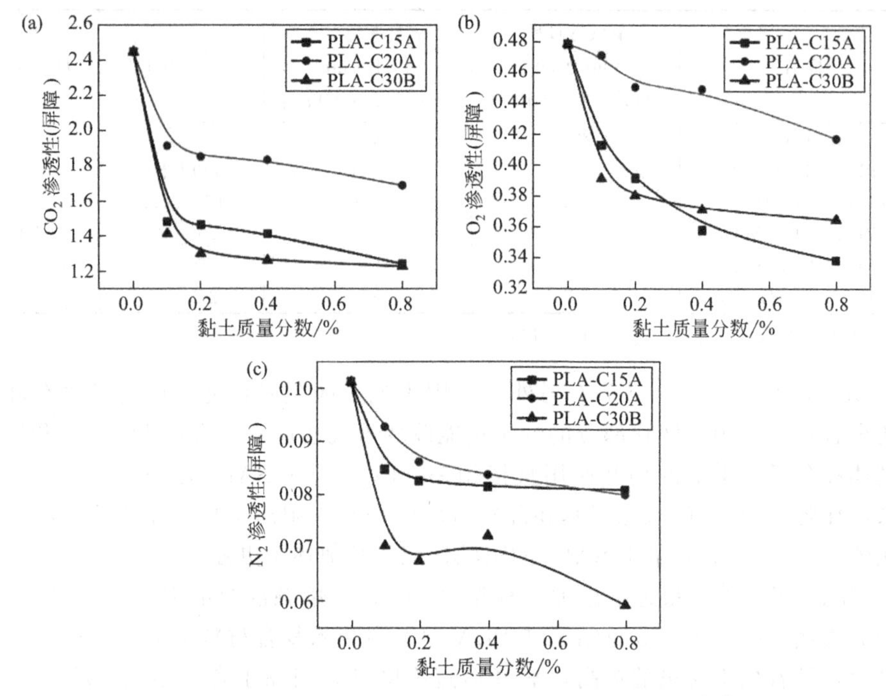

图 5.12 几种 PLA/黏土纳米复合材料的气体渗透性[73]

(a) 二氧化碳渗透性；(b) 氧气渗透性；(c) 氮气渗透性

材料有更好的阻隔性能。这一结果说明了气体分子在纳米聚合物中的透过率和硅酸盐层的分散程度直接相关。

Sanchez 和 Lagaron[91] 制备了 PLA 与聚羟基丁酸酯共戊酸酯纳米复合材料、PCL/NanoBioTer（有机改性云母黏土）纳米复合材料，并且分别测试了其氧气阻隔能力。PLA 的结果总结在表 5.9 中。可以看出，含有 1%、5%、10% 添加剂时其氧气透过率和纯 PLA 相比有所降低，分别降低了 15%、55% 和 60%。含有 5%填料的 PHBV 复合材料的透过率比纯的 PHBV 膜低约 32%，当添加剂含量达到 10%时，氧气透过率并没有进一步提高。对于 PCL 纳米复合材料，当添加剂含量为 1%、5%、10%时，氧气透过率也都有所降低，PCL 复合材料氧气透过率分别降低了 22%、48%、48%。

表 5.9 PLA/黏土纳米复合材料的水（$P_{水}$）和氧气（$P_{氧气}$）透过率[91]

样品	$P_{水}$/[kg · m/(s · m^2 · Pa)]	$P_{氧气}$/[kg · m/(s · m^2 · Pa)]
PLA	$(2.30\pm0.07)\times10^{-14}$	$(2.77\pm0.08)\times10^{-18}$
PLA+1%	$(1.69\pm0.07)\times10^{-14}$	$(2.08\pm0.16)\times10^{-18}$
PLA+5%	$(1.05\pm0.26)\times10^{-14}$	$(1.24\pm0.20)\times10^{-18}$
PLA+10%	$(1.03\pm0.11)\times10^{-14}$	$(1.09\pm0.17)\times10^{-18}$

从以上的结果可以看出，所有的复合物，添加剂含量为5%时表现出最强的氧气阻隔能力。当添加的有机改性黏土片超过了聚合物基体的溶解限度时，它开始发生团聚，甚至在一些区域引发结晶度提高。进一步提高添加剂含量没有提高阻隔性能，甚至会降低阻隔能力。

Zenkiewicz等[92] 研究了PLA纳米复合材料的吹塑比对O_2和CO_2阻隔性能的影响。结果显示，添加5%MMT到PLA基体时，能显著提高膜的阻隔性，阻隔O_2和CO_2渗透的能力分别达到40%和80%。当复合材料样品使用吹塑成型时，其O_2和CO_2渗透率能进一步降低。当挤出吹塑比为4时，能观察到纳米复合材料的阻隔性能提升最多。作者解释，当吹塑比为4时，黏土片在纳米复合材料内部能够有序平行排列。这种有序度的提高增加了气体分子的扩散路径，从而提高了吹塑成型膜的阻隔性能。

在一个最近的报告中，Svagan等[93] 使用了层层堆叠来提高PLA膜的阻隔性能。他们在纯PLA膜上制备了多层壳聚糖/MMT结构。关于这些膜制备的详细内容能在Svagan的文章中找到[93]。多层涂覆的PLA膜的氧气阻隔能力见图5.13。所有结果是在23℃条件下测得的，有三个不同的湿度（RH）20%、50%、80%。和没有涂覆的膜相比，涂覆有70层壳聚糖/MMT双层结构PLA膜的氧气透过率在湿度为20%时几乎降低了两个数量级，在湿度为50%时最少降低了一个数量级。这个氧气阻隔能力的大幅提高可归因于很多因素，例如：让MMT悬浮液均匀分散，使得硅酸盐层剥离、TEM图片中可以观察到涂覆层不透过的MMT“砖墙”结构、MMT-壳聚糖分子的强相互作用或者壳聚糖分子吸附到多层结构的表面以及堆叠过程的重组机制。这让外层在阻隔氧气方面起到更大作用。但是在湿度达到80%时，这种层层涂覆不再有效。根据作者解释，这种结果可能是因为当存在塑化水时，壳聚糖/MMT的层间自由体积增加。

另外，Duan等[94] 制备了一系列PLA/黏土纳米复合材料，并且测试了水蒸气透过率（water vapor transmission rate，WVTR）。同时使用了无定形、半结晶PLA，C30B的含量也从1%增加到6%。用XRD和TEM分析纳米复合材料的形态，结果显示形成了良好分散和高度剥离的纳米复合材料，大多数黏土片沿着PLA熔体流动方向取向。

表5.10总结了不同纳米复合材料的水蒸气透过率值。为了探究分散的硅酸盐片对水蒸气透过率值的影响，他们使用快速冷却然后模压成型，制备了半结晶PLA纳米复合材料。实际上他们想摆脱PLA结晶性对水蒸气透过率值的影响。对于任何PLA基复合材料，在添加5% C30B时，水蒸气透过率值都有40%的降低。这和Thellen等[34] 报道的结果高度一致。对于PLA纳米复合材料吹塑膜，Duan等[94] 比较了测试的水蒸气透过率值和尼尔森曲折模型的计算值[90]，该模型假定黏土片100%插层或者100%剥离并且取向良好。他们发现实验结果和尼尔森模型理论计算值高度吻合。

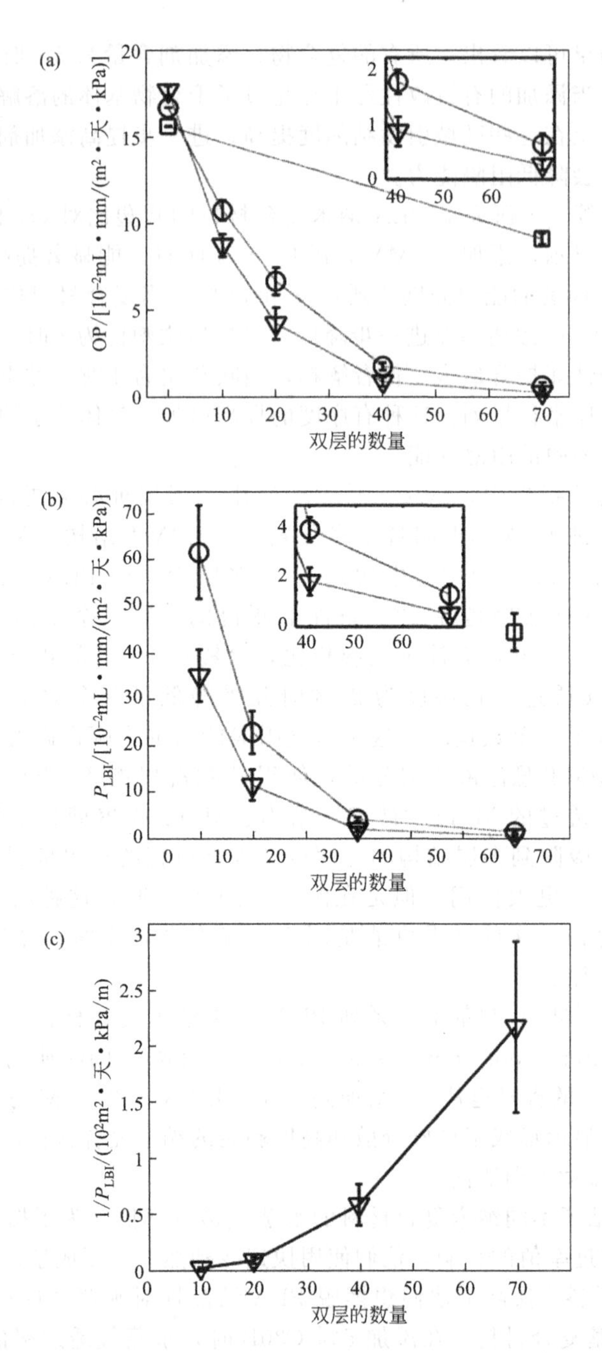

图 5.13 表面涂覆有 MMT/壳聚糖（0、10、20、40、70）双层 PLA 膜在 20%（▽）、50%（○）和 80%（□）RH 下的氧气透过率系数［膜的平均厚度为（495± 8）μm］(a)；多层复合膜在 20%（▽）、50%（○）和 80%（□）RH 的氧气透过率（P_{LBI}）(b)；(b) 图中 20% RH（▽）下 P_{LBI} 倒数值（c）[93]［(a)、(b) 中插图是 40 和 70 双层在 20%和 50%RH 的放大图，所有测试在 23℃下进行］

表 5.10 纯 PLA 和几种 PLA 纳米复合材料的水蒸气透过率（WVTR）值[94]

样品	WVTR /[g·mil①/(m^2·天)]4060D	WVTR /[g·mil①/(m^2·天)]4032D
PLA	177±4	181±4
PLA+1% 黏土	156±4	153±8
PLA+2% 黏土	139±4	144±5
PLA+3% 黏土	126±3	130±4
PLA+4% 黏土	114±1	115±4
PLA+5% 黏土	107±5	108±5
PLA+6% 黏土	101±3	98±2

① 1mil=0.0254mm。

总的来说，高度分散的黏土片层由于形成“弯路”，减少了气体和水蒸气的扩散，从而提高了 PLA 基体对气体和水蒸气的阻隔能力。

5.4.4 熔融态流变特性

熔体状态下的流变性质有助于分析聚合物和填料的内部相互作用的程度，并有助于建立聚合物纳米复合材料结构与特性的关系。因为聚合物流变行为受到其结构和内部特性的强烈影响。本节总结了不同类型的 PLA/黏土纳米复合材料在给定剪切力、静态和动态、聚合物熔体内硅酸盐层方向的线性和非线性流变行为，以及这些参数对流变行为的影响。

聚合物材料的动态振荡剪切测试通常通过测量时间依赖性应变来进行：

$$\gamma(t)=\gamma_o \sin(\omega t) \tag{5.2}$$

测试产生的剪切力

$$\sigma(t)=\gamma_o[G'\sin(\omega t)+G''\cos(\omega t)] \tag{5.3}$$

其中，G'和G''分别为储能模量和耗损模量。

通常，聚合物熔体的流变行为强烈依赖测试时的温度。流变测试过程中，聚合物样品的测试温度和测试频率，应该表现出聚合物熔体均匀流动的行为，通过式（5.4）表示：

$$G'\propto\omega^2 \quad G''\propto\omega \tag{5.4}$$

Ray 等[32,33,54] 首先对具有插层结构的 PLA/黏土纳米复合材料进行了动态振荡剪切测量。他们使用具有扭矩传感器的流变动态分析仪（RDAⅡ）进行了熔体流变学测量，所述扭矩传感器能够在 0.2～200g/cm^2 的范围内进行测量。这个测试使用了直径 25mm 的平行盘、样品厚度大约为 1.5mm，温度范围为 175～205℃。即使是在高温，为避免非线性响应而采用低的 ω，也需要将应变振幅保持在 5%以内来获得合理的信号强度。对于每种研究的纳米复合材料，通过在一系列固定频率下进行应变扫描来确定线性黏弹性的极限值。使用时间-温度叠加原理产生主曲线，并将其移至 175℃的共同参考温度（T_{ref}），该点可被选择为最具代表性的 PLA 的典型加工温度，并且能够避免加工期间的基质降解。

纯 PLA 主曲线的 G'和 G''以及不同 C18MMT 含量的 PLA 纳米复合材料的相关数据见图 5.14[54]。在高频下（$a_{T}\omega>10$），所有的纳米复合材料的黏弹性相同。但是，在低频下（$a_{T}\omega<10$），它们的模量随着 C18MMT 含量提高对频率依赖性降低。这说明随着 C18MMT 含量提高，出现了液体行为（$G'\omega^2$ 和 $G''\omega$）向固体行为的转变。

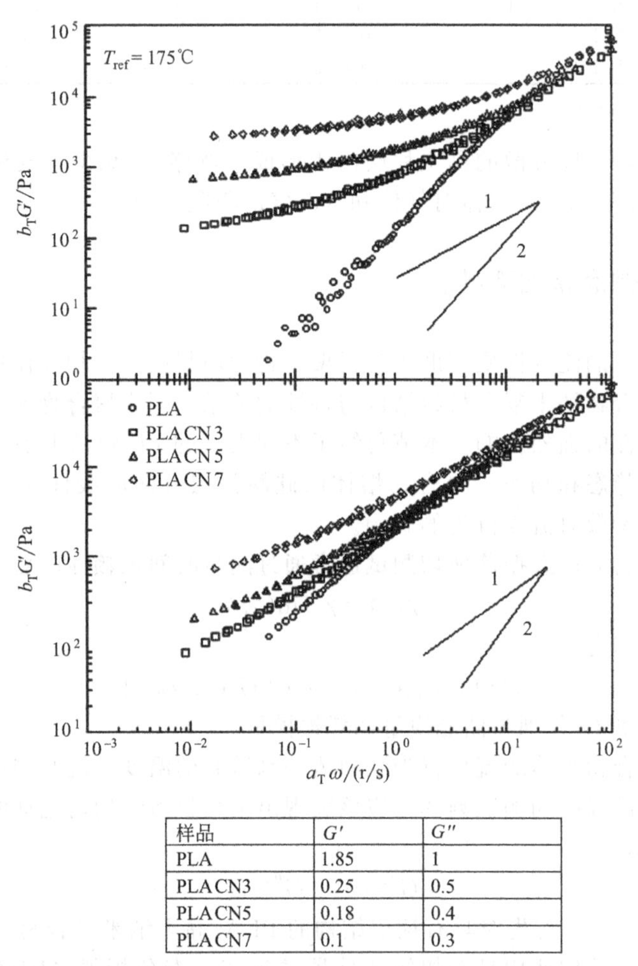

样品	G'	G''
PLA	1.85	1
PLACN3	0.25	0.5
PLACN5	0.18	0.4
PLACN7	0.1	0.3

图 5.14　纯 PLA 和几种 PLA 纳米复合材料储能模量 G'和损耗模量 G''递减的频率依赖性[54]

主曲线上 G'和 G''末端区域的斜率列于图 5.14 中，它们在 PLA 基体中的斜率值分别为 1.85 和 1，处于多分散聚合物范围内[95]。然而，对于所有 PLA 纳米复合材料和纯 PLA 相比，它们的 G'和 G''的斜率要低很多。事实上，对于 MMT-C_{18} 含量很高的 PLA 纳米复合材料，G'在低 $a_{T}\omega$ 变得几乎独立并且超过 G''，这是材料呈现出伪固体行为特性。

图 5.15 显示了纯 PLA 和不同类型的 PLA 纳米复合材料通过 Arrhenius 拟合，得到 MMT-C_{18} 和流动活化能（E_a）相互依赖的关系[96]。PLACN3（3% MMT-C_{18}）的流动活化能（E_a）和纯 PLA 相比有了很大提高，并且随着 MMT-C_{18} 含量提高而缓慢提高。这种行为可能是由于 MMT-C_{18} 硅酸盐层在 PLA 基体的插层和堆叠引起的（参考 5.3.3）。

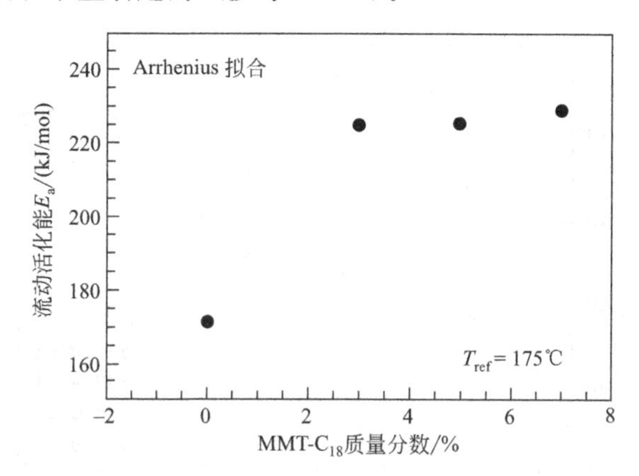

图 5.15 纯 PLA 和几种 PLA 纳米复合物在 MMT-C_{18} 作用下的流动活化能[54]

使用线性动态振荡剪切测量的纯 PLA 和纳米复合材料的动态黏度见图 5.16[54]。在低 $a_T\omega$ 区域（<10rad/s），纯 PLA 表现近乎牛顿行为。所有的纳米复合材料表现出剪切变稀倾向。但是，纯 PLA 和多种纳米复合材料的 M_w（平均分子量）和 PDI（多分散指数）几乎相同。因此，纳米复合材料熔体流动时，分子链流动受限引起的高黏度是基体中有 MMT 颗粒导致的。

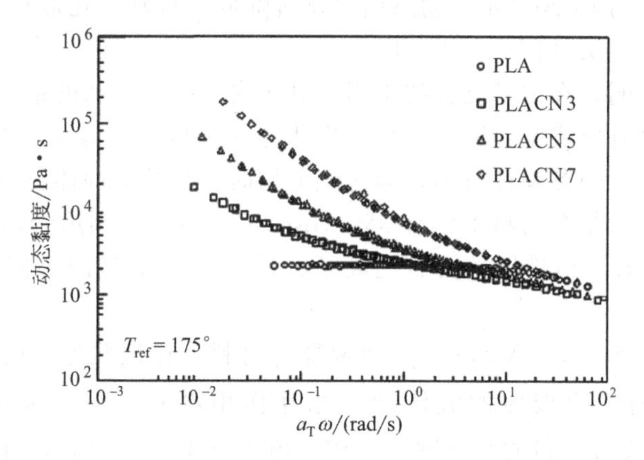

图 5.16 纯 PLA 和其纳米复合材料黏度对频率依赖性逐渐降低[54]

Wu 等[44] 在 PLA/黏土纳米复合材料中观察到类似的结果。像前面的体系一样，PLA 纳米复合材料的 G' 值随着黏土的含量增加而持续提高。尤其在低频率时的结果和纯 PLA 样品的相反（参见图 5.17）。随着进一步提高黏土含量，在末端区域，G'对频率的依赖性急剧降低，而且G'曲线在低频区出现平坦段。这种类似固体的黏弹性反应是由于纳米复合材料中形成了相互贯穿的网络结构。这一结果也显示了纳米复合材料的黏弹性在黏土含量较低时（$<4\%$）受聚合物基体控制。随着黏土含量的提高，纳米复合材料经历了从液体行为向固体行为的转变。

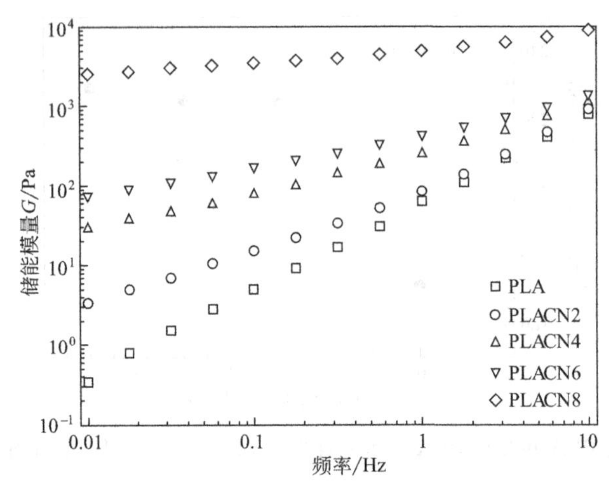

图 5.17 PLA 纳米复合材料样品 SAOS 测试的动态储能模量[44]

由于小振幅振荡剪切（small amplitude oscillatory shear，SAOS）形成相互贯穿网络的团聚体，测试中它对静态剪切流动非常敏感。作者也研究了静态剪切流对 PLA 纳米复合材料的小振幅振荡剪切结果的影响，结果见图 5.18。从图中可以看出，预剪切 PLACN4 的动态模量显著降低，特别是在低频区。而且G'和G''曲线的交叉点消失［图 5.18(a)］。

上述结果说明，在纳米复合物中当前黏土含量时，片状的结晶团聚体在剪切方向上取向，没有形成互穿网络结构。由于这个原因，含有 4% MMT-C_{18} 纳米复合物在低频率下的黏弹性行为在静态预剪切时，会从类固体行为向液体行为转变。但是，当纳米复合材料中含有 8% MMT-C_{18} 时，在预剪切后，类固体行为反应降低很多，G'和G''曲线仍然提高了，并且出现很强的类固体平原区［图 5.18 (b)］。

这个结果表明，8% MMT-C_{18} 纳米复合材料，在试验退火时间内，静态剪切速率 $1s^{-1}$，对于团聚体的流体动态相互作用没有充分的破坏。因此，8% MMT-C_{18} 纳米复合材料的互穿网络结构，由于黏土含量更高，有更高的密度和更紧凑的结构。Pluta[97] 还声称，样品表面硅酸盐纳米片的平行取向是由于压缩成型引起的。很多其他作者也纷纷报道了 PLA/黏土纳米复合材料动态振荡剪切测量结果，他们都得出了和之前描述同样的结论[24,74,98]。

PLA/黏土纳米复合材料剪切流变参数很稳定，例如：剪切黏度、剪切应力

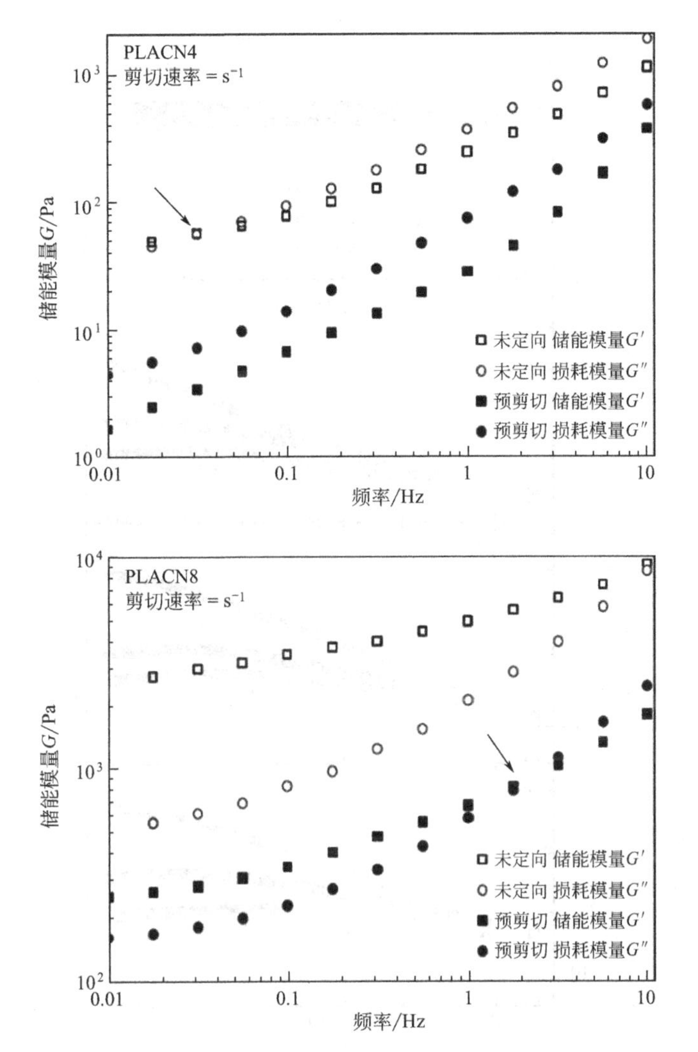

图 5.18 (a) PLACN4 和 (b) PLACN8 样品预剪切前后的动态储能模量对比图[44]

和第一法向应力差，在挤出和注射成型过程中，除了影响形貌结构特征外，对加工性能也很重要。纯 PLA 和一些插层纳米复合材料的稳定的时间依赖性剪切黏度值，如图 5.19 所示[54]。稳定的剪切黏度测试是用直径 25mm、角度为 0.1 弧度的锥形黏度计在 175℃下测得的。纳米复合材料的剪切黏度在所有剪切速率下都随着时间大大增加。而且在一个固定的剪切速率下，它还随着有机黏土含量增加而不断增加。但是，所有插层的纳米复合材料表现出很强的触变性行为。这个行为在低剪切速率时变得尤为突出，在所有剪切速率下，纯 PLA 表现出和时间无关的黏度变化。随着剪切速率增加，在一定时间后剪切黏度变得平缓（如图 5.19 箭头所示）。曲线达到平缓的时间随着剪切速率提高而变短。一个可能的原因是，硅酸盐颗粒在剪切作用下沿着剪切方向取向。当剪切速率很低时，硅酸盐

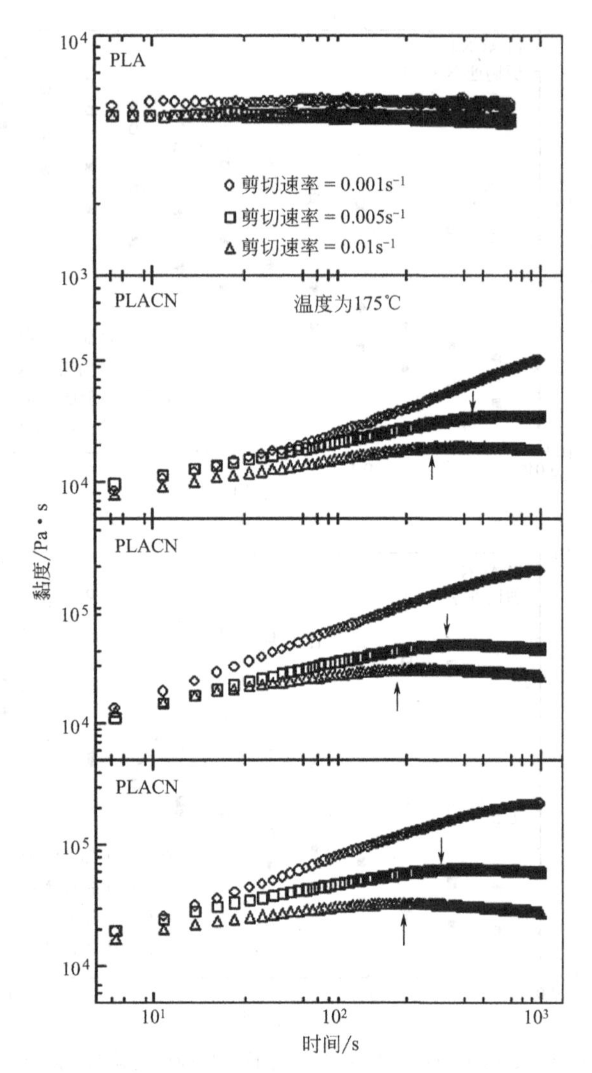

图 5.19 PLA 和几种 PLA 纳米复合材料的稳态剪切黏度随时间的变化[54]

颗粒需要很长的时间完成在流动方向上取向，而且研究中使用的测试时间太短，不能保持这种取向。因此，纳米复合材料表现出很强的触变性行为。但是，在高剪切速率下，这个测试时间足够来实现硅酸盐层的取向。结果，一定时间后纳米复合材料表现出与时间无关的剪切黏度。

图 5.20 给出了纯 PLA 和不同纳米复合材料在 175℃测试下得到的和剪切速率有关的黏度值。

而纯 PLA 在所有剪切速率下，几乎表现出牛顿流体行为，PLA 纳米复合材料表现出非牛顿流体行为。所有的纳米复合材料在所有测试的剪切速率下，表现出很强的剪切变稀行为。这一行为和振荡剪切测量结果类似（参见图 5.16）。此

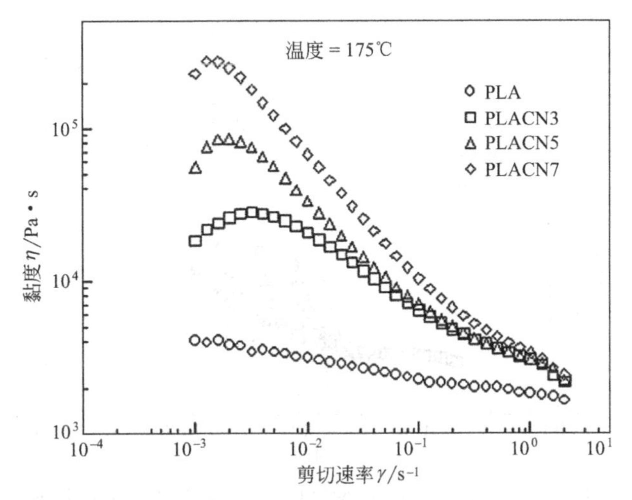

图 5.20 PLA及几种纳米复合材料的稳态剪切黏度随剪切速率的变化[54]

外，在高剪切速率下，PLA纳米复合材料的稳定剪切黏度和纯PLA的相当。这一观察结果说明了硅酸盐层在高剪切下沿着流动方向上取向，而纯PLA在高剪切下主要表现出剪切变稀。

Ray和Okamoto[54] 首次利用拉伸流动光电流变仪，对PLACN5（含有5% $MMT\text{-}C_{18}$）熔体状态下，以恒定Hencky应变 ε_0 进行了拉伸测试。对于每个拉伸测试的样品，尺寸为60mm×7mm×1mm，并且测试前在一定温度下退火处理3min。在 ε_0 值从0.01～$1s^{-1}$ 范围内变化，进行了单轴拉伸试验。图5.21显示了PLACN5在170℃下瞬时拉伸黏度 η_E（ε_0；t）对时间的双对数曲线，其中值从0.01～$1s^{-1}$ 范围内变化。这个图表现了PLACN5的应变硬化行为。在早期，η_E 随着时间增加逐渐增加，但是和 ε_0 基本无关。这种行为通常称为黏度曲线的线性区域。

在一定时间后，快速上升时间 t_{η_E} 在图中用向上的箭头标出，η_E 对 ε_0 有很强依赖性，而且还能观察到线性变化区域快速向上偏离。Ray和Okamoto[54] 试着测试纯PLA的拉伸黏度，但是不能准确测得。PLA基体黏度过低应该是由于此测试不准确。但是，作者确信，纯PLA和含有相同分子量PLA且添加5%（质量分数）黏土并且分散良好的复合材料中，不会出现拉伸过程中的应变硬化或剪切流动中的触变性行为[54]。

类似聚丙烯/有机改性黏土复合体系，不同于纯PLA，扩展的Trouton定律，$3\eta_0$（γ；t）$\cong\eta_E$（ε_0；t），不适用于PLACN5熔体[99]。这个结果表明，对于PLACN5拉伸流动也会引起内部结构的改变，但是，这些变化和剪切流动引起的变化不同[100]。PLACN5在剪切测试中，在低剪切速率下出现强触变性，说明剪切引起的结构变形涉及一个非常长的松弛时间。

对于拉伸引起的结构变化，图5.22给出了PLACN5在170℃，Hencky应

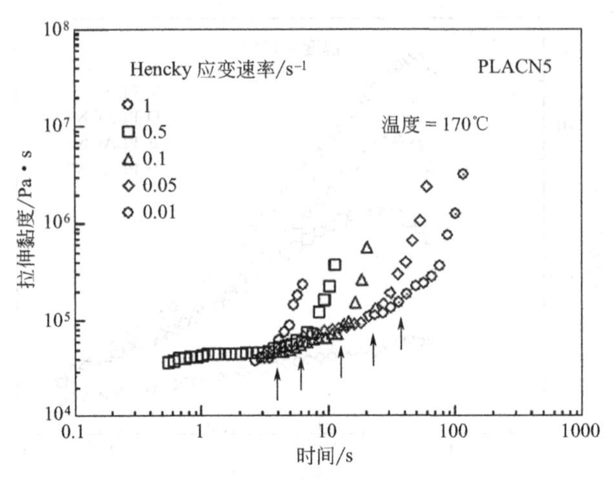

图 5.21 PLACN5（PLA 和 5% MMT-C_{18}）170℃下熔融的拉伸黏度[54]

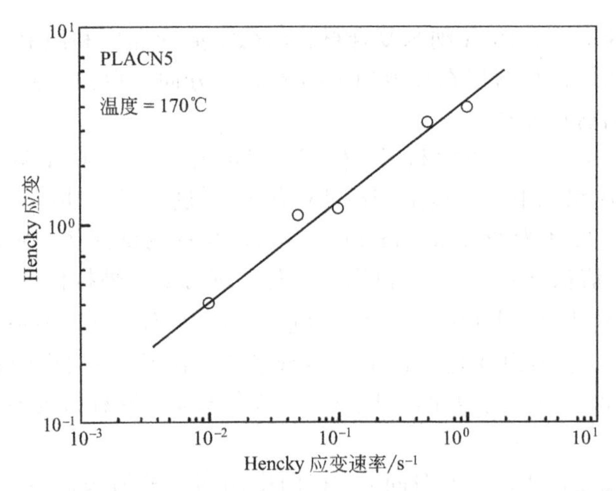

图 5.22 Hencky 应变随着 Hencky 应变速率的变化曲线[54]

变速率依赖于 Hencky 应变（$\varepsilon_{\eta_E}=\varepsilon_0 t_{\eta_E}$）的提高。$\varepsilon_{\eta_E}$ 值随着 ε_0 值增大而系统地增加。ε_0 值越低 $\varepsilon\eta_E$ 值越小。这个趋势极有可能和纳米复合材料在低剪切流中的触变性有关。

总结一下，尽管对 PLA/黏土纳米复合材料的流变行为进行了大量且重要的研究，但是仍然需要做大量工作来理解不同结构的纳米复合材料其结构和性能的关系。

5.5 生物降解

PLA 基体遇到的一个重要的挑战是它的降解速率很慢。尽管已有大量关于

PLA[101,102] 和 PLA 混合物[103] 在酶作用下降解的报道，但关于 PLA 在堆肥情况下的降解信息还十分有限[104,105]，这还不包括 Ray 做出的大量工作[36-41]。PLA 在堆肥环境中分解经历了两个步骤。在第一个步骤中，高分子量的 PLA 水解成低分子量的低聚物，这个步骤受到温度和湿度的直接影响。第二步是低聚物在微生物作用下转化为二氧化碳、水和腐殖质[36-40]。因此，所有能提高水解倾向的因素都能促进 PLA 的降解。图 5.23 显示了样品在不同堆肥时间后的数码图片结果。

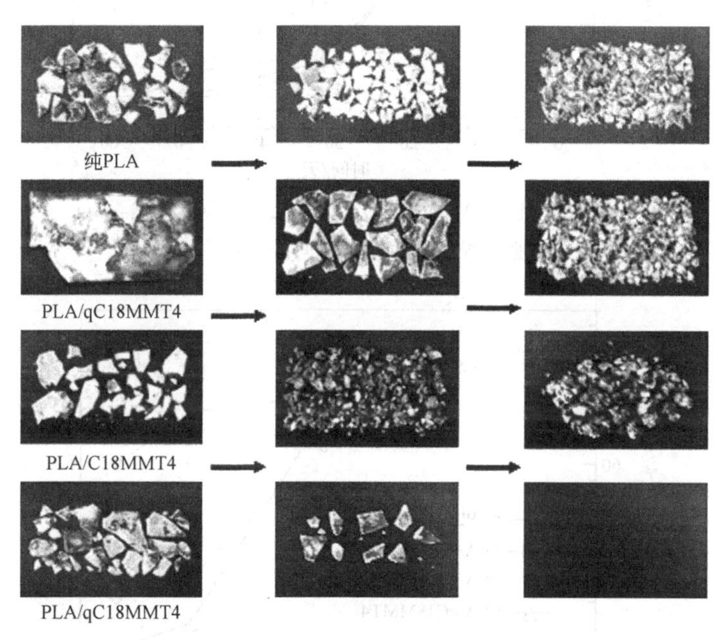

图 5.23　纯 PLA 和几种 PLA/黏土纳米复合材料的生物降解性图

（从堆肥回收后随时间变化，初始样品尺寸 3cm×10cm×0.1cm）[32,33]

Ray 等进行了一个呼吸实验来测试 PLA 基体在堆肥环境下的降解情况[32,33,36-40]。实验中，堆肥物从豆腐、剩余食物和牛粪的混合垃圾中制得。不同于质量损失和碎片这些能反应测试样品结构变化的特征，CO_2 含量的变化对于最终生物降解和矿化起到了指示剂的作用。初始样品的重均分子量损失和残留物质量分数（R_w）随时间变化曲线分别如图 5.24 和图 5.25 所示。从图 5.23 可以看出，PLA/C18MMT4（十八烷基胺改性 MMT，黏土含量为 4%）和 PLA/qC18MMT4（三甲基十八烷基胺改性 MMT）之间没有显著差异，尽管后者被证明能提高降解性。一个月内，纯 PLA 和 PLA/qC18MMT4 的重均分子量和质量损失几乎在同一个水平。但是，一个月后，PLA/qC18MMT4 的质量损失出现了急剧改变，两个月内几乎在堆肥环境中完全降解。

图 5.26(a) 给出了纯 PLA 和不同纳米复合材料样品随时间变化的降解曲线。这些数据说明，PLA 基体在 PLA/qC13（OH)云母 4（三甲基羟基脂胺改性

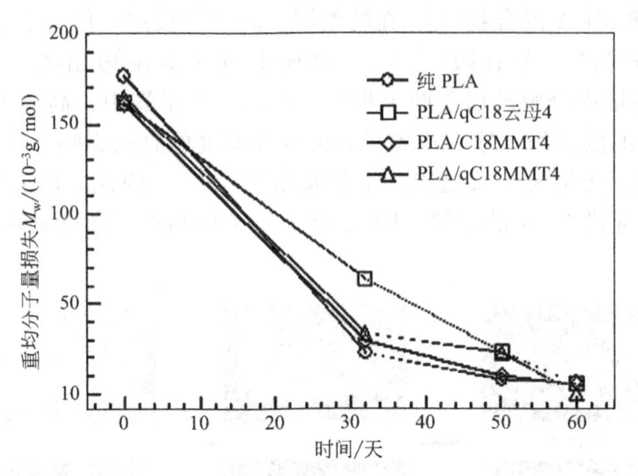

图 5.24 纯 PLA 和相应的有机黏土改性纳米复合物在堆肥过程中的 M_w 随时间的变化[32,33]

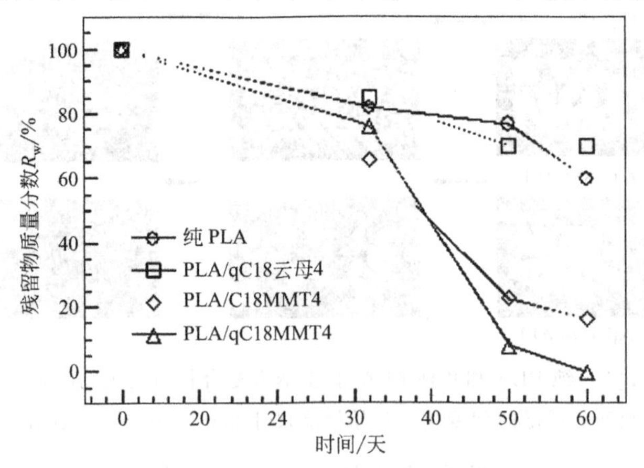

图 5.25 纯 PLA 和两种不同黏土含量的 PLA 纳米复合材料的质量分数 R_w 随时间的变化[32,33]

合成云母）和 PLA/qC16SAP4（三甲基十六烷基改性滑石粉）中的降解能力大大提高了。但是，PLA/C18MMT4 中的 PLA 表现出更强的降解速率。而纯 PLA 和 PLA/qC18MMT4 的降解速率几乎处于同一个水平。

PLA 的堆肥降解经过了两个步骤，初始阶段降解时，高分子量的 PLA 链分解为低分子量的低聚物。这个过程可以通过酸或酸性物质来加快，而且还受到温度和湿度的影响。当数均分子量降低到大约 40000 时，出现了塑料碎片。堆肥环境中的微生物质将低分子量聚合物转变为二氧化碳、水和腐殖质[36-40]。因此，所有能加快 PLA 水解倾向的因素都能促进 PLA 的降解。

PLA 基体中添加有机改性黏土会导致聚合物基体分子量略微下降。众所周

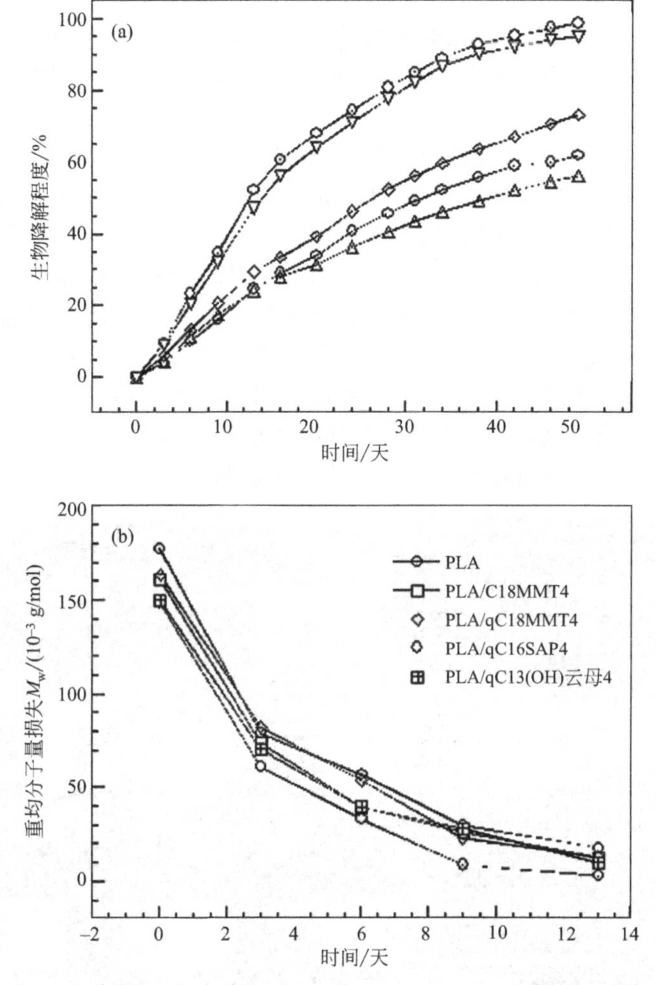

图 5.26 生物降解程度随时间的变化（a）和纯 PLA 和相应的纳米复合物堆肥过程中基体中 M_w 随时间的变化（b）

知，低分子量的 PLA 表现出更快的酶降解速率，这是由于接触到链端基的酶的浓度提高了[106]。但是在这种情形下，纯 PLA 和各种 PLA 基纳米复合材料的分子量改变速率几乎相同［参见图 5.24 和图 5.26（b）］。

因此，初始分子量不是决定纳米复合材料降解速率的基本因素。另一个控制 PLA 的生物降解能力的因素是结晶度 x_c。因为非晶相比结晶区更容易降解。但是，纯 PLA 样品的结晶度比纳米复合材料［除了 PLA/qC16SAP4 和 PLA/qC13(OH)云母 4］的要低[2,32,33]。这两种纳米复合材料样品并没有提高纯 PLA 的结晶度。

这些数据显示，PLA 基体中添加不同型号的改性有机黏土所引起的降解过程中，PLA 被攻击的方式是不同的。这可能是由于表面改性剂和原始黏土的类型不同造成的。由于 PLA 是脂肪族聚酯，可以猜想出，由于添加了不同类型的改性有机黏土，存在不同类型的表面改性剂和原始黏土，使得 PLA 中酯键出现不同形式的无序化。当存在 qC13(OH)云母或者 qC16SAP 时，无序的酯键变得更易断裂，qC18MMT 存在时则不那么易断裂。因此，该观察探讨了有机改性黏土作为纳米填料的作用，以提高纯 PLA 的生物降解速率，并且可以通过明智地选择有机改性黏土来控制 PLA 的生物降解性。

为了了解原始和有机改性黏土对 PLA 基体降解行为的影响程度，Paul 等[20,21] 研究了 3%CNa、3%C25A、3%C30B 对复合物水解分解超过 5 个月的影响，而且与纯 PLA 的进行了比较。结果（参见图 5.27）显示，CNa 基复合物中水解速度越快，PLA 基体的结晶度越高。同样能得出结论：复合物结构（微米复合物、插层纳米复合物）和黏土的相对水解性，对于水解降解起到了决定性作用。的确，加入易水解填料，降解行为也更加明显。

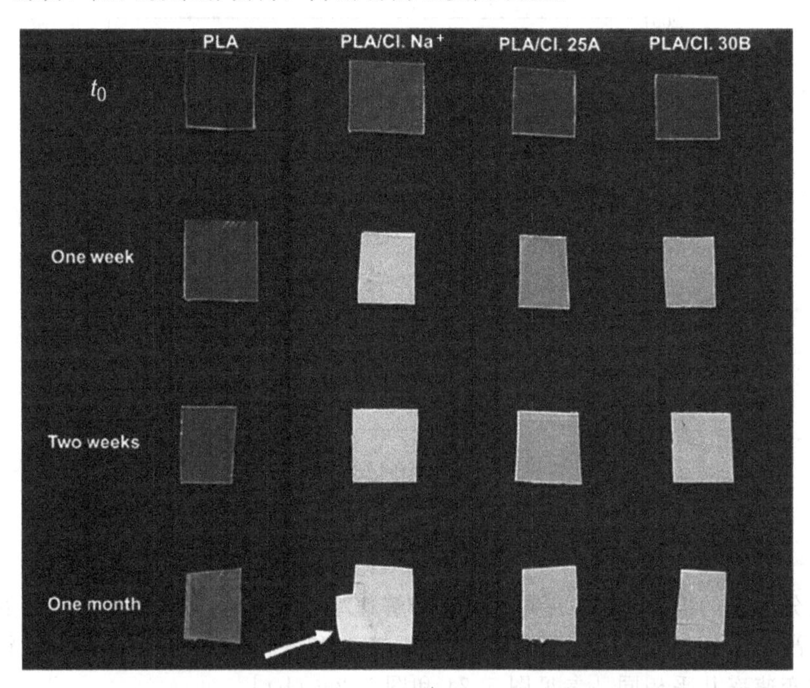

图 5.27 PLA 基体、PLA/3%CNa(PLA/Cl. Na^+）微米复合物/PLA/C25A（PLA/Cl. 25A）以及 PLA/C30B（PLA/Cl. 30B）的水解前和水解一个月后视觉图[20,21]

Fukushima 等也观察到类似的结果[107]。他们制备了两种不同有机改性黏土 C30B 和 NanoFIL804 添加的 PLA 复合物，它们的形貌表征显示两种聚合物中硅酸盐层分散良好。将纯 PLA 和复合物在 40℃下模压，制备了 25mm×25mm×0.125mm 的膜，将膜覆盖在肥料（都灵机场提供的堆肥料）上，研究膜的生物降解性能。堆肥料由废水处理厂的污泥、木屑、绿色草屑、树叶和秸秆组成，它的 RH 值大约为 50%～70%。图 5.28 显示样品堆肥处理不同时间前后的对比照片。所有的样品都表现出很大程度的表面降解和白化。这比纳米复合材料三周后的降解情况更加明显。据报道[108-110]，表面白化显示聚合物基体的水解降解已经开始，它是因为吸水过程或者水解产物的形成，引起折射率的变化所致。

纳米复合材料看起来比 PLA 降解得更快（如图 5.28 所示），可能是由于黏土中硅酸盐层存在羟基，而且它的均匀分散对于 PLA 酯基的水解起到催化作用[36-40,111]。

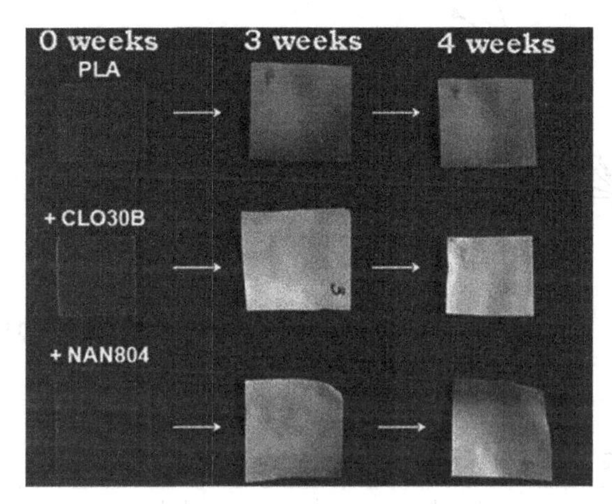

图 5.28 PLA 和 CLO30B（+CLO30B）、NAN804（+NAN804）纳米复合物生物降解前和降解 3～4 周后（温度为 40℃）[106]

尽管所有样品都观察到了降解，但在长达 39 周内没有出现质量损失（误差为 5%左右）。由于表面降解会引起降解产物流失，例如 PLA 在土壤或堆肥中生成乳酸[72]。这些结果显示，这个阶段的降解产物吸附在了材料表面，堆肥中的微生物不能够分解它们。还有可能的是，至少在这段时间内，降解主要从样品内部进行，并且降解产物的扩散速率相对较慢。

Ozkoc 和 Kemaloglu[72] 研究了 PEG 塑化 PLA/复合物（0、3%、5%C30B）的堆肥降解能力。从 XRD 和 TEM 结果来看，发现 PEG 塑化 PLA 纳米复合材料中硅酸盐层有高度分层现象。而没有 PEG 时，它是层叠插层和没有剥离的聚集结构。图 5.29 给出了纯 PLA、PLA/PEG 混合物和 C30B/PLA 纳米复合材料的生物降解速率。报告结果可以看出，添加了 PEG 后 PLA 基体降解速率变慢。而添加了 C30B 时降解速率能进一步降低，这和参考文献 [36-40，41] 的结果完全相反。

作者认为有两个因素来解释这种现象[72]。第一个因素是样品的亲水性，第二个是其结晶度。为了确定第一个因素的影响，对所述薄膜进行了水吸收试验测试。结果表明，在加入 C30B 时复合物的吸水性增加。如果结果是真的，则复合材料的生物降解性应该比纯 PLA（见表 5.11）更强。然而，观察结果相反。因此，吸水性并不影响 PLA 基复合材料降解性。

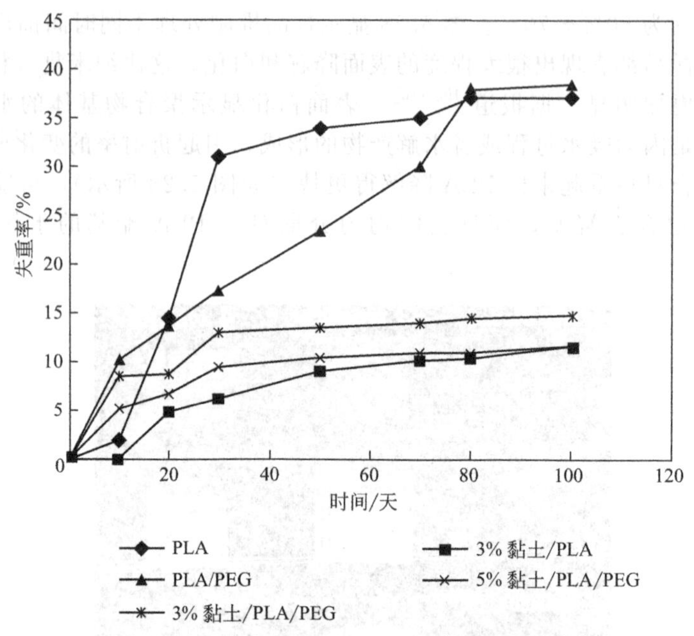

图 5.29 生物降解过程失重率随时间的变化[72]

表 5.11 PLA、PLA/PEG 和它们的复合物的吸水性[72]

材料	吸水率/%	材料	吸水率/%
PLA	3.1	PLA/PEG/3% 黏土	14.4
PLA/PEG	7.7	PLA/PEG/5% 黏土	14.5
PLA/3% 黏土	6.1		

结晶度是另一个影响因素。DSC 扫描结果显示，PLA 基体的结晶度在和 C30B 形成复合材料后大大提高，而且随着 C30B 含量提高而明显提高。因此，作者认为结晶度是控制 PLA/C30B 降解的主要因素。

Zhou 和 Xanthos[112] 研究了阳离子和阴离子两种类型黏土对 PLA 水解降解的影响。PLA 与 MMT（阳离子黏土）和水滑石（HT，阴离子黏土）通过熔融混合制备出复合材料。添加的黏土含量固定在5%。使用 XRD 和 TEM 的形貌研究揭示了 PLA/水滑石插层纳米复合材料的形成，而将 MMT 结合到 PLA 基质中导致 PLA/MMT 微米复合材料的形成。作者还研究了聚合物（结晶或无定形）和中温对 PLA 水解降解的影响。

根据他们的深入研究，作者得出了以下结论：①纯聚合物基体及其复合材料的水解降解发生在主体材料中，而不是在表面上。②该复合材料表现出比纯 PLA 基体更大的降解速度。③无定形 PLA 及其复合材料的降解速率比结晶 PLA 及其复合材料的快。这一结果支持了 Ozkoc 和 Kemaloglu[72] 先前所描述的结论。④PLA/MMT 微米复合物的水解降解是恒定的。尤其含有水滑石的纳米复合材料的降解比纯 PLA 的少。根据作者解释，这是由于羟基和亲水性碱性填料产生中和作用导致的。

Nieddu 等[113] 报道了当黏土颗粒添加到 PLA 基体里，会减少 PLA 的质量损失和乳酸释放。PLA（具有 8%乳酸含量的 4042D）与四种不同类型的黏土复合，包括膨润土 SD2（用芳基改性剂改性的 MMT）、Somasif MEE（用二羟基有机改性剂改性的 FH）、C30B 和海泡石 CD1（在没有有机改性的情况下），通过在分批混合器中熔融混合制备了复合材料。纯 PLA 和不同复合物的体外降解的详细内容可以参考文献 [113]。

降解结果显示所有复合物的乳酸释放速率都大大提高，释放速率的顺序从大到小是：10%膨润土 SD2，10%C30B，10%海泡石 CD1 和 5%、10%Somasif MEE。作者还观察到乳酸释放速率和等离子体处理时间有直接关系。从干燥样品盘的初始（处理前）和最终（处理后）重量计算的样品的失重率测量结果显示，该失重率与乳酸的释放有关；相同的材料在处理前后表现出失重率的显著提高，其降解速率随着等离子体处理时间延长而增加。

在另一个研究中，Sangwan 等[114] 使用新的分子生物学技术，研究了 PLA 和它的有机黏土改性复合材料在降解过程中微生物群落的结构和数量的变化。该研究详细的技术和样品制备可以参考文献 [114]。结果显示黏土和其有机改性剂的原本特性对 PLA 的初始降解速率有重要影响。但是，随着时间延长，这种原本特性的重要性消失了，纯 PLA 和它的三种 PLA/有机黏土纳米复合材料在降解过程中，微生物的多样性和数量、降解速率都没有明显差别。

Zaidi 等[74] 研究了自然风化作用对 PLA/C30B 的形貌和热力学性能的影响。他们使用分批混合设备，熔融共混制备了 C30B 含量不同的 PLA/C30B 纳米复合材料，使用 ASTMD1435 方法，研究了风化作用对这些样品的影响。该研究的详细内容可以参考 Zaidi 的文献[74]。

有人研究了超过 130 天的自然气候对纯 PLA 和其纳米复合材料样品的影响。结果显示 C30B 的添加，加快了纯 PLA 的降解，而且这种现象对含有 3%和 5% C30B 的样品更加明显。自然气候的影响可通过纳米复合材料的过度降解，在其断裂面出现大量孔洞和不同尺寸的碎片来表现。

总之，PLA 基纳米复合材料中添加黏土，对复合材料生物降解性的影响不是单一的，这与 PLA 被微生物攻击的模式、表面改性黏土的特性、表面功能性和处理有机黏土的表面改性剂的化学结构不同有关。一些作者还观察到，阻隔性能的大大提高对于 PLA/黏土复合材料的生物降解性反而不利。尽管如此，所有的这些信息实际上给我们提供了大量机会，即通过选择纳米颗粒和相应的表面改性剂去精细调节 PLA/黏土的生物降解性。

5.6 结束语：目前的挑战和未来展望

全世界对可生物降解 PLA 需求的持续增加，助长了以更经济的方式生产

PLA。然而，纯PLA不具有和石油基商品相媲美的阻隔性、热稳定性和机械强度等。因此，在意识到这些问题后，通过添加表面官能化的纳米黏土到PLA基体中，能使它的一些固有特性提高到与石油基非降解性材料相同或更好的水平。有相当数量的研究一直专注于生产环境友好PLA基纳米复合材料。

在过去的几年中，人们已经注意到，要使黏土在PLA基体内形成纳米级分层是不容易的，尤其是所选择的加工技术是熔融共混或挤出的情况下。对于熔体插层技术，其缺点是其对加工条件的依赖，要求PLA和黏土表面的相互作用必须是良性的。在目前大多数研究中，只能实现最高5%黏土的半剥离纳米复合材料结构。研究人员一直关注新的方法，来增加黏土片晶在PLA基体内的剥离程度，并使熔融混合挤出加工过程中PLA的降解降低到最小。

PLA/黏土纳米复合材料性质的改善程度，与黏土片层在聚乳酸基体中的剥离程度直接相关。在大多数情况下，分散的黏土层使PLA基体明显变硬和增强。然而，PLA/黏土纳米复合材料的断裂伸长率却显著降低。

最近，关于PLA基纳米复合材料的研究在世界范围内都得到扩展，比如新材料、新设计理念和新应用，在学术界、工业界和国家实验室中不断开发、规模不断扩大。近期各类环保型纳米填料的供应量增加是PLA纳米复合材料快速发展的主要驱动力。然而，最终的目标是设计只具有所需性质的环保型PLA纳米复合材料。这可以看作多学科交叉研究努力的方向，从而为该纳米复合材料的广泛应用奠定基础。

致谢

作者感谢所有现任和前任组员，感谢他们在本章写作中所做的贡献。非常感谢DST、科学与工业研究委员会（南非）（CSIR）、NRF和南非的资金支持。

参考文献

[1] Jamshidian M, Tehrany EA, Imran M, Jacquot M, Desobry S. Poly-lactic acid: production, applications, nanocomposites, and release studies. Compr Rev Food Sci Food Saf 2010;9:552–71.

[2] Ray SS, Bousmina M. Biodegradable polymers and their layered silicates nanocomposites: in greening 21st century materials science. Prog Mater Sci 2005;50:962–1079.

[3] Lindblad MS, Liu Y, Albertsson A-C, Ranucci E, Karlsson S. Polymer from renewable resources. Adv Polym Sci 2002;157:139–61.

[4] Ahmed J, Varshney SK. Polylactides-chemistry, properties and green packaging technology: a review. Int J Food Prop 2010;14:37–58.

[5] Ray SS. Polylactide-based bionanocomposites: a promising class of hybrid materials. 2012;45:1710–20.

[6] Odent J, Raquez J-M, Duquesne E, Dubois P. Random aliphatic copolyesters as newbiodegradable impact modifiers for polylactide materials. Eur Polym J 2012;48:331–40.
[7] Ojijo V, Ray SS, Sadiku R. Role of specific interfacial area in controlling properties of immiscible blends of biodegradable polylactide and poly[(butylene succinate)-co-adipate]. ACS Appl Mater Interfaces 2012;4:6690–701.
[8] Ojijo V, Ray SS, Sadiku R. Toughening of biodegradable polylactide/poly(butylene succinate-co-adipate) blends via in situ reactive compatibilization. ACS Appl Mater Interfaces 2013;5:4266–76.
[9] Gcwabaza T, Ray SS, Focke WW, Maity A. Morphology and properties of nanostructured materials based on polypropylene/poly(butylene succinate) blends. Eur Polym J 2009;45:353–73.
[10] Ray SS. Clay-containing polymer nanocomposites: from fundamental to real applications. Amsterdam: Elsevier; 2013.
[11] Ray SS. Environmentally friendly polymer nanocomposites: types, processing and properties. London: Woodhead Publishing; 2013.
[12] Ojijo V, Ray SS. Processing strategies for bionanocomposites. Prog Polym Sci 2013;38:1543–89.
[13] Ray SS, Okamoto M. Polymer/layered silicate nanocomposites: a review from preparation to processing. Prog Polym Sci 2003;28:1539–641.
[14] Manias E, Nakajima H, Heidecker MJ. Fundamentals of polymer nanocomposites technology. In: Morgan AB, Wilkie CA, editors. Flame retardant polymer nanocomposites. Hoboken, NJ: Wiley-Interscience; 2007.
[15] Chen B, Evans JRG, Greenwell C, Boult P, Coveney PV, Bowden AA, et al. A critical appraisal of polymer–clay nanocomposites. Chem Sco Rev 2008;37:568–94.
[16] Urbanczyk L, Ngoundjo F, Alexandre M, Jérôme C, Detrembleur C, Calberg C. Synthesis of polylactide/clay nanocomposites by in situ intercalative polymerization in supercritical carbon dioxide. Eur Polym J 2009;45:643–8.
[17] Cao H, Wang P, Li Y. Preparation of poly(lactic acid)/Na-montmorillonite nanocomposite by microwave-assisted *in-situ* melt polycondensation. Macromol Res 2010;18: 1129–32.
[18] Cao H, Wang P, Yuan W, Lei H. Microwave-assisted preparation of polylactide/organomontmorillonite nanocomposites via in situ polymerization. J Appl Polym Sci 2010;115:1468–73.
[19] Na HS, Kim SC. Effect of organoclays on silicate layer structures and thermal stabilities of in-situ polymerized poly(D-lactide)/clay nanocomposites. J Macromol Sci Part A: Pure Appl Chem 2010;47:254–64.
[20] Paul M-A, Delcourt C, Alexandre M, Degée P, Monteverde F, Rulmont A. Plasticized polylactide/organo-clay nanocomposites by in situ intercalative polymerization. Macromol Chem Phys 2005;206:484–98.
[21] Paul M-A, Delcourt C, Alexandre M, Degée P, Monteverde F, Dubois P. Polylactide/montmorillonite nanocomposites: study of the hydrolytic degradation. Polym Degrad Stibil 2005;87:535–42.
[22] Pluta M, Paul M-A, Alexandre M, Dubois P. Plasticized polylactide/clay nanocomposites. I. The role of filler content and its surface organo-modification on the physico-chemical properties. J Polym Sci Part B: Polym Phys 2006;44:299–311.
[23] Pluta M, Paul M-A, Alexandre M, Dubois P. Plasticized polylactide/clay nanocomposites. II. The effect of aging on structure and properties in relation to the filler content and the nature of its organo-modification. J Polym Sci Part B: Polym Phys 2006;44:312–25.
[24] Gu S-Y, Ren J, Dong B. Melt rheology of polylactide/montmorillinote nanocomposites. J Polym Sci Part B: Polym Phys 2007;45:3189–96.

[25] Ogata N, Jimenez G, Kawai H, Ogihara T. Structure and thermal/mechanical properties of poly(L-lactide)-clay blend. J Polym Sci Part B: Polym Phys 1997;35:389–96.
[26] Rhim JW, Hong S-I, Ha C-S. Tensile, water vapour barrier and antimicrobial properties of PLA/nanoclay composite films. LWT-Food Sci Technol 2009;42:612–17.
[27] McLauchlin AR, Thomas NL. Preparation and thermal characterisation of poly(lactic acid) nanocomposites prepared from organoclays based on an amphoteric surfactant. Polym Degrad Stab 2009;94:868–72.
[28] Jaffar Al-Mulla E. Preparation of new polymer nanocomposites based on poly(lactic acid)/fatty nitrogen compounds modified clay by a solution casting process. Fibers Polym 2011;12:444–50.
[29] Chang J-H, An YU, Cho D, Giannelis EP. Poly(lactic acid) nanocomposites: comparison of their properties with montmorillonite and synthetic mica (II). Polymer 2003;44:3715–20.
[30] Chang J-H, Uk-An Y, Sur GS. Poly(lactic acid) nanocomposites with various organoclays. I. thermomechanical properties, morphology, and gas permeability. J Polym Sci Part B: Polym Phys 2003;41:94–103.
[31] Krikorian V, Pochan DJ. Poly (L-Lactic Acid)/layered silicate nanocomposite: fabrication, characterization, and properties. Chem Mater 2003;15:4317–24.
[32] Ray SS, Maiti P, Okamoto M, Yamada K, Ueda K. New polylactide/layered silicate nanocomposites. 1. Preparation, characterization, and properties. Macromolecules 2002;35:3104–10.
[33] Ray SS, Yamada K, Okamoto M, Ueda K. Polylactide–layered silicate nanocomposite: a novel biodegradable material. Nano Lett 2002;2:1093–6.
[34] Thellen C, Orroth C, Froio D, Ziegler D, Lucciarini J, Farrell R. Influence of montmorillonite layered silicate on plasticized poly(L-lactide) blown films. Polymer 2005;46:11716–27.
[35] Paul M-A, Alexandre M, Degée P, Henrist C, Rulmont A, Dubois P. New nanocomposite materials based on plasticized poly(L-lactide) and organo-modified montmorillonites: thermal and morphological study. Polymer 2003;44:443–50.
[36] Ray SS, Yamada K, Okamoto M, Ueda K. New polylactide–layered silicate nanocomposites. 2. Concurrent improvements of material properties, biodegradability and melt rheology. Polymer 2003;44:857–66.
[37] Ray SS, Yamada K, Okamoto M, Ogami A, Ueda K. New polylactide/layered silicate nanocomposites. 3. High-performance biodegradable materials. Chem Mater 2003;15:1456–65.
[38] Ray SS, Yamada K, Okamoto M, Ueda K. Biodegradable polylactide/montmorrillonite nanocomposites. J Nanosci Nanotechnol 2003;3:503–10.
[39] Ray SS, Yamada K, Okamoto M, Ogami A, Ueda K. New polylactide/layered silicate nanocomposites. 4. Structure, properties and biodegradability. Compos Interface 2003;10:435–50.
[40] Ray SS, Yamada K, Okamoto M, Fujimoto Y, Ogami A, Ueda K. New polylactide/layered silicate nanocomposites. 5. Designing of materials with desired properties. Polymer 2003;44:6633–46.
[41] Ray SS, Okamoto M. Biodegradable polylactide and its nanocomposites: opening new dimension for plastics and composites. Macromol Rapid Commun 2003;24:815–40.
[42] Maiti P, Yamada K, Okamoto M, Ueda K, Okamoto K. New polylactide/layered silicate nanocomposites: role of organoclays. Chem Mater 2002;14:4654–61.
[43] Krishnamachari P, Zhang J, Lou J, Yan J, Uitenham L. Biodegradable poly(lactic acid)/clay nanocomposites by melt intercalation: a study of morphological, thermal, and mechanical properties. Int J Polym Anal Charact 2009;14:336–50.
[44] Wu D, Wu. L, Wu. L, Zhang. M. Rheology and thermal stability of polylactide/clay

nanocomposites. Polym Degrad Stibil 2006;91:3149–55.
[45] Chen G-X, Yoon J-S. Clay functionalization and organization for delamination of the silicate tactoids in poly(L-lactide) matrix. Macromol Rapid Commun 2005;26: 899–904.
[46] Feijoo JL, Cabedo L, Giménez E, Lagaron JM, Saura JJ. Development of amorphous PLA–montmorillonite nanocomposites. J Mater Sci 2005;40:1785–8.
[47] Wu T-M, Wu C-Y. Biodegradable poly(lactic acid)/chitosan-modified montmorillonite nanocomposites: preparation and characterization. Polym Degrad Stab 2006;91:2198–204.
[48] Lin L-H, Liu H-J, Yu N-K. Morphology and thermal properties of poly(L-lactic acid)/organoclay nanocomposites. J Appl Polym Sci 2007;106:260–6.
[49] Vaia RA, Giannelis EP. Lattice model of polymer melt intercalation in organically-modified layered silicates. Macromolecules 1997;30:7990–9.
[50] Vaia RA, Giannelis EP. Polymer melt intercalation in organically-modified layered silicates: model predictions and experiment. Macromolecules 1997;30:8000–9.
[51] Dennis HR, Hunter DL, Chang D, Kim S, White JL, Cho JW, et al. Effect of melt processing conditions on the extent of exfoliation in organoclay-based nanocomposites. Polymer 2001;42:9513–22.
[52] Hunter DL, Kamena KW, Paul DR. Processing and properties of polymers modified by clays. Mater Res Bull 2007;32:323–7.
[53] Singh S, Ray SS. Polylactide-based nanostructured biomaterials and their applications. J Nanosci Nanotechnol 2007;7:2596–615.
[54] Ray SS, Okamoto M. New polylactide/layered silicate nanocomposites, 6^a melt rheology and foam processing. Macromol Mater Eng 2003;288:936–44.
[55] Tanoue S, Hasook A, Iemoto Y, Unryu T. Preparation of poly(lactic acid)/poly(ethylene glycol)/organoclay nanocomposites by melt compounding. Polym Compos 2006;27:256–63.
[56] Miroslaw P. Morphology and properties of polylactide modified by thermal treatment, filling with layered silicates and plasticization. Polymer 2004;45:8239–51.
[57] Gumus S, Ozkoc G, Aytac A. Plasticized and unplasticized PLA/organoclay nanocomposites: short- and long-term thermal properties, morphology, and nonisothermal crystallization behaviour. J Appl Polym Sci 2012;123:2837–48.
[58] Yu Z, Yin J, Yan S, Xie Y, Ma J, Chen X. Biodegradable poly(L-lactide)/poly(ε-caprolactone)-modified montmorillonite nanocomposites: preparation and characterization. Polymer 2007;48:6439–47.
[59] Hasook A, Tanoue S, Lemoto Y, Unryu T. Characterization and mechanical properties of poly(lactic acid)/poly(ϵ-caprolactone)/organoclay nanocomposites prepared by melt compounding. Polym Eng Sci 2006;46:1001–7.
[60] Chen G-X, Kim H-S, Shim J-H, Yoon J-S. Role of epoxy groups on clay surface in the improvement of morphology of poly(L-lactide)/clay composites. Macromolecules 2005;38:3738–44.
[61] Chen G-X, Choi JB, Yoon JS. The role of functional group on the exfoliation of clay in poly(L-lactide). Macromol Rapid Commun 2005;26:183–7.
[62] Najafi N, Heuzey MC, Carreau PJ. Polylactide (PLA)–clay nanocomposites prepared by melt compounding in the presence of a chain extender. Comp Sci Technol 2012;72:608–15.
[63] Najafi N, Heuzey MC, Carreau PJ, Wood-Adams PM. Control of thermal degradation of polylactide (PLA)–clay nanocomposites using chain extenders. Polym Degrad Stab 2012;97:554–65.
[64] Hung C-Y, Huang D-K, Wang C-C, Chen C-Y. Preparation, crystallization behaviour, and morphology of poly(lactic acid) clay hybrids via wet kneading masterbatch process.

J Inorg Organomet Polym 2013;23:1389–96.
[65] Pluta M. Morphology and properties of polylactide modified by thermal treatment filling with layered silicates and plasticization. Polymer 2004;45:8239–51.
[66] Fukushima K, Tabuani D, Arena M, Gennari M, Camino G. Effect of clay type and loading on thermal, mechanical properties and biodegradation of poly(lactic acid) nanocomposites. React Funct Polym 2013;73:540–9.
[67] Tjong SC. Structural and mechanical properties of polymer nanocomposites. Mater Sci Eng Reports 2006;53:73–197.
[68] Usuki A, Kawasumi M, Kojima Y, Okada A, Kurauchi T, Kamigaito O. Swelling behavior of montmorillonite cation exchanged for α-amino acids by ε-caprolactam. J Mater Res 1993;8:1174–8.
[69] Li B, Dong F-X, Wang X-L, Yang J, Wang D-Y, Wang Y-Z. Organically modified rectorite toughened poly(lactic acid): nanostructures, crystallization and mechanical properties. Euro Polym J 2009;45:2996–3003.
[70] Lee JH, Park TG, Park HS, Lee DS, Lee YK, Yoon SC, et al. Thermal and mechanical characterization of poly(lactic acid) nanocomposites scaffold. Biomaterials 2003;24:2773–8.
[71] Shibata M, Someya Y, Orihara M, Miyoshi M. Thermal and mechanical properties of plasticized poly(L-lactide) nanocomposites with organo-modified montmorillonites. J Appl Polym Sci 2009;99:2594–602.
[72] Ozkoc G, Kemaloglu S. Morphology, biodegradability, mechanical, and thermal properties of nanocomposite films based on PLA and plasticized PLA. J Appl Polym Sci 2009;114:2481–7.
[73] Koh HC, Park JS, Jeong MA, Hwang HY, Hong YT, Ha SY, et al. Preparation and gas permeation properties of biodegradable polymer/layered silicate nanocomposite membranes. Desalination 2008;233:201–9.
[74] Zaidi L, Bruzaud S, Bourmaud A, Médéric P, Kaci M, Grohens Y. Relationship between structure and rheological, mechanical and thermal properties of polylactide/Cloisite 30B nanocomposites. J Appl Polym Sci 2010;116:1357–65.
[75] Dadbin S, Naimian F, Akhavan A. Poly(lactic acid)/layered silicate nanocomposite films: morphology, mechanical properties, and effects of γ-radiation. J Appl Polym Sci 2011;122:142–9.
[76] Li T, Turng LS, Gong S, Erlacher K. Polylactide, nanoclay, and core-shell rubber composites. Polym Eng Sci 2006;46:1419–27.
[77] Balakrishnan H, Hassan A, Wahit MU, Yussuf AA, Abdul-Razak SB. Novel toughned polylactic acid nanocomposites: mechanical, thermal and morphological properties. Mater Des 2010;31:3289–98.
[78] Kiliaris P, Papaspyrides CD. Polymer/layered silicate (clay) nanocomposites: an overview of flame retardancy. Prog Polym Sci 2010;35:902–58.
[79] Bandyopadhyay S, Chen R, Giannelis EP. Biodegradable organic–inorganic hybrids based on poly(L-lactide). Polym Mater Sci Eng 1999;81:159–60.
[80] Solarski S, Mahjoubi F, Ferreira M, Devaux E, Bachelet P, Bourbigot S, et al. (Plasticized) polylactide/clay nanocomposite textile: thermal, mechanical, shrinkage and fire properties. J Mater Sci 2007;42:5105–17.
[81] Pluta M, Galeski A, Alexandre M, Paul MA, Dubois P. Polylactide/montmorillonite nanocomposites and microcomposites prepared by melt blending: structure and some physical properties. J Appl Polym Sci 2002;86:1497–506.
[82] Cheng K-C, Yu C-B, Guo W, Wang S-F, Chuang T-H, Lin Y-H. Thermal properties and flammability of polylactide nanocomposites with aluminum trihydrate and organoclay. Carbohyd Polym 2012;87:1119–23.
[83] Yourdkhani M, Mousavand T, Chapleau N, Hubert P. Thermal, oxygen barrier and

mechanical properties of polylactide–organoclay nanocomposites. Compos Sci Technol 2013;82:47–53.
[84] Morgan AB. Flame retarded polymer layered silicate nanocomposites: a review of commercial and open literature systems. Polym Adv Technol 2006;17:206–17.
[85] Solarski S, Mahjoubi F, Ferreira M, Devaux E, Bachelet P, Bourbigot S, et al. Designing polylactide/clay nanocomposites for textile applications: effect of processing conditions, spinning, and characterization. J Appl Polym Sci 2008;109:841–51.
[86] Murariu M, Bonnaud L, Yoann P, Fontaine G, Bourbigot S, Dubois P. New trends in polylactide (PLA)-based materials: "green" PLA–calcium sulfate (nano)composites tailored with flame retardant properties. Polym Degrad Stab 2010;95:374–81.
[87] Chapple S, Anandjiwala R, Ray SS. Fire, thermal and mechanical properties of a polylactide/starch blend/clay composites. J Therm Ana Calori 2013;113:703–10.
[88] Wei P, Bocchini S, Camino G. Nanocomposites combustion peculiarities. A case history: polylactide-clays. Euro Polym J 2013;49:932–9.
[89] Nielsen L. Platelet particles enhance barrier of polymers by forming tortuous path. J Macromol Sci Chem 1967;A1(5):929–42.
[90] Gusev AA, Lusti HR. Rational design of nanocomposites for barrier applications. Adv Mater 2001;13:1641–3.
[91] Sanchez-Garcia MD, Lagaron JM. Novel clay-based nanobiocomposites of biopolyesters with synergistic barrier to UV light, gas, and vapour. J Appl Polym Sci 2010;118:188–99.
[92] Zenkiewicz M, Richert J, Rozanski A. Effect of blow moulding ratio on barrier properties of polylactide nanocomposite films. Polym Test 2010;29:251–7.
[93] Svagan AJ, Akesson A, Cardenas M, Bulut S, Knudsen JC, Risbo J, et al. Transparent films based on PLA and montmorillonite with tunable oxygen barrier properties. Biomacromolecules 2012;13:397–405.
[94] Duan Z, Thomas NL, Huang W. Water vapour permeability of poly(lactic acid) nanocomposites. J Membr Sci 2013;445:112–18.
[95] Hoffmann B, Kressler J, Stoppelmann G, Friedrich C, Kim GM. Rheology of nanocomposites based on layered silicate and polyamide-12. Colloid Polym Sci 2000;278:629–36.
[96] Williams ML, Landel RF, Ferry JD. The temperature dependence of relaxations mechanisms in amorphous polymers and other gas-forming liquids. J Am Chem Soc 1955;77:3701–7.
[97] Pluta M. Melt compounding of ploylactide/organoclay: structure and properties of nanocomposites. J Polym Sci Part B: Polym Phys 2006;44:3392–405.
[98] Di Y, Iannace S, Maio ED, Nocolais L. Poly(lactic acid)/organoclay nanocomposites: thermal, rheological properties and foam processing. J Polym Sci Part B: Polym Phys 2005;43:689–98.
[99] Okamoto M, Nam PH, Maiti P, Kotaka T, Hasegawa N, Usuki A. A house-of-cards structure in polypropylene/clay nanocomposites under elongational flow. Nano Lett 2001;1:295–8.
[100] Krishnamoorti R, Koray Y. Rheology of polymer/layered silicate nanocomposites. Curr Opin Colloid Interface Sci 2001;6:464–70.
[101] Iwata T, Doi Y. Morphology and enzymatic degradation of poly(L-lactic acid) single crystals. Macromolecules 1998;31:2461–7.
[102] Reeve MS, MaCarthy SP, Downey MJ, Gross RA. Polylactide stereochemistry: effect on enzymic. Macromolecules 1994;27:825–31.
[103] Hakkarainene M, Karlsson S, Albertsson A-C. Rapid (bio)degradation of polylactide by mixed culture of compost microorganisms—low molecular weight products and matrix changes. Polymer 2000;41:2331–8.

[104] Drumright RE, Gruber PR, Henton DE. Polylactic acid technology. Adv Mater 2002;12:1841–51.
[105] Lunt J. Large-scale production, properties and commercial applications of poly lactic acid polymers. Polym Degrad Stab 1998;59:145–52.
[106] Taino T, Fukui T, Shirakura Y, Saito T, Tomita K, Kaiho T, et al. An extracellular poly(3-hydroxybutyrate) depolymerase from Alcaligenes faecalis. Eur J Biochem 1982;124:71–7.
[107] Fukushima K, Abbate C, Tabuani D, Gennari M, Camino G. Biodegradation of poly(lactic acid) and its nanocomposites. Polym Degrad Stabil 2009;94:1646–55.
[108] Li S, Girard A, Garreau H, Vert M. Enzymatic degradation of polylactide stereocopolymers with predominant D-lactyl contents. Polym Degrad Stabil 2001;71:61–7.
[109] Li S, McCarthy S. Further investigations on the hydrolytic degradation of poly(DL-lactide). Biomaterials 1999;20:35–44.
[110] Liu L, Li S, Garreau H, Vert M. Selective enzymatic degradations of poly(L-lactide) and poly(ε-caprolactone) blend films. Biomacromolecules 2000;1:350–9.
[111] Singh NK, Das Purkayastha BP, Panigrahi M, Gautam RK, Banik RM, Maiti P. Enzymatic degradation of polylactide/layered silicate nanocomposites: effect of organic modifiers. J Appl Polym Sci 2013;127:2465–74.
[112] Zhou Q, Xanthos M. Effects of cationic and anionic clays on the hydrolytic degradation of polylactides. Polym Eng Sci 2010;50:320–30.
[113] Nieddu E, Mazzucco L, Benko T, Balbo V, Mandrile R, Ciardelli G. Preparation and biodegradation of clay composites of PLA. React Funct Polym 2009;69:371–9.
[114] Sangwan P, Way C, Wu D-Y. New insight into biodegradation of polylactide (PLA)/clay nanocomposites using molecular ecological technique. Macromol Biosci 2009;9:677–86.

第6章

聚烯烃/黏土纳米复合材料注射成型产品的多功能性趋势

Patricia M. Frontini[1] 和 António S. Pouzada[2]

[1]马德普拉塔大学，材料科学与技术研究所（INTEMA），阿根廷，马德普拉塔

[2]米尼奥大学，聚合物和复合材料研究所，葡萄牙，吉马良斯

6.1 引言

6.1.1 聚合物纳米复合材料

自二十世纪中叶，热塑性聚合物经历了爆炸式的快速发展，产生了许多改进技术和新概念，导致加工设备和加工技术有了非常大的进步。聚合物通常是通过掺入能产生多相系统的添加剂来改性，一般添加剂嵌入在连续的聚合物基体相中，形成聚合物复合材料。使用添加剂的主要原因是改性或增强、整体成本下降、改善和控制加工特性。热塑性基体用不连续的（短）填料如纤维、薄片、片晶、球体或不规则形状（毫米到微米尺度）来改性，填料通常在整个连续基体中分散在不同的方向和多种几何形貌中，形成微复合材料。当分散相是纳米尺寸时，该材料被称为纳米复合材料。它们与微复合材料不同之处在于，它们包含可用于混杂相之间相互作用的大量的界面[1]。

纳米复合材料是有机-无机多相固体材料，其中至少有一相具有小于100nm的一维尺寸或在组成材料的不同阶段有的结构的尺寸处于纳米级。纳米复合材料一个富有吸引力的特征是，少量的填料即能增强某些特性。这个用量少的经济特性预示着其可大范围应用的潜力。纳米复合材料除了能明显使基体增强（提高强度和刚度），还可能有一些新的令人兴奋的性能，比如韧性增加、表面硬化，以及阻隔性、可燃性、导电性、耐热性和尺寸稳定性的提高，

更好的紫外吸收，更好的耐擦伤性及优良的热传导率，这些性能是常规的复合材料所没有的[2,3]。

最流行的纳米复合材料是基于近晶相黏土。黏土是纳米级矿物硅酸盐层组成的添加剂，其中的基本单元是 1nm 厚的平面结构。非常大的表面积和高宽比，使其可用于纳米复合材料性能的改进[4]。自 20 年前聚合物层状硅酸盐纳米复合材料问世以来，深刻改变了高分子复合材料的研究[5]。许多著名的研究人员撰写了详尽的概述，讲述了聚合物纳米复合材料的进展、制备和合成的不同方法、某个特性提高的程度和（未来）应用[6-8]。

聚合物纳米复合材料的合成是聚合物纳米技术的一个组成部分。通过植入纳米级的无机化合物，来提高聚合物的性能，根据无机材料在聚合物中的形态，聚合物纳米复合材料增加了很多应用。对黏土/聚丙烯（PP）纳米复合结构的改进预期可以使这个商业热塑性塑料更适用于汽车、建筑和包装等应用。然而，聚烯烃纳米复合材料仍然具有很多挑战性问题，这是因为有机聚合物对亲水性的黏土缺乏亲和力，而这种亲和力对纳米复合材料在最终使用性能上的改善起到很关键的作用[9]。

6.1.2 聚合物纳米复合材料的注射成型

各种加工方法，包括原位聚合、溶液和熔融加工方法，已能够制备出一个完整的已剥离的系统（图 6.1）[4]。在各种方式中，熔融加工是行业内最好的方法，因为其易于操作和具有灵活性。然而，只有在少数情况下剥离和硅酸盐层的均匀分散才能实现，例如含极性官能团的聚合物中[4]。

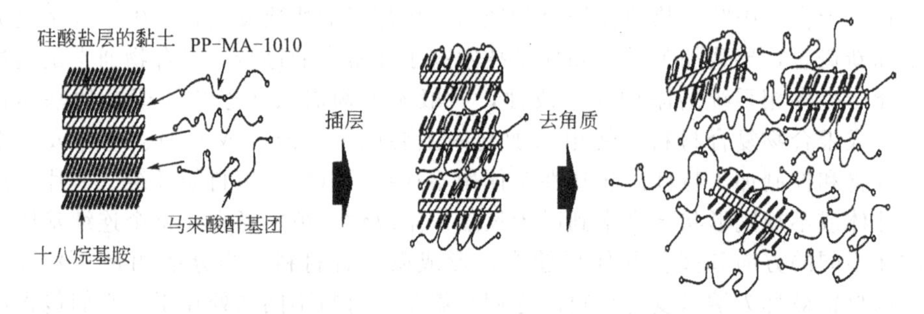

图 6.1 对 PP-MA1010 插入有机化黏土插层过程的示意图

在熔融插层过程中，首先在高温下将聚合物熔化，然后将填料在高温剪切下与熔融的聚合物共混，这样就避免了使用溶剂。通过常规的聚合物熔融混合过程，将纳米填料掺入热塑性基体中是一种很有前途的制备纳米复合材料的新方法。如果技术上是可行的，熔化混炼将比其他方法更经济和更简单。该做法能让纳米复合材料的制备，可通过直接使用普通配混设备，如挤出机或其他混合器来实现，而不需要涉及树脂生产商来改性树脂[10]。此外，如果能通过使用预先准备好的商业色母粒来制造纳米复合材料，将开辟更广泛的产业应用。

众所周知，以一个经济可行的办法生产形状非常复杂的热塑性塑料制品，最流行的制造过程是注射成型。它以简单的和快速自动分步实现批量生产，其产品能用在各种行业。因此，这是制造纳米复合材料部件的完美方法，尽管科学界给予纳米复合材料相当大的关注，但只有少数项目研究了由直接注射成型进行熔融混合产生的这些新材料的形貌特征与加工特性之间的关系。Cho 和 Paul[10] 探索了直接注射成型的聚酰胺（PA6）纳米复合材料。他们试图优化加工参数，比如加工温度、停留时间和剪切程度。其他研究人员则强调芯-壳效应对 PA6 和 PA6/PP 有机黏土纳米复合材料的硬度、强度和韧性的影响[11,12]。

后来，Frache 等[13] 证实，直接注射成型对 PA6 和 PP 制备纳米复合材料的有效性类似于配混制备。也就是说，当黏土与 PA6 混合，挤压或直接注射成型都能获得剥离的纳米复合材料，而这两种技术也能实现在 PP 样品中形成纳米插层复合材料。聚苯乙烯-有机黏土纳米复合材料也可通过注塑法制备[14,15]。这些研究揭示了黏土类型对所得微结构和注射成型样品性能的重要性。

Prashantha 等[16] 研究了注塑参数对 PP 多壁纳米复合材料成型件收缩（沿流动方向和横向）和翘曲的影响，而 Chandra 等[17] 研究了注塑参数对聚碳酸酯（PC）/碳纳米管纳米复合材料电导率的影响。

Jiang 和 Drzal 报道了使用剥离石墨烯纳米片（GNP）作为高密度聚乙烯（HDPE）基质中的多功能增强剂的潜力。HDPE/GNP 纳米复合材料是通过常规的熔融挤出复合然后注射成型制成的[18]。

以低成本制造具有定制特性的纳米复合材料的可能性已经被大规模生产的产品推动，如汽车、建筑或家庭工业。鉴于有吸引力的成本，黏土纳米片及其与非极性热塑性聚烯烃基质的复合物得到了特别关注。通过添加纳米材料来进行改进，可使这些聚合物更适合某些应用。然而，工业家和他的设计团队如何相对了解到纳米填料研究的发展，他们问自己："我们如何处理纳米复合材料并使净利润达到当前最先进水平的承诺?"仍然有待充分回答。因此，工业界显然有兴趣将纳米复合材料在实验室规模上的益处带入具有成本竞争力的工业产品中[19]。

先回顾一下与注塑聚烯烃/黏土纳米复合材料的生产相关的复合和注塑问题，目的是评估如何理解加工对设计用于其功能的模塑制品的性能的影响。特别是，它们被认为是现实生活中产品的典型研究成果，并侧重于加工、形态和性能问题研究。这些产品具有复杂的特性，如厚度减小、流动路径长、强烈的各向异性的取向和熔接缝。然而，这些方面的研究报告仍然很少，本章现在对这些研究进行综述。

6.2 聚烯烃/纳米黏土复合材料注射成型方法

纳米黏土/聚合物复合材料可通过各种加工技术来制备，如溶液法、原位聚合和熔融共混。这些方法已被广泛用于促进纳米黏土剥离的最终目标的研究。然而，从实际的角度来看，将这些方法扩展到工业环境是值得怀疑的。仍然存在公司如何建立复合加工设施以及保证适当分散和最小化健康危害等问题。应该记住，对于工业生产，应使用传统机械，并通过原生树脂和纳米黏土母料的在线混合实现复合加工[19]。

注塑是制造塑料部件的最重要的过程，它让复杂的几何形状通过自动化一步生产成为可能。众所周知，加工参数对这些产品性能的影响易受诸如分子取向、残余应力或焊缝形成等的影响[20]。

商品聚合物，一般为聚烯烃，特别是PP，当填充低掺入量的纳米黏土（通常<5%）时，可用于具有工程塑料典型要求的应用中，具有额外的优点。然而，只有分散良好且剥离良好的纳米颗粒才能导致预期的性能改善[21,22]。因此，原材料生产商、加工商和最终用户必须解决复合和加工问题。使用有机表面活性剂对纳米填料进行表面改性并适应复合条件（高剪切、高停留时间，例如在熔融混合的情况下采用特殊的螺杆轮廓设计）可能有助于摆脱大多数复合问题[21,22]。

生产纳米复合材料产品的正常尝试，是在常规注射成型单元中使用母料与原始材料的混合物，母料生产商已推荐其为PolyOne或Nanocor。使用具有50%有机黏土的PP的商业母料加工的具有商业产品特征的纳米复合材料模塑部件已得到研究分析，并与各种纳米黏土含量（2%、6%、10%和14%）的样品进行了比较。加工条件类似于当前条件，除了保持较高的背压以促进纳米黏土聚集体的剥落[20,23]。这些研究表明，剥离是不完整的，因为在混合强度足以剥离完全分层的黏土团情况下，施加的过程条件不会产生剪切力。

各种加工工艺影响着最终特征和纳米黏土/聚合物复合材料的性能，即，最终结构的形成、流变特性、热力学性能、热性能。Albdiry等[24]在他们的广泛研究中还得出结论，改变加工技术（类型和/或参数）主要影响最终的纳米结构形态以及纳米黏土/聚合物复合材料的热力学和力学性能。

最近对工业设备的研究包括，使用组装到配混管线中的熔体泵以确保聚合物链扩散到硅酸盐通道中的足够时间和足够的机械剪切能量，以用于黏土层的剥离。挤出机中的螺杆速度和螺杆几何形状决定了施加在化合物上的机械剪切能。Kracalik等[25]发现使用熔体泵导致最多两次较长的停留时间，因此，材料补强的水平更高。

当在纳米复合材料中设想更高含量的纳米填料时，由于剥落黏土的坍塌，可能会出现困难。据报道，使用超临界CO_2的半连续工艺处理具有高黏土负载（即质量分数为10%）的聚合物-黏土复合材料，该工艺涉及两个主要修改：将纳米黏土直接剥离到填充有料粒的料斗中，然后立即处理复合材料并顺序将黏土混合到熔体中[26]。

促进纳米黏土聚集体的剥落一直是纳米复合材料生产的永久关注点[26-31]。使用涉及将高剪切场应用于纳米复合材料熔体的技术，被认为是最终获得产品中的高性能纳米复合材料的最佳方式。各种作者研究使用注射熔体在注入模具后剪切的模塑方案，他们使用注射成型的原始剪切控制取向（SCORIM）或所谓的动态包装注射成型（DPIM）[30,32-35]。

当实现高含量的插层、剥离和在聚合物基体纳米黏土中的分散时（图 6.1），在纳米黏土增强的聚合物中可获得最大性能的增强。由熔融共混技术加工的聚合物纳米复合材料需要足够的应力水平和纳米黏土的剥离/插层（最小聚合物降解）时间，这两者都是常规的聚合物加工技术的限制。Cho 等认为，熔融混合在工业规模上是最好的用于生产纳米复合材料的技术[36]。Cho 发现，由母料与纯聚合物混合制备的 PP 纳米复合材料具有相同的流动特性，这表明该过程可以很容易地装在当前加工设备中，不会给最终用户增加额外的成本。然而，一些挑战依然存在。有许多聚合物的高熔体加工温度限制了这种方法的使用，因为有机黏土的表面改性通常易受高温影响。通过其他途径的纳米复合材料的加工，也难以实现类似的分散和剥落水平。聚烯烃由于其低熔融温度而适合于熔融加工，但由于其疏水性而作为基质材料具有挑战性。通常，PPs 比聚乙烯（PE）更广泛地得到了研究，因为它们具有较低的疏水性。还需要黏合促进剂来增强纳米黏土和聚烯烃之间的黏合性，这进一步使纳米复合材料形成过程复杂化[37]。

已经考虑了不同的策略，以使通过注塑生产的聚合物基纳米复合材料达到良好的剥离和分散水平。相关文献的分析表明，纳米填料的添加是通过直接加工（即直接进入主体聚合物基质以达到目标颗粒质量含量）和母料加工来完成的[15,16,38]。

在直接注塑工艺中，首先通过熔融配混制备纳米复合材料。目前，熔融配混方法主要集中在双螺杆挤出，但也能使用实验室规模的批量混合器和微挤出机[39]。在这些方法中，将挤出物造粒以获得用于注塑的颗粒。许多研究小组正在使用该程序，这些研究小组试图建立该行业感兴趣的纳米复合材料的加工路线。在这些工作中，研究人员研究了添加纳米黏土对模塑件功能特性的影响以及 PP/纳米黏土复合材料的力学性能[20,40,41]。

随着母料的开发，通过在适当的聚合物基质中混合/稀释母料，可以容易地获得最终的注塑或挤出成型部件。通常假设在母料配混期间实现了纳米颗粒的分散和剥离[42]。

使用两步母料工艺可以获得最终形态的改进控制：在第一步中，通过熔融加工制备具有不同黏土含量的母料以获得良好的剥离；在第二步中，将母料用聚合物稀释至所需的黏土含量以降低熔体黏度[43]。基于母料的纳米复合材料加工（即，高度浓缩的纳米填料中的母料在热塑性塑料基体中的稀释）通常优选塑料转化器，因为其避免了在工业生产中直接处理对健康有害且对环境不利的纳米材料[19,44]。与直接混合相比，特别是在容易喷粉的填料如粉状纳米黏土的情况下，使用母料通常是有利的，因为它能导致更有效的分散混合，也能更精确地控制最终化合物的填料浓度。原材料生产商、加工商和最终用户已经解决了复合和加工问题，通常采用有机表面活性剂对纳米填料进行表面改性，并采用复合条件来解决与此操作相关的大多数问题。人们已经认识到，母料的开发降低了健康和安全危害，并且通常假定在母料配混期间实现了纳米颗粒分散（和适时的剥离）。

在寻求具有性能要求的注塑产品中的适用性时，使用商业母料的实例是相对常见的。Pettarin 等使用 P-802 nanoMax（Nanocor，USA），一种由 50%PP/50%纳米黏土和普通 PP 组成的母料，用于研究 PP-纳米黏土复合注射成型部件的断裂性能，该部件含有通过直接复合在注射中获得的焊缝-成型工艺[20]。Rodríguez-Llamazares 等使用基于预剥离黏土的 Nanofil SE 3000（Sud-Chemie，德国）母料和基于黏土-聚烯烃树脂的 nanoMax-PP（Nanocor，USA），研究了注塑纳米复合材料的热和力学性能，发现母料类型确实对这些性能产生了重大影响。他们还提到在基于 Nanofil SE 3000 的复合材料中未实现嵌入/剥离[45]。Rajesh 等最近的一项工作表明，在通过熔融混合质量分数为 40%黏土的 Nanoblend 1001 母料（PolyOne，USA）获得的 PP 纳米复合材料中，获得了各种注射条件和黏土纳米片的分散之间的关系[44]。他们对注射流速、保压、背压和螺杆转速对纳米黏土分散的影响的研究得出结论，即高纯度 PP 中高浓度 PP/黏土母料的稀释，是在工业上不同条件下生产聚合物纳米复合材料的一种非常有前景的方法。

6.3 注射成型聚烯烃/黏土纳米复合材料的表征

6.3.1 纳米粒子的剥离与分散

在聚合物纳米复合材料中，纳米填料是非常精细的并且他们的总表面积是巨大的，而它们的粒子间的距离是非常小的。

因此，纳米填料不仅极易结块和不易分散，也容易在分散后重新团聚[46]。填充有低掺入水平的纳米黏土（通常<5%）的纳米复合材料的性能的改进，取决于黏土表面的改性和纳米颗粒的分散和剥离质量[22,27]。Bousmina[31] 还强调，剥离的最佳水平需要中等基质黏度，因为必须在需要高黏度的机械应力和需要相当低的中等黏度的扩散过程之间取得平衡。这解释了原材料生产商、加工商和最终用户在过去十年中如何解决复合和加工问题。通常通过使用有机表面活性剂对纳米填料进行表面改性并调整配混条件（高剪切、高停留时间，例如在熔融配混的情况下的特殊螺杆轮廓设计），促进纳米填料的充分分散和剥离，来生产色母粒。纳米粒子的分散和剥离通常被认为是在这个复合阶段实现的，但经验表明，工业上是完全不同的，如图 6.2 所示[42]。

通常使用加工技术观察极性聚合物/黏土纳米复合材料的最佳剥离形态，所述加工技术在注射后施加熔体剪切，作为动态熔融加工或 SCORIM，而对于非

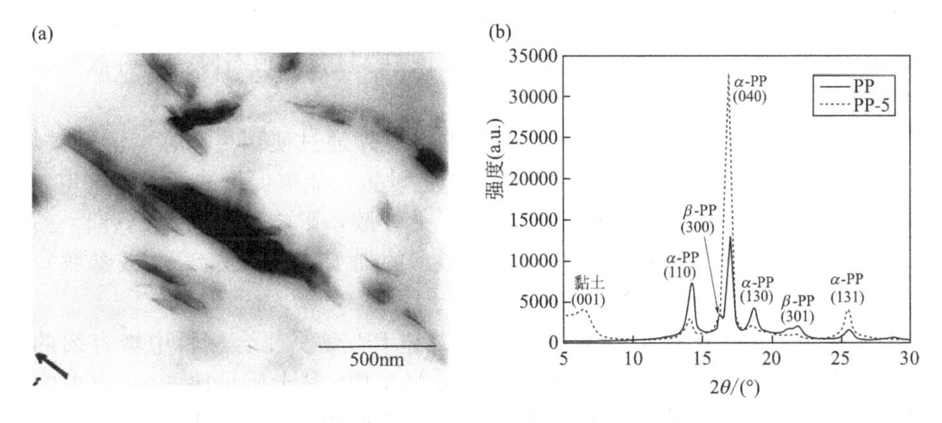

图 6.2 5%的PP有机黏土纳米复合材料XRD图谱表明纳米黏土片不脱落，它们是插层的，在透射电子显微镜照片中清晰可见[25] 并且黏土促进α成核作用

(a) TEM照片（箭头表示流动方向）；(b) XRD图谱

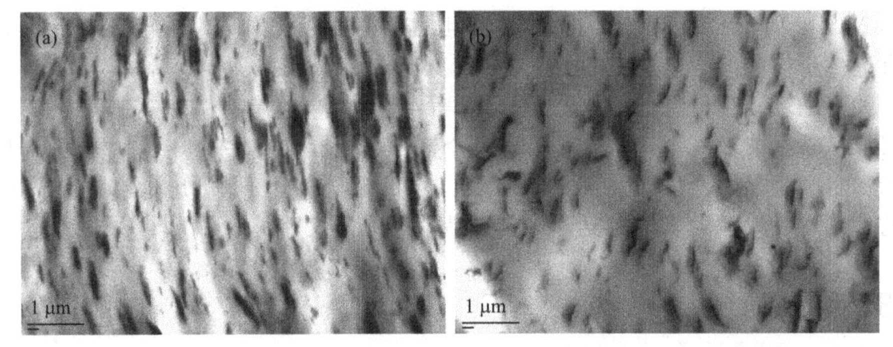

图 6.3 在表皮层可见沿流动方向一个明显的纳米黏土取向 (a) 和在皮层或核心区 (b) 无法观察到的完全剥落（PP纳米复合材料是由SCORIM制造的[7]）

极性聚合物/黏土纳米复合材料，即使使用了一些极性相容剂（图6.3)，通常也仅获得嵌入或部分嵌入/部分剥离的形态。[30]。

6.3.2 形貌演变

用于纳米复合材料的聚烯烃主要是PP，其本质上是结晶的。因此，它们的结晶行为和晶体结构可能极大地影响最终产品的加工和性能。PP可以获得两种类型的插层纳米复合材料结构，其中聚合物链夹在硅酸盐层和剥离的纳米复合材料之间，分离的单个硅酸盐层或多或少均匀地分散在聚合物基质中（图6.1)。然而，硅酸盐层的均匀分散和剥离只在少数情况下实现，例如含极性官能团的聚合物中[4]。通常情况下，在聚烯烃复合材料中纳米黏土的存在增强了其结晶速率并减小了球晶尺寸，因为它会起成核剂的作用。但是，比结晶对纳米复合材料模制品的力学性能的影响更重要的是纳米黏土的分散，这仅在层状硅酸盐充分剥离和分散时才有效。因此当涉及PP纳米黏土复合材料的形态时，其分散性、剥离和结晶三个方面均需考虑[46]。

基于在高剪切和拉伸应力下的长时间混合，即通过使用更高强度的机械场，以在强力下长时间打散填料团块的技术或工艺设置，能够促使纳米团块更均匀分散[46]。聚合物-纳米黏土相互作用和纳米黏土分散，影响复合材料的弹性-黏弹性行为，其影响程度与决定最终纳米结构形态的加工技术（类型和/或参数）非常相关[24]。

有人提到，黏土层中增容剂的嵌入能力和PP/黏土复合材料中增容剂的组成，有助于黏土层的剥离和均匀分散，形成MA-PP/黏土质量比3∶1以上的完全混合物[47]。Salah等分析了基于马来酸酐接枝的PP（MA-*g*-PP）和两种黏土填料的偶联剂的影响。他们观察到由注塑样品的表面向芯部，黏土片和PP分子链的取向都减少了，发现黏土嵌入的程度，受到所用偶联剂的特性和在模制品厚度上每层留下的残余应力的类型的显著影响。他们还观察到，通过使用较低分子量的MA-*g*-PP，能实现均匀的嵌入，但是在使用较高分子量的MA-*g*-PP时，没有进一步的剥离[48]。

关于纳米复合材料的结构，Moretti等[49]观察到，通过双螺杆挤出生产的插层PP/黏土纳米复合材料显示出第二个核心、较厚的皮层、皮层中高度取向的纳米黏土类类晶团聚体，并且平均球晶尺寸小于PP的。他们还指出，纯PP样品的平均球晶尺寸大于纳米复合材料样品中的球晶尺寸。

6.3.3 结晶行为

通常，纳米黏土在聚烯烃复合材料中的存在增强了其结晶速率并降低了其微晶（球晶）尺寸，因为它能充当成核剂。在传统的注射成型中，PP纳米复合材料通常形成表皮/芯结构，如在纯PP注塑制品中。在高剪切下快速冷却和结晶的表层由纤维状“串晶”结构组成。在低剪切下缓慢结晶的核心通常由几乎无特征的均匀球晶结构组成，这种效应是由于蒙脱土（MMT）作为PP的成核剂，减小了球晶尺寸。在整个模塑制品的厚度[46]中，纳米复合材料显示出比纯PP更高程度的结晶分子链取向，如图6.4所示。

Perrin-Sarazin等观察到PP球晶直径受MA-PP和黏土分散体的影响。使用低分子量MA-PP导致良好且均匀的嵌入，但没有进一步剥落的可能性。使用较高分子量的MA-PP导致具有剥离迹象的异质插层。他们还观察到，当用MA-PP实现细黏土分散时，黏土成核效果受到限制，并且结晶温度和结晶速率均降低。纳米黏土还诱导了α相PP微晶的取向[50]。

非常规注射成型（DPIM和SCORIM）的工作研究了加工对纳米复合材料模制品的形态和性能的影响。它们的特征在于，在凝固期间由熔体的高剪切引起了

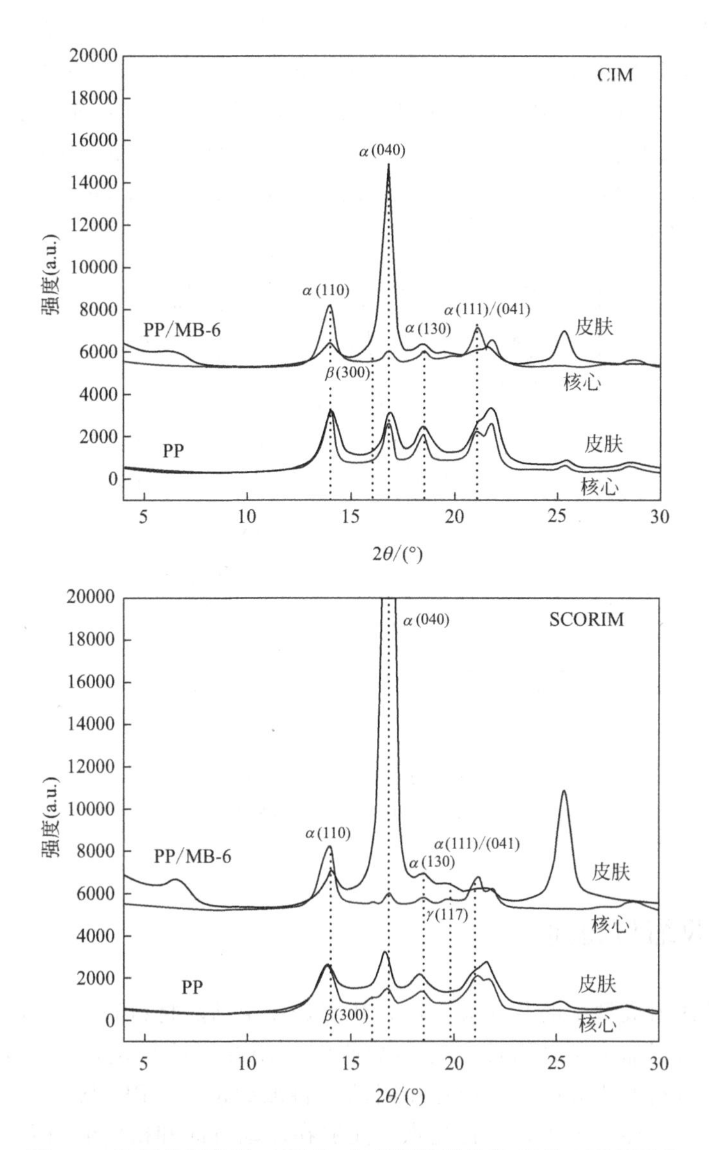

图 6.4 使用常规注射（CIM）和剪切诱导注射成型（SCORIM）获得的相同 3%PP 有机黏土纳米复合材料的 XRD 图（这些图片显示了两种加工方式在皮层和核心中形成的不同形态[44]）

多层高度取向的皮层区域[33,51]。最近，将 SCORIM 和传统注射成型引起的形态与厚 PP/纳米黏土成型品的热、力学和断裂性能相关联，验证了纳米黏土作为聚合物形态导向的作用，以及 SCORIM 对 PP 形成 γ-多晶型的贡献。

还得出结论，通过 SCORIM 处理实现的核心区域的减少、皮层和核心之间的差异以及由纳米黏土的存在诱导的 PPγ 相，是 SCORIM PP/纳米黏土模制品增韧的原因（图 6.5）[52,53]。其他作者也进行了类似的研究，他们使用 DPIM 系统分析了纳米粒子作为非均相成核剂对聚合物基质结晶的影响，特别是 Deng 等[32] 表征了 HDPE/黏土纳米复合材料注塑件的流动诱导晶体结构。与 PP 纳米复合材料一样，在 HDPE/黏土纳米复合材料样品中实现了更高的结晶度和更厚的晶面，有助于改善力学性能。与未填充的 HDPE 样品相比，结晶度增加约 16%。

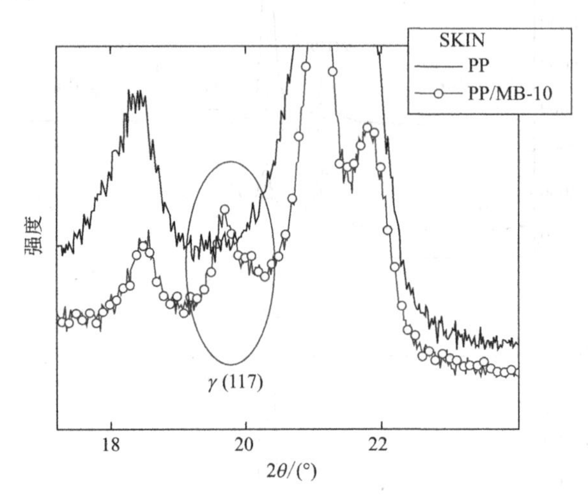

图 6.5　使用剪切诱导的皮层注射成型（SCORIM）获得的 PP-有机黏土纳米复合材料的 XRD 图（γ 相的存在是显而易见的[19]）

6.3.4　收缩与翘曲

收缩是注射成型中的共同关注点，特别是在半结晶材料和尺寸精确的模塑件的情况下，由于加工条件可能强烈影响收缩并因此影响模塑件所需的尺寸[54]。在纳米复合材料的研究中，发现在相同的填料加载量下，PP/黏土纳米复合材料表现出尺寸稳定性的改善，并且是唯一能够在流动方向和横向流动方向上减少收缩的复合材料[55]。这种效果与多壁碳纳米管（MWNT）增强的情况相当，其中报道了 PP 注塑件的收缩和翘曲的改进[16]。如在纳米 $CaCO_3$ 添加到 PP 共聚物中的研究中所发现的那样，收缩率沿着流动路径变化，并且在宽度和厚度方向上几乎不变[56]。

翘曲是在冷却过程中发生差异或不均匀收缩时发生的模制品形状的变形。翘曲的贡献者是不同的取向、不同的冷却、不同的结晶度、不同的热应变和成型条件[57,58]。由 Revilla-Díaz 等[55] 观察到的与纳米黏土复合可以减少翘曲，是纳米黏土在汽车中应用的一个重要方面[59,60]。

6.4 聚烯烃/黏土纳米复合材料成型性能

6.4.1 拉伸与弯曲性能

对于力学性能的评价，无论是拉伸还是弯曲试验通常是在注射样品上进行的。这些样品具有测试几何图形的最终形状，如狗骨状或棒状。也就是说，载荷施加主要平行于流动方向。不幸的是，据报道，聚烯烃纳米复合材料的模量改善不如 PA 或其他极性聚合物那样高[2]。文献中报告了添加纳米黏土后有的性能增加，有的性能减少，结果矛盾[61]。由于使用增容剂后复合材料性能难以预测，且与特定几何形状相关的有不同流动模式、不同的聚烯烃等级等无法确定改性后复合材料的性能会有哪种变化趋势。Cauvin[62] 报道了在含量小于 3%的非相容纳米黏土添加进聚合物基体中后，拉伸模量、强度随着载荷的断裂伸长率的降低而增加。纳米黏土的表面处理还可以促进刚度和拉伸强度的增加[40]。据报道，相对于起始 900MPa 模量，PP 的最大增量约为 30%[63]。使用 MA-*g*-PP 作为增容剂可以改善黏土的分散性和复合材料的拉伸和弯曲性能。其他作者也报告了类似的结果[22]。Yuan 和 Misra[64] 报道，在质量分数为 4%纳米黏土复合材料中，弹性模量从纯 PP 的 0.54GPa 增加到 0.83GPa。随着纳米黏土的添加，屈服应力从 33MPa 增加至 38MPa。他们还指出，纳米复合材料的力学行为的变化并不简单，并且不是球晶尺寸和结晶度的简单函数，而是包括薄片厚度和界面性质在内的其他因素的复杂函数。这些作者强调了三个阶段，即基质、基质-填料界面和增强填料，它们存在于聚合物纳米复合材料中，决定最终的性能。

由 Bureau 等获得的结果[65] 表明，必须在微观和纳米级尺度上考虑黏土颗粒在熔融复合 PP/黏土中的分散情况。根据是使用预混合剂还是偶联剂的不同，还是能观察到拉伸性能的一些改进。根据 Halpin-Tsai 或 Cox 剪切滞后的理论进行计算得出结论，PP/黏土化合物的测量性能是微观复合材料的性能，其中纤维增强材料的平均长径比为 17～35。后来通过结合来自微/纳米结构的实际数据和本构相的基本材料特征，对纳米复合材料的力学性能有了更深入的了解[43,66]。所谓的面向对象有限元（OOF）模型能用于预测纳米复合材料的弹性模量，其与传统的复合材料理论（Halpin-Tsai，Hui-Shia 模型等）相比，可以很好地预测 PP/黏土纳米复合材料的弹性模量。

总结纳米复合材料成型的弯曲和拉伸性能，可以认为它们是由多种因素决定的，即黏土分散（即嵌入/剥落的水平）的程度、有机黏土分散在皮肤和核心层、黏土和基体之间的相互作用、相容剂和界面性质、皮肤/核心的微观结构等。作为概括性结论，可以说有机黏土在皮层和芯层中的低分子量、良好分散和嵌入分散能导致弹性模量和强度的增加。当熔体加工温度相对较高（高于 200℃）时，有机黏土表面的活性剂可能会降解。通常弹性模量在低含量的MMT下几乎线性增加，但进一步掺入可能导致MMT片层的聚集甚至模量的轻微降低[43,66]。

6.4.2 冲击性能

冲击韧性通常是用于测量塑料产品性能的基本材料要求之一。由于若干原因，能量吸收是结构材料越来越重要的功能。例如，结构耐撞性现在是汽车设计的基本要求；在汽车保险杠和内饰中使用PP纳米复合材料，如支柱、车门饰板和仪表板，以确定在冲击条件下最终部件的性能是必不可少的。

6.4.2.1 三轴冲击试验

冲击强度是材料在高变形率下断裂之前能够吸收的能量的量度。简支梁(charpy)和缺口(izod)冲击测试给出了由于存在凹口而引入三轴应力状态的部件的冲击性能。

Ferreira等发现与纯PP相比，添加纳米黏土作为填料显著改善了吸收能量。然而，他们无法在纳米黏土的表面处理和吸收的冲击能量之间建立明确的关系[40]。对于这种改进他们没有给出任何具体解释，这似乎只与纳米复合材料中记录的刚度和最大应力(拉伸试验)的增加有关。

最近，Misra和他的合作者研究了在相似注塑条件下加工的纳米黏土增强HDPE和PP的冲击强度行为。他们发现，在HDPE中添加黏土会降低－40～70℃的测试温度范围内的冲击强度，同时对PP-黏土产生相反的影响[64,67,68]。他们用几个综合因素描述了纳米复合材料的行为：聚合物基质的响应、增强填料的成核能力、晶体结构、结晶度百分比、薄片厚度和基质-颗粒界面。用纳米黏土增强PP从裂纹和银纹类型到微孔-聚结原纤化改变了塑性变形的主要机制。冲击韧性的显著对比与较强的PP/黏土相互作用和较弱的HDPE/黏土相互作用有关。强PP/黏土相互作用以及随之而来的黏土更强的成核作用是造成复合材料性质和结构特征变化的原因，包括结晶温度、玻璃化转变温度、界面空间和球晶尺寸。

6.4.2.2 单轴拉伸和双轴弯曲冲击试验

在我们最近使用双浇口模具生产的模制品的研究中，在模制品的不同位置评估冲击强度，以确定取向和熔接痕流动特征的影响。为了再现使用条件，通过单轴拉伸(平面内)和双轴弯曲(平面外)测试评估了冲击性能(图6.6)[69]。

纳米黏土的存在增强了流动诱导的分子取向，纳米黏土也导致β-型球晶(一种已知的增韧剂)的退化。由于大分子和纳米颗粒流动引起的取向，熔接痕对冲击性能有害：在单轴测试和熔接处，黏土片晶取向垂直于所施加的力，而远离熔合线处，分子和黏土片晶取向与力方向平行。

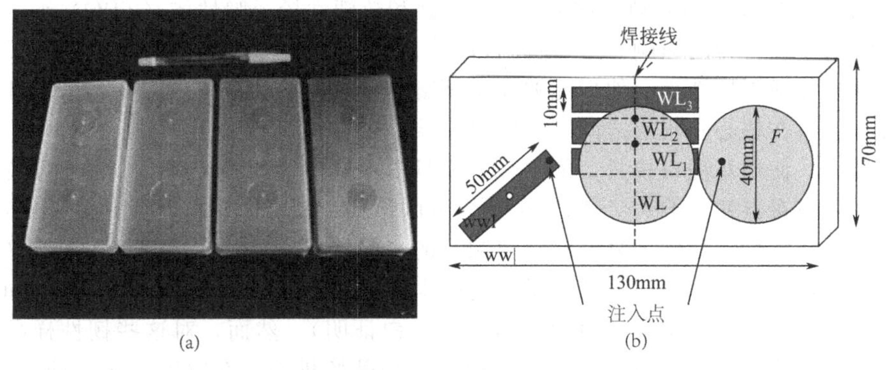

图 6.6 薄的三维矩形模制件 (a) 和具有熔接痕 (WL) 并用于拉伸测试与弯曲测试的样品的位置与类型 (b)[25]

在双轴测试条件下，模制件在靠近焊缝处更具延展性和韧性，而不是远离焊缝处。在熔合区，由分子取向造成的弱点很明显，焊缝不是纳米复合材料成型韧性的决定因素：基体和焊缝区域的破坏能量之间的差异可以忽略不计。很明显，在双轴拉伸应力下，纳米黏土不会改善 PP 模塑品的冲击性能，因为它受分子和纳米颗粒取向的控制。然而，涉及纳米黏土分层和多基质裂纹的失效机理，似乎解释了 PP 在纳米颗粒取向与加载方向相一致的方向上的增韧现象。

6.4.3 断裂性能

断裂韧性是一种材料特性，可测量材料在存在缺陷的情况下抵抗断裂的能力。它被认为是设计过程中最重要的因素之一。

Ferreira 等[40] 报道，几种 PP/有机黏土纳米复合材料的韧性显著降低，同时减少了填充复合材料的失效位移。Chen 等观察到了类似的行为[70]，他报道随着黏土含量增加，断裂初始韧性依次减少，发生从韧性到脆性行为的断裂转变。相反地，Saminathan 等[63,71] 在基础研究工作中报告了相容性 PP/纳米黏土断裂行为有所增加。他们认为 PP/黏土纳米复合材料的断裂行为的特征在于过度的原纤化，由跨晶层形成的浸渍原纤维能阻止裂纹生长，以及亚微米尺寸颗粒的空隙引发断裂。他们发现断裂性能取决于垂直于加载方向形成裂纹的加载速率。在较高的加载速率下，纤维边缘和剪切唇缘发生卵裂型脆性断裂。

Bureau 等[65] 证明了 PP/黏土化合物中黏土颗粒的微观分布对断裂韧性有很大影响。他们发现黏土微粒充当 PP 基质内的空穴成核位点，这导致更高的空穴成核，减少了空隙生长和快速的空隙聚结，伴随着广泛的原纤化。与 PP 相比，这不仅导致断裂韧性的显著降低，而且还导致塑性功耗的显著增加。偶联剂的使用导致断裂韧性有所改善。当获得具有良好颗粒-基质黏附的高平均表面颗粒密度时，能促进更广泛的空穴成核和进一步的原纤化，从而提高断裂韧性。

Choi 等研究了纳米填料团簇对注塑 PP 和热塑性烯烃弹性体（TPO）纳米复合材料的断裂行为的影响[72]。他们首次将颗粒痕量分布和注塑流动剖面的影响结合在拉伸断裂韧性上。他们能够完全理解，在拉伸阶段，皮层在某些区域开始分裂，然后在核心和皮层之间产生明显分层。

后来，使用双浇口模具，能够计算模具中不同位置的断裂韧性，考虑到流动模式和几何奇点的影响[23]。随着填料含量的增加，PP 纳米复合材料表现出增加的延性断裂特性。在纳米复合材料模制品的一些特定位置，在平行于主裂缝平面的平面中可见卫星裂缝。这些卫星裂缝的聚结引起原始裂缝偏离平面。在增加母料含量后，延展性也增加（由韧带的应力发白证明）。然而，对这些韧性样品的侧面观察表明，皮层和核心经历了各种变形和破坏机制。在宽度区域，即芯部，发生半成品断裂，塑性变形的贡献很小。相反，外皮层由于皮层的伸长、颈缩和逐渐破裂而进一步增加位移。据报道，这种行为发生在注塑 PP/TPO/MMT 纳米复合材料中[72]。在具有焊缝的样品中，没有看到增韧效果，表明该缺陷仍然起重要作用（图 6.7）。

纳米黏土掺入产生的适度增韧效果可见于模具上某些特殊位置的裂缝扩展。根据 Cotterell 等的观点，从专门的力学观点来看，插层半结晶纳米复合材料存在两个主要的韧性来源：颗粒的分层或分裂和基体变形，其中主要的能量吸收机制是形成多个类似裂纹的带[73]。回顾模制品中大分子和纳米黏土片晶的不均匀取向，在片晶平行于裂缝取向的位置，它们可以起到空隙状缺陷的作用，引起很少的裂纹并且可能没有分层。当纳米黏土薄片取向相对于裂纹线约为 45°时，它们能更有效地引发多次裂纹和颗粒分层（见图 6.7）。

6.4.4 表面特性与摩擦性能

纳米粒子增强热塑性塑料被设想用于摩擦学性能很重要的应用领域。该性能与部件的表面特性直接相关。这些应用包括：滑动需要低摩擦力，以及对钢摩擦副的低磨损的情况。Friedrich 等[74] 观察到传统填料与无机纳米粒子的整合具有最佳效果。此外，纳米黏土在半结晶聚合物中的成核作用表明，特别是在加工过程中，表面效应可能会比较有趣。对与商业有机黏土母料混合的注塑级 PP 的表面性质的研究表明，即使少量添加纳米黏土也导致表层硬度略微增加。与产品性能直接相关的摩擦性能在动态摩擦系数方面略有改善[75]。相反，与加工相关的静摩擦系数不受纳米黏土的影响[75]。

已经观察到，纳米填料的掺入可能积极地影响一些聚合物的摩擦性能[74,76]。然而，抗磨损的变化取决于填料的类型和微观结构特征，如大小、形状、在聚合物的纳米填料的均匀性分散/分布和填充/基体界面扩展。此外，纳米填料改善聚合物摩擦学性能的方式取决于特定应用的规格，即摩擦系数和耐磨性不能被视为真正的材料性能，因为它们取决于这些系统，而系统中的材料必须有这些性

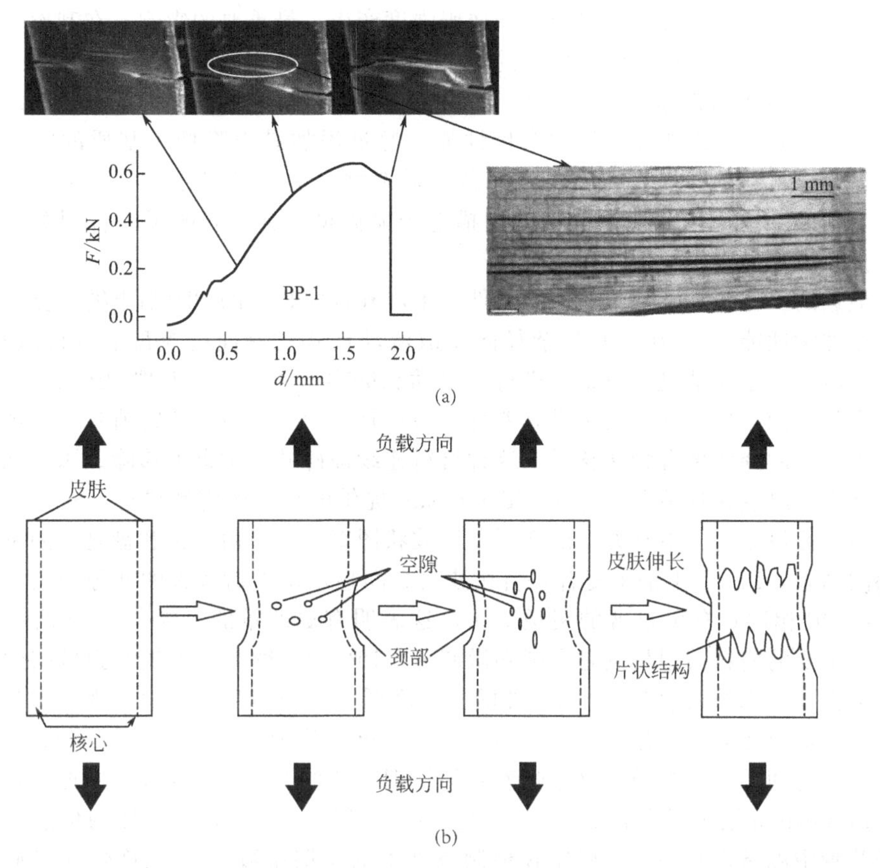

图 6.7 PP/黏土纳米复合材料中的类似热裂的结构（a）和 PP/黏土纳米复合材料断裂的微观力学模型（b）[25]

能[77]。由纳米颗粒引起的地形平滑和可能的滚动效应，以及基于纳米复合材料的摩擦系统实验的转移膜的建立和稳定性，被认为是摩擦和磨损性能改善的原理[78]。

首次尝试研究纳米黏土对注塑 PA6/MMT 纳米复合材料磨损的作用表明，聚集的纳米黏土颗粒导致纳米复合材料的耐磨性最差[29]，而黏土与聚合物基体的界面黏合性良好，以及均匀的黏土分散性确保了耐磨性的显著改善[29,72]。此外，还报道了在类似系统的干滑动摩擦下存在黏性薄膜转移[72]。另外，PC/有机黏土纳米复合材料的磨损行为的改善归因于增强的热稳定性，因为摩擦机制强烈地依赖于接触和运动中的材料之间的热效应[79]。

到目前为止，很少有专门研究聚烯烃基纳米黏土复合材料摩擦学的研究。Thridandapani 等描述了在不同载荷下纯 PP 注塑和 PP/黏土纳米复合材料（质量分数为 4%～8%纳米黏土）刮擦过程中的近表面变形[80]。划痕方向是熔体流动方向的纵轴。他们声称，随着结晶度和弹性回复率的提高，在改善纳米复合材料的耐刮擦变形性能方面，对模量和屈服强度产生了最重要的影响。在刮擦过程中产生的微孔、准周期波纹和更高的表面有助于光散射，从而导致应力发白。在干燥条件下和使用钢摩擦副，研究了有机改性的纳米黏土（质量分数为3%和6%）增强的HDPE复合材料的摩擦性能。通过添加黏土降低了基质的摩擦系数。在复合材料的磨损表面上观察到黏土附聚物，这可以部分地解释减少的摩擦。磨损的HDPE复合材料表面的扫描电子显微镜表征，表明了黏合剂磨损机理并且在表面显露出积聚的黏土颗粒[81]。

最近的工作探索了与工业塑料部件的生产和性能相关的PP/黏土纳米复合材料的摩擦学性能[82]。在具有复杂径向发散流动模式的侧面门控盘上进行试验。摩擦学研究包括在销盘式设备中进行干滑动和磨损试验。他们发现PP和PP/纳米复合材料的摩擦学性能几乎没有差异。当在钢盘上干滑动PP扁销时，发现了一种不黏附的降解聚合物转移膜。这种材料连续破碎并从钢盘上移除。添加纳米黏土并没有改变这种情况。与Thridandapani提供的现象的定性描述一致，滑动磨损模式假设垂直于滑动方向的准周期性波状图案，这是由于销和盘之间的黏滑运动的结果。PP/黏土纳米复合材料在波浪之间显示出相对较大的间隙距离，并且与纯PP相比具有更显著的熨烫效果，这表明有更严重的磨损[80]。在磨损试验中，主要的磨料磨损机制是犁削和微疲劳，PP+3%纳米黏土观察到最高的损伤和磨损。纳米填料引起PP耐磨性的显著降低。采用销盘式试验发现，因为销描述连续旋转运动，不存在优先滑动方向，这可以认为是Thridandapani和Laino等的工作之间的主要差异。这意味着必须特别注意加工和材料参数，以控制耐磨性。Pettarin等报告了实验数据[75]，他们获得了同一系统表面特性的信息。在原型装置中测试模制品，以确定在模制条件下的摩擦系数[83]。表面性能可通过深度感应压痕测试来表征。据观察，表面性能与母料含量无关，母料的添加导致表层中弹性模量和硬度的轻微增加。与产品性能直接相关的摩擦性能在动摩擦系数方面仅显示出轻微的改善。相反，与加工相关的静摩擦系数，即在喷射期间，不受纳米黏土存在的影响。

6.4.5 热稳定性与燃烧性能

在他们的评论文章中，Paul和Robeson[8]指出，虽然增强方面是文献中报道的纳米复合材料研究的主要领域，但许多其他变化和性能增强正在积极研究中并且在某些情况下进行了商业化。从理论上讲，纳米级颗粒掺入的优点可以导致无数的应用可能性，其中类似的较大规模的颗粒掺入不会导致适合使用的性质特征。除了旨在机械增强的研究之外的纳米薄片应用的实例，主要包括阻隔性、耐燃性和热氧化降解方面的改进。

在聚烯烃纳米复合材料模塑部件中，Hwang等报道了通过注塑制备的TPO/MMT纳米复合材料的热稳定性的益处[84]。Costantino等观察到纳米黏土对氧化气氛下注塑的插层 PP/黏土纳米复合材料的热降解有积极影响[53]。

Qin 等[85] 发现 HDPE-PEgMA-黏土复合材料的线性热膨胀系数（CLTE）在流动方向上略低于 HDPE-PEGMA。他们还研究了注射成型制备的 PP/黏土纳米复合材料的可燃性行为和热氧化降解，阐明了聚合物/黏土复合材料的阻燃机理。他们分析了不同分散水平的、从微米到纳米复合的各种复合材料。通过这种方式，他们能够分离出相容剂、黏土类型、黏土改性和分散体的影响程度。结论是 PP/黏土纳米复合材料的可燃性能的提高，应该是凝聚相阻燃机制。纳米复合材料的热释放速率（HRR）降低主要是由于热氧化分解的延迟。纳米复合材料的点火时间越短，初始 HRR 越高，不是由于有机黏土中有机改性剂分解引起的挥发，而是由于黏土催化聚合物基质的分解。剥离的层状硅酸盐对挥发物的阻隔作用对热氧化降解的延迟和纳米复合材料的 HRR 降低，做出了微小的贡献。层状硅酸盐的活性位点和通过有机黏土的分解产生的酸性位点能催化脱氢，促进纳米复合材料的交联和炭化。起保护性外套作用的焦炭和物理-化学交联效应应该导致了热氧化降解的延迟和纳米复合材料的 HRR 降低。

6.4.6 导热性能

纳米复合材料的热性能的改善明显优于传统填充聚合物。然而，对于低极性聚合物，例如聚烯烃，由于黏土和聚烯烃之间的低相容性，改进不是很显著[9]。在他们的综述文章中，Albdiry 等[24] 指出，在料桶中具有低温分布和高的螺杆速率，即在纳米黏土复合物中导致良好黏土分散的加工条件，可以实现良好的导热性能。其他研究还提到，通过改变加工压力来改善导热性，并且这种热导率的增加应该对工业生产比如在注塑过程中缩短循环时间非常有意义[86]。

6.5 注射成型工艺对产品性能的影响

预期聚合物材料与纳米黏土的复合会导致弹性模量的增加。尽管通过拉伸或弯曲模量评估的刚度，通常不是设计关注点，但已观察到这些性质并且公布了定量数据。例如，Ding 等[87] 报道 PP/有机 MMT 纳米复合材料的模量与纯 PP 的模量相比有显著提高，并且通过掺入有机 MMT 降低了 PP 的 T_g。Battisti 和 Friesenbichler[86] 也观察到螺杆速度、机头压力和不同的螺杆长度对这些纳米复合材料的弹性模量有影响。

Chen[88] 在他的论文中宣称黏土取向对力学性能的作用表明，除了聚合物基体内纳米黏土的剥离程度外，取向度是影响纳米复合材料最终力学性能的另一个因素。已经有许多研究试图确定纳米黏土添加剂对改善模塑性能的贡献。迄今为止，我们认为标准测试件如拉伸测试条或弯曲梁不能提供更清晰的在役情况[89]。因此，我们通过将商业PP与商业PP的母料混合后直接注射，对获得的纳米复合材料片段进行了研究。这些试件是1.5mm厚的双注射口矩形盒，如图6.6所示。这些模制的测试件表现出实际的产品特征，例如厚度减小、流动路径长、径向发散流动和焊接线的形成[20,23]。

焊缝是热塑性注射成型中的薄弱区域，由低分子缠结和不利取向引起。它们的出现可能导致产品的力学性能显著降低。当颗粒填料与聚合物混合时，焊缝变得更加关键。产品性能取决于注射温度、注射速率和焊缝平面中填料的取向[90]。玻璃填充模制品的研究表明，焊缝引起的冲击强度降低了10倍[91]。Pozsgay等[21]的报告说，PP/黏土纳米复合材料中观察到添加纳米填料的效果，由于剥落的黏土颗粒平行于焊缝方向，在模制件的弱点（焊缝、浇口部分）区域发生了焊缝强度的强烈恶化。

在我们对用双浇口热流道模具生产的PP/有机黏土纳米复合材料模制品进行的调查中发现，该模制品产生了熔合线，模塑件用单轴拉伸冲击和双轴落锤重量测试进行了检测。结果显示在熔接区，在拉伸条件下消耗的能量较少，在双轴条件下表现出比主体区更高的表观冲击韧性。双轴冲击样品的目视检查表明，熔体流动引起的聚合物分子和黏土片晶的取向占优势，并且熔合线不是模塑件韧性的决定因素（图6.8）。

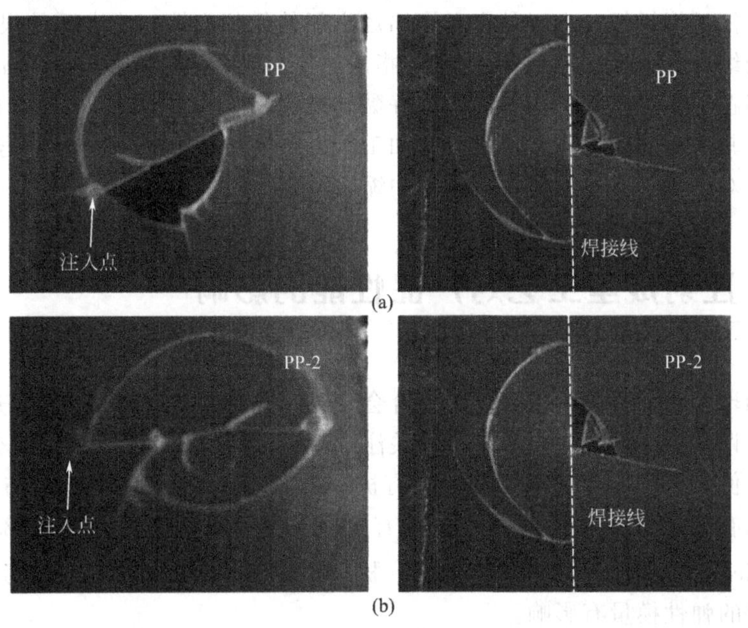

图6.8 双轴冲击载荷下的纯PP和2%有机黏土（2%PP纳米复合材料失效，显示出流动模式的影响[67]）

发现用3%黏土成型时具有最佳的冲击性能，因为在较大的黏土含量下，黏土片层聚集并起到应力提升的作用[20]。使用模式I双边缺口拉伸试样将相同的模制品进行拉断测试，结果发现通常的脆性断裂没有显示出整齐的面内裂纹扩展，初始裂缝分支发展并偏离垂直于所施加应力的平面。结果还发现，随着纳米黏土含量的增加，试样延展性和断裂变形均有增加趋势。断裂起始位置不依赖于纳米黏土含量或测试点位置；纳米黏土使能量传播释放速率增加，使断裂远离焊缝[23]。这些样品的显微镜观察表明，纳米黏土颗粒诱导了β-型球晶的还原。PP纳米复合材料-模塑件的韧性实际上不受加工熔体温度和流速的影响。在双轴应力冲击下，靠近焊缝的区域比基体更坚韧，并且沿着流动方向和熔合线产生主裂缝。沿着熔合线的开裂是由较少的大分子相互渗透和链缠结，以及不利的纳米颗粒取向造成的[69]。

6.6 纳米复合材料注射成型技术进展

6.6.1 模内剪切处理

形态/结构控制问题在现代聚合物加工中变得越来越重要，因为特殊的分层结构通常是超高性能、功能和应用多样性所必需的。由于加工设备和技术的快速发展，已经使用一些独特的机器设计和操作程序来实现该目标，为聚合物材料加工的新发展趋势建立路径。这一新领域的典型加工方法包括加工过程中对形态控制的注射成型（参见参考文献[92]）。与有相同加工工艺的传统处理方法相比，这些新加工方法引入了特定外部字段以定义制品中的形态/结构。

在过去十多年中，大多数关于聚合物/层状硅酸盐纳米复合材料的工作集中在改性黏土（通常是MMT）表面化学性质的重要性，以及所获得的纳米级结构的表征。有一种理解是，当实现纳米黏土在聚合物基质中的高水平嵌入、剥离和分散时，能显著增强纳米黏土填充聚合物的性能。基于Allan和Bevis开发的聚合物凝固阶段熔体模内剪切操作概念的非传统注射技术，被称为SCORIM技术[81]，在最近二十多年来已被各种研究人员用于改善注塑纳米复合材料的性能。

Wang等的研究[30,34] 专注于剪切对DPIM纳米黏土分散的影响，其中熔体首先注入模具，然后通过两个同频率往复运动的活塞在活塞室内反复移动，熔体逐渐凝固。他们观察到，在没有剪切的情况下，仅获得了纳米黏土插层结构，而在剪切作用下，在取向区域中可以实现纳米黏土嵌入形态，在核心区域获得纳米黏土剥离形态。发现黏土的无序水平和剥落程度从皮层到核心显著增加。加工时间的延长、凝固线的逐渐增长、熔体黏度的增加和剪切放大效应被认为是解释模腔中心区域剥离程度较高的原因。这些作者甚至建议可能需要临界剪切力将黏土分解为剥离结构。

对通过双螺杆挤出制备的iPP/有机黏土纳米复合材料样品，添加马来酸酐接枝的PP作为增容剂，以及最后的拉伸测试棒的DPIM进行了类似的研究。与纯PP相比，在复合材料中发现的PP取向度高得多，这是由于局部应力的大幅增强引起的剪切放大是在两个相邻的不同速度层状晶体的小颗粒间区域发生的[93,94]。

其他研究人员已经开发出一种自制的DPIM装置，以探索有机黏土对剪切诱导的HDPE结晶的影响[32]。他们发现在HDPE/黏土纳米复合材料样品中实现了更高的结晶度和更厚的晶面，这有助于改善力学性能。与传统的未填充HDPE样品相比，他们观察到结晶度增加约16%。

Viana及其同事使用原始的SCORIM技术来分析各种类型的纳米复合材料。该技术能够对聚合物施加高剪切，导致高水平的分子取向[33,35,53,95]。该技术的使用意味着将基于纳米黏土的母料与PP混合，并在具有SCORIM辅助的常规机器中将其直接注射成型。这种引起多层高度取向的皮层微结构发展的技术带来了力学性能的显著改善。注塑单元配置如图6.9所示。

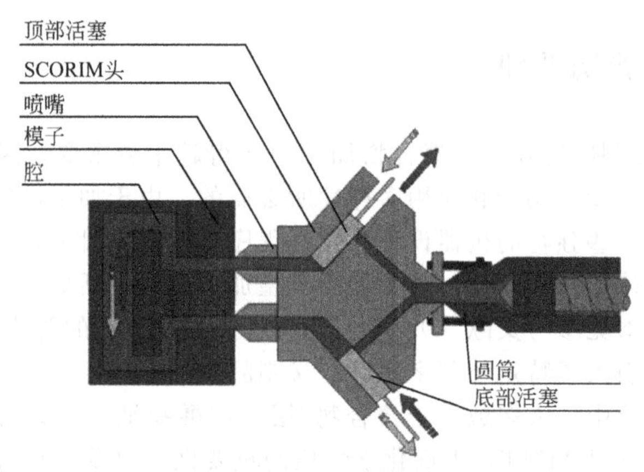

图6.9 SCORIM技术注塑单元配置[33]

然而，应该注意的是，这些模内熔体操作技术的应用意味着模塑厚度应该比实际部件中的相对更大。

6.6.2 注射成型混合：PNC-IMC

最近由Battisti和Friesenbichler开发了所谓的注塑混合器（PNC-IMC）[86]，与常规配混方法相比，其中化合物必须造粒并送入注塑机进行第二次塑化过程。该技术结合了传统复合工艺的两个加工步骤：造粒和送入注塑机（图6.10）。

通过使用加热的熔体管线和熔体蓄积器，“仅通过一次塑化过程”直接进行材料配混和随后的注塑。在他们的研究中，他们发现与原始PP相比，使用纳米填料可以提高热导率，从而带来注塑工艺中循环时间缩短的优势。

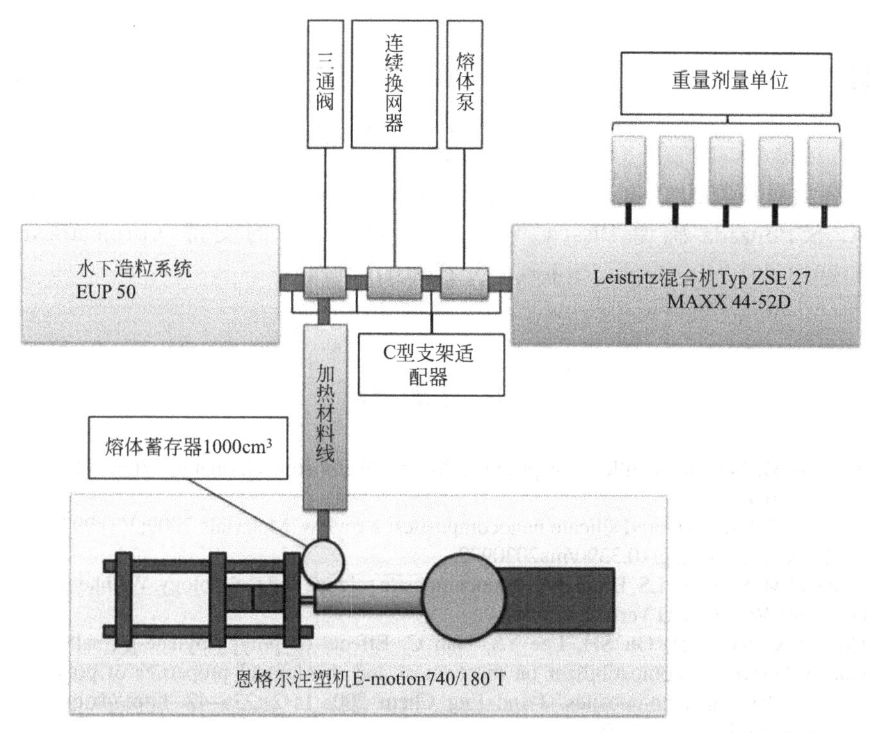

图 6.10 聚合物纳米复合材料的注射成型复合系统示意图（PNC-IMC）[86]

6.6.3 总结

在过去的几十年中，以低成本定制特性的纳米复合材料引起了人们的极大兴趣。业界对其应用以满足高性能产品的特定功能要求的兴趣是不断增加的。然而，将研究信息外推到工业实践并不总是立竿见影，因为测试部件通常与现实产品非常不同。

本文提到的具体问题不仅涉及对纳米填料的剥落和分散具有直接影响的加工，而且还涉及具有与所分析的商品相似的形态特征的模制品的性能，需要考虑力学性能、韧性改善、表面硬化、阻燃性或摩擦性能等方面。

很明显，关于将纳米黏土与聚烯烃混合并在最终模制品中保持分散性的最佳方法，以及如何使用常规设备加工含纳米黏土的母料问题仍然存在。人们正在分析在模具中促进强烈高剪切的注塑变量的应用，但是受到可能受益于该加工选择的模制品所需的最小厚度的限制。

模制品具有的形态特征行为，如大分子取向或焊缝的存在开始被记录在案，以提供新的数据，这有助于理解由聚烯烃/黏土纳米复合材料制成的最终产品的结构完整性以及期望在服务中执行的功能如何受到影响。

致谢

作者要感谢教授 Profs Klaus Friedrich 和 Ulf Breuer 给予写本章的机会。

A. S. Pouzada 感谢 PEst-C/CTM/LA0025/2013 的支持（projectoestratéLA 25-2013-2014-Strategic Project-LA 25-2013-2014）。

参考文献

[1] Xanthos M. Functional fillers for plastics, 2nd ed. Weinheim, Germany: Wiley-VCH Verlag; 2010.

[2] Mittal V. Polymer layered silicate nanocomposites: a review. Materials 2009;2(3):992–1057. http://dx.doi.org/10.3390/ma2030992.

[3] Ajayan PM, Schadler LS, Braun PV. Nanocomposite science and technology. Weinheim, Germany: Wiley-VCH Verlag; 2003.

[4] Hong CK, Kim MJ, Oh SH, Lee YS, Nah C. Effects of polypropylene-g-(maleic anhydride/styrene) compatibilizer on mechanical and rheological properties of polypropylene/clay nanocomposites. J Ind Eng Chem 2008;14(2):236–42. http://dx.doi.org/10.1016/j.jiec.2007.11.001.

[5] Okada A, Usuki A. Twenty years of polymer–clay nanocomposites. Macromol Mater Eng 2006;291(12):1449–76. http://dx.doi.org/10.1002/mame.200600260.

[6] Nguyen QT, Baird DG. Preparation of polymer–clay nanocomposites and their properties. Adv Polym Tech 2006;25(4):270–85. http://dx.doi.org/10.1002/adv.20079.

[7] Alexandre M, Dubois P. Polymer-layered silicate nanocomposites: preparation, properties and uses of a new class of materials. Mater Sci Eng R Rep 2000;28(1–2):1–63. http://dx.doi.org/10.1016/S0927-796X(00)00012-7.

[8] Paul DR, Robeson LM. Polymer nanotechnology: nanocomposites. Polymer 2008;49(15):3187–204. http://dx.doi.org/10.1016/j.polymer.2008.04.017.

[9] Mazrouaa AM. Polypropylene nanocomposites Dogan F, editor. Polypropylene. Rijeka, Croatia: InTech; 2012.

[10] Cho JW, Paul DR. Nylon 6 nanocomposites by melt compounding. Polymer 2001;42(3):1083–94. http://dx.doi.org/10.1016/S0032-3861(00)00380-3.

[11] Uribe-Arocha P, Mehler C, Puskas JE, Altstädt V. Effect of sample thickness on the mechanical properties of injection-molded polyamide-6 and polyamide-6 clay nanocomposites. Polymer 2003;44(8):2441–6. http://dx.doi.org/10.1016/s0032-3861(03)00115-0.

[12] Chow WS, Ishak ZAM, Ishiaku US, Karger-Kocsis J, Apostolov AA. The effect of organoclay on the mechanical properties and morphology of injection-molded polyamide 6/polypropylene nanocomposites. J Appl Polym Sci 2004;91(1):175–89. http://dx.doi.org/10.1002/app.13244.

[13] Frache A, Monticelli O, Ceccia S, Brucellaria A, Casale A. Preparation of nanocomposites based on PP and PA6 by direct injection molding. Polym Eng Sci 2008;48(12):2373–81. http://dx.doi.org/10.1002/pen.21190.

[14] Sorrentino A, Pantani R, Brucato V. Injection molding of syndiotactic polystyrene/

clay nanocomposites. Polym Eng Sci 2006;46(12):1768–77. http://dx.doi.org/10.1002/pen.20650.
[15] Yilmazer U, Ozdcn G. Polystyrene–organoclay nanocomposites prepared by melt intercalation, in situ, and masterbatch methods. Polym Compos 2006;27(3):249–55. http://dx.doi.org/10.1002/pc.20191.
[16] Prashantha K, Soulestin J, Lacrampe MF, Lafranche E, Krawczak P, Dupin G, et al. Taguchi analysis of shrinkage and warpage of injection-moulded polypropylene/multiwall carbon nanotubes nanocomposites. Express Polym Lett 2009;3(10):630–8. http://dx.doi.org/10.3144/xpresspolymlett.2009.79.
[17] Chandra A, Kramschuster A, Hu X, Tumg L. Effect of injection molding parameters on the electrical conductivity of polycarbonate/carbon nanotube nanocomposite. In: ANTEC conference proceedings 2007; 2007. p. 2171.
[18] Jiang X, Drzal LT. Properties of injection molded high density polyethylene nanocomposites filled with exfoliated graphene nanoplatelets Wang J, editor. Some critical issues for injection molding. Rijeka, Croatia: InTech; 2012. p. 251–70.
[19] Frontini PM, Pouzada AS. Editorial corner—Is there any chance for polypropylene/clay nanocomposites in injection molding? Express Polym Lett 2011;5(8):661. http://dx.doi.org/10.3144/expresspolymlett.2011.64.
[20] Pettarin V, Pontes AJ, Viau G, Viana JC, Frontini PM, Pouzada AS. Impact behavior of injected PP/nanoclay parts. In: Proceedings. PPS 26th annual meeting, Banff/Canada; 2008.
[21] Pozsgay A, Papp L, Fráter T, Pukánszky B. Polypropylene/montmorillonite nanocomposites prepared by the delamination of the filler Děkány I, editor. Adsorption and nanostructure, vol. 117. Progress in colloid and polymer science. Berlin/Heidelberg: Springer; 2002. p. 120–5.
[22] Chen L, Wong S-C, Liu T, Lu X, He C. Deformation mechanisms of nanoclay-reinforced maleic anhydride-modified polypropylene. J Polym Sci Part B Polym Phys 2004;42(14):2759–68. http://dx.doi.org/10.1002/polb.20108.
[23] Pettarin V, Brun F, Viana JC, Pouzada AS, Frontini PM. Toughness distribution in complex PP/nanoclay injected mouldings. Compos Sci Technol 2013;74:28–36. http://dx.doi.org/10.1016/j.compscitech.2012.09.015.
[24] Albdiry M, Yousif B, Ku H, Lau K. A critical review on the manufacturing processes in relation to the properties of nanoclay/polymer composites. J Compos Mater 2013;47(9):1093–115. http://dx.doi.org/10.1177/0021998312445592.
[25] Kracalik M, Laske S, Gschweitl M, Friesenbichler W, Langecker GR. Advanced compounding: extrusion of polypropylene nanocomposites using the melt pump. J Appl Polym Sci 2009;113(3):1422–8. http://dx.doi.org/10.1002/app.29888.
[26] Chen C, Samaniuk J, Baird DG, Devoux G, Zhang M, Moore RB, et al. The preparation of nano-clay/polypropylene composite materials with improved properties using supercritical carbon dioxide and a sequential mixing technique. Polymer 2012;53(6):1373–82. http://dx.doi.org/10.1016/j.polymer.2012.01.049.
[27] Dennis HR, Hunter DL, Chang D, Kim S, White JL, Cho JW, et al. Effect of melt processing conditions on the extent of exfoliation in organoclay-based nanocomposites. Polymer 2001;42(23):9513–22. http://dx.doi.org/10.1016/s0032-3861(01)00473-6.
[28] Seong Woo K, Won Ho J, Moo Sung L, Moon Bae K, Jae Young J. Effects of shear on melt exfoliation of clay in preparation of nylon 6/organoclay nanocomposites. Polym J 2002;34(3):103–11.
[29] Dasari A, Yu Z-Z, Mai Y-W, Hu G-H, Varlet J. Clay exfoliation and organic modification on wear of nylon 6 nanocomposites processed by different routes. Compos Sci Technol 2005;65(15–16):2314–28. http://dx.doi.org/10.1016/j.compscitech.2005.06.017.
[30] Wang K, Liang S, Zhang Q, Du R, Fu Q. An observation of accelerated exfoliation in iPP/

organoclay nanocomposite as induced by repeated shear during melt solidification. J Polym Sci Part B Polym Phys 2005;43(15):2005–12. http://dx.doi.org/10.1002/polb.20487.
[31] Bousmina M. Study of intercalation and exfoliation processes in polymer nanocomposites. Macromolecules 2006;39(12):4259–63. http://dx.doi.org/10.1021/ma052647f.
[32] Deng C, Gao X, Chen Z, Xue S, Shen K. Study of the effect of organic clay on the shear-induced crystallization of high-density polyethylene through dynamic-packing injection molding. Polym Int 2010;59(12):1660–4. http://dx.doi.org/10.1002/pi.2899.
[33] Bilewicz M, Viana JC, Cunha AM, Dobrzański LA. Morphology diversity and mechanical response of injection moulded polymer nanocomposites and polymer–polymer composites. J Achiev Mater Manuf Eng 2006;15(1–2):156–65.
[34] Wang K, Liang S, Du R, Zhang Q, Fu Q. The interplay of thermodynamics and shear on the dispersion of polymer nanocomposite. Polymer 2004;45(23):7953–60. http://dx.doi.org/10.1016/j.polymer.2004.09.053.
[35] Costantino A, Pettarin V, Viana J, Pontes A, Pouzada A, Frontini P. Microstructure of PP/clay nanocomposites produced by shear induced injection moulding. Procedia Mater Sci 2012;1(0):34–43. http://dx.doi.org/10.1016/j.mspro.2012.06.005.
[36] Cho JW, Logsdon J, Omachinski S, Qian G, Lan T, Womer TW, et al. Nanocomposites: a single screw mixing study of nanoclay-filled polypropylene. In: Proceedings. ANTEC 2002, the annual technical conference of the society of plastics engineers, San Francisco, CA; 2002.
[37] Eteläaho P, Nevalainen K, Suihkonen R, Vuorinen J, Hanhi K, Järvelä P. Effects of direct melt compounding and masterbatch dilution on the structure and properties of nanoclay-filled polyolefins. Polym Eng Sci 2009;49(7):1438–46. http://dx.doi.org/10.1002/pen.21270.
[38] Shah RK, Paul DR. Nylon 6 nanocomposites prepared by a melt mixing masterbatch process. Polymer 2004;45(9):2991–3000. http://dx.doi.org/10.1016/j.polymer.2004.02.058.
[39] Covas JA, Costa P. A miniature extrusion line for small scale processing studies. Polym Test 2004;23(7):763–73. http://dx.doi.org/10.1016/j.polymertesting.2004.04.005.
[40] Ferreira JAM, Reis PNB, Costa JDM, Richardson BCH, Richardson MOW. A study of the mechanical properties on polypropylene enhanced by surface treated nanoclays. Composites Part B Eng 2011;42(6):1366–72. http://dx.doi.org/10.1016/j.compositesb.2011.05.038.
[41] Ciardelli F, Coiai S, Passaglia E, Pucci A, Ruggeri G. Nanocomposites based on polyolefins and functional thermoplastic materials. Polym Int 2008;57(6):805–36. http://dx.doi.org/10.1002/pi.2415.
[42] Krawczak P. Compounding and processing of polymer nanocomposites: from scientific challenges to industrial stakes. Express Polym Lett 2007;1(4):188. http://dx.doi.org/10.3144/expresspolymlett.2007.29.
[43] Dong Y, Bhattacharyya D, Hunter PJ. Experimental characterisation and object-oriented finite element modelling of polypropylene/organoclay nanocomposites. Compos Sci Technol 2008;68(14):2864–75. http://dx.doi.org/10.1016/j.compscitech.2007.10.026.
[44] Rajesh JJ, Soulestin J, Lacrampe MF, Krawczak P. Effect of injection molding parameters on nanofillers dispersion in masterbatch based PP–clay nanocomposites. Express Polym Lett 2012;6(3):237–48. http://dx.doi.org/10.3144/expresspolymlett.2012.26.
[45] Rodríguez-Llamazares S, Rivas BL, Pérez M, Perrin-Sarazin F, Maldonado A, Venegas C. The effect of clay type and of clay–masterbatch product in the preparation of polypropylene/clay nanocomposites. J Appl Polym Sci 2011;122(3):2013–25. http://dx.doi.org/10.1002/app.34085.
[46] Fujiyama M. Morphology development in polyolefin nanocomposites. In: Mittal V, (editor) Optimization of polymer nanocomposite properties. Weinheim: Wiley-VCH Verlag; 2010. p. 67–92.

[47] Kumar V, Singh A. Polypropylene clay nanocomposites. Reviews in chemical engineering 2013;29 p. 439.
[48] Salah HBH, Daly HB, Denault J, Perrin F. Morphological aspects of injected polypropylene/clay nanocomposite materials. Polym Eng Sci 2013;53(5):905–13. http://dx.doi.org/10.1002/pen.23334.
[49] Moretti F, Favaro MM, Branciforti MC, Bretas RES. Optical monitoring of the injection molding of intercalated polypropylene nanocomposites. Polym Eng Sci 2010;50(7):1326–39. http://dx.doi.org/10.1002/pen.21662.
[50] Perrin-Sarazin F, Ton-That MT, Bureau MN, Denault J. Micro- and nano-structure in polypropylene/clay nanocomposites. Polymer 2005;46(25):11624–11634. http://dx.doi.org/10.1016/j.polymer.2005.09.076.
[51] Bilewicz M, Viana JC, Dobrzański LA. Development of microstructure affected by in-mould manipulation in polymer composites and nanocomposites. J Achiev Mater Manuf Eng 2008;31(1):71–6.
[52] Costantino A, Pettarin V, Viana JC, Pontes AJ, Pouzada AS, Frontini PM. Fracture of montmorillonite reinforced polypropylene nanocomposites obtained by shear controlled orientation in injection moulding. In: Proceedings. PMI 2012—International conference on polymers & moulds innovations, Ghent, Belgium; 2012.
[53] Costantino A, Pettarin V, Viana J, Pontes A, Pouzada A, Frontini P. Morphology – performance relationship of polypropylene – nanoclay composites processed by shear controlled injection moulding. Polym Int 2013;62(11):1589–99. http://dx.doi.org/10.1002/pi.4543.
[54] Pontes AJ, Pantani R, Titomanlio G, Pouzada AS. Solidification criterion on shrinkage predictions for semi-crystalline injection moulded samples. Int Polym Proc 2000;15(3):284–90.
[55] Revilla-Díaz R, Sánchez-Valdés S, López-Campos F, Medellín-Rodríguez FJ, López-Quintanilla ML. Comparative characterization of PP nano- and microcomposites by in-mold shrinkage measurements and structural characteristics. Macromol Mater Eng 2007;292(6):762–8. http://dx.doi.org/10.1002/mame.200700019.
[56] Xu Y-J, Yang W, Xie B-H, Liu Z-Y, Yang M-B. Effect of injection parameters and addition of nanoscale materials on the shrinkage of polypropylene copolymer. J Macromol Sci Part B 2009;48(3):573–86. http://dx.doi.org/10.1080/00222340902837741.
[57] Fischer JM, Maier C. Handbook of molded part shrinkage and warpage. Norwich: William Andrew; 2003.
[58] Martinho PG, Sabino-Netto A, Ahrens CH, Salmoria GV, Pouzada AS. Hybrid moulds with epoxy-based composites—effects of materials and processing on moulding shrinkage and warpage. Int Polym Proc 2011;26(3):256–64. http://dx.doi.org/10.3139/217.2435.
[59] Goettler LA, Lee KY, Thakkar H. Layered silicate reinforced polymer nanocomposites: development and applications. Polym Rev 2007;47(2):291–317. http://dx.doi.org/10.1080/15583720701271328.
[60] Patel V, Mahajan Y. Polymer nanocomposites: emerging growth driver for the global automotive industry Handbook of polymernanocomposites. Processing, performance and application. : Springer; 2014. p. 511–38.
[61] Százdi L, Pukánszky Jr B, Vancso GJ, Pukánszky B. Quantitative estimation of the reinforcing effect of layered silicates in PP nanocomposites. Polymer 2006;47(13):4638–48. http://dx.doi.org/10.1016/j.polymer.2006.04.053.
[62] Cauvin L, Kondo D, Brieu M, Bhatnagar N. Mechanical properties of polypropylene layered silicate nanocomposites: characterization and micro–macro modelling. Polym Test 2010;29(2):245–50. http://dx.doi.org/10.1016/j.polymertesting.2009.11.007.
[63] Saminathan K, Selvakumar P, Bhatnagar N. Fracture studies of polypropylene/nano-

clay composite. Part I: Effect of loading rates on essential work of fracture. Polym Test 2008;27(3):296–307. http://dx.doi.org/10.1016/j.polymertesting.2007.11.008.
[64] Yuan Q, Misra RDK. Impact fracture behavior of clay–reinforced polypropylene nanocomposites. Polymer 2006;47(12):4421–33. http://dx.doi.org/10.1016/j.polymer.2006.03.105.
[65] Bureau MN, Perrin-Sarazin F, Ton-That MT. Polyolefin nanocomposites: essential work of fracture analysis. Polym Eng Sci 2004;44(6):1142–51. http://dx.doi.org/10.1002/pen.20107.
[66] Dong Y, Bhattacharyya D. Mapping the real micro/nanostructures for the prediction of elastic moduli of polypropylene/clay nanocomposites. Polymer 2010;51(3):816–24. http://dx.doi.org/10.1016/j.polymer.2009.12.028.
[67] Deshmane C, Yuan Q, Perkins RS, Misra RDK. On striking variation in impact toughness of polyethylene–clay and polypropylene–clay nanocomposite systems: the effect of clay–polymer interaction. Mater Sci Eng A 2007;458(1–2):150–7. http://dx.doi.org/10.1016/j.msea.2006.12.069.
[68] Tanniru M, Yuan Q, Misra RDK. On significant retention of impact strength in clay–reinforced high-density polyethylene (HDPE) nanocomposites. Polymer 2006;47(6):2133–46. http://dx.doi.org/10.1016/j.polymer.2006.01.063.
[69] Pettarin V, Viau G, Fasce L, Viana JC, Pontes AJ, Frontini PM, et al. Uni- and biaxial impact behavior of double-gated nanoclay-reinforced polypropylene injection moldings. Polym Eng Sci 2013;53(4):724–33. http://dx.doi.org/10.1002/pen.23306.
[70] Chen L, Wong S-C, Pisharath S. Fracture properties of nanoclay-filled polypropylene. J Appl Polym Sci 2003;88(14):3298–305. http://dx.doi.org/10.1002/app.12153.
[71] Saminathan K, Selvakumar P, Bhatnagar N. Fracture studies of polypropylene/nanoclay composite. Part II: Failure mechanism under fracture loads. Polym Test 2008;27(4):453–8. http://dx.doi.org/10.1016/j.polymertesting.2008.01.011.
[72] Choi BH, Chudnovsky A, Zhou Z. Observation of failure characteristics of notched injection molded PP/TPO/MMT nanocomposites. In: Proceedings. ICCE-17, Honololu, Hawaii; 2009.
[73] Cotterell B, Chia JYH, Hbaieb K. Fracture mechanisms and fracture toughness in semicrystalline polymer nanocomposites. Eng Fract Mech 2007;74(7):1054–78. http://dx.doi.org/10.1016/j.engfracmech.2006.12.023.
[74] Friedrich K, Zhang Z, Schlarb AK. Effects of various fillers on the sliding wear of polymer composites. Compos Sci Technol 2005;65(15–16):2329–43. http://dx.doi.org/10.1016/j.compscitech.2005.05.028.
[75] Pettarin V, Fasce L, Frontini PM, Correia MA, Pontes AJ, Viana JC, et al. Surface property effects of compounding a nanoclay masterbatch in PP injection moulding. In: Proceedings. PMI 2010—International conference on polymers & moulds innovations, Ghent, Belgium; 2010.
[76] Dasari A, Yu Z-Z, Mai Y-W. Fundamental aspects and recent progress on wear/scratch damage in polymer nanocomposites. Mater Sci Eng R Rep 2009;63(2):31–80. http://dx.doi.org/10.1016/j.mser.2008.10.001.
[77] Malucelli G, Marino F. Abrasion resistance of polymer nanocomposites—a review; 2012.
[78] Aly AA, Zeidan E-SB, Alshennawy A, El-Masry AA, Wasel WA. Friction and wear of polymer composites filled by nano-particles: a review. World J Nano Sci Eng 2012;2(1):32–9.
[79] Carrión FJ, Arribas A, Bermúdez M-D, Guillamon A. Physical and tribological properties of a new polycarbonate–organoclay nanocomposite. Eur Polym J 2008;44(4):968–77. http://dx.doi.org/10.1016/j.eurpolymj.2008.01.038.

[80] Thridandapani RR, Mudaliar A, Yuan Q, Misra RDK. Near surface deformation associated with the scratch in polypropylene–clay nanocomposite: a microscopic study. Mater Sci Eng A 2006;418(1–2):292–302. http://dx.doi.org/10.1016/j.msea.2005.11.027.

[81] Allan PS, Bevis MJ. Multiple live-feed injection moulding. Plast Rubb Proc Appl 1987;7(1):3–10.

[82] Laino S, Dommarco RC, Frontini PM. Comportamiento Tribológico de Nanocompuestos Polipropileno-Organoarcilla. 11° Congreso Binacional de Metalurgia y Materiales, SAM CONAMET 2011. Rosario, Argentina; 2011.

[83] Pouzada AS, Ferreira EC, Pontes AJ. Friction properties of moulding thermoplastics. Polym Test 2006;25(8):1017–23.

[84] Hwang S-s, Liu S-p, Hsu PP, Yeh J-m, Yang J-p, Chang K-c, et al. Morphology, mechanical, thermal and rheological behavior of microcellular injection molded TPO-clay nanocomposites prepared by kneader. Int Commun Heat Mass Transfer 2011;38(5):597–606. http://dx.doi.org/10.1016/j.icheatmasstransfer.2011.02.003.

[85] Qin H, Zhang S, Zhao C, Hu G, Yang M. Flame retardant mechanism of polymer/clay nanocomposites based on polypropylene. Polymer 2005;46(19):8386–95. http://dx.doi.org/10.1016/j.polymer.2005.07.019.

[86] Battisti MG, Friesenbichler W. Injection molding compounding of PP polymer nanocomposites. Strojniški vestnik J Mech Eng 2013;59(11):662–8.

[87] Ding C, Jia D, He H, Guo B, Hong H. How organo-montmorillonite truly affects the structure and properties of polypropylene. Polym Test 2005;24(1):94–100. http://dx.doi.org/10.1016/j.polymertesting.2004.06.005.

[88] Chen C. The manufacture of polymer nanocomposite materials using supercritical carbon dioxide. Dissertation submitted to the Faculty of Virginia Polytechnic Institute and State University in partial fulfillment of the requirements for the degree of Doctor of Philosophy in Chemical Engineering; 2011.

[89] Pouzada AS, Stevens MJ. Methods of generating flexural design data for injection moulded plates. Plast Rubb Proc Appl 1984;4(2):181–7.

[90] Morelli CL, de Sousa JA, Pouzada AS. Assessment of weld line performance of PP/Talc moldings produced in hot runner injection molds. J Vinyl Add Tech 2007;13(3):159–65. http://dx.doi.org/10.1002/vnl.20121.

[91] Gamba MM, Pouzada AS, Frontini PM. Impact properties and microhardness of double-gated glass-reinforced polypropylene injection moldings. Polym Eng Sci 2009;49(9):1688–95. http://dx.doi.org/10.1002/Pen.21393.

[92] Wang K, Chen F, Li Z, Fu Q. Control of the hierarchical structure of polymer articles via “structuring” processing. Prog Polym Sci 2014;39(5):891–920. http://dx.doi.org/10.1016/j.progpolymsci.2013.05.012.

[93] Wang K, Zhao P, Yang H, Liang S, Zhang Q, Du R, et al. Unique clay orientation in the injection-molded bar of isotactic polypropylene/clay nanocomposite. Polymer 2006;47(20):7103–10. http://dx.doi.org/10.1016/j.polymer.2006.08.022.

[94] Wang K, Xiao Y, Na B, Tan H, Zhang Q, Fu Q. Shear amplification and re-crystallization of isotactic polypropylene from an oriented melt in presence of oriented clay platelets. Polymer 2005;46(21):9022–32. http://dx.doi.org/10.1016/j.polymer.2005.07.025.

[95] Dobrzański L, Bilewicz M, Viana J, Cunha A. Non-conventionally obtained polymer nanocomposites with different nano-clay ratios. J Achiev Mater Manuf Eng 2008;31(2):212–7.

第7章

聚合物纳米复合材料的多功能填料——膨胀石墨

Daniel Eurico Salvador de Sousa[1], Carlos Henrique Scuracchio[1], Guilherme Mariz de Oliveira Barra[2] and Alessandra de Almeida Lucas[1]

[1]圣卡洛斯联邦大学，材料工程系，巴西，圣保罗

[2]圣卡塔琳娜联邦大学，机械工程系，巴西，圣卡塔琳娜，弗洛里亚诺波利斯

7.1 简介

使用纳米膨胀石墨（nEG）和石墨烯纳米片作为聚合物纳米复合材料填料的兴趣在过去十年中有所增加[1-3]，特别是在过去的五年中，Andre Geim 和 Konstantin Novoselov 发现了独立的石墨烯层并获得 2010 年诺贝尔物理学奖。石墨烯的层状结构，结合其出色的力学性能（1TPa 的弹性模量，自然界中具有最高模量的材料）以及导电性和导热性，使其成为聚合物体系的多功能填料的良好候选者。当石墨烯沿聚合物基质适当地分散和分布时，能获得具有改进性能的纳米复合材料，包括机械、电、热、气体和液体阻隔、磨蚀性和耐磨性。

石墨是一种丰富的天然矿物，有多种同素异形体，如金刚石、富勒烯及其相关材料，如：碳纳米纤维和碳纳米管。其基本结构由二维平行层叠石墨烯组成，在结晶蜂窝状晶格中含有 sp^2 杂化的碳原子，如图 7.1(a) 所示。石墨层之间存在范德华力，层与层之间很容易发生相对滑动，从而使这些材料具有良好的润滑性能[4,5]。堆叠的石墨烯层间间距是 0.335nm，小的原子和分子可被引入这些薄片之间的插层中，这样就形成了可膨胀的石墨，如图 7.1(b) 所示。这些结构也被称为石墨层间化合物（GIC）。通常，硫酸/硝酸和乙酸，或它们的组合物被用作嵌入剂[4,5]，强氧化剂（H_2O_2、HNO_3 和 $KMnO_4$）也可以用作石墨层间填充物[5]。石墨层间插入物质后，膨胀石墨薄片通常能被中和、洗涤和干燥。膨

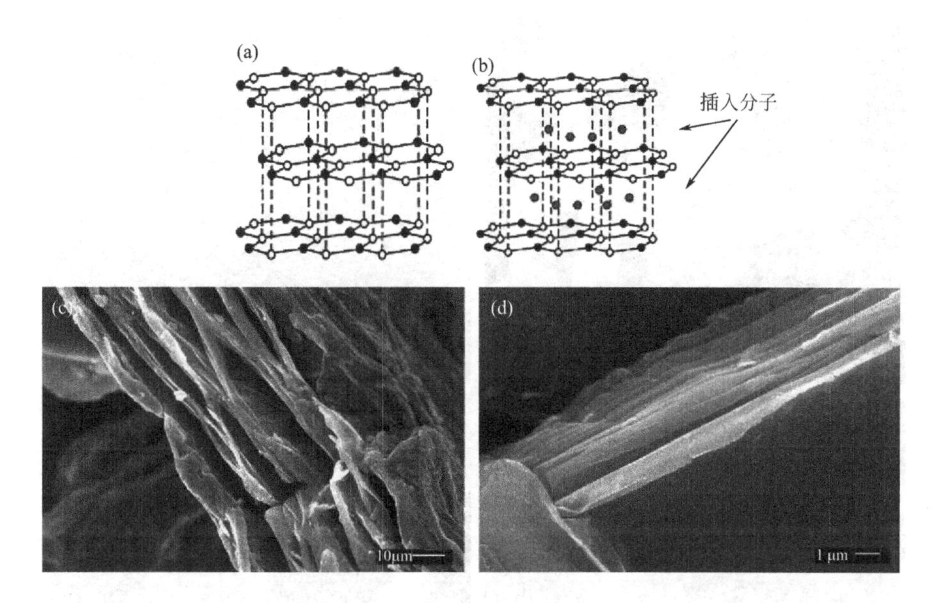

图 7.1 石墨烯层间结构（a）；GIC 或可膨胀石墨（b）；
可膨胀石墨的 SEM 照片（c）和（d）

胀石墨片的外观形貌是通过扫描电子显微镜（SEM）得到的，如图 7.1(c) 和（d）所示。

在高温（700～1000℃）下快速加热可膨胀石墨可引起插层分子的扩张，使材料发生蠕变，从而产生蠕虫状手风琴结构，也被称为膨胀石墨。图 7.2（a）～（c）是不同放大程度膨胀石墨的外观图。研磨、剪切或超声搅拌是得到脱模或纳米膨胀石墨薄片的方法，其厚度为纳米级，但薄片大小或直径都在微尺度，所得颗粒取决于所选择的研磨方法。图 7.2(d) 是由喷射研磨技术研磨的纳米膨胀石墨薄片。

文献中，根据薄片的厚度可采同不用的术语来表达：厚度 20～100nm 的纳米石墨和纳米膨胀石墨最常使用。厚度小于 10nm 的石墨烯纳米片也经常使用。市售石墨片的直径范围为 1～30μm。这些材料的比表面积和长径比是非常高的。纳米膨胀石墨的价格（约 20 美元/公斤）比石墨烯纳米片低得多（约 100 美元/公斤），这两者都比碳纳米管和氧化石墨烯便宜得多。

除了价格低廉，使用这些纳米填料的优势还在于可以同时改进材料，形成多功能纳米复合材料。在下面的章节中，将主要讨论其对材料机械、阻隔、电气和热性能的要求，重点是这些性能的协同作用。考虑材料的最佳组合、成分和加工方法，从而得到具有良好的平衡使用性能的材料。也将会提到这些纳米复合材料作管涂料、燃料箱和电工电子产品的应用实例。

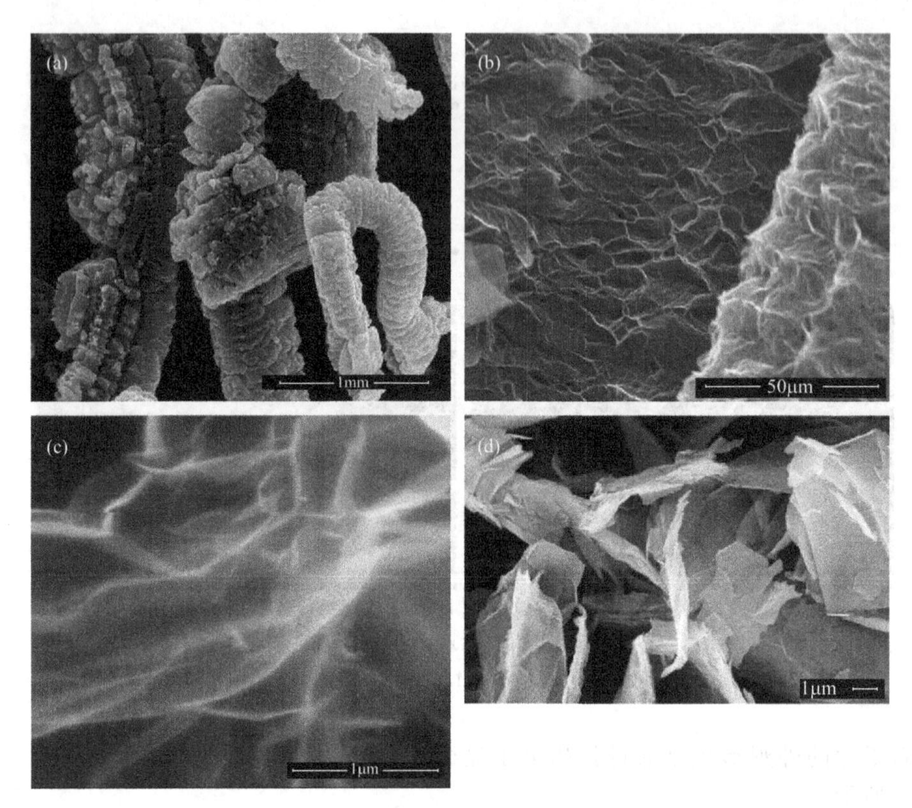

图 7.2　不同放大倍率的蠕虫状膨胀石墨（a）～（c）和反向气流研磨粉碎的纳米膨胀石墨或膨胀石墨薄片（d）

7.2　力学性能

对于所有的聚合物复合材料，石墨纳米复合材料的力学性能依赖于填料的长径比，浓度，在处理过程中分散度、分布和取向情况，连接质量[6]。所有这些参数将影响从基体到纳米填料的应力转移。插层或剥离形态的分散水平是以提高材料的力学性能为目标的，如图 7.3（a）～（d）所示。一些纳米颗粒还有促进某些半结晶聚合物成核的作用，同样改变了纳米复合材料的最终性能。

考虑界面的影响，还需考虑石墨填料和基体界面上的化学或物理性质。根据之前得到膨胀石墨片的插层过程，良好的界面会使最后的纳米膨胀石墨薄片中得到一些官能团，如胺、亚胺、羧基、羟基、环氧化物或内酯等一些化学基团[7]。由于这些基团的存在使石墨烯层中引入了晶格缺陷，它们可以降低纳米填料的电导性和热传导性。

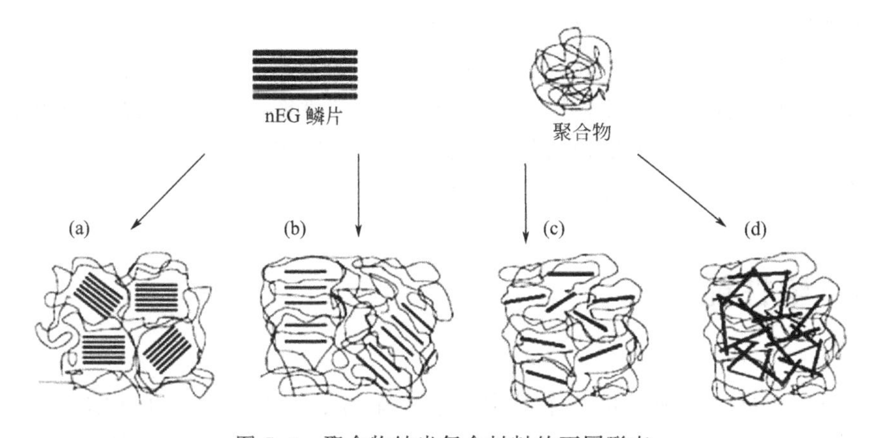

图 7.3 聚合物纳米复合材料的不同形态

(a) 微相分离（聚结）；(b) 插层；(c) 剥离；(d) 浸透

7.3 热性能

导热性聚合物复合材料通常用在某一临界导电性填充物含量下的绝缘体导体转变为特征，也被称为逾渗阈值（*PT*）。在临界点以下，导电填料颗粒通过绝缘聚合物层分离。在此阶段，聚合物复合材料的热导率非常接近绝缘聚合物基体的热导率。在 *PT* 值以上，由于导电填料连续网络的形成增加了热导率。例如，King 等已经研究了添加炭黑和碳纳米管对聚碳酸酯（PC）的复合材料的电和热传导的影响。纯 PC 和质量分数为 8%的含炭黑和纳米管复合材料的电阻率值分别为 $1.26\times10^{17}\Omega\cdot cm$、$122\Omega\cdot cm$ 和 $7.8\Omega\cdot cm$，大小增大了 15～16 个数量级。另外，纯 PC 的热导率［0.21W/(m·K)］与 PC/炭黑和 PC/碳纳米管复合物的热导率相似［分别为 0.27W/(m·K) 和 0.30W/(m·K)］[8]。这种现象在电导率的研究中也有发现（将在下节讨论）；但是，热导率只能提高 1 个或 2 个数量级的幅度，比电导率的最大值小得多。热和电特性的差异与传导机制的不同有关，其中，热导率取决于平均声子的速度和平均声子的自由程（热扩散）的乘积。聚合物复合材料的热导率 k［W/(m·K)］可以用式（7.1）来表示[9]：

$$k=\rho C_p\alpha \tag{7.1}$$

式中，ρ 为密度（g/cm^3）；C_p 为比热容［J/(kg·K)］；α 为热扩散系数（cm^2/s）。

聚合物复合材料的热传导性能强烈地依赖于绝缘聚合物基体和导电填料界面的外观形态和相容特性。复合材料的内部特性以及填料的特征，包括颗粒形状、取向、长径比。聚合物基体的分布和分散度对聚合物复合材料的导电和力学性能有强烈的影响[10]。此外，该复合体系的形态和 PT 包含几个参数变量，如导电和绝缘相之间的界面张力、混合物的流变性质和聚合物的加工方法。通过提高导电相和绝缘相之间的相容性，聚合物复合材料的热性能可以大大提高。采用最低导电填充浓度来开发一种聚合物基导热性复合材料需要尽量减少生产过程中出现的问题，降低热聚合物中的力学性能的损耗和导热性能的流失。

7.4 电性能

导电复合材料必须满足两个基本要求才能满足规格要求，并在需要抗静电（AS）特性、静电放电（ESD）保护、半导电性和电磁屏蔽的应用中提供更大的设计灵活性[11]。第一个是一定应用范围内的导电性，第二个是根据渗透理论，对电流 PT 值的控制[12]，如在导电填料中分散体的最小体积分数，高于该填料颗粒形成连续网络的条件，则该材料能成为复合导电材料。一般来说，PT 值越低，材料的导电性、机械性和流变性之间的平衡度就越好。

目前已有一些不是十分精确的模型来描述这两个特性：幂律模型[12] 和排除体积模型[13]。值得注意的是，聚合物复合材料的导电特性是多个影响因素共同作用的复合结果。本节中讨论纳米复合材料中纳米膨胀石墨的主要影响，集中的三个主要功能与以下三点有关：导电填料、聚合物基体、处理和掺入方法。

7.4.1 导电填料

填料的固有电导率的增加降低了 PT，因为在渗透网络的形成中电子传导的阻力较小。在层状颗粒中，增加导电填料的纵横比显著降低了 PT。发生这种情况是因为粒子具有较大的回转半径并且可以保持尖端之间的接触，这允许电子的传导和隧穿。对于相同的体积分数，可以通过增加颗粒的尺寸或通过使用具有低比例的大颗粒的双峰分布来增加该效果[11,14]。这种效果可以通过复合材料中较大薄片的存在来解释，它减少了颗粒与颗粒界面上的接触电阻，也增加了它们有效接触的数目。很重要的一点是纳米膨胀石墨薄片是柔性的，并且可以在加工过程中卷起，而不是预期的随薄片尺寸增加 PT 值下降。

纳米膨胀石墨对聚烯烃［聚乙烯（PE）[15]、聚丙烯（PP）[11,16]］、可生物降解的聚酯［聚（3-羟基丁酸），PHB］[17] 和聚乳酸（PLA）[18] 有成核作用。纳米膨胀石墨有利于 PP 形成 β 结晶相，与 α 结晶相相比，β 结晶具有更好的力学性能。这种成核作用和 PT 上填料的极性之间的关系将在下面的章节中讨论。

7.4.2 聚合物基体

7.4.2.1 结晶度和形态

具有较高结晶度的聚合物基质能够将较大部分的导电颗粒排除到层间非晶相中，形成具有较低 PT 的连续导电路径。这是因为与较少结晶或无定形聚合物基质相比，较高浓度的颗粒和它们之间在非晶相中的距离减小，其中填料更均匀地分布在基质中[11]。

对于相同体积分数的纳米膨胀石墨，基质结晶度和对纳米膨胀石墨成核作用的响应、由较大和较少球晶构成的形态共同导致较低的 PT[11,15]。这种形态由于在成核过程中使小部分球晶被封装起来，所以可使更多数目的粒子形成导电通道，如图 7.4(a) 所示。在相反的情况下，如果有更多小球晶的形态出现，由于在成核过程中大部分的粒子被封装，PT 值会增大，如图 7.4(b) 所示。

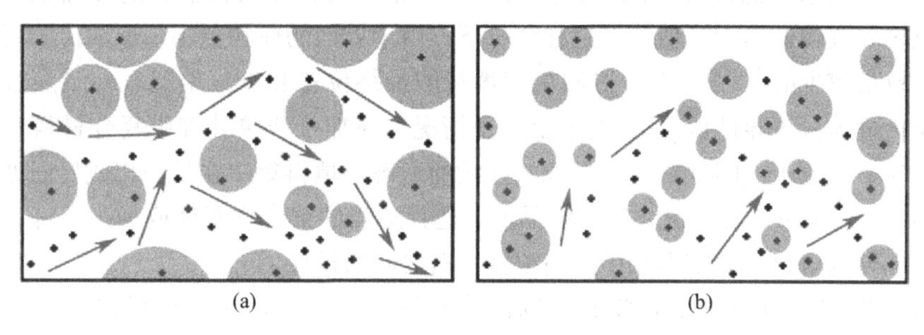

图 7.4 结晶形态对电子渗透的影响（圆形：结晶相边界，白色：无定形结晶相和导电点填料颗粒）[11]
(a) 缓慢冷却；(b) 快速冷却

7.4.2.2 共混聚合物

由不混溶的聚合物共混物制备的导电复合材料可以表现出比由相同的单一纯聚合物制备的复合材料更低的 PT。当发生双渗透现象时观察到这种情况，其中不混溶的共混物具有共连续的形态，并且导电填料选择性地位于共混物的一个相中[19]。为了发生双重渗透，聚合物 1 相中必须存在导电填料相的连续性和聚合物 2 相中导电相（聚合物 1＋填料）的连续性，如图 7.5(b) 所示。

双渗透现象受三个基本因素的热力学-动力学平衡的影响：①构成共混物的聚合物之间以及每种聚合物与导电填料之间的界面张力和极性的差异，通过热力学可以促进填料向更相容的聚合物的迁移；②共混聚合物在其混合过程中的黏度比和熔体弹性之间的竞争，以及随之形成共连续形态的能力，其中通常，填料位于较低黏度的聚合物中；③掺入方法和/或处理的条件将决定颗粒的分散程度、分布情况及其方向和位置，这些将在 7.4.2.3 部分进一步讨论。

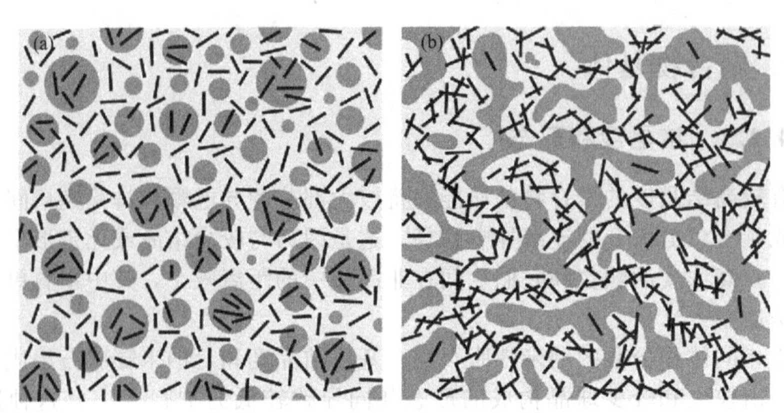

图 7.5　双渗透形态形成的说明[22]

导电填料相—黑色；聚合物 1—浅灰，聚合物 2—深灰

导电填料选择的位置只能在共混物的某一相中或者在两相混合的界面上，后一种情况将导致较低的 PT 值。在这种情况下，由于界面的体积更小，形成传导网络必要的颗粒是较少的[20,21]。两种机制决定填料的最终位置和聚集情况，与结晶过程相比粗粒化过程占主导地位[20]。关于第一种情况，在加工或热处理中复合材料发生粗粒化，其中小粒子［图 7.5(a)］形成共连续的形态，填料集中在某一相或界面处［图 7.5 (b)］。关于第二种情况，提高结晶度，选择适当的聚合物基体或加工条件，促进结晶相中导电填料与无定形相中更高浓度填料之间的排斥力[11]。

选择性定位取决于聚合物共混物部分和填料的浓度，并且可以稳定和细化共连续形态，包括其中纯共混物将呈现液滴形态的聚合物部分[20]。

7.4.2.3　加工掺入的方法

对于层状导电填料，注射成型（IM）的过程中粒子在流动方向上产生取向，这样就通过增大粒子之间的距离增大了 PT 值。由于压缩成型（CM）过程没有优选的取向，因此导电网络的形成对 PT 值的降低有利[11]。

在注射成型和压缩成型过程中通过改变冷却速率，所得结晶和非晶相的形态可以改变 PT 值。如在 7.4.2.2 部分提到，低冷却速率，将得到更大和更少的球晶的形态，有助于导电通道的形成［图 7.4(a) 中箭头所示］，由于存在大量的可用颗粒，使 PT 值减小。与此相反，较高的冷却速率由于成核位点多，使更多粒子被封装，PT 值增加［图 7.4 (b)］。

导电性填料的掺入方法可以显著改变 PT 值。在相同的加工过程中，与传统挤出和压缩成型相比，压缩成型最有利于获得渗透网络，共混聚合物粉末通过密集剪切共混，达到 PT 值更低、导电性更好的结果。这是由于压缩成型的零分散潜力，其保留了在涂覆的粉末熔化期间产生的高度浓缩的结构。与传统路线相比，该方法减少了导电颗粒的封装和隔离，增加了它们之间的有效接触次数。图

7.6 显示了通过强剪切涂覆有纳米膨胀石墨的聚（丁二酸丁二醇酯）(PBS)/PLA 共混物粉末的形态[22]。

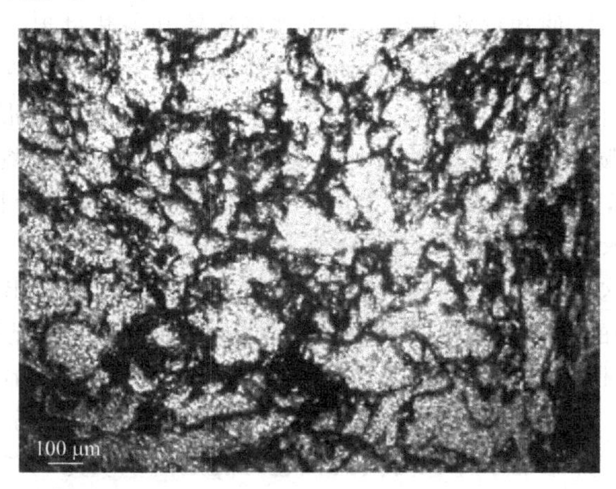

图 7.6 压缩成型 PBS/PLA 混合样本的偏光显微照片（剪切后涂覆纳米膨胀石墨粉末涂料的体积分数为 0.5%[22]）

减少 PT 值的最有效的方法是热力学-动力学方法，特别是由不同极性和界面张力聚合物形成的共混物[19,20]。首先制成母料，包括具有较低相容性的体系填料/聚合物（P1），然后在更好相容性的聚合物（P2）中稀释母料。加工过程的停留时间通过热力学控制，填料颗粒向界面迁移。通常情况下，以停留时间为函数变量作图，复合材料的电阻率曲线是“U”形的。在开始时，填料仍然在 P1 中和复合材料绝缘。随停留时间的增加电阻率降低，最低点在曲线中出现，在某一时刻填料全部集中在界面（可能使 PT 值降到最低），然后复合材料开始导电。随着停留时间的进一步增加，大部分填料位于 P2 中，复合材料再次变成绝缘体。较高的填料浓度使最低电阻率点降低（较低的电阻率）和使“U”形延伸，这样使复合材料在更长的停留时间内保持导电性。为了改善这种方法的灵活性，根据聚合物体系不同，含基体碳填料的极性或兼容性可以通过化学或热氧化插入定制的相应官能团[19]。由具有极性和非极性（氧化）炭黑的共混物 PE/PS（聚苯乙烯）的一些复合材料呈现的 *PT* 体积分数低至 0.2%～0.3%，填料选择性地位于各相之间的界面[20,21]。PLA/PBS/膨胀石墨复合材料[23] 的 *PT* 体积分数为 0.9%，极性填料有选择地落在较低极性的 PBS 相上。

7.5 多功能纳米膨胀石墨的一些应用探索

7.5.1 陆上管道涂料

聚丙烯的嵌段共聚物（cPP），EP200K，产自 Braskem 公司，巴西；纳米膨胀石墨薄片，HC30［介质直径为30μm，厚度为（30±10）nm］，产自Nacional de Grafite Ltda，巴西。选用这两种材料来制备陆上管道涂料。这种用途的主要要求是要有良好的拉伸和抗冲击性能承受现场运输和安装过程，也要求对土壤颗粒有良好的耐磨性。纳米复合材料含质量分数为1%～20%的纳米膨胀石墨，先由双螺杆挤出再由注射成型制得[24]。采用预先在湍流混合器混合母料的方法，得到含20%纳米膨胀石墨浓度的材料。采用聚丙烯接枝马来酸酐（PP-g-MA）（OREVAC C100，来自Arkema）为溶剂，正如其他几位作者提到它们可能与MA反应，在纳米膨胀石墨表面出现羧基和羰基[25-27]。

图7.7给出这些纳米复合材料的力学性能，从图中可以看出，只有质量分数1%纳米膨胀石墨的嵌段共聚聚丙烯的拉伸性能和冲击强度有显著改进。在该浓度下，纳米复合材料的体积损失是40%，比纯嵌段共聚聚丙烯的低，如图7.8所示。必须强调，纳米膨胀石墨含量从10%增至20%（质量分数）导致拉伸和冲击强度的耗尽，并增加了体积的损失，这可能是由于填充剂在嵌段共聚聚丙烯基体中凝聚造成的。

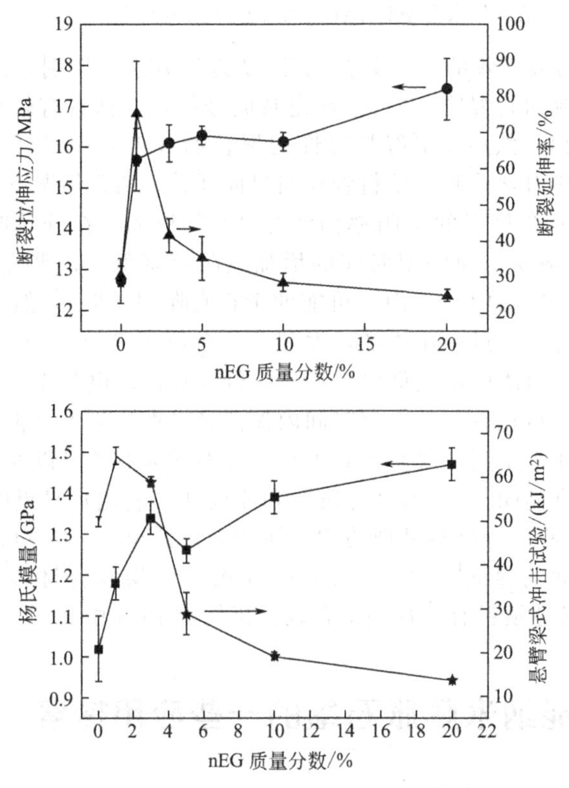

图7.7 纳米复合材料的力学性能[24]

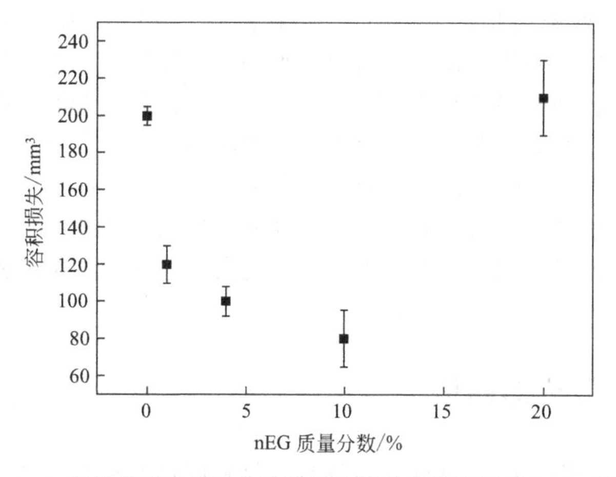

图 7.8 以纳米膨胀石墨含量作为变量函数的嵌段共聚聚丙烯/纳米膨胀石墨纳米复合材料的体积损失（根据 DIN53516）

7.5.2 生物柴油油箱

应用与 7.5.1 部分中相同的嵌段共聚聚丙烯/纳米膨胀石墨纳米复合材料作为生物柴油油箱应用的阻隔候选材料。由于它们具有很好的力学性能、壁薄、重量轻，可以用于生产水箱配件。燃料通过壁面蒸发是现在关注的问题，石墨的薄片结构对增加渗透物的曲折路径、提高燃料罐的阻隔性能有很大的应用潜能。

图 7.9 给出一种巴西商业生物柴油混合物随时间的质量损失函数，采用质量分数为 4%纳米膨胀石墨的嵌段共聚聚丙烯/纳米膨胀石墨纳米复合材料。用膜覆盖佩恩杯[28]，生物柴油质量损失被作为时间的函数进行监测。最大质量损失

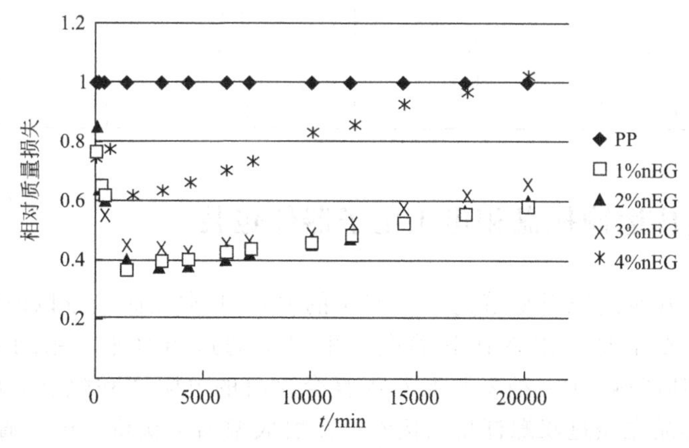

图 7.9 PP 和含纳米膨胀石墨的纳米复合材料生物柴油混合物随时间变化的相对质量损失[28]

值以与纯嵌段共聚聚丙烯的相对比较值来表示。可以看出，对于质量分数为1%～3%的纳米膨胀石墨纳米复合材料获得的质量损失倾向于达到稳定，其在较长时间的测试后比纯嵌段共聚聚丙烯低60%，这可归因于可能的聚集和小缺陷的引入。在纳米膨胀石墨和嵌段共聚聚丙烯之间的界面上，允许燃料分子渗透到薄膜中。考虑到含1%和2%纳米膨胀石墨纳米复合材料的良好性质，它们可以被认为是良好的燃料罐候选原料。如今，高密度聚乙烯已被用于这种产品，油罐的阻隔性能通常通过氟化气体的表面处理来提高，这种方法是一种耗时且高成本的过程。

7.5.3 汽车散热器网格

用与嵌段共聚聚丙烯/纳米膨胀石墨复合材料同样的母料方法制备均聚聚丙烯（hPP）/纳米膨胀石墨（nEG）纳米复合材料。使用来自前QuattorPetroquímica（现Braskem公司）的H500N型号。两个体系（嵌段共聚聚丙烯/纳米膨胀石墨和均聚聚丙烯/纳米膨胀石墨）都根据ASTM648-01来测试，评估了它们的热变形温度（HDT），表7.1列出了测试的结果。由于这两种纳米复合材料都表现出对热变形温度良好的升高作用，在注射成型过程中将含纳米膨胀石墨20%的母料加入均聚聚丙烯/纳米膨胀石墨中，得到一个均聚聚丙烯/玻璃纤维复合物，最终复合物中纳米膨胀石墨的含量为0.5%到1.0%。热变形温度大约提高了8℃，并且这种材料可能被批准使用在汽车上。

表7.1 PP/纳米膨胀石墨样品的热变形温度（ASTM 648-01） 单位:℃

嵌段共聚聚丙烯质量分数(压强=0.455MPa)		均聚聚丙烯质量分数(压强=1.82MPa)	
0%	87.8	0%	60.8
0.5%纳米膨胀石墨	93.15	1%	66.6
1%纳米膨胀石墨	95.6	2%	67.7
3%纳米膨胀石墨	100.7	3%	67.6
5%纳米膨胀石墨	101.3	5%	68.9
10%纳米膨胀石墨	98.1	10%	69.5

7.5.4 晶片运输托盘和电工电子器件包装

晶片运输托盘的原料是填充40%炭黑的PS，非常脆而且难以回收利用。这种应用的主要要求是电阻率达到静电放电保护的适当水平。用纳米膨胀石墨（nEG）代替其填料，PS/纳米膨胀石墨复合材料的电阻率和阻抗影响结果列于表7.2中。样品先经过双螺杆挤出接着经注射成型加工获得。可以看出PS抗冲击强度随纳米膨胀石墨含量增加而连续增加，而渗透阈值质量分数为10%和15%的PS/纳米膨胀石墨材料的强度比原始的PS+40%炭黑原料的强度低得多。

除此之外，该材料呈现出更好的加工特性，据此可知其具有良好的回收潜力。

表 7.2 PS/纳米膨胀石墨复合材料的电阻率和 Izod 冲击强度

样品	体积电阻率/Ω·cm	表面电阻率/Ω	悬臂梁冲击强度/(J/m)
原始 PS+40%炭黑	5.1×10^{7}	2.5×10^{9}	ND①
PS	—	—	14.5±5.4
PS 1% 纳米膨胀石墨	6.8×10^{15}	6.7×10^{14}	19.1±3.1
PS 2% 纳米膨胀石墨	3.4×10^{17}	4.0×10^{16}	18.7±2.9
PS 3% 纳米膨胀石墨	2.4×10^{17}	1.9×10^{17}	20.0±3.9
PS 5% 纳米膨胀石墨	2.3×10^{16}	3.9×10^{15}	27.5±4.1
PS 10% 纳米膨胀石墨	3.2×10^{10}	6.9×10^{10}	37.5±5.3
PS 15% 纳米膨胀石墨	2.5×10^{7}	1.0×10^{8}	78.1±6.2

① 没有确定，低于设备的下限。

测试条件：25℃和相对湿度 62%。应用电压：500V（15%纳米膨胀石墨样品：1V），在 20 世纪 60 年代。

7.5.5 电工电子器件的可降解包装

电工电子器件包装膜传统上是用抗静电（AS）和静电耗散（SD）的化合物制成的，表面电阻率范围分别为 $10^{10}\sim10^{12}$（Ω）(抗静电）和 $10^{6}\sim10^{9}$（Ω）(静电耗散)。因为它们是一次性包装，用可降解生物聚合物来制作是很理想的。PLA/PBS 混合物（RF100 购自 Biomater，巴西）和纳米膨胀石墨（HC11，购自 Nacional de Grafite Ltda，巴西）按 70/30 百分数混合。样品先经过双螺杆挤出后再经过压缩模制（CM）应用于电性能测量（图 7.10），经过注塑后用于力学性能测试。

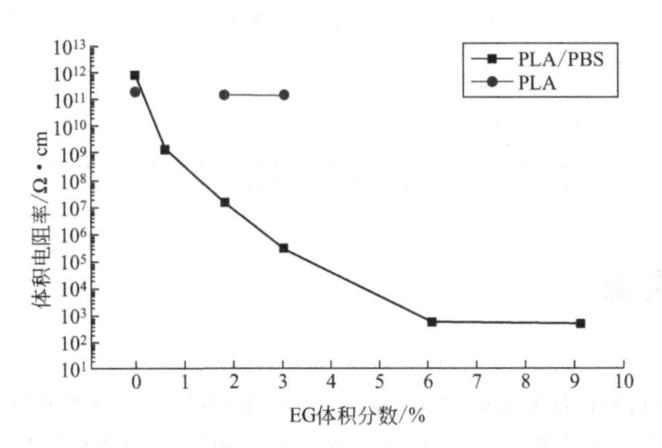

图 7.10 压缩成型复合材料的体积电阻率［PLA/PBS（渗透阈值：体积分数为 0.6%～1.8%的纳米膨胀石墨）和 PLA（直到纳米膨胀石墨的体积分数达 3%仍然绝缘)(ASTM D257)[22] ］

根据图7.10和图7.11可以看出，体积分数为0.6%～1.8%的挤出和压缩模塑样品的渗透阈值较低。纯PLA中直到纳米膨胀石墨的体积分数为3%仍表现为绝缘体。此结果是双渗透现象的结果，其形态特性如图7.11所示。可以看出极性氧化导电填料（纳米膨胀石墨）选择性地位于极性更强的相（PLA——深色），然而PBS不含纳米膨胀石墨颗粒[22]。

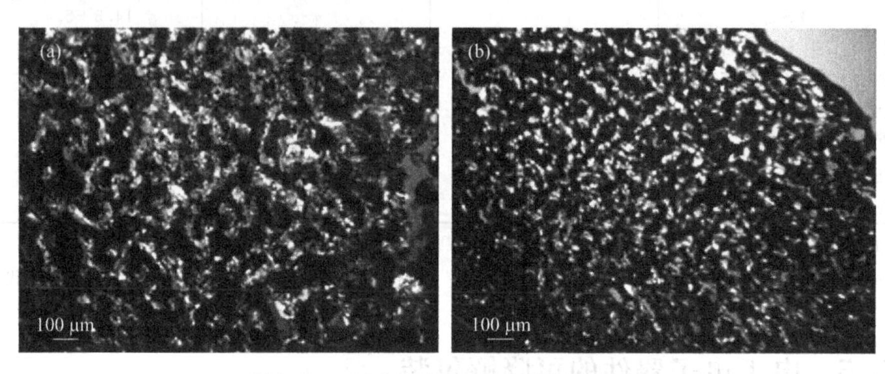

图7.11　聚乳酸/PBS的双渗透器形态

(a) 纳米膨胀石墨体积分数0.6%；(b) 1.8%偏振光学显微镜（PLOM）[22]

除了优良的导电性能，PLA/PBS按70/30比例共混，随纳米膨胀石墨含量增加，其力学性能不断提高，如表7.3所示。在没有缺陷的条件下断裂伸长测试时拉伸强度和弹性模量均提高。

表7.3　PLA/PBS/纳米膨胀石墨体系的拉伸性能[22]

纳米膨胀石墨/%	σ_b/MPa	ε_b/%	E/GPa
0.0	24.5±0.8	5.3±0.4	1.21±0.04
1.0	25.7±0.5	6.1±0.3	1.25±0.03
3.0	26.4±0.4	7.6±0.3	1.38±0.04
5.0	28.1±0.1	9.1±0.4	1.49±0.03
10.0	29.5±0.3	7.8±0.5	1.77±0.08
15.0	30.2±0.2	6.3±0.2	2.17±0.03

注：σ_b为断裂拉伸强度；ε_b为断后伸长率；E为弹性模量。

7.6　结束语

膨胀石墨可以作为多功能纳米材料来开发新型的聚合物纳米复合材料。该纳米复合材料的性能可根据期望的属性实现定制，可以发现各性能间最大的协同作用。正如以上介绍的，在选择的加工过程中，纳米填料的比例、分散度和分布，取向情况和聚合物基体的界面性质决定了纳米填料在该纳米复合材料的响应性能。

参考文献

[1] Li B, Zhong WH. Review on polymer/graphite nanoplatelet nanocomposites. J Mater Sci 2011;46(17):5595.

[2] Sengupta R, Bhattacharya S, Bandyopadhyay S, Bhowmick AK. A review on the mechanical and electrical properties of graphite and modified graphite reinforced polymer composites. Prog Polym Sci 2011;36:638.

[3] Kim H, Abdala AA, Macosko CW. Graphene/polymer nanocomposites. Macromolecules 2010;43:6515.

[4] Delobel R, Bourbigot S, Le Bras M, Carpentier F. Halogen-free fire retardancy: overview and new approaches, Polymer Additives & Colours Articles, available online at: <http://www.specialchem4polymers.com/resources/articles/article.aspx?id=311> [accessed 26.03.14].

[5] Shen K, Schilling B. Recent advances with expandable graphite in intumescent flame retardant technology, available online at: <http://www.nyacol.com/exgraphadv.htm> [accessed 26.03.14].

[6] Alexandre M, Dubois P. Polymer-layered silicate nanocomposites: preparation, properties and uses of a new class of materials. Mat Sci Eng 2000;28(1–2):1–63.

[7] Drzal LT. Exfoliated Graphite Nanoplatelets (xGnP) A Carbon Nanotube Alternative for Modifying the Properties of Polymers and Composites, available online at: <http://www.xgscience.com/docs/xGnP_tech_overview_web.pdf> [accessed 26.03.14].

[8] Agari Y, Uno T. Thermal conductivity of polymer filled with carbon materials: effect of conductive particle chains on thermal conductivity. J Appl Polym Sci 1985;30(5):2225.

[9] Pietralla M. High thermal conductivity of polymers: possibility or dream? J Comput-Aided Mater Des 1996;3(1–3):273.

[10] King JA, Via MD, King ME, Miskioglu I, Bogucki GR. Electrical and thermal conductivity and tensile and flexural properties: comparison of carbon black/polycarbonate and carbon nanotube/polycarbonate resins. J Appl Polym Sci 2011;121(4):2273.

[11] Kalaitzidou K, Fukushima H, Drzal LT. A route for polymer nanocomposites with engineered electrical conductivity and percolation threshold. Materials 2010;3:1089.

[12] Sumita M, Sakata K, Hayakawa Y, Asai S, Miyasaka K, Tanemura M. Double percolation effect on the electrical conductivity of conductive particles filled polymer blends. Colloid Polym Sci 1992;270(2):134.

[13] Celzard A, McRae E, Deleuze C, Dufort M, Furdin G, Marêché JF. Critical concentration in percolating systems containing a high-aspect-ratio filler. Phys Rev B Condens Matter 1996;53:6209.

[14] Liu W, Do I, Fukushima H, Drzal LT. The effect of exfoliated graphite nanoplatelet size on the mechanical and electrical properties of vinyl ester nanocomposites, SAMPE; 2008, Memphis, TN.

[15] Jiang X, Drzal LT. Properties of injection molded high density polyethylene nanocom-filled with exfoliated graphene nanoplatelets In: Wang J, editor. Some critical issues for injection molding. InTech Europe; 2012. Chapter 11, available online at: <http://cdn.intechopen.com/pdfs-wm/33653.pdf> [accessed 13.04.15].

[16] Kalaitzidou K, Fukushima H, Askeland P, Drzal LT. The nucleating effect of exfoliated graphite nanoplatelets and their influence on the crystal structure and electrical conductivity of polypropylene nanocomposites. J Mater Sci 2008;43(8):2895.

[17] Miloaga DG, Hosein HA, Misra M, Drzal LT. Crystallization of poly(3-hydroxybutyrate) by exfoliated graphite nanoplatelets. J Appl Polym Sci 2007;106(4):2548.

[18] Miloaga DG, Hosein HA, Rich MJ, Kjoller K, Drzal LT. Scanning probe thermal analysis of polylactic acid/exfoliated graphite nanoplatelet (xGnP™) nanocomposites. J Biobased Mater Bioenergy 2008;2(1):78.
[19] Gubbels F, Jerome R, Teyssie Ph, Vanlathem E, Deltour R, Calderone A, et al. Selective localization of carbon black in immiscible polymer blends: a useful tool to design electrical conductive composites. Macromolecules 1994;27(7):1972.
[20] Gubbels F, Blacher S, Vanlathem E, Jerome R, Deltour R, Brouers F, Teyssie Ph. Design of electrical composites: determining the role of the morphology on the electrical properties of carbon black filled polymer blends. Macromolecules 1995;28(5):1559–1566.
[21] Gubbels F, Jerome R, Vanlathem E, Deltour R, Blacher S, Brouer F. Kinetic and thermodynamic control of the selective localization of carbon black at the interface of immiscible polymer blends. Chem Mater 1998;10:1227.
[22] Sousa DES. Correlação entre Morfologia, Percolação Elétrica e Propriedades Mecânicas de Compósitos da Blendas PLA/PBS com Grafite Expandido, Master Dissertation, PPGCEM/UFSCar, São Carlos; 2013.
[23] Wang X, Zhuang Y, Dong L. Study of carbon black-filled poly(butylene succinate)/polylactide blend. J App Pol Sci 2012;126(6):1876.
[24] Marinelli AL, Kobayashi M, Ambrosio JD, Miranda A, Agnelli JAM. Pedido de patente depositado no INPI em 27/04/2010, sob Número PI 1004393-4. Processo de obtenção de nanocompósitos poliméricos com grafite expandido e nanocompósitos obtidos.
[25] Poirier PE, Pagé DJYS, Cunningham N. Partially oxidized graphite in polypropylene grafted maleic anhydride, 476–480, Antec; 2006.
[26] Gopakumar TG, Pagé JYS. Polypropylene/graphite nanocomposites by thermo-kinetic mixing. Polym Eng Sci 2004;44:1162.
[27] Chen X-M, Shen J-W, Huang W-Y. Novel electrically conductive polypropylene/graphite nanocomposites. J Mater Sci Lett 2002;21:213.
[28] Cortinove F, Monteiro M, Pessan LA, Sousa DE, Lucas AA. Estudo de Permeação ao Vapor de óleo Diesel de Nanocompósitos de Polipropileno com Grafite Expandido. In: Proceedings on CD-Room of 11° Congresso Brasileiro de Polímeros, CBPOl, Campos de Jordão; 2012.

第8章

多功能泡沫核心材料的力学性能

Amir Fathi 和 Volker Altstädt
拜罗伊特大学，特种聚合物工程系，德国，拜罗伊特

自从二十世纪早期的第一次工业革命以来[1]，夹层结构早已在许多满足刚度和强度要求的地方得到应用。夹层概念可以表示为在不显著增加质量的条件下增加板的抗弯刚度。可以通过在两个刚性片之间加入轻质核心材料来实现。当夹层梁受挠曲载荷时，弯曲载荷主要发生在表面片材上，出现压缩和拉伸应力。因此夹层表面通常使用坚固和坚硬的材料，如钢、铝或增强塑料。可以制造纤维增强复合表面材料来满足一系列各向异性的力学性能、设计的自由度以及良好的表面光洁度的要求。一方面，核心材料的主要功能是支持表面材料，防止其屈曲并保持在彼此的相对固定位置。为了满足这些要求，核心材料必须具有足够的剪切力和压缩特性，通过保持表面片材的相互作用以稳定各材料层。选择一个夹层压体的主要准则通常是剪切强度，它决定了失效载荷的大小，而且核心材料的剪切模量对板的刚性有利。另一方面，核心材料与表面材料之间的界面强度对夹层结构的性能起决定作用。在具有层叠外观的夹层结构中，黏合强度主要取决于核心材料的表面特征、使用树脂的类型以及夹心的处理方法。经验法则表明，黏合线的强度应高于芯材的拉伸强度，因为良好的黏结通常会导致芯材部分失效的发生。

虽然夹层材料是作为一个整体来达到期望效果的，但核心材料也必须满足复杂的力学性能要求。核心可以由各种材料制造，例如木材、蜂窝和各种聚合物泡沫材料（图 8.1）。

早期夹层板的设计往往以金属蜂窝或轻木为芯材。然而，基于可用材料的多样性，聚合物泡沫的引入对核心材料的应用范围、材料密度以及更重要的一些先

进的泡沫芯的多功能性起了革命性的意义。除了在力学性能上的显著作用，聚合物泡沫芯固有的蜂窝结构也提供了更多的优点。值得一提的是结构应用中使用的聚合物泡沫大多是闭孔的，当考虑到夹层结构时这可以很好地理解。泡沫芯材不能吸收太多树脂，因此开孔泡沫体作为芯材的应用极少。

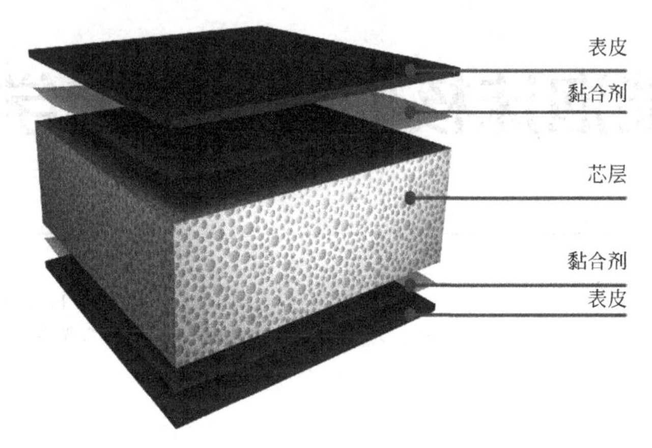

图 8.1 典型夹层组件的结构

蜂窝结构可能首要的特点是低密度，这导致以后轻量级设计。泡沫的蜂窝性质也可以影响材料的热、声和介电性能。通过调节泡沫密度和泡沫孔形态（例如，泡沫的大小和泡沫密度），可以得到多功能的核心材料。除了轻量的特性，多功能泡沫核心材料也可隔热，其有冲击强度高以及非常低的树脂吸收的特点。如今，先进的泡沫核心材料在航空、船舶、汽车、风能、体育等多个行业发挥了重要作用。市售的聚合物泡沫核心材料是线型和交联的聚氯乙烯（PVC）泡沫、聚甲基丙烯酰亚胺（PMI）泡沫、聚对苯二甲酸乙二醇酯（PET）泡沫、聚氨酯（PU）泡沫和苯乙烯-丙烯腈共聚物（SAN）泡沫。大多数泡沫都是使用成型技术或发泡挤出加工得到的。但是，也有其他的处理技术使泡沫核心材料变成夹层结构。一种方法是发泡注塑，将表面片材置于模具中，随后在熔体塑料中注射气体。通过施加高压降速率和呼吸模技术，就能够得到充分轻量化的热塑性夹层结构，它具有优异的抗冲击性能[2]。其他类型的泡沫是粒子（珠）泡沫。这样的颗粒泡沫可以不同的密度和几何形状提供广泛的灵活性。发泡聚丙烯（EPP）泡沫是泡沫珠夹芯材料典型的商用实例。

8.1 聚合物泡沫芯材的多功能特性

8.1.1 轻量性

虽然芯材不直接影响夹层结构的抗弯刚度，但在保持总重量足够轻的同时它具有增加表面片材之间距离的作用。相同宽度和重量的固体夹层梁，增大约束质心的力矩就具有更高的弯曲刚度。式（8.1）表示夹层梁（图 8.2）的弯曲刚度。

$$D=\frac{E_f t_f^3 b}{6}+\frac{E_f t_f d^2 b}{2}+\frac{E_c t_c^3 b}{12} \tag{8.1}$$

式中 E_f,E_c——表面片材与核心材料的弹性模量；

t_f——表面片材厚度；

t_c——核心材料厚度；

b——梁宽度；

d——对面质心距。

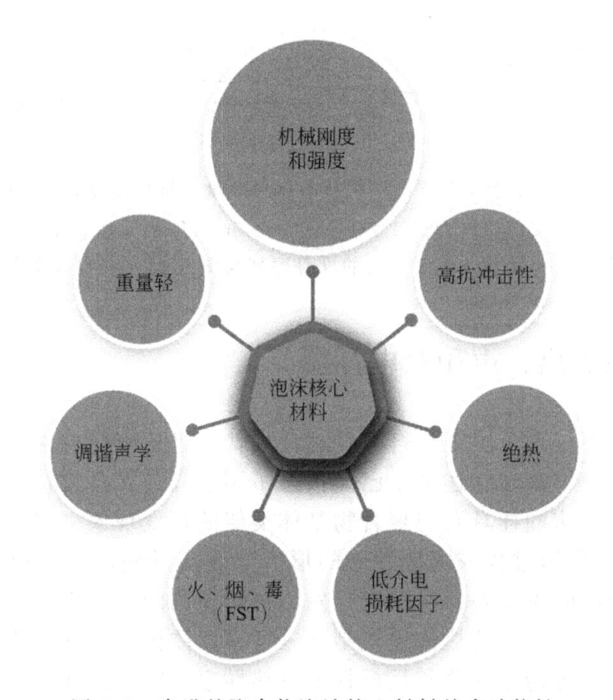

图 8.2 先进的聚合物泡沫核心材料的多功能性

式（8.1）右边的第一项表示表面片材围绕自己中性轴的局部抗弯刚度，第三项对应围绕其质心芯部的局部弯曲刚性。最重要的是第二项，对应绕梁中性轴的表面片材的抗弯刚度，在典型的夹层结构中该项刚度占总刚度的 98%以上。夹层效果只有在核心材料和面/芯界面具有足够的机械强度，使表面相互作用稳定时才能完全表现出来。为了说明该泡沫芯在低质量下增加弯曲刚度的能力，图 8.3 给出一个例子，其中弯曲刚度、夹层结构重量与核心材料厚度的关系如图所示。同时我们应该考虑更高的核心材料厚度会导致较大的剪切变形，并可能导致球不稳定性。因此，在设计夹层结构时，应该注意给定的各组分材料的性能。

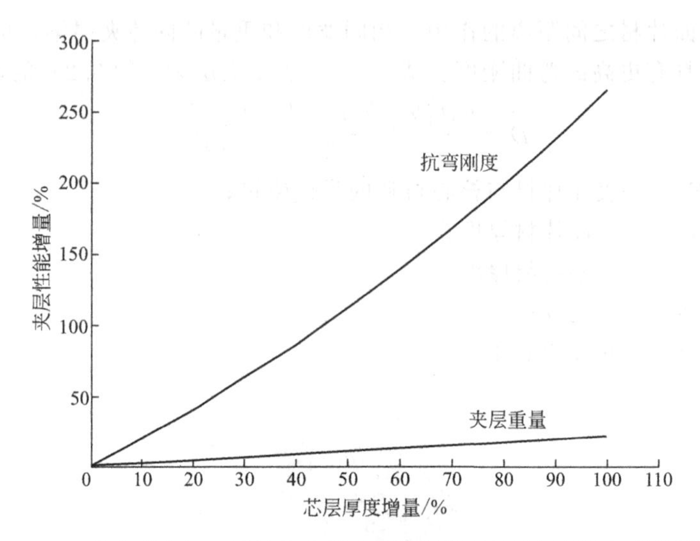

图 8.3　一种典型泡沫夹层结构的核心材料厚度对抗弯刚度和重量的影响
（该数据对应于泡沫核心材料为密度 $75kg/m^3$、2.5mm 厚的增强型环氧树脂玻璃纤维的夹层结构体系，表面片材的堆叠序列与图 8.14 的梁结构类似）

8.1.2　可调的热、声和介电性能

热分析方法不仅用于表征聚合物物理性质，而且还可以提供其热和加工过程的信息。许多综合书籍和综述文章已经报道了用于表征聚合物材料性能的最重要的技术。聚合物泡沫同样具有与聚合物基体类似的相变现象（熔融、结晶和玻璃化转变温度）。由发泡过程或随后发泡的形态学改变过程，可以观察到发泡样品的热特性和其较高的密度差异。然而，发泡材料不同的特性之一是其非常低的导热性。通过绝缘泡沫材料的热传递机制有三种：固体传导、气体传导和辐射（红外线）传导。这三种传导的总和是材料的总热导率。固体传导是特定材料和纯聚合物的一个固有性质，其变化范围为 0.1～0.6W/(m·K)。由于它们的多孔结构，聚合物泡沫体具有更低的热导率，多数发泡聚合物的热导率数量级是 10^{-3}～10^{-2} W/(m·K)，泡沫越小数量级越低[3]。在大多数绝缘泡沫体中，通过实心固体热传输的路径非常曲折，效果不好，气体热传导值最大。例如，密度为 $16kg/m^3$ 的膨胀聚苯乙烯材料（EPS），气体的传导率为 98%，而聚苯乙烯（PS）传导率为 2%。在如此低的密度下，因为气泡壁非常薄，红外辐射对热导率也有很大的贡献。但在中密度下（如 $50kg/m^3$），当泡沫单元尺寸极低时（约低于 $10\mu m$），“克努森效应”可以通过气体分子抑制热量的传导。因此，很多人都在关注减小泡沫尺寸的研究，例如，更有效的成核剂研究[4]或在发泡过程中高压降速率的应用。例如，参考文献［4］使用滑石、碳纳米管（CNTs）和石墨烯形成 TRGO（热还原氧化石墨烯）的成核剂，仅使用质量分数为 0.025%时

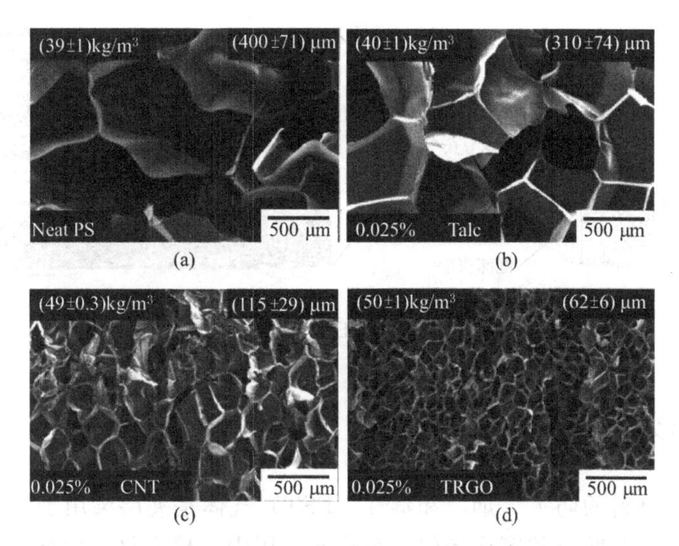

图 8.4 纯 PS 泡沫（a）与质量分数为 0.025%滑石（b）、碳纳米管（c）和石墨烯（d）的 PS 泡沫电镜照片 [滑石、碳纳米管和石墨烯（TRGO）作为泡孔成核剂]

就能大大降低泡沫孔尺寸（图 8.4）。

经过改进的高剪切和抗压强度的结构泡沫核心材料通常情况下随热导率的增加具有更高的密度。一些先进泡沫（例如，聚酰亚胺泡沫）具有比传统保温材料更好的力学和热性能，而且当处于极冷和极热的环境中时还可以保持聚合物泡沫的多功能性。

泡沫塑料可以有不同的声音和声学特性，在所需的行业有多种应用，例如隐形技术。在一般情况下，声波能量的耗散方式取决于孔内的空气、孔隙率和在泡沫内空隙相的曲折性，还有基于黏性和热损耗的声能耗散的流阻（如热阻）[5]。超声波脉冲反射（UPR）和传输方法可用于评估这样的声学泡沫体的孔隙度和扭曲率[6,7]。举例如下，三维 PU 泡沫断层面分析计算表明，声音吸收系数的峰值频率可以通过减小泡沫单元尺寸、增加泡沫密度和将泡沫孔壁和边缘的厚度降低而减小[8]。然而，声学参数和泡沫微结构之间的关系还没有在文献研究中被严格地表达出来，而且还需要更多的研究来揭示显微结构特征对吸声行为的影响。

泡沫核心材料的另一种可能的功能（作为夹层的膨松部分）是基于其低介电损耗因子的。在几种结构应用中，有希望开发出具有超低介电常数的多功能材料 $k<2.0$，其中 k 表示相对介电常数。空气的介电常数为 1.02，大多数低 k 值聚合物的介电常数可以通过在固体聚合物中掺入孔隙以形成泡沫结构的办法来降低。除了结构应用外，聚合物泡沫具有低的 k 值、良好的机械强度和热稳定性以及可调导热性，它被认为是未来集成电路工艺技术中最有前途的材料。这种泡沫已经在一些电子应用中实现了商业化，如电视机的印制电路板（PCB)(图 8.5)。

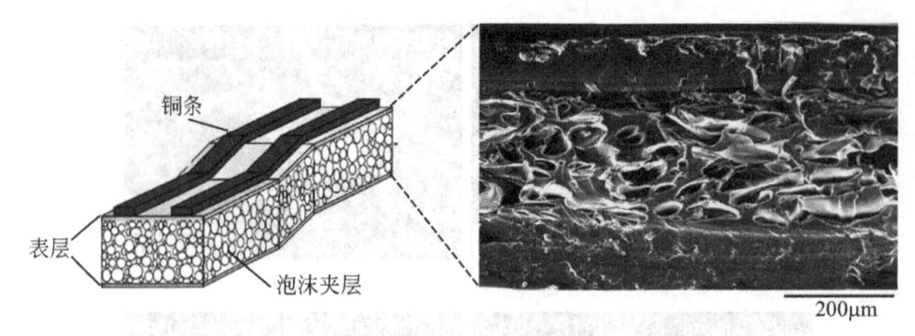

图 8.5 以 PCB 为基板的 PEI 泡沫核心的夹层结构[9-11]

8.1.3 防火、防烟和防毒性

泡沫核心材料的防火、烟、和毒性（FST）气体是夹层梁用于特殊应用的重要特性，如汽车和航空的客运部门。在这些应用中，核心材料应该是阻燃的，通常应具有自熄性。根据严格的规定，在这些应用中使用的泡沫核心材料需要在燃烧时不放出或放出很少的烟雾和有毒气体。重要的是，由于泡沫结构比聚合物块体燃烧得更快，所以阻燃性通常是泡沫材料一个很重要的问题。在不影响结构泡沫力学性能的基础上改善其耐火性能是一个重要的研究方向。此外，根据新的规范和规格，现今可使用的阻燃剂必须为无卤添加剂。文献显示，已有大量的工作集中于生产使用无卤添加剂的先进耐火泡沫[12]。高温热塑性聚合物如聚醚酰亚胺（PEI）、聚醚砜（PES）和聚苯砜（PPSU）本质上是阻燃材料，可以进行处理得到阻燃泡沫核心材料。但其他商品和普通热塑性塑料，如聚乙烯（PE）、聚丙烯（PP）、聚氨酯和 PET 需要进行配制才能得到阻燃特性。通常，这些商业阻燃聚合物含有卤素添加剂。这就需要调研和发展更适合聚合物泡沫的新型阻燃添加剂。

8.1.4 低树脂吸收率

泡沫核心材料表面上树脂的吸收量主要取决于表面泡沫孔的形态，例如，平均泡沫孔大小。通常情况下与轻木相比，常见的泡沫核心材料的树脂吸收率更低[13]。除了其固有的低密度，泡沫核心材料在融化过程中会吸收相对少量的树脂，从而进一步降低面板的质量。图 8.6 是 PET 泡沫核心材料和一个轻木核心材料的横截面的断层图像。在泡沫的表面上的泡沫树脂吸收固定且吸收量略低。更明显的是，轻木厚度方向充满了树脂［图 8.6(c)］，这显然提高了树脂吸收量。

表 8.1 比较了一些典型夹芯梁中的每平方米芯层树脂的估计吸收量。通常，轻木上微结构的不规则性和随机分布会导致树脂的吸收密度和特性曲线的宽散。

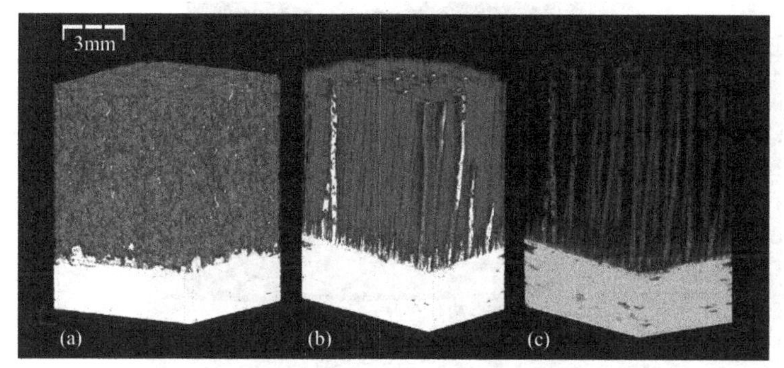

图 8.6 芯材表面的树脂吸收

(a) PET 泡沫核心；(b) 巴尔沙木核心；(c) 只有树脂被吸附到巴尔沙木核心上（采用的轻木经过过滤）

表 8.1 在 VARI 工艺下一些典型商业芯材的树脂吸收

芯材	树脂吸收/(kg/m²)
PET 泡沫芯层	1.2
PVC 泡沫芯层	1.0
轻木芯层	2.0

注：巴尔沙木的核心材料的树脂吸收取决于材料厚度。此处所报告的值对应的芯厚度是 25mm。

8.1.5 力学性能

在前面的章节中，对先进聚合物泡沫核心材料的特殊属性进行了简单的讨论。然而，核心材料最重要的功能是力学刚度和强度。多孔聚合物的力学性能主要取决于它们的固体材料、相对密度、泡沫孔形态（泡沫孔大小、泡沫孔壁/边缘的厚度以及它们的连接和规律性），同样也受一些外部参数的影响，例如类型测试和装载模式期间的温度和应变速率。值得一提的是，由于它们的泡沫结构，泡沫核心材料通常具有较高抗冲击载荷的性能。因此，该泡沫核心材料的另一功能可以通过其较高的耐冲击性来鉴定。但或许泡沫核心材料的最重要的力学性能是抗剪切和压缩性能。图 8.7 表示出了一个泡沫核心夹层梁在弯曲载荷下典型的剪切和压缩失效，图 8.8 比较了一些市售泡沫核心材料的抗压强度和剪切模量，它们是密度的函数。

以下文献总结了泡沫核心材料力学性能的某些性质。下面讨论的三种核心材料都各自具有其独特的优点和缺点。因此，只有正确认识它们的性质，才能根据特定情况选择出最适合的核心材料。

8.1.5.1 PVC 泡沫

PVC 泡沫最初是在 20 世纪 60 年代末推出的。线型聚氯乙烯泡沫塑料通常在

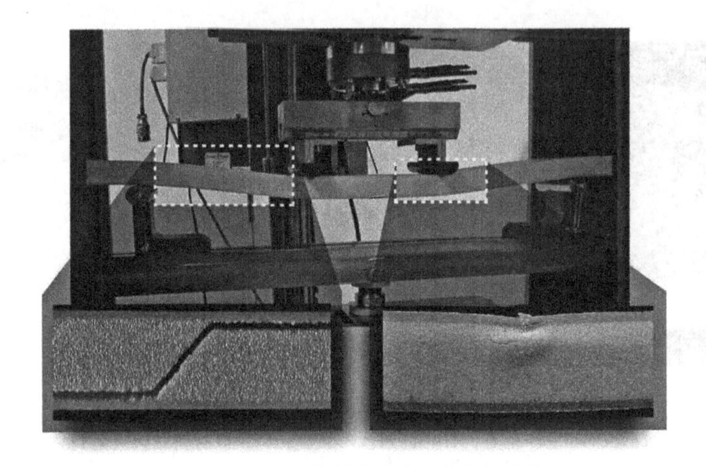

图 8.7 弯曲载荷下核心材料典型的剪切和压缩失效

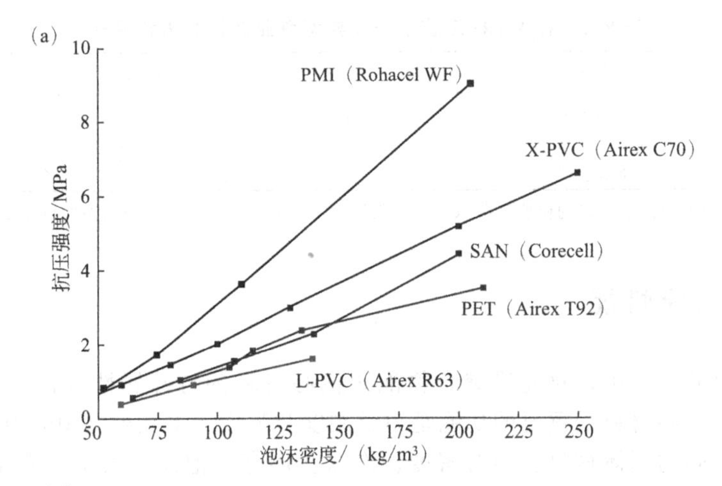

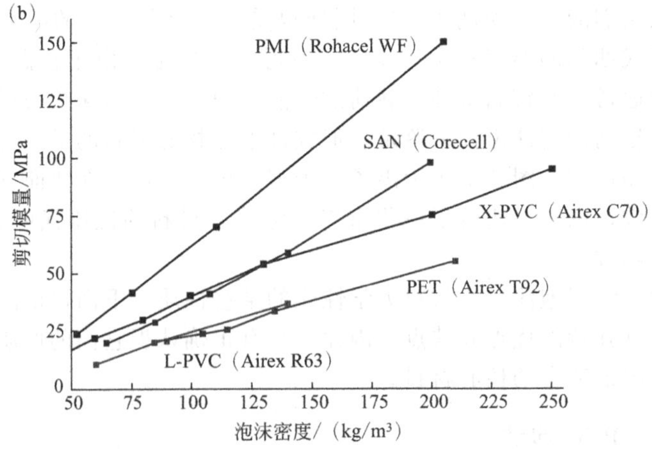

图 8.8 在室温下一些市售泡沫核心材料的力学性能之间的比较[14-18]

（a）压缩强度；（b）剪切模量

小变形情况下就表现出良好的韧性和耐冲击性。另外，这些泡沫从表面到芯里都具有优异的黏结强度。但是，在相同的密度时，它们的强度和弹性模量比交联 PVC 泡沫低。交联 PVC 泡沫材料也对多种树脂系统有良好的黏结性能，通常更耐高温。这意味着它们可以应用于船上和海洋上应用的夹层结构。虽然交联的分子会导致较低的断裂伸长率，但也可能限制泡沫芯的耐冲击性。聚氯乙烯泡沫通常闭孔，在加工过程中吸收树脂较少。然而，与 PVC 泡沫相关的严重缺点是环境问题，如气体泄漏的问题[1]。当发生气体泄漏时，在泡沫中截留的二氧化碳在高温下被迫出来，在核心材料和表面材料之间形成气泡而使这两种材料发生剥离。

交联 PVC 泡沫的力学性能和失效过程通常表现为脆性材料的行为[19]。Daniel 等[20] 已经讨论了在 PVC 发泡夹层核心材料结构不同的失效模式的引发，并将结果与泡沫密度、材料特性和负载条件相关联。PVC 泡沫芯材的韧性断裂也已在参考文献 [19，21-26] 进行了总结。从这些研究中可以得出的结论是，裂纹扩展总是起始于面部/芯层界面附近的泡沫核心材料上，这一地区被称为子接口。术语“子接口”指的是树脂浸透的泡沫和界面附近的干泡沫之间的边界。它也表明，泡沫密度（线型）越大，界面（分界面）韧性就越高，同时树脂的固化温度也越高，但它也对表面材料有不明显的依赖性。通常，蜂窝泡沫体的力学性能对其相对密度有强烈的依赖性。泡沫密度高，力学性能就越好。聚氯乙烯泡沫体的密度和机械特性之间的一些关系已在参考文献中有所讨论[26-28]。例如，参考文献 [26] 表明聚氯乙烯泡沫体的弹性模量、强度和冲击性能都高度依赖于泡沫的密度。在其他研究中[29,30] 也有不同的加载方式对密度依赖性及 PVC 泡沫材料疲劳性能的影响。特别是，对交联 PVC 泡沫的压缩性能，参考文献 [31-33] 普遍认为，泡沫中横向的压缩模量和强度都比竖直方向高。图 8.9 是密度约为 $60kg/m^3$ 的交联 PVC 泡沫的压缩响应示意图。

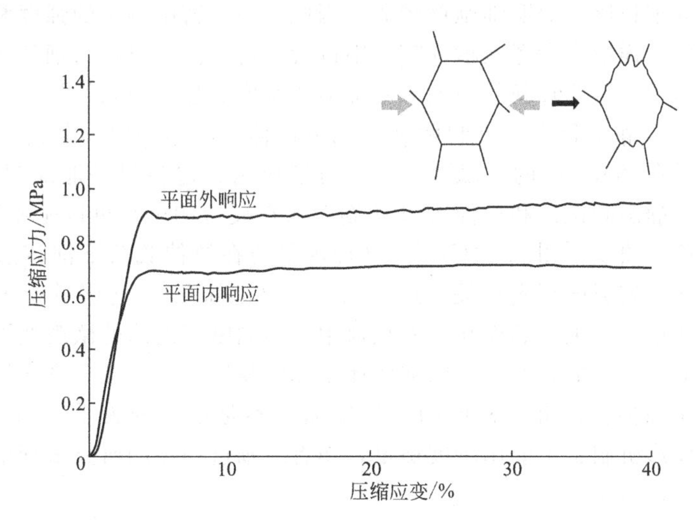

图 8.9 在面内和横向方向的交联 PVC 泡沫（Airex C70.55）的压缩应力-应变响应

这个横向各向同性响应是各向异性泡沫的结果，在两个方向上的泡沫的变形机制不相同。Tagarielli 等[34] 认为轴向得到孔壁的局部塑性屈曲是外面方向的微观变形机制，而在横向（平面内）方向上，孔壁的塑性弯曲主导变形机制。PVC 泡沫塑料的压缩特性应变速率已在参考文献［34-37］中讨论。例如，先前研究[34] 显示应变率对更高密度（约 300kg/m^3）的 PVC 泡沫的压缩强度有明显影响，对较低密度（约 130kg/m^3）的 PVC 泡沫的强度影响较小。

参考文献［38-44］研究了线性和交联 PVC 泡沫的静态和疲劳剪切性能。它表明，相同密度的线型聚氯乙烯泡沫体与交联 PVC 泡沫相比，具有高于其 100%的能量吸收能力和更好的抗剪切疲劳性。线型泡沫的高耐疲劳性是由较小的泡沫尺寸造成的，而且也与面部/芯界面的不同的树脂吸收率有关。经过冲击和挤压后 PVC 泡沫夹层结构的抗冲击性能也在参考文献［45，46］中进行了讨论。

8.1.5.2 PMI 泡沫

PMI 泡沫可能是一种先进的多功能核心材料典型的例子。它们一般因为具有优异的力学性能、高的热/尺寸稳定性、非常低的树脂吸收、高冲击强度、抗溶剂性而被熟知。由于它们的制造成本较高，PMI 泡沫通常比其他塑料泡沫核心材料更加昂贵，通常应用在航空航天工业中。PMI 泡沫的压缩性能已经在文献［47-49］进行了讨论。文献［47］提出了一种比较全体区域和局部区域应变（这里用泡沫粉碎大小来表示）的模型。文献［48］揭示了不同密度 PMI 泡沫的压缩和拉伸载荷。需要强调的是，泡沫微结构的几何特征从根本上影响了泡沫的宏观响应。通常，对于低密度泡沫，大孔壁/边缘比、壁面压降是主要变形机制，而高密度泡沫的细长型❶孔壁会导致壁面塑性弯曲。文献［48］显示增加泡沫密度不一定能降低 PMI 泡沫中长细孔壁的结构。例如，具有高相对密度的特定等级具有最高的细长比，表明细胞壁较弱。因此，在该密度测量的强度和刚度值比理论预测更低，详情在参考文献［27］中进行了讨论。这里，高细长比使孔壁更容易屈曲。因此，需要较新的模型来验证泡沫刚度和强度与它们的相对密度的关系。PMI 泡沫在静态和疲劳机制两种情况下拉伸，压缩和剪切载荷下力学性能和密度的关系在 Zenkert 的文献[49] 中进行了讨论。这些很好地证明拉伸应力-应变曲线（在静态测试）和拉伸 S-N 沃勒图（在疲劳测试）可以是密度归一化，也可拟合成单一曲线［图 8.10(b)］。这种现象与在拉伸载荷下泡沫边缘和孔壁经受塑性应变而破裂的事实相关，这里细长比是泡沫孔壁/边缘的厚度比，与泡沫大小和泡沫壁厚无关。然而在压缩载荷中，不同密度泡沫的微观变形机制可完全改变。如上所讨论的，低密度的泡沫体中孔壁易屈曲，而在高密度泡沫，孔壁较厚可以防止屈曲。因此，密度归一压缩曲线不是单一的关系［图 8.10(a)］。剪切载荷的变形机制也不能用密度衡量，作者鼓励进一步的研究来理解泡沫中剪

---

❶ 这里的细长比是指泡沫孔壁/边缘的高度与宽度之比。

切变形的微变形机制。

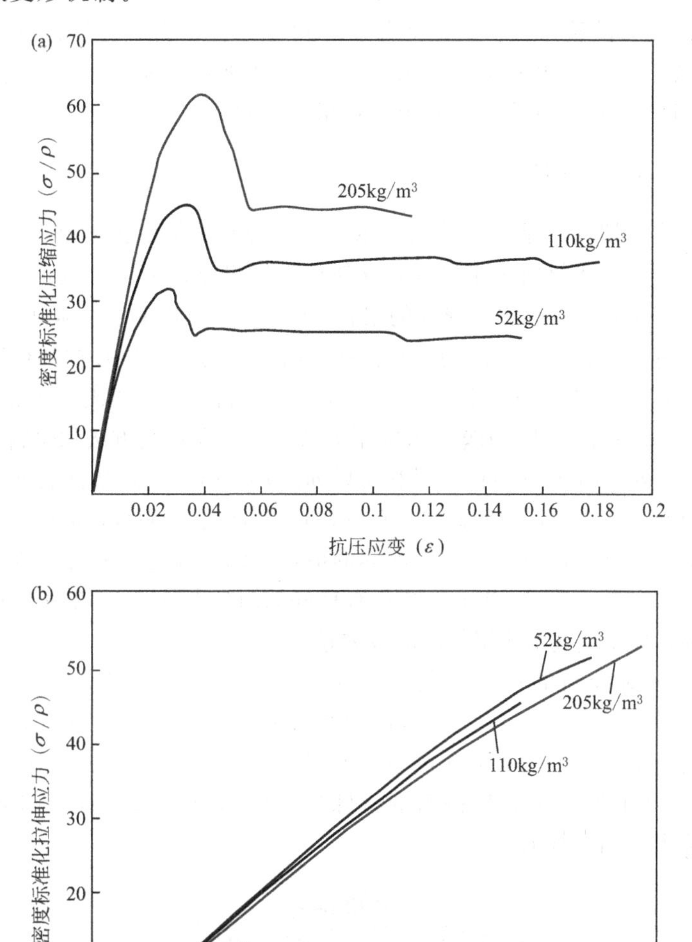

图 8.10 不同密度 PMI 的密度归一化应力-应变曲线
（据 Zenkert 和 Burman 的工作报道[49]）
(a) 压缩响应；(b) 拉伸响应

在文献［29，30，43，44，50］中，Zenkert 和他的同事研究了 PMI 泡沫的剪切疲劳性能。考虑应力比和最大载荷等参数，他们确定和提出了泡沫核心材料中不能受热区域的最大允许应变率（或频率）。他们报道了不同密度的 PMI 泡沫核心材料的剪切疲劳 S-N 曲线和疲劳退化模型。使用改良的测试装置证明了扭转疲劳试验载荷（$R<0$）可以显著减少泡沫的疲劳寿命。他们还表明，夹层刚

度（即偏转分力）不是疲劳状况的良好指示，因为刚度仅在疲劳寿命的最后阶段才开始减小。疲劳试验过程中的起始位置、尺寸和剪切失效的位置也已经在工作中提到。文献［51］表达了航空应用中 PMI 泡沫夹芯结构的冲击性能，通过超声波扫描检测出泡沫核心对材料损伤量有相当大的影响。

8.1.5.3 PET 泡沫

通常，发泡热塑性聚酯是相当有挑战的，因为它熔体的强度和弹性低。此外，在窄的加工口处，这些材料是半结晶，这使得它们更难以适当地发泡[52,53]。然而，在合适的加工条件下，通过化学修饰的聚合物链[54-65]可以制造商业可用的 PET 发泡泡沫。PET 泡沫具有一些突出的优势性能，与传统的泡沫核心材料相比更具吸引力，如传统的 PVC、PU 和 PS 泡沫[54]。PET 泡沫材料是通过热成型制备的，具有优良的热稳定性，这使它们成为在较高的固化温度下采用预浸料方法和树脂系统的很好的候选材料。另外，PET 发泡核心材料可以通过热，结合到热塑性表面片材上，成为完全的热塑性夹层结构，这种材料具有更好的冲击性能。而且，泡沫体在汽车工业中的新应用也越来越受欢迎。PET 发泡体的最重要的特性之一是可回收，可以从回收的材料中再生产[66]。虽然 PET 泡沫具有良好的耐疲劳性[67]，在密度相当时它们的静态强度和弹性模量通常比聚氯乙烯泡沫低。

作为一个相对较新的核心材料，PET 泡沫的力学性能在文献中鲜有报道。一些研究[13,67-69]给出了泡沫气孔结构和所得的压缩和剪切性能之间的相关性。文献［69］报道的挤出 PET 泡沫的各向异性很高，具有优良的外平面抗压强度和弹性模量。PET 泡沫压缩与挤出的特殊特性使挤出泡沫具有各向异性，泡沫微结构图案如图 8.11 所示。

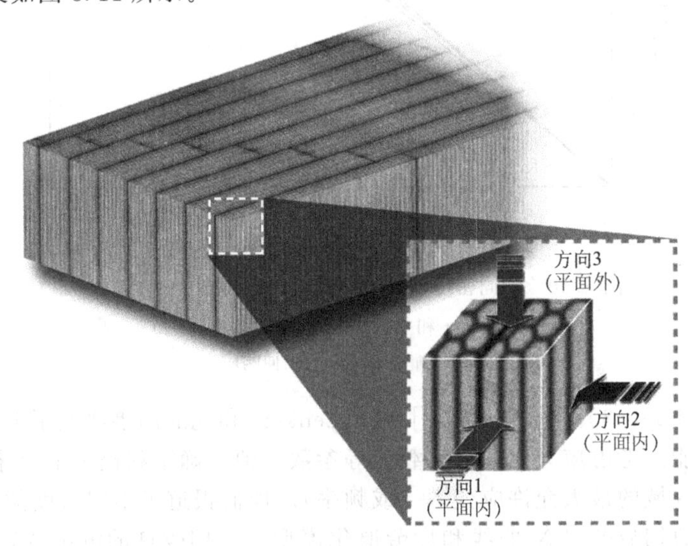

(a)

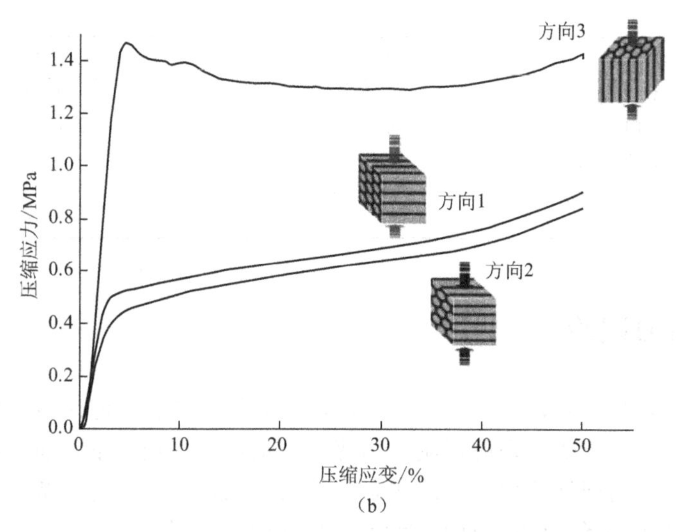

图 8.11 典型 PET 泡沫板的复杂形态（a）和三维方向的 PET 发泡体（105kg/m³）的压缩响应（b）

8.2 泡沫核心材料的剪切性能

众所周知泡沫夹芯结构的力学性能主要取决于核心材料的性能。如果夹层材料具有弹性稳定性，则核心材料要经受的最关键的应力是剪切应力[70]。因此，泡沫核心材料最重要的功能是提供高剪切刚度和强度，因为大多数的剪应力是由膨松的核心材料来承担的。正确理解泡沫核心材料的剪切性能是夹层结构设计的主要要求。表 8.2 比较了一些典型的核心材料的剪切模量和强度。文献中介绍了几种测定夹层核心材料剪切强度的试验方法[71-75]，特别是两种最常用的方法。第一个是三点或四点加载弯曲梁试验[72]，第二个方法是直接应用剪切载荷（块剪切试验）来获得核心材料的剪切性能[74]。两种方法的优点和缺点已在文献[40，43，75-77]中报道。下面，我们简要比较这两种方法。

表 8.2 一些商用核心材料的剪切性能[14-16,78-82]

夹层核心材料	剪切模量/MPa	剪切强度/MPa
轻木	100～190	1.8～4.9
PVC 泡沫(线型)	11～37	0.5～1.8
PVC 泡沫(交联)	13～95	0.4～4.7
PMI 泡沫　20～150	20～150	0.4～5.0
PET 泡沫	20～55	0.6～2.0
PS 泡沫	8～20	0.2～0.6

续表

夹层核心材料	剪切模量/MPa	剪切强度/MPa
PU 泡沫	3～5	0.9～2.2
纤维加强的 PU 泡沫	63～193	2.1～5.5
铝蜂窝材料(W 方向)	151～450	0.9～2.2
PP 蜂窝材料(W 方向)	9～15	0.3～0.6
纤维(W 方向)	10～120	0.4～1.1

8.2.1 剪力试验

文献 [38, 40, 41, 75, 77, 83] 使用块剪切试验获得泡沫核心材料的剪切性能。该方法的主要优点是剪切应变和剪切模量可以直接测量，通过使用正确几何形状的试样可实现纯剪切应力的状态。然而，试样准备相对复杂且在自由角处存在应力集中和混合应力，这可能导致测量的不准确性。Grédiac、Dufort[40]和 Benderly 等[84]的研究中，直接剪切试验的附带效应得到了识别、量化并与样品的几何形状相关联。它表明，该样品边缘附近剪切应变梯度导致两个钢板之间的位移误差。然而，使用较高的长径比的样本能够最大限度地减少这种误差。例如，文献 [71] 采用有限元法进行计算，表明如果样本的长径比大于 12，误差可降低（<3%）。Kiepert 等[41]试图通过优化样本端部的几何形状来减少应力集中的影响，并且证明结构化矩形试样的端部对所测泡沫核心材料的剪切疲劳性能没有明显影响。

8.2.2 夹层梁弯曲试验

弯曲试验提供了在真实的使用条件下装载夹层系统的方法。因此，在文献中广泛使用弯曲载荷以确定核心剪切响应[20,30,43,44,50,68,75,77,85-95]。在弯曲试验中，可以得到核心材料在大截面条件下剪切应力的恒定水平，如图 8.12 所示[43]。这意味着，通过选择正确的跨度长度（为了得到核心材料的剪切失效），可以精确测量核心材料的剪切强度。文献 [75] 比较了四点弯曲试验和直接泡沫剪切试验所得的剪切强度的数据，研究中提到了弯曲试验的若干优点。采用弯曲测试，所得的剪切模量和屈服应力值更高，这是由于四点弯曲试验使应力分布更均匀。

但是，弯曲试验所得的剪切应变和剪切模量的值不是直接提取得到的。使用弯曲试验是得到夹层梁剪切刚度（以及芯材剪切模量）的方法之一，具体是通过一系列不同的三点跨度弯曲测试，详情见文献 [96]。对于给定的三点弯曲加载夹层梁，中点挠度可由式（8.2）表示。

$$w_t=\frac{PL^3}{48D}+\frac{PL}{4U} \tag{8.2}$$

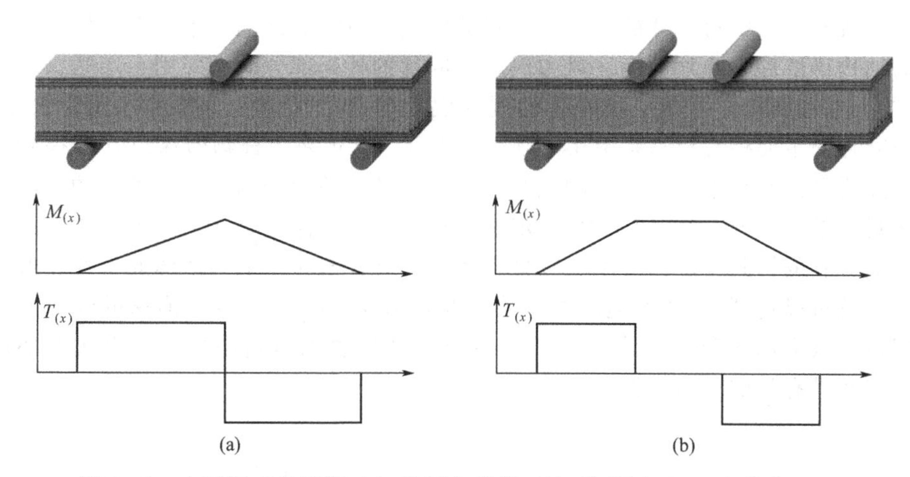

图 8.12 夹层梁三点载荷（a）和四点载荷（b）的弯矩（M）和剪力（T）

式中 w_t——总中点挠度；
P——作用力；
L——测试跨长；
D——夹层梁的弯曲刚度；
U——夹层梁的剪切刚度。

式（8.2）右边的第一项是由于弯曲引起的挠度，第二项是剪切变形引起的挠度。我们应该注意的是中点较大的载荷跨度会影响弯曲和剪切应力，从而出现更高偏差。对式（8.2）重新整理得到式（8.3），其中 C 是夹层梁柔量$\left(\frac{w_t}{P}\right)$：

$$\frac{C}{L}=\frac{L^2}{48D}+\frac{1}{4U} \tag{8.3}$$

式中 C——夹层梁柔量；
L——测试跨长；
D——夹层梁的弯曲刚度；
U——夹层梁的剪切刚度。

由式（8.3）看出 C/L 和 L^2 之间是线性关系，其中 $1/48D$ 是斜率且 y 轴截距等于 $1/4U$。因此，梁的弯曲刚度 D 和剪切刚度 U，可以通过一系列不同跨度的夹层梁测试，绘制 C/L 对 L^2 的关系，随后经过数据拟合的方法来确定。

8.3 案例研究：风电叶片的泡沫夹层结构

近年来，作为其他能源的可持续替代方案，风能越来越受到关注。越来越多的涡轮机安装促使行业和研究人员确定解决方案，以改善能量捕获效率并降低涡轮机的成本。其中对叶片的设计和材料的修改是研究关注的一个重点。例如，轻质的结构可以提高叶片长度。风力涡轮机叶片的外壳部分通常采用夹层结构（图8.13），这种结构对生产更长叶片的现代涡轮机起到了非常重要的作用。以往，风力叶片的主要核心材料是Balsa轻木。然而，近年来聚合物泡沫也开始得到应用，成为替代叶片中几个部分的核心材料。两种可替代轻木的最有潜力的聚合物泡沫材料是交联PVC泡沫和PET泡沫。聚氯乙烯泡沫适宜在大多数树脂系统中加工而且它的树脂吸收比轻木吸收低得多。另外，聚氯乙烯泡沫体通常在较低的密度下就可以达到与PET泡沫相当的强度和刚度。但是，PVC泡沫的环境问题又限制了其应用场合。另外，PET泡沫可以从回收的材料中生产，再次循环使用，仍然具有足够的力学性能。

图8.13　用于风力涡轮机叶片的外壳部分典型的夹层结构

(a) Balsa轻木夹层；(b) PET泡沫夹层；(c) PVC泡沫夹层

下面，我们将比较上面提到的三种核心材料的剪切性能，三种材料的密度是目前在风电行业中最常用的密度（表8.3）。采用了直接剪切试验和弯曲试验两种方法来比较所得到的结果。所研究的夹层梁采用了真空辅助树脂灌注技术(VARI)，这是典型的风力叶片制造方法。所有夹层梁的结构相同：长600mm，宽75mm，核心层厚度为25mm。两侧的表面片材相同，都是玻璃纤维增强的环氧树脂（图8.14）。

表 8.3 市售的核心材料及其性能（根据制造商）

项　　目	轻木（泡沫和轻木 SB. 50）	PET 泡沫（Airex T92. 100）	PVC 泡沫（Airex C70. 55）
平均密度/(kg/m^3)	94	105	60
平均剪切强度/MPa	1.8	0.9	0.85
平均剪切模量/MPa	106	21	22

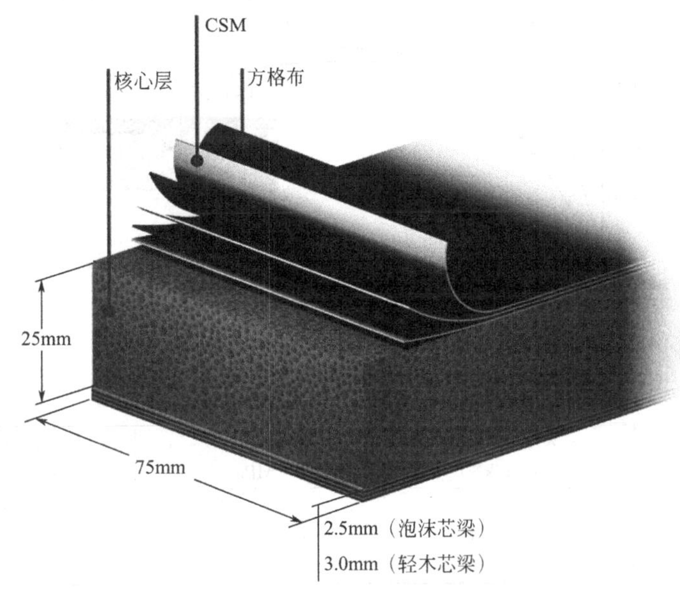

图 8.14 夹层梁的尺寸和表面板的叠放顺序

在夹层梁四点弯曲试验中，梁上剪切应力在相当大的部分是恒定的（见图 8.12 的横向力图），可以用式（8.4）来估计。

$$\tau_M=\frac{P}{(d+t_c)b} \tag{8.4}$$

式中 τ_M——核心层剪切强度；

P——应用载荷；

d——对面质心距；

t_c——核心厚度；

b——梁宽度。

图 8.15 是夹层梁的载荷-挠度曲线，四点弯曲设置的装载速度是 4mm/min，跨度长度分别为 150mm 和 500mm。采用引申摄像法测量梁的挠度，跨度长度是特别设计的以防止产生核心剪切破坏。因此，采用了最大载荷值，并用式（8.4）计算三种核心材料的剪切强度（见表 8.4）。

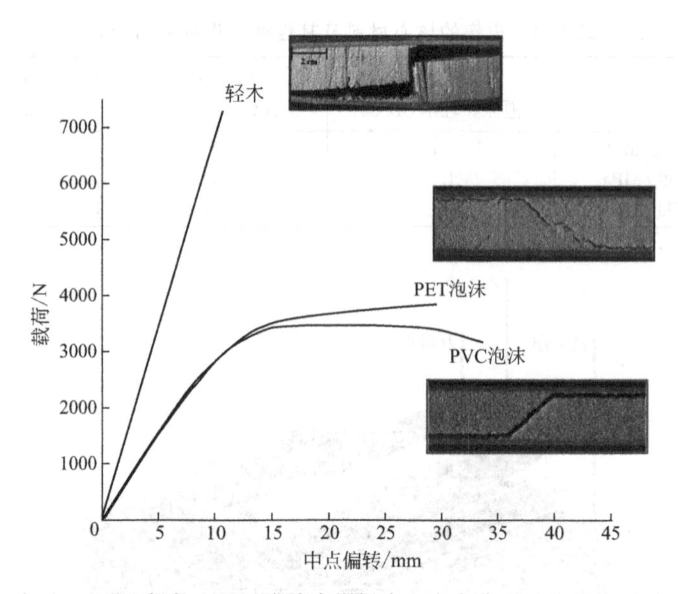

图 8.15　轻木、PET 泡沫、PVC 泡沫夹层梁在四点弯曲测量的载荷-挠度变形曲线

表 8.4　采用四点弯曲测试夹层梁和核心材料的性能

芯材	夹层梁柔量 /(mm/kN)	剪切强度 /MPa	特定的抗剪强度 /(N·m/kg)
轻木	1.44±0.02	1.8±0.12	8410
PET 泡沫	3.22±0.11	0.94±0.05	6145
PVC 泡沫	3.32±0.09	0.84±0.01	8400

可以发现轻木的剪切强度比泡沫更高。然而，与泡沫不同的是轻木的断裂伸长率，预示着其具有较低的能量吸收特性。泡沫体的大变形能力表示其在众多应用方面具有良好的耐冲击性。考虑到其较低的树脂吸收，该泡沫核心与轻木核心具有相近的剪切强度。

如前所述，剪切模量在弯曲试验中不能简单地直接提取。然而，8.2.2 部分使用了分析方法来估计芯材的有效剪切模量。此分析方法涉及几种不同跨度的三点弯曲测试，来确定梁的弯曲刚度和剪切刚度。其他作者也应用了类似的方法[77,87,89]。图 8.16 示意性地说明了该分析方法在 PVC 泡沫夹芯梁的应用。

这样就得到了三种夹层梁的抗弯和剪切刚度值。式（8.5）表示了由夹层理论导出的剪切刚度的估计值。用式（8.5）和剪切刚度值，计算所有核心材料的有效剪切模量（见表 8.5）。由于刚度值已经用拟合曲线估计过，所以没有再显示标准偏差。式（8.5）中表面钢材的剪切刚度被忽略，因此，计算得到的泡沫芯材的剪切模量比实际值高。

$$U=bt_{c}G \tag{8.5}$$

式中，U 为梁剪切刚度；G 为芯层剪切模量；b 为梁宽度；t_c 为芯厚度。

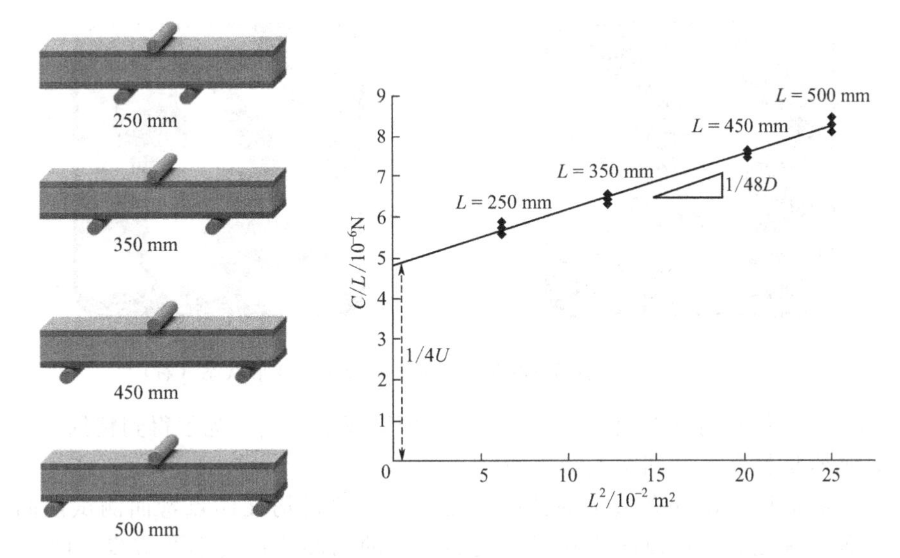

图 8.16 用于估计 PVC 夹心结构抗弯刚度（D）和剪切刚度（U）的分析方法示意图

表 8.5 夹层梁抗弯刚度、剪切刚度和核心层剪切模量的估计值

芯材	夹层梁抗弯刚度 /N·m²	夹层梁剪切刚度 /N	核心层剪切模量 /MPa
轻木	2302	194013	103.5
PET 泡沫	1474	47566	25.4
PVC 泡沫	1518	50383	26.9

8.3.1 全场剪应变

在夹层梁试验中测量核心材料的剪切应变是一个相当困难的任务。文献［75］报道了在弯曲试验中原位核心剪切应变的测量。测量核心材料中不同应变模式的一种先进方法是借助数字图像关联（DIC）进行光学应变分析。近年来，光学应变测量已被广泛用于确定不同材料的力学性能[97-100]。使用这种方法，可以测定完整网络连接表面的应变图案，而不是两个标记样品之间的平均值（即视频伸长计）或点应变值（即局部应变计）。由于屈服是局部现象，后屈服机制的变形模式非常不规则，用传统的引伸技术来衡量更加困难。当使用夹层测试时，DIC 可以做局部应变的研究和面材/芯材黏附的质量分析。这些数据可以用来修改或验证数值模拟。在光学应变分析中，我们载入以前拍摄的初始图像为参考，比较了不同的变形水平下一系列的图像。基本原则是基于在未变形状态下的矩形区域（称为小面）的灰度值分布，对应于同一区域变形状态的灰阶值的分布[98]，如图 8.17 所示。

这为跟踪和标记整个变形过程几个小面上的位移提供了一个物理方法。因

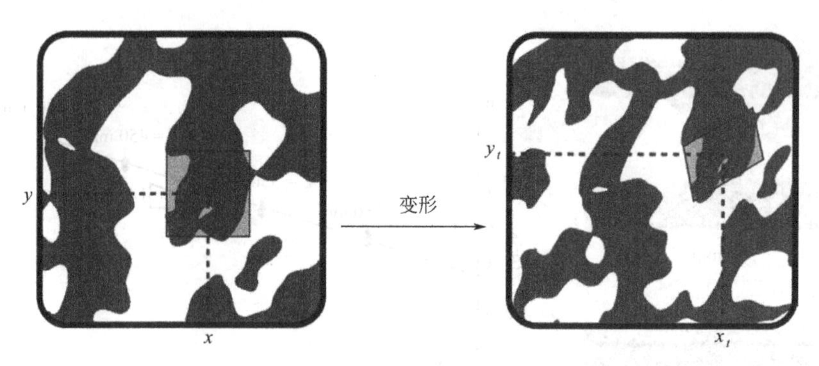

图 8.17 单面（左）小部分的灰度（强度）分布和变形状态（右）[98]

此，测量的质量和精度在很大程度上受到表面图案的影响。为了得到精细的表面特性，通常试样表面的图案是随机的。

对于我们所讨论的夹层梁的情况，光学应变分析均在四点弯曲测试期间形成。图像处理之后，可以研究在梁长度的一半的局部剪切变形和应变。图 8.18 显示出了夹层梁上我们感兴趣区域的光学应变。

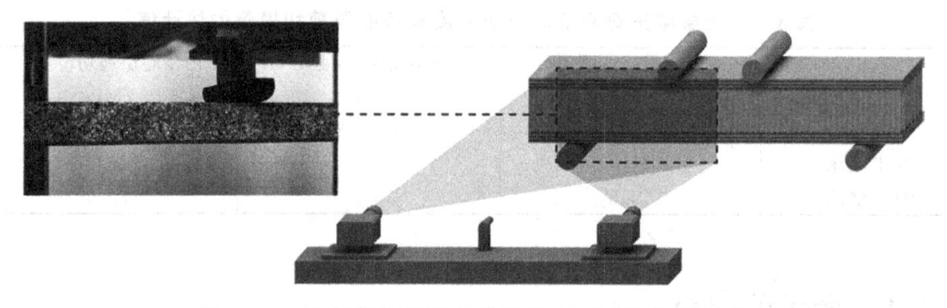

图 8.18 四点弯曲测试中的光学应变感应分析区域

图 8.19～图 8.21 显示了夹层梁表面在不同负载水平下的剪切应变的分布。如前所述，剪切应力在装载和支承点之间几乎恒定。因此，泡沫核心试样表面上的剪切应变分布在相当大的区域是均匀的，特别是前局部屈服和最关键的变形区域。与此相反，观察到的轻木的局部剪切应变有很大的分散性（图 8.21）。轻木芯材的一些部分在整个试验中几乎不变形，甚至在失效点的附近也是。此外，随着负载的增加，小区域内轻木的应变更多。轻木核心材料容易在这些区域失效，正如其他的研究报道一样，这是相当难以预测的[86]。

在屈服后的 PET 芯（图 8.20）中，塑性剪切变形变得更加局部化。从中心区域开始的显著塑性变形，其经受最高的剪切应力。另外，在 PVC 芯材中剪切应变一般是在梁的一侧更高（见图 8.19 在 3000N 的例子），而且临界剪切应变首先在负载点出现，并从先前所讨论的子接口区域开始延伸，如文献［38，50］所讨论的。PVC 芯一侧的较高剪切应变可能对应于泡沫孔尺寸和密度在芯厚度方向上的变化（图 8.22）。

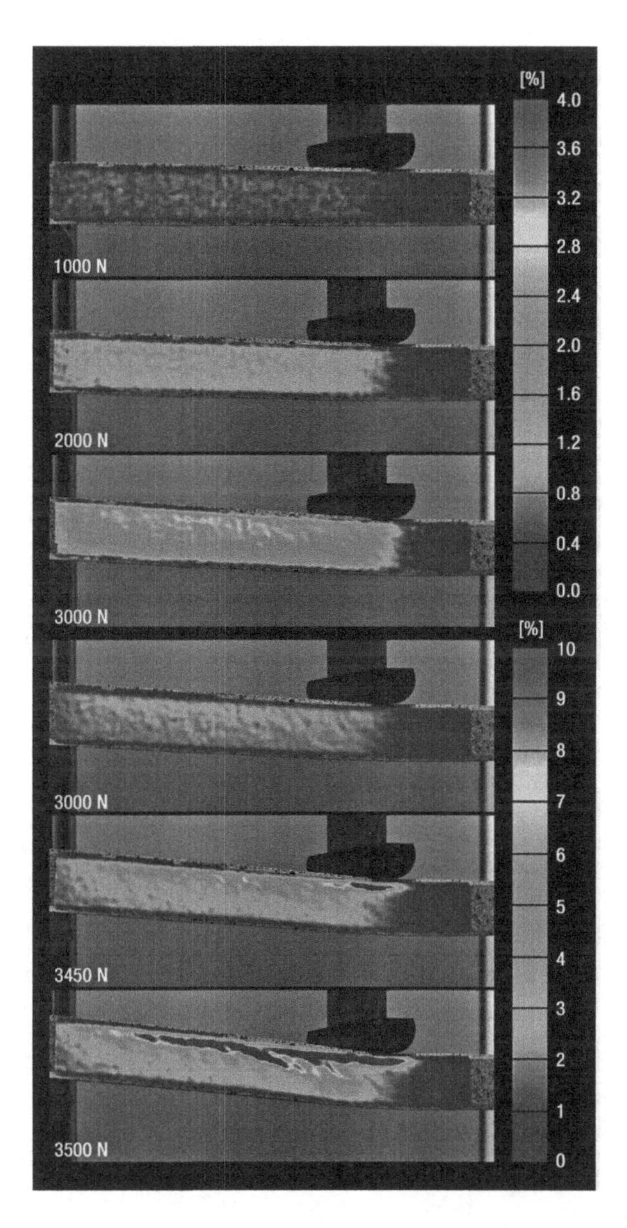

图 8.19 不同负载下四点弯曲试验测量的 PVC 发泡夹层梁表面上的剪切应变分布

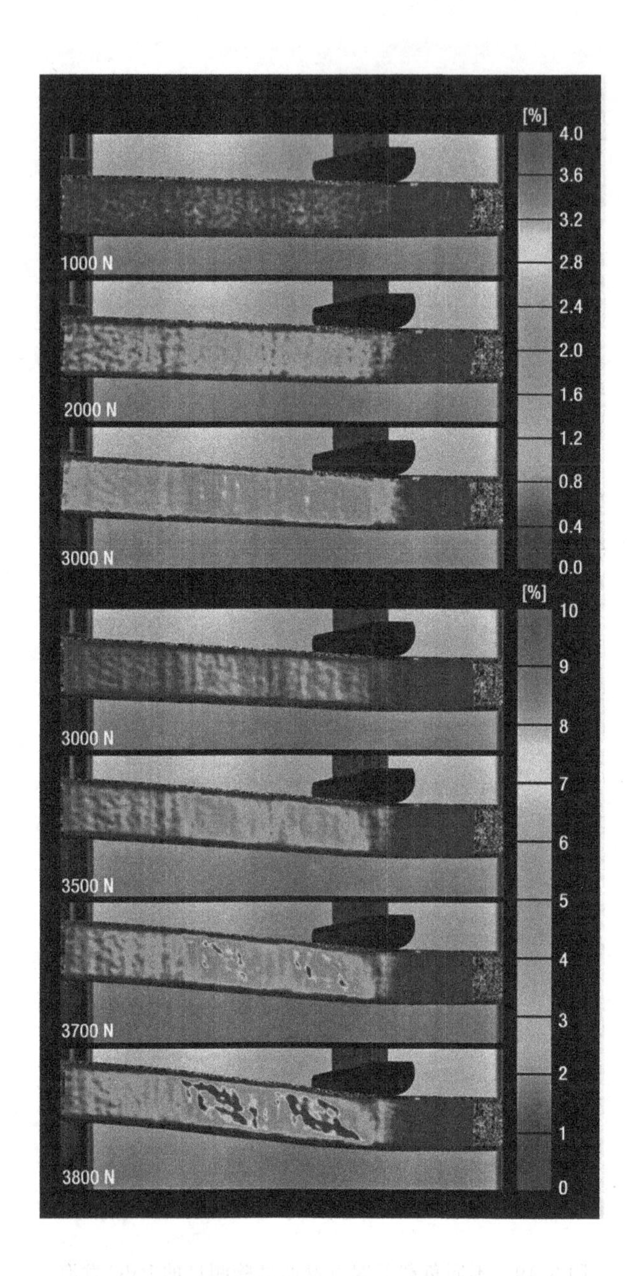

图 8.20 不同负载下四点弯曲试验测量的 PET 泡沫夹层梁表面上的剪切应变分布

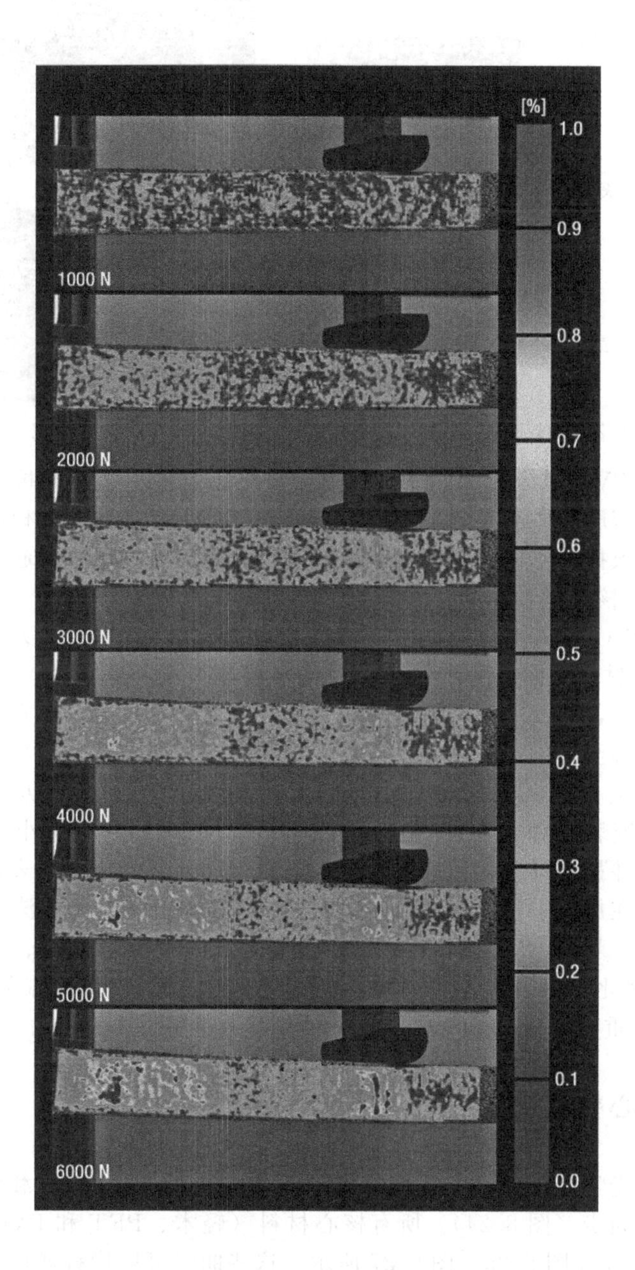

图 8.21 不同负载下四点弯曲试验测量的 Balsa 轻木夹层梁表面上的剪切应变分布

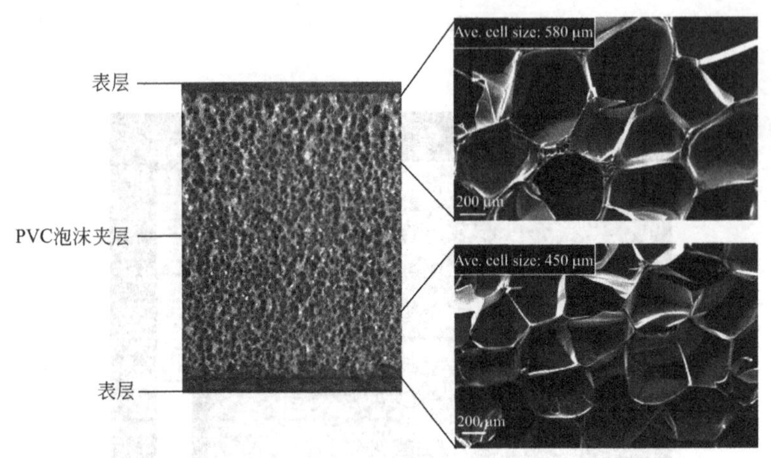

图 8.22　泡沫孔大小和密度在 PVC 泡沫板厚度方向上的变化[101]

在对同一 PVC 泡沫[101] 的另一项研究中，已经显示了在面板两侧附近泡沫的细胞形态和密度的微小差异。因此，表面板材的顶部和底部的树脂吸收是不一样的，从而导致接口不同的韧性和剥离强度。也可能是梁厚度引起的泡沫密度变化导致了 PVC 核心材料顶部和底部的剪切特性不同。

PET 和 PVC 泡沫核心材料的临界剪切应变模式的差异可以导致不同的现象。PET 核心材料的面外高刚度（由其特殊的多尺度形态得到）可以防止受载点的高应力集中，并改变中间核心材料剪切裂纹萌生的位置。尽管如此，表面泡沫的微结构，甚至不同的树脂的吸收值，也会影响核心材料的剪切强度[101]。

文献中重点讨论了夹层结构泡沫核心的剪切失效发生的初始位置。例如 Gibson[93] 研究表明对 PMI 泡沫核心材料，较硬的表面片材减小了负载点中心的应力集中，并最终导致初始裂纹在梁中间的表面开始发生，而表面片材硬度低导致剪切裂缝在加载点附近开始发生（图 8.23）。这里研究的泡沫核心材料夹层梁情况都相同。与 PVC 泡沫相比，PET 泡沫是一种挤出热塑性、高面外刚度的材料[14,15]。因此，尽管其表面片材相同，负载点处 PVC 泡沫的应力集中比 PET 泡沫更严重。这可能是两种核心材料有不同剪切破坏模式的首要原因。

8.3.2　核心材料的剪切应力-应变曲线

试验机和光学控制器的分析系统都可以使用模拟信号，将负载水平与剪切应变水平的联系同步（图 8.24）。所有核心材料（轻木、PET 和 PVC 泡沫）的剪切应力-应变曲线如图 8.25～图 8.27 所示。这些曲线可以代替通过直接块剪切试验测得的曲线，因为它们是夹层梁系统在使用条件下测量的，并且不受块剪切试验存在的应力集中的影响[75]。对于每一种核心材料，两组应力-应变曲线通过使用 DIC 绘制。一条曲线表示从大块芯体表面得到的平均剪切应变，而另一个曲线是由最高变形区域变化的应变值构成。

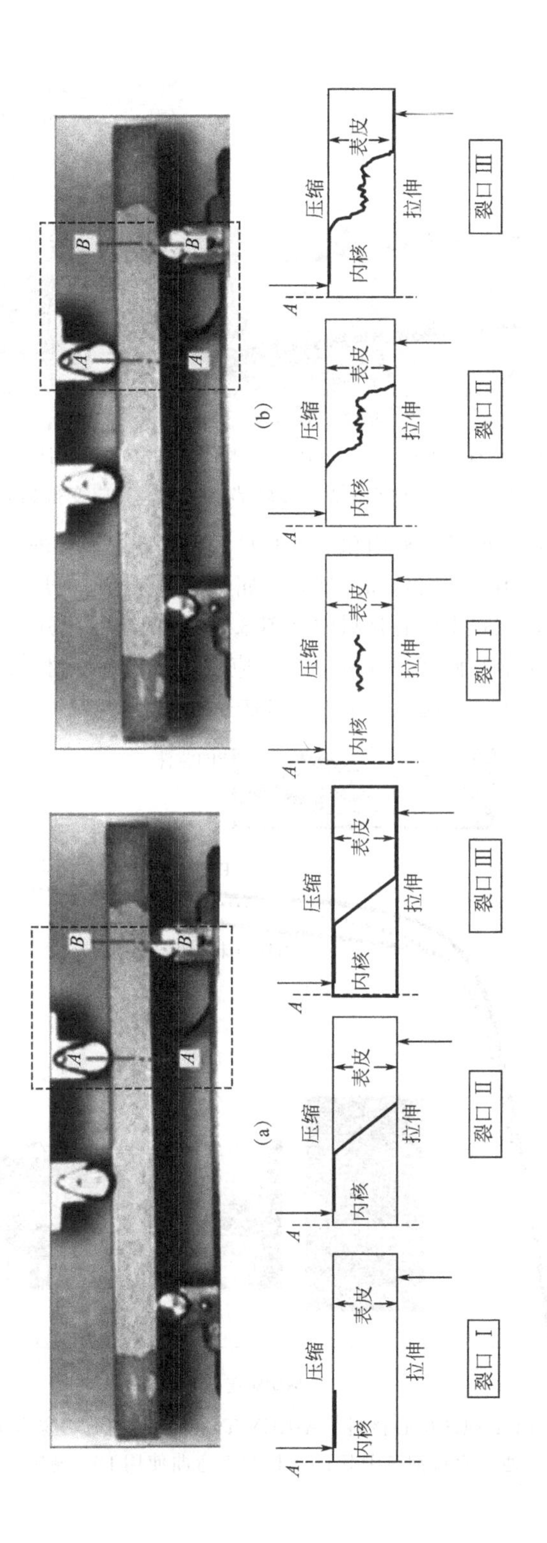

图 8.23　PMI 泡沫核心材料的起始剪切裂缝，夹层梁表面为玻璃纤维增强环氧面板（a）和碳纤维环氧面板（b）[93]

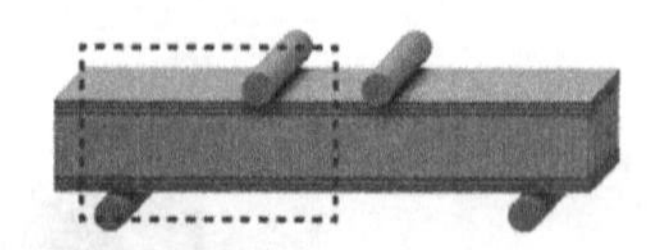

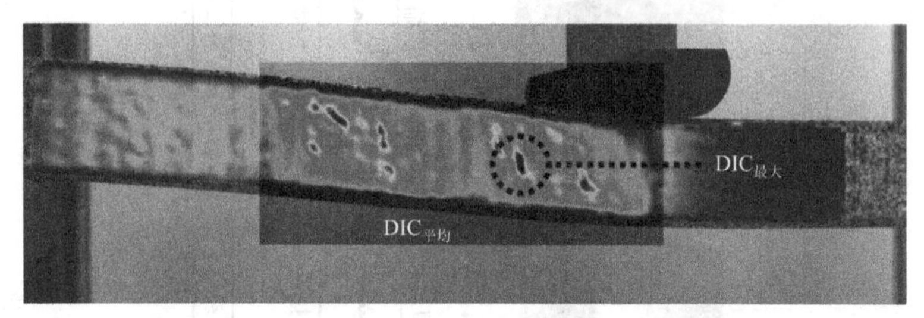

图 8.24　平均剪切应变（DIC平均）是在一个大面积的样品表面计算的和最大剪应变（DIC最大）是在实验结束时局部小面的最高应变得到的

图 8.25 和图 8.26 所示的平均和最大 DIC 曲线表明这两种泡沫核心在弹性区域具有均匀的剪切应变。由于屈服是局部现象，屈服后泡沫核心的局部剪应变明显比平均剪切应变高。相反，在轻木核心材料中（图 8.27），两条曲线开始在负载的初期阶段偏离，这表明在屈服前它们就存在大的局部应变。使用核心材料的应力-应变数据计算它们的剪切模量，表 8.6 比较了不同的方法获得的不同芯材的剪切模量。

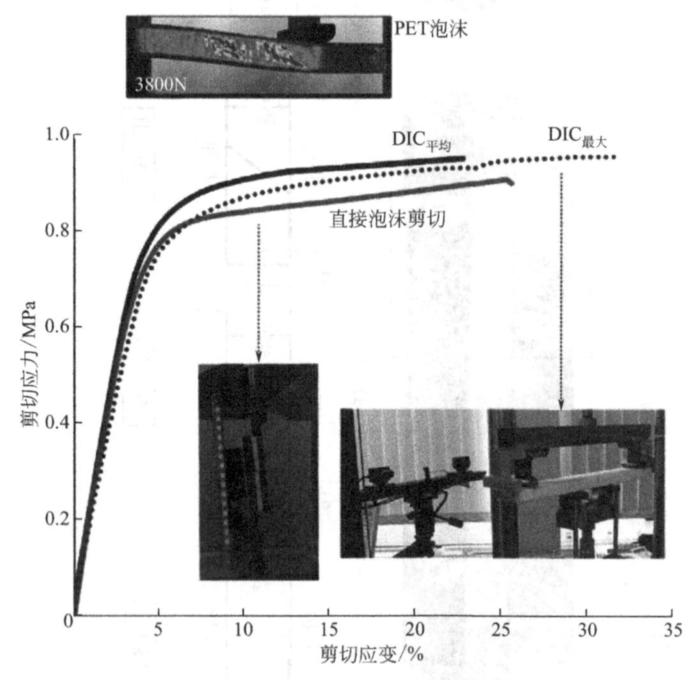

图 8.25　PET 泡沫核心材料（AIREX T92.100）的剪切应力-应变曲线（通过直接泡沫剪切试验和四点弯曲使用 DIC 测定）

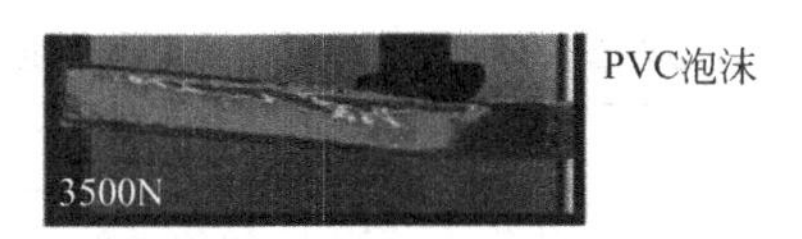

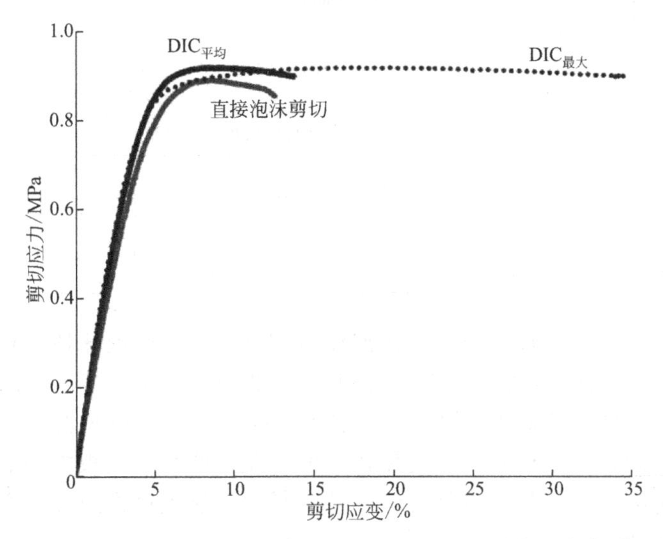

图 8.26 PVC 泡沫核心材料（Airex C70.55）的剪切应力-应变曲线（通过直接剪切试验和四点弯曲使用 DIC 测定）

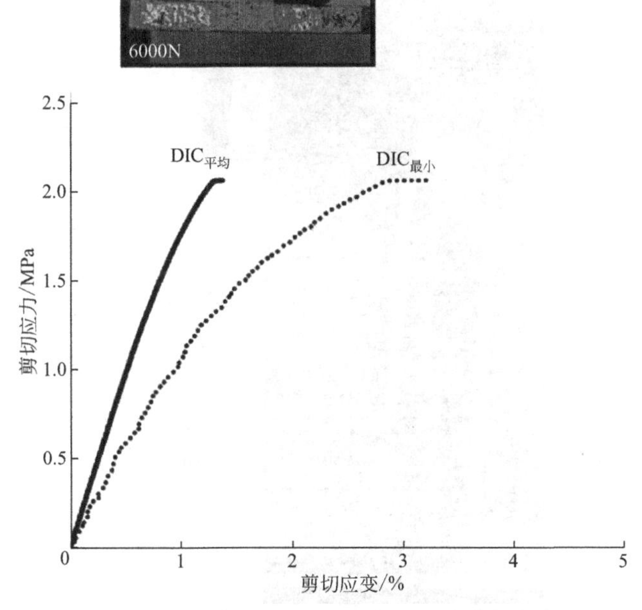

图 8.27 轻木核心材料（BALTEK SB50）的剪切应力-应变曲线（由四点弯曲试验经过 DIC 测量得到）

表 8.6 不同方法测量的平均核心剪切模量和强度

芯材	平均核心剪切模量/MPa			
	分析方法（三点弯曲）	原位剪切——DIC（四点弯曲）	直接剪切试验	材料数据表
轻木	103.5	110	—	106
PET 泡沫	25.4	20	21.1±0.08	21
PVC 泡沫	26.9	21.5	23.2±0.05	22

芯材	平均核心剪切模量/MPa		
	四点弯曲	直接剪切试验	材料数据表
轻木	1.8±0.12	—	1.8
PET 泡沫	0.94±0.05	0.91±0.17	0.9
PVC 泡沫	0.85±0.01	0.82±0.11	0.85

图 8.25 和图 8.26 比较了通过直接泡沫剪切试验测得的泡沫核心材料的剪切应力-应变曲线。直接剪切试验是按照 ASTM 标准测试方法[74] 进行的，以十字头为 0.5mm/min 的恒定速度拉伸。按照这个标准，力线应该倾斜地通过泡沫样品。因此，试样制备必须精确，以避免较大的误差。两个金属板之间的位移已经使用视频引伸法测定。尽管样本具有较大的长径比，靠近试样边缘仍有应力集中的趋势，如图 8.28 所示。

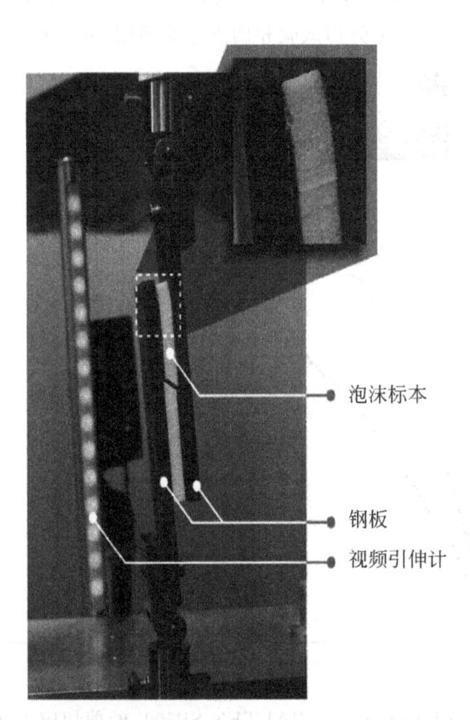

图 8.28 根据文献[74] 的泡沫直接剪切试验（采用泡沫样本块的尺寸为 145mm×50mm×12mm，钢板的相对位移使用视频引伸法测量）

8.4 案例研究——结束语

本研究采用不同的测试方法比较了三种市售核心材料的剪切响应。三种核心材料分别是轻木、交联的 PVC 泡沫和 PET 泡沫，它们在许多结构中都有应用。在夹层结构应用中这些材料表现出不同的特性，因此，当选择合适的核心材料时必须要考虑几个标准。例如，轻木木材力学性能好，且源于自然，可实现可持续发展，但它具有较高的树脂吸收，密度和性能的变化范围大，而且表现出较低的能量吸收（抗冲击）性能。另外，多功能泡沫核心材料具有较低和更均匀的密度，其力学性能一般，有较低的树脂吸收性，且有热和隔音性能。例如 PVC 泡沫与多种树脂体系相容，其刚度、强度都很好，经济性也很好。但是，聚氯乙烯泡沫普遍存在环境问题。我们讨论的一种更先进的核心材料是热塑性聚酯泡沫。由于其具有良好的可回收性、良好的抗疲劳性能、热成型性和较高的能量吸收特性，几个制造商正在研究 PET 泡沫夹层结构在风力发电叶片中应用的可靠性。

本章研究采用弯曲疲劳试验分析了一些核心材料的剪切性能，并与通过直接剪切试验得到的数据进行了比较。表 8.6 比较了通过这两种方法所得核心材料的剪切模量和剪切强度。可以看出，由弯曲试验测得的剪切模量比“块剪切试验”测得的值要高。这归因于弯曲试验中应力状态更均匀，以及可能与分析公式中的假设有关，假设忽略了表面片材的剪切刚度的贡献。

光学应变分析显示了三种核心材料不同的剪切破坏模式。这些测量可产生关于核心材料剪切破坏时非均匀性变形，以及局部应力集中的更全面的信息。这些观察可以通过现今结构件设计的必要步骤——数值模拟来验证。另外，核心材料变形的完整图像，有助于我们在具体应用时确定正确的材料和尺寸。轻木中的应变分布相当不均匀，这是局部密度/硬度剧烈变化的结果。轻木剪切失效的确切位置是随机和难以预料的。而对于 PET 和 PVC 泡沫芯，在弹性（预屈服）区中都观察到了更均匀的剪切变形。该 PVC 核心材料的上侧和下侧有轻微但明显的变形区别。这是由于芯板厚度的不同，改变了泡沫单元的尺寸和密度。PVC 泡沫核心材料的剪切失效起始于负载点之下的区域，这说明了此处应力集中和局部核心缩进的存在。PET 芯材负载点下没有应力集中的痕迹，可能是因为它的面外刚度高，而且泡沫孔结构更均匀。PET 泡沫的剪切失效从核心材料中心区启动。原位剪切应力-应变曲线，一方面显示了轻木剪切应变有较高的局部变化，另一方面也表达出泡沫核心材料更均匀的弹性剪切变形。然而在后屈服区，PVC 泡沫的最大应变曲线（$\mathrm{DIC}_{最大}$）与平均值曲线显著偏离。这个结果证实了 PVC 泡沫的塑性剪切应变具有较高定位。最终证明直接剪切试验可能无法捕捉到该泡沫核心材料的临界剪切应变的实际大小，至少在 PVC 发泡的情况下是这样。这表明，有充足测量工具的弯曲试验可能是更适合获得在使用的核心材料的剪切响应的方法。

8.5 总结

根据应用研究讨论了多功能聚合物泡沫作为夹层材料核心层的特殊性能。研究表明，作为夹层核心材料使用时，泡沫材料存在额外的功能。我们讨论了与泡沫核心材料相关的一些优势，例如轻量化；较低的树脂吸收；特殊的热、声和介电性能；良好的耐冲击性以及均匀和足够的机械刚度和强度。我们对几种常见的核心材料的剪切性能进行了测量，以及定性和定量的比较。相比于一般实体聚合物，聚合物泡沫材料的力学性能很少受到关注。因此，我们期望未来对该领域进行更科学的研究，以确定这些泡沫作为核心材料的长期使用性能。

致谢

这项研究的经费部分由“上弗兰肯基金会”（Sandwich-Sim 项目，P-NR. 03796，K-NR. 01188）提供。作者感谢 Jacqueline Uhm 对准备本章内容的支持以及 Airex AG 公司（瑞士）对研究材料的友好捐赠。

参考文献

[1] Introduction to cores, Alcan Composites Core Online PDF document, 2009.
[2] Beck J. Thermoplastic sandwich structures by foam injection moulding of polypropylene (PP). Bayreuth: M.Sc., Department of Polymer Engineering, University of Bayreuth; 2014.
[3] Mark James E. Physical properties of polymers handbook, 2nd ed. New York, USA: Springer Science + Business Media; 2007.
[4] Okolieocha C, Köppl T, Kerling S, Tölle FJ, Fathi A, Mülhaupt R, et al. Influence of graphene on the cell morphology and mechanical properties of extruded polystyrene foam. Cell Plast 2014.
[5] Leclaire P, Kelders L, Lauriks W, Melon M, Brown N, Castagnède B. Determination of the viscous and thermal characteristic lengths of plastic foams by ultrasonic measurements in helium and air. J Appl Phys 1996;80:2009–12.
[6] Fellah ZEA, Berger S, Lauriks W, Depollier C, Aristégui C, Chapelon J-Y. Measuring the porosity and the tortuosity of porous materials via reflected waves at oblique incidence. J Acoust Soc Am 2003;113:2424–33.
[7] Gómez Álvarez-Arenas TE, de la Fuente S, González Gómez I. Simultaneous determination of apparent tortuosity and microstructure length scale and shape: application to rigid open cell foams. Appl Phys Lett 2006;88(22):221910. <http://scitation.aip.org/content/aip/journal/apl/88/22/10.1063/1.2208921>.
[8] Yamashita T, Suzuki K, Adachi H, Nishino S, Tomota Y. Effect of microscopic inter-

nal structure on sound absorption properties of polyurethane foam by X-ray computed tomography observations. Mater Trans 2009;50:373–80.
[9] Apeldorn T, Keilholz C, Wolff-Fabris F, Altstädt V. Dielectric properties of highly filled thermoplastic composites for printed circuit boards. J Appl Polym Sci Symp 2013;128(6):3758–70.
[10] Keilholz C, Stegmann F, Köppl T, Wolff-Fabris F, Altstädt V. Foam-extruded high temperature thermoplastics with different nucleating agents for printed circuit boards. In: 14th International conference blowing agents and foaming processes. Berlin, Germany; 2012.
[11] Keilholz C, Gallert A, Köppl T, Altstädt V. Influence of material and processing parameters on the surface structure of foam-extruded polyetherimide. In: 11th International conference on foam materials & technology. Seattle, WA; 2013.
[12] Köppl T, Fischer B, Altstädt V. Modern flame retardants for polymer foams—development trends with special emphasis on novel poly(butylene terephthalate) foams. In: 28th Annual meeting of the polymer processing society (PPS28). Pattaya, Thailand; 2012.
[13] Fathi A, Keller J-H, Altstädt V. Full-field shear analyses of sandwich core materials using Digital Image Correlation (DIC). Composites Part B: Eng 2015;Vol. 70:156–66.
[14] Airex T92 product data sheet, 3A Composites, August 2013; <http://www.3accorematerials.com/products/airex/airexreg-t92.html>.
[15] Airex C70 product data sheet, 3A Composites, July, 2011; <http://www.3accorematerials.com/products/airex/airexreg-c70.html>.
[16] Airex R63 product data sheet, 3A Composites, July, 2013; <http://www.3accorematerials.com/de/produkte/airex/airexreg-r63.html>.
[17] Corecell M product data sheet, Gurit; <http://www.gurit.com/gurit-corecell-m.aspx>.
[18] Rohacell WF. product data sheet, Evonik Industries, January 2011; <http://www.rohacell.com/product/rohacell/en/products-services/rohacell-wf/pages/default.aspx>.
[19] Viana GM, Carlsson LA. Mechanical properties and fracture characterization of cross-linked PVC foams. J Sandwich Struct Mater 2002;4:99–113.
[20] Daniel IM, Gdoutos EE, Wang KA, Abot JL. Failure modes of composite sandwich beams. Int J Damage Mech 2002;11:309–34.
[21] Viana GM, Carlsson LA. Influences of foam density and core thickness on debond toughness of sandwich specimens with PVC foam core. J Sandwich Struct Mater 2003;5:103–18.
[22] Shivakumar KN, Smith SA. In situ fracture toughness testing of core materials in sandwich panels. J Compos Mater 2004;38:655–68.
[23] Majumdar P, Srinivasagupta D, Mahfuz H, Joseph B, Thomas MM, Christensen S. Effect of processing conditions and material properties on the debond fracture toughness of foam–core sandwich composites: experimental optimization. Compos Part A Appl Sci Manuf 2003;34:1097–104.
[24] Poapongsakorn P, Kanchanomai C. Effects of time and stress state on fracture of closed-cell PVC foam. J Sandwich Struct Mater 2012;14(5):557–71.
[25] Abrate S. Criteria for yielding or failure of cellular materials. J Sandwich Struct Mater 2008;10:5–51.
[26] Colloca M, Dorogokupets G, Gupta N, Porfiri M. Mechanical properties and failure mechanisms of closed-cell PVC foams. Int J Crashworthiness 2012;17:327–36.
[27] Gibson LJ, Ashby MF. Cellular solids: structure and properties, 2nd ed. UK: Cambridge University Press, 1997.
[28] Lim GT, Altstädt V, Ramsteiner F. Understanding the compressive behavior of linear and cross-linked poly(vinyl chloride) foams. J Cell Plast 2009;45:419–39.
[29] Zenkert D, Shipsha A, Burman M. Fatigue of closed cell foams. J Sandwich Struct Mater 2006;8:517–38.

[30] Zenkert D, Burman M. Failure mode shifts during constant amplitude fatigue loading of GFRP/foam core sandwich beams. Int J Fatigue 2011;33:217–22.
[31] Tita V, Júnior MFC. Anisotropic mechanical behavior of polymeric foams, Society of Plastic Engineers, Plastics Research Online (SPEPRO); 2013.
[32] Caliri Júnior MF, Soares GP, Angélico RA, Canto RB, Tita V. Study of an anisotropic polymeric cellular material under compression loading. Mater Res 2012;15:359–64.
[33] Luong DD, Pinisetty D, Gupta N. Compressive properties of closed-cell polyvinyl chloride foams at low and high strain rates: experimental investigation and critical review of state of the art. Compos Part B Eng 2013;44:403–16.
[34] Tagarielli VL, Deshpande VS, Fleck NA. The high strain rate response of PVC foams and end-grain Balsa wood. Compos Part B Eng 2008;39:83–91.
[35] Chakravarty U, Mahfuz H, Saha M, Jeelani S. Strain rate effects on sandwich core materials: an experimental and analytical investigation. Acta Mater 2003;51:1469–79.
[36] Thomas T, Mahfuz H, Kanny K, Jeelani S. High strain rate response of cross-linked and linear PVC cores. J Reinforced Plast Compos 2004;23:739–49.
[37] Thomas T, Mahfuz H, Carlsson LA, Kanny K, Jeelani S. Dynamic compression of cellular cores: temperature and strain rate effects. Compos Struct 2002;58:505–12.
[38] Kanny K, Mahfuz H, Thomas T, Jeelani S. Fatigue of crosslinked and linear PVC foams under shear loading. J Reinforced Plast Compos 2004;23:601–12.
[39] Kanny K, Mahfuz H, Thomas T, Jeelani S. Static and dynamic characterization of polymer foams under shear loads. J Compos Mater 2004;38:629–39.
[40] Grédiac M, Dufort L. Experimental evidence of parasitic effects in the shear test on sandwich beams. Exp Mech 2002;42:186–93.
[41] Kiepert KT, Miskioglu I, Sikarskie DL. Fatigue issues of polymeric foam sandwich core materials in simple shear. J Sandwich Struct Mater 2001;3:5–21.
[42] Kanny K, Mahfuz H, Carlsson LA, Thomas T, Jeelani S. Dynamic mechanical analyses and flexural fatigue of PVC foams. Compos Struct 2002;58:175–83.
[43] Burman M, Zenkert D. Fatigue of foam core sandwich beams—1: Undamaged specimens. Int J Fatigue 1997;19:551–61.
[44] Burman M, Zenkert D. Fatigue of foam core sandwich beams—2: Effect of initial damage. Int J Fatigue 1997;19:563–78.
[45] Schubel PM, Luo J-J, Daniel IM. Low velocity impact behavior of composite sandwich panels. Compos Part A Appl Sci Manuf 2005;36:1389–96.
[46] Schubel PM, Luo J-J, Daniel IM. Impact and post impact behavior of composite sandwich panels. Compos Part A Appl Sci Manuf 2007;38:1051–7.
[47] Li QM, Mines RAW. Strain measures for rigid crushable foam in uniaxial compression. Strain 2002;38:132–40.
[48] Arezoo S, Tagarielli VL, Petrinic N, Reed JM. The mechanical response of Rohacell foams at different length scales. J Mater Sci 2011;46:6863–70.
[49] Zenkert D, Burman M. Tension, compression and shear fatigue of a closed cell polymer foam. Compos Sci Technol 2009;69:785–92.
[50] Shipsha Burman Zenkert Interfacial fatigue crack growth in foam core sandwich structures. Fatigue Fatigue Eng Mater Struct 1999;22:123–31.
[51] Leijten J, Bersee HEN, Bergsma OK, Beukers A. Experimental study of the low-velocity impact behaviour of primary sandwich structures in aircraft. Compos Part A Appl Sci Manuf 2009;40:164–75.
[52] Köppl T, Fischer B, Altstädt V. Challenges and possibilities in foaming of semi-crystalline poly(butylene terephthalate). In: blowing agents and foaming processes 2012 conference proceedings, Berlin, Germany, paper no. 17. Shawbury, UK: Smithers Rapra Publishing; 2012. pp. 175–180.

[53] Köppl T, Raps D, Altstädt V. E-PBT—bead foaming of poly(butylene terephthalate) by underwater pelletizing. J Cell Plast 2014;50(5):475–87.
[54] Xanthos M, Dhavalikar R, Tan V, Dey SK, Yilmazer U. Properties and applications of sandwich panels based on PET foams. J Reinforced Plast Compos 2001;20:786–93.
[55] Youn JR, Suh NP. Processing of microcellular polyester composites. Polym Compos 1985;6:175–80.
[56] Baldwin DF, Park CB, Suh NP. A microcellular processing study of poly(ethylene terephthalate) in the amorphous and semicrystalline states. Part II: Cell growth and process design. Polym Eng Sci 1996;36:1446–53.
[57] Baldwin DF, Park CB, Suh NP. A microcellular processing study of poly(ethylene terephthalate) in the amorphous and semicrystalline states. Part I: Microcell nucleation. Polym Eng Sci 1996;36:1437–45.
[58] Guan R, Wang B, Lu D. Preparation of microcellular poly(ethylene terephthalate) and its properties. J Appl Polym Sci 2003;88:1956–62.
[59] Liang M-T, Wang C-M. Production of engineering plastics foams by supercritical CO_2. Ind Eng Chem Res 2000;39:4622–6.
[60] Guan R, Wang B, Lu D, Fang Q, Xiang B. Microcellular thin PET sheet foam preparation by compression molding. J Appl Polym Sci 2004;93:1698–704.
[61] Guan R, Xiang B, Xiao Z, Li Y, Lu D, Song G. The processing–structure relationships in thin microcellular PET sheet prepared by compression molding. Eur Polym J 2006;42:1022–32.
[62] Incarnato L, Scarfato P, Di Maio L, Acierno D. Structure and rheology of recycled PET modified by reactive extrusion. Polymer 2000;41:6825–31.
[63] Li Y, Xiang B, Liu J, Guan R. Morphology and qualitative analysis of mechanism of microcellular PET by compression moulding. Mater Sci Technol 2010;26:981–7.
[64] Xanthos M, Dey SK, Zhang Q, Quintans J. Parameters affecting extrusion foaming of PET by gas injection. J Cell Plast 2000;36:102–11.
[65] Xanthos M, Zhang Q, Dey SK, Li Y, Yilmazer U, O'Shea M. Effects of resin rheology on the extrusion foaming characteristics of PET. J Cell Plast 1998;34:498–510.
[66] Japon S, Leterrier Y, Manson J-AE. Recycling of poly(ethylene terephthalate) into closed-cell foams. Polym Eng Sci 2000;40:1942–52.
[67] Fathi A, Wolff-Fabris F, Altstädt V, Gätzi R. An investigation on the flexural properties of Balsa and polymer foam core sandwich structures: influence of core type and contour finishing options. J Sandwich Struct Mater 2013;15(5):487–508.
[68] Herranen H, Pabut O, Eerme M, Majak J, Pohlak M, Kers J, et al. Design and testing of sandwich structures with different core materials. Mater Sci 2012;18:45–50.
[69] Fathi A, Raps D, Altstädt V. Compression response of extruded polyethylene terephthalate (PET) foam using Digital Image Correlation (DIC), Internal report.
[70] Zenkert D. An introduction to sandwich construction. Solihull, UK: EMAS Ltd; 1995.
[71] O'Connor DJ. An evaluation of test methods for shear modulus of sandwich cores. Int J Cement Compos Lightweight Concrete 1984;6:3–12.
[72] ASTM C393 / C393M-06, Standard Test Method for Core Shear Properties of Sandwich Constructions by Beam Flexure, ASTM International, West Conshohocken, PA, 2006, <www.astm.org>.
[73] Allen HG. Analysis and design of structural sandwich panels. London: Pergamon Press; 1969.
[74] ASTM C273 / C273M-11, Standard test method for shear properties of sandwich core materials. ASTM International: West Conshohocken, PA; 2011, <www.astm.org>.
[75] Juntikka R, Hallstrom S. Shear characterization of sandwich core materials using four-point bending. J Sandwich Struct Mater 2007;9:67–94.

[76] Feichtinger KA. Test methods and performance of structural core materials—1. Static properties. J Reinforced Plast Compos 1989;8:334–57.
[77] Nordstrand TM, Carlsson LA. Evaluation of transverse shear stiffness of structural core sandwich plates. Compos Struct 1997;37:145–53.
[78] Hexalite Hexacor product data sheet, Duroplastic Technologies; <http://www.duroplastic.com/polypropylene-honeycomb.html>.
[79] Baltek SB. product data sheet, 3A Composites, October 2014; <http://www.3accorematerials.com/de/produkte/baltek/baltekreg-sb.html>.
[80] Airex PXc product data sheet, 3A Composites, July 2011; <http://www.3accorematerials.com/products/airex/airexreg-pxc.html>.
[81] Airex PXw product data sheet, 3A Composites, July 2011; <http://www.3accorematerials.com/de/produkte/airex/airexreg-pxw.html>.
[82] Paper Honeycomb product data sheet, HONECORE; <http://www.honecore.com/products>.
[83] Zainuddin S, Mahfuz H, Jeelani S. Enhancing fatigue performance of sandwich composites with nanophased core. J Nanomater 2010;2010 Article ID 712731, 8 pages. http://dx.doi.org/10.1155/2010/712731.
[84] Benderly D, Zafran J, Putter S. Shear testing of polymer foams. J Test Eval 2003;31:405–12.
[85] Steeves CA. Optimizing sandwich beams for strength and stiffness. J Sandwich Struct Mater 2012;14:573–95.
[86] Whisler D, Chen A, Kim H, Huson P, Asaro R. Methodology for exciting dynamic shear and moment failure in composite sandwich beams. J Sandwich Struct Mater 2012;14:365–96.
[87] Dawood M, Taylor E, Ballew W, Rizkalla S. Static and fatigue bending behavior of pultruded GFRP sandwich panels with through-thickness fiber insertions. Compos Part B Eng 2010;41:363–74.
[88] Gupta N, Woldesenbet E. Characterization of flexural properties of syntactic foam core sandwich composites and effect of density variation. J Compos Mater 2005;39:2197–212.
[89] Lingaiah K, Suryanarayana B. Strength and stiffness of sandwich beams in bending. Exp Mech 1991;31:1–7.
[90] Xiong J, Ma L, Pan S, Wu L, Papadopoulos J, Vaziri A. Shear and bending performance of carbon fiber composite sandwich panels with pyramidal truss cores. Acta Mater 2012;60:1455–66.
[91] Ayorinde E, Ibrahim R, Berdichevsky V, Jansons M, Grace I. Development of damage in some polymeric foam–core sandwich beams under bending loading. J Sandwich Struct Mater 2012;14:131–56.
[92] Gibson RF. A simplified analysis of deflections in shear-deformable composite sandwich beams. J Sandwich Struct Mater 2011;13:579–88.
[93] Gibson RF. A mechanics of materials/fracture mechanics analysis of core shear failure in foam core composite sandwich beams. J Sandwich Struct Mater 2011;13(1):83–95.
[94] Thomsen OT, Bozhevolnaya E, Lyckegaard A. Structurally graded core junctions in sandwich elements. Compos Part A Appl Sci Manuf 2005;36:1397–411.
[95] Reyes G, Rangaraj S. Fracture properties of high performance carbon foam sandwich structures. Compos Part A Appl Sci Manuf 2011;42:1–7.
[96] Carlsson LA, Kardomateas GA. Structural and failure mechanics of sandwich composites. New York:Springer; 2011.
[97] Jerabek M, Major Z, Lang RW. Strain determination of polymeric materials using digital image correlation. Polym Test 2010;29:407–16.
[98] Zhang ZY, Richardson MOW. Visualisation of barely visible impact damage in poly-

mer matrix composites using an optical deformation and strain measurement system (ODSMS). Compos Part A Appl Sci Manuf 2005;36:1073–8.
[99] Guastavino R, Göransson P. A 3D displacement measurement methodology for anisotropic porous cellular foam materials. Polym Test 2007;26:711–19.
[100] Jin H, Lu W-Y, Scheffel S, Hinnerichs TD, Neilsen MK. Full-field characterization of mechanical behavior of polyurethane foams. Int J Solids Struct 2007;44:6930–44.
[101] Kaya B. Investigation of the skin–core interface in glass fibre reinforced sandwich materials. Ludwigshafen, Germany, Bayreuth: M.Sc., Department of Polymer Engineering, University of Bayreuth BASF SE; 2013.

第9章

对苯二甲酸烯烃烷基酯复合材料(聚酯共混物、短纤维填充材料和纳米材料)的反应增容

S. S. Pesetskii，V. V. Shevchenko 和 V. V. Dubrovsky

白俄罗斯国家科学院别雷金属-高分子研究所，白俄罗斯，戈梅利

缩写和命名

PAT　聚对苯二甲酸烯烃酯
PET　聚对苯二甲酸乙二醇酯
PBT　聚对苯二甲酸丁二醇酯
TPEE　热塑性聚酯弹性体
PEN　聚萘二甲酸乙二醇酯
BA　阻断剂
CB　炭黑
CE　链剂
DCA　二氯乙酸
PMDA　苯均四酸二酐
MDI　亚甲基二异氰酸酯
HMDI　亚己基二异氰酸酯
ISM　冲击强度改进剂
PA6 和 PA66　聚酰胺 6 和聚酰胺 66
ABS　丙烯腈-丁二烯-苯乙烯
PC　聚碳酸酯
HDPE　高密度聚乙烯
PP　聚丙烯
E-GMA　乙烯-甲基丙烯酸缩水甘油酯共聚物
GMA　甲基丙烯酸缩水甘油酯
PGMA　聚甲基丙烯酸缩水甘油酯
EPDM　三元乙丙橡胶
PAr　多芳基化合物
PTT　聚对苯二甲酸丙二醇酯
PO　聚烯烃
PPO　聚亚苯基氧化物
PDMI　聚二苯基甲烷二异氰酸酯
LLDPE　线型低密度聚乙烯
EVA　乙烯-乙酸乙烯共聚物
MA　顺丁烯二酸酐；马来酸酐
SEBS　苯乙烯-乙烯-丁烯/苯乙烯共聚物
PB　聚丁二烯
PS　聚苯乙烯
C　增溶剂

GF 玻璃纤维；玻璃丝
CNM 碳纳米材料
MWCNT 多壁纳米碳管
RE 反应挤出
DMA 动态力学分析
MW 分子量
MWD 分子量分布
[η] 特性黏度
MFI 熔体流动指数
[COOH] 端羧基浓度
T_{br} 脆化温度
l_f，d_f 玻璃纤维长度和直径
τ 玻璃纤维增强材料的界面强度
σ_m 聚合物基体的拉伸强度
σ_c，ε_c 复合材料的强度和相关延伸率
φ_f，φ_i，φ_m 纤维、界面层和聚合物基体的体积分数
$\tan\delta$，$\tan\delta_f$，$\tan\delta_i$ 复合材料、纤维和界面层的机械损耗角

9.1 基本介绍

聚对苯二甲酸烯烃酯（PAT）类物质例如聚对苯二甲酸乙二醇酯（PET）、聚对苯二甲酸丁二醇酯（PBT）、热塑性聚酯弹性体（TPEE）和聚萘二甲酸乙二醇酯（PEN）等都是主要的热塑性聚合物，并且广泛应用在各个领域，如人造纤维的合成、薄膜、结构塑料、包装材料等[1-3]。

基于 PET 和 PBT 的材料已经大量使用。此外，作为缩聚嵌段共聚物的 TPEE 由芳族聚酯硬段（PET、PBT 等）和脂族聚醚和聚酯软段组成。基于 PBT 和聚四亚甲基氧化物为基体的热塑性聚酯弹性体是最具实用价值的[4]。

值得一提的是，在不久的将来，相比于其他聚合物，聚对苯二甲酸烯烃酯（PAT）和以饱和多元聚酯为基体的多功能复合材料的产量将会连续增加。例如，某些地方[5] 的聚对苯二甲酸乙二醇酯的年消耗量以约 10%的增长率增长。

PAT（特别是 PET 及其共聚物在高温下熔融加工时）的一个特点是，当存在水或不同杂质时，它们对热分解具有高度敏感性，导致较低的分子量和性能劣化，以及在聚合物熔体中与大分子的终端发生各种反应[6]。鉴于此，未改性的 PAT 在实际应用中具有一定的局限性。所需的消费者要求的特性若不能以其他方式确保，则化学改性就具有商业价值。

由于基于 PAT 的材料通常由熔体混合和加工，因此在寻找化学改性的最佳方式时，熔融状态的聚酯的大分子转化是有意义的。大分子和反应物在熔融状态下的化学改性技术的研究进展[6-8] 表明：挤压机作为反应器（在没有溶剂的条件下连续工作）适用于 PAT 的化学改性。挤压反应（RE，下同）作为一种有目的性的聚合物化学改性方法，已广泛应用在消耗和废弃的可回收聚酯的循环利用领域[6,9,10]。

下面的内容包含了专利、书籍和文章的分析结果，以及关于熔融聚酯（主要

是PET）中最重要的化学转化类型的原始实验数据。其中有：大分子的降解和稳定化；用于调节分子量（MW）的受控降解；端基反应；低分子量聚酯的链延长（CE）或分子量分布（MWD）调整的聚酯，旨在获得高黏度和熔体强度的材料；聚酯共混物中的反应，以及聚酯与不同聚合物的共混体系中的相容性反应；短纤维增强复合材料和纳米材料中的相间相互作用。当在一个挤压反应混合器中处理加工时，聚酯熔体的化学转变及其最重要的相关知识，和有目的地影响这些转化反应实体化的方法一样，是一种从大范围实际应用中发展多功能聚酯复合材料的强有力手段。

9.2 聚对苯二甲酸烯烃酯类物质（PATs）的化学反应

聚对苯二甲酸烯烃酯类物质（PATs），尤其是聚对苯二甲酸乙二醇酯类物质（PETs），在高温下进行熔融加工会引起大分子转换，这将影响材料的性能和最终产品。表9.1中列出了熔融饱和聚酯最重要的几种反应类型，不同条件导致不同反应类型。

表9.1 熔融饱和聚酯的化学反应类型[3]

反应类型	特定反应的例子
酯化反应	水解反应、醇解反应、甲醇分解作用、氨基分解、醇水解作用
自由基转化反应	氧化反应、光变作用和其他类型辐射、不饱和键的作用
自由基反应	多元酯聚合反应、酯化反应
聚合反应	缩聚反应

我们应该分析某些反应，以防止在多功能复合材料生产阶段和聚酯材料加工阶段的反应进程中产生消极影响，要控制反应进行的方法，学习相关知识就显得相当重要。

9.2.1 高分子聚酯的稳定性和降解作用

PATs的性质会经历周期性的恶化：在合成时期，过程分为半成品、存储、转运和成品四个阶段[11]。退化的消极影响降低了熔体的黏度和分子质量；形成了低分子量的化学物质，比如：CO、乙烯、甲烷、苯、对苯二甲酸、低聚物和其他物质[12,13]。影响熔融PATs退化的反应主要有以下类型：受热、热分解和水解反应[9,10,12,13]。

PATs在真空中等温热分解的报告显示在300℃下，几乎没有易挥发的低分子量产品生成，仅有环状低聚物生成[14]。这个事实意味着PETs的热分解是从成环作用和低聚物的形成开始的，通过把涉及一个氢原子的六元中间级循环酯键打断而不断进行。化学热降解要遵循 C—H 键打断的激进机制[14-16]。

根据条件，化学热降解可能沿着聚合物链和末端基团方向发生（图 9.1）。图 9.1 的方案解释了这个形成过程，在 PET 的热分解时期，羟基、乙烯基酯基团和乙醛一样。然而，这并不是单一的，因为这不能完全抑制自由基结合成化合物。低分子量产品（尤其是乙醛）和新形成的末端基团一样，例如，羧基基团加快了大分子的热分解进程。

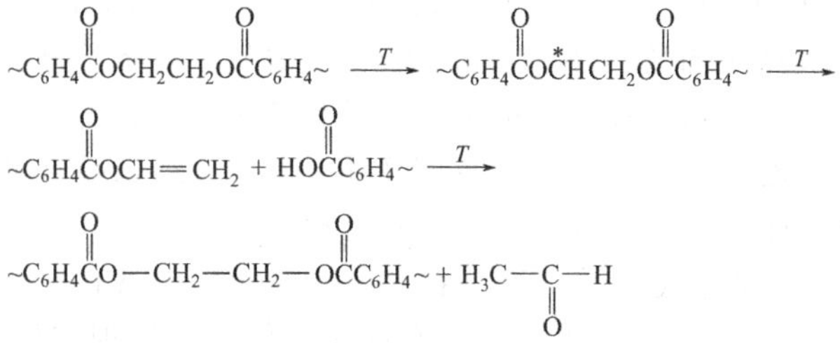

$$\sim C_6H_4\overset{O}{\overset{\|}{C}}OCH_2CH_2O\overset{O}{\overset{\|}{C}}C_6H_4\sim \xrightarrow{T} \sim C_6H_4\overset{O}{\overset{\|}{C}}O\overset{*}{C}HCH_2O\overset{O}{\overset{\|}{C}}C_6H_4\sim \xrightarrow{T}$$

$$\sim C_6H_4\overset{O}{\overset{\|}{C}}OCH=CH_2 + HO\overset{O}{\overset{\|}{C}}C_6H_4\sim \xrightarrow{T}$$

$$\sim C_6H_4\overset{O}{\overset{\|}{C}}O-CH_2-CH_2-O\overset{O}{\overset{\|}{C}}C_6H_4\sim + H_3C-\underset{\underset{O}{\|}}{C}-H$$

图 9.1 PET 在游离机制下的热分解[17]

聚酯的热降解通常不会在一个单纯的状态下进行，例如，氧存在于聚合物熔体中，PATs 大多数是通过自由基机理氧化分解的[12,17,18]。据透露，PET 和 PBT 在氧气和氮气下会发生热分解形成苯甲酸和酯，而热氧化降解会分解出苯甲酸、酸酐醇、芳烃和脂肪族酸。

末端羧基可以加速聚酯的热氧化反应已有多处报道[11,19]，PET 和 PBT 的热氧化速率在羧酸浓度至少改变 10mmol/kg 的情况下是能够明显观察到的。一个可能的原因是以 ROO· 自由基形式存在的羧基比饱和烃片段上的氢的氧分解速率要高得多，或因为是与 α-H 相连的双键：$v_H=50\sim500\ (mol\cdot s)^{-1}$（从—COOH 中分离）；$v_H=(1\sim5)\times10^{-4}(mol\cdot s)^{-1}$（$—CH_2—$）和 $v_H=(0.1\sim1)\times10^{-4}\ (mol\cdot s)^{-1}$（$>C=CH—CH_2\sim$）。末端羧基增加的浓度导致 PAT 热分解，降低了其分子质量[11]。因此可以从提取物的浓度中判断聚酯的分子量[20]。例如：PETs 用于生产瓶子，其黏性浓度 $[\eta]\approx0.7\sim0.85$dL/g（缩聚程度≈150）、末端羧基浓度大约为 25～45mmol/kg。在热分解之后，羧酸基的浓度能够上升到 100mmol/kg 甚至更高，而黏性浓度 $[\eta]$ 将下降到 0.3～0.5dL/g[21,22]。

二氯乙酸（DCA）溶液的黏性浓度和 PET 分子量的关系遵循 Mark-Houwink's 公式：

$$[\eta]=0.0067M_W^{0.47} \tag{9.1}$$

这样我们就可以算出 PETs 在熔融共混过程中减少的分子量。

PAT 中的聚酯尤其会在高温条件下进行水解分解。这个过程的消极后果是降低了聚酯的熔融黏度、分子量和力学性能[23,24]。羧基和其他酸性物质加速了聚酯的水解分解进程[11]，例如氯化氢的释放是因为 PAT 在处理过程中混有聚氯乙烯杂质[25]。

从文献［26］中可以清楚看出，为了防止聚酯在熔融状态下严重水解，PET中水分的浓度应不超过0.02%。PET中的水应在加工之前通过适当方法进行干燥。最有效的方法是真空干燥和在氮气流中或特殊烘干机吹出的空气流中干燥。干燥温度应为140～170℃，干燥时间为3～7h[26,27]。

除了水之外，聚合物中的低分子量物质或积累在聚合物中的大分子转换的分解产物，也能加速熔融聚酯大分子的分解。这些分解产物是环状或链状低聚化合物。初始时PET中低聚物的质量分数大约在0.9%[26]。PET经过熔融处理后，低聚物的质量分数将上升至1.8%～3.0%[26]。PAT大分子分解后的一些产物含有末端羧基，这些产物增加了总的浓度，从而降低了熔融聚酯的热稳定性。

除了水之外，乙醛、甲醇（酯键分解产生甲醇）、乙二醇（糖酵解）都会在PAT的熔融进程中使PAT大分子产生严重分解[26,28]。

由于PAT的大部分低分子产物是在250～280℃（PAT加工处理温度）下不稳定分解形成的，因此稳定聚酯最有效的方法是真空处理熔体[29]。因为高温合成聚酯和熔融加工都伴随着二次加工，这大大恶化了生产材料的性能，PET的有效稳定性只能通过复杂的系统来实现，特别是基于不同机制的混合物稳定性质。因此，对于聚酯加工的热稳定性，建议加混合含磷稳定剂［由Ciba公司（瑞士，目前是巴斯夫公司）提供］。最有效的稳定剂为B-561（Irgafos 168-80%和Irganox 1010-20%的混合物）、抗氧化剂B-1171（Irgafos 168-80%和Irganox 1098-20%的混合物）和Irgamod 295［乙基（4-羟基3,5-二叔丁基）甲基膦］。

值得注意的是PET在紫外线辐射下易发生氧化降解，黑色材料可接受的情况下，在PET中添加0.5%～3%炭黑（CB）可以阻挡紫外线。对于白色或浅色材料，推荐使用紫外线吸收剂，如取代的苯并三唑（单一或与磷酸酯[23]结合使用），以及Tinuvin T-234等。

9.2.2 可控降解

PET的化学降解可以使用RE技术（化学分解）在受控条件下进行。图9.2是熔融PET在乙二醇作用下分解的一个例子，这个反应可以减少聚酯的黏度。旨在部分降解PET以获得所需MW的聚合物（低聚物），用于解聚PET的化学物质包括水（水解）、甲醇（甲醇分解）和乙二醇（糖酵解）[28,30-34]。将乙二醇（质量分数≈0.2%）物料放入265～273℃的料斗中，PET特性黏度从0.58dL/g降低到0.46dL/g[35]。

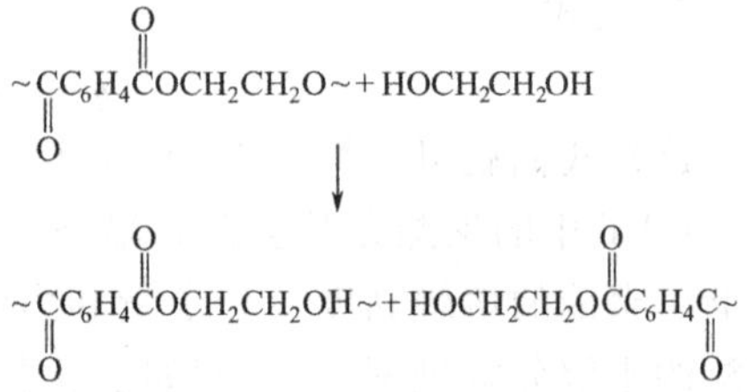

$$\sim\overset{O}{\overset{\|}{C}}C_6H_4\overset{O}{\overset{\|}{C}}OCH_2CH_2O\sim + HOCH_2CH_2OH$$

$$\downarrow$$

$$\sim\underset{O}{\underset{\|}{C}}C_6H_4\overset{O}{\overset{\|}{C}}OCH_2CH_2OH\sim + HOCH_2CH_2O\overset{O}{\overset{\|}{C}}C_6H_4\underset{O}{\underset{\|}{C}}\sim$$

图9.2 可控降解的PET与乙二醇的反应

对于溶剂分解反应所需的相当长的反应时间，例如糖酵解、甲醇分解或用于将PET解聚成单体/低聚物的水解，通常需要几个连续流动反应器（这些可以是挤出机）和催化剂。通过使用特殊设计的挤出反应器，可以简化技术，最大限度地降低成本（图 9.3）。

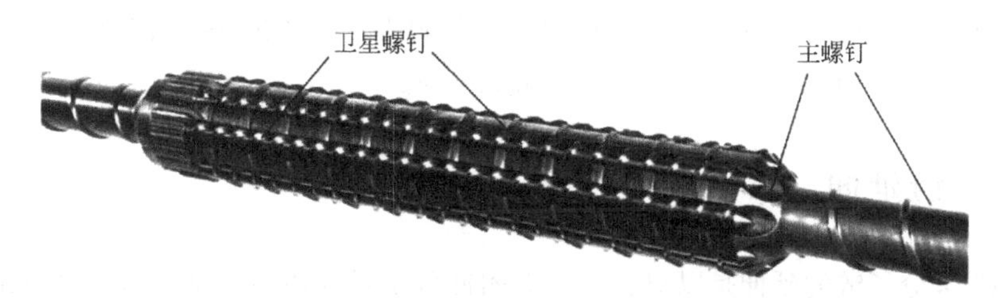

图 9.3 德国 Gneuss Kunststofftechnik GmbH 设计的 MRS 螺杆挤出机

MRS 挤出机是单螺杆挤出机，配有独特的熔体混合和脱气系统。螺杆和材料缸具有加宽的区域。沿着加宽部分的周边沿螺杆轴设置八个或十个圆柱形螺杆室（取决于尺寸）；小尺寸的卫星螺钉安装在这些腔室中（图 9.3）。它们通过主螺杆上的齿轮旋转（沿与主螺杆的方向相反的方向）。这种设计的挤出反应器即使在低真空度下也能确保有效的脱气。MRS 挤出机中熔体表面的交换面积是普通双螺杆挤出机的 25 倍。PET 的受控糖酵解可以通过连续方案进行，这在经济上是有利的；它已被用于降解 PET 工业废物，以使降解后的低聚物能再次合成新的 PET。

9.2.3 终端官能团的阻断

端羧基官能团可以通过分子内酯键的断裂分解来刺激饱和聚酯的热氧化降解，接下来的分解具有自身催化性：新形成的羧基能够进一步促进酯键的分解。低浓度的端羧基官能团能增加多元聚酯的热氧化性和水解稳定性，用［η］值表示[11,24]。

在多官能团组合物的配混和加工过程中稳定 PAT 大分子或其应用的方法之一是通过与封闭剂（BA）的化学作用来阻断（化学键合）羧基。封闭剂可能是单官能团、双官能团或多官能团化合物。由于多元聚酯的端羧基和羟基是亲核的，它们可以与亲电试剂（如：酸酐、环氧化合物、唑啉、异氰酸酯和碳化二亚胺）形成共价键，这些亲电试剂之间的反应将在 9.2.4 节中介绍。碳化二亚胺[36]、内酰亚胺[37,38]、缩水甘油醚[39] 和环氧化物[40] 都是人们比较熟悉的阻聚剂。

应该提到的是，多功能 BA 可以导致产生支链或部分交联的大分子[10]。尽管羧基浓度相对较低，但 PAT 的抗热氧化性可能降低。一些作者[11] 通过含聚酯的支链和部分交联大环化合物中较低的结晶度来解释这一事实。

封端基团的反应可在单螺杆或双螺杆挤出机中在高达 300℃的温度下在熔融 PAT 中进行。BA 含量高达 1%（质量分数）时，COOH 浓度可显著降低[35]。根据参考文献［41］，例如，PET 与苯基缩水甘油醚（质量分数为 1%）在 285℃的反应导致［COOH］从 12.4mmol/kg 降至 3mmol/kg。像 N,N'-二-氰代碳二亚胺或取代的二苯基碳二亚胺这样的碳二亚胺可使［COOH］降低到初始量的50%[6]。异氰酸酯阻断羧基导致PET黏度增加[42]。发现含有烷氧基或烷基胺取代的噁唑啉混合物的PBT的RE（$T=240℃$；在料筒中熔化停留时间3min）使［COOH］降低（从43mmol/kg升至3mmol/kg）[43]。

9.2.4 链延伸

PAT大分子链的延伸是以双、多功能团低分子量物质与羧基或末端羟基的化学反应为基础，不同的大分子化学键合增加了分子链的长度（或分子质量）[44]。

双官能团化合物被广泛作为扩链剂（CE），三倍或更多倍官能团的反应物会形成支链和交联结构，从而导致熔体的黏度大幅度提高[45,46]。

一些学者[47]根据与聚合物反应的官能团类型划分扩链剂：缩合和加成。缩合型CE促进副产物的形成，副产物必须通过抽真空从挤出反应器中除去，加成型的扩链剂不会产生副产品，这个事实简化了添加剂的使用。

以下是扩链剂的重要属性[10,48]：高反应活性、可用性、在PAT加工温度下的热稳定性和与大分子链形成强大的化学键。

扩链剂的效率可以通过以下参数来评价：分子量的增加量（本征黏度）、熔融指数（MFI）减少量、羧基官能团浓度的减少量、由于分子量增加导致结晶过程的减少量（冷结晶度的增加、结晶温度的降低）和分支的形成[10]。扩链剂的理论数量（W_{CE}）计算公式如下：

$$W_{CE}=\frac{M_{CE}[COOH]}{2\times10^{4}}(\%) \tag{9.2}$$

式中，M_{CE}表示1mol扩链剂的分子量；［COOH］表示羧基的最初含量（$eq/10^6g$）；假设1mol的CE和2mol聚酯发生反应[20]。

此外，对其他类型的扩链剂对复合多功能材料的影响进行更详细的研究具有重要意义。

9.2.4.1 基于环状亚氨基酯类的扩链剂

日本科学家Inata和Matsumura[20,49,50]是最早通过研究熔融聚酯反应来增加聚酯分子量的科学家。环状亚氨基酯作为CE使用如下：双-2-噁唑啉、双-5,6-二氢-4H-1,3-噁嗪和N,N'-六亚甲基-双（2-羰基1,2-噁唑啉），对羧基具有反应性。

其他工作者[51-56]用二唑啉和噁嗪作为扩链剂，图9.4显示了扩链剂与1,4-亚苯基-双唑啉（1,4-PBO）的反应过程。1,4-PBO在质量分数为0.5%～1.5%之间的实验可以看出，PET的［η］从0.2dL/g上升到0.7dL/g。研究表明扩链剂的质量分数为0.5%时可以使羧基浓度从45mmol/kg降低至20mmol/kg[3]。

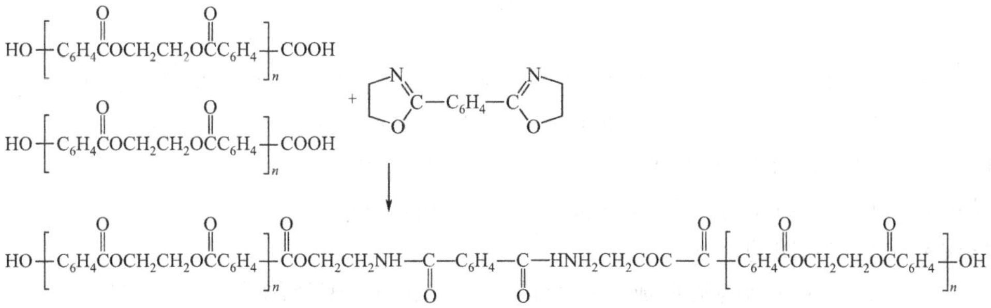

$$2\ \mathrm{HO}\!\left[\mathrm{C_6H_4\overset{O}{\overset{\|}{C}}OCH_2CH_2O\overset{O}{\overset{\|}{C}}C_6H_4}\right]_n\!\mathrm{COOH} + \mathrm{(CH_2)_2\text{-}N{=}C(O)\text{—}C_6H_4\text{—}C(O){=}N\text{-}(CH_2)_2}$$

$$\downarrow$$

$$\mathrm{HO}\!\left[\mathrm{C_6H_4\overset{O}{\overset{\|}{C}}OCH_2CH_2O\overset{O}{\overset{\|}{C}}C_6H_4}\right]_n\!\mathrm{\overset{O}{\overset{\|}{C}}OCH_2CH_2NH\text{—}\underset{O}{\underset{\|}{C}}\text{—}C_6H_4\text{—}\underset{O}{\underset{\|}{C}}\text{—}HNH_2CH_2COC\text{—}\overset{O}{\overset{\|}{C}}}\left[\mathrm{C_6H_4\overset{O}{\overset{\|}{C}}OCH_2CH_2O\overset{O}{\overset{\|}{C}}C_6H_4}\right]_n\!\mathrm{OH}$$

图 9.4 1,4-PBO 和 PET 的端羧基的合成反应

据报道[50]：在含 2-唑啉的 PET 的熔融过程中封端和扩链反应都会发生。Cardi 等[55] 表明除扩链外的不良副反应可以同时发生在 2-唑啉存在的场合，例如：2-唑啉产生支化产品。

9.2.4.2 环氧扩链剂

许多研究人员[57-61] 通过测试 2 或 3-环氧官能团的化合物作为 PET 的扩链剂。发现[57] 含有环氧基团的叔胺对 PET 最具反应性。一个羧基与环氧基团之间的反应速率要比与一个羟基的反应速率快[59]。通过观察，PET 和熔融 PBT[60] 反应 10min 后会大大降低羧基的浓度（约 1.6 倍）并增加其固有黏度（1.2～1.3 倍）。

其他研究人员完成了扩链剂有效性的对比分析[61]，发现环状环氧化合物（包括环氧树脂）作为 PET 的扩链剂比缩水甘油醚更具有效率。

为了延长分子链，双环氧化合物的一个理论值通常是能够计算出来的，假设 1mol 双环氧化合物和 2mol PET 反应，该理论值等于端羧基官能团的数量。

过氧化合物或环氧聚合物以及其他反应物作为扩链剂，将不可避免地导致高聚物链形成支链结构并产生热不稳定物质[10]。羧基和双环氧化合物末端羟基的酯化反应能够形成次要的氢氧化物。这些氢氧化物随后可同羧基或环氧基团发生反应，形成支链和交联结构。需要注意的是，支链和交联结构对增加分子量和控制熔体流变参数及加工塑性是有效的[10]。更高的交联度会形成凝胶而不利于熔体加工[10,50]。

基于商业聚环氧化物的扩链剂：Araldite MY 0510，Araldite MY 721（Ciba），Eponresin SU-8（Shell Chemical Company），其估计功能团数分别为 3、3.78 和 6.47[59]。低聚类型的环氧扩链剂：CESA-Extend 9930C[62] 和 Joncryl® ADR 4368（约翰森聚合物公司）[63] 已经成功用于 PET 的废料加工[64]。

9.2.4.3 酐扩链剂

苯均四酸二酐（PMDA）是最佳的扩链剂之一[63,65-76]，在 PET 中使用质量分数为 0.75% 的 PMDA，能够使 PET 的固有黏度从 0.49dL/g 提高到 0.77dL/g[63]。

PMDA 具有热稳定性，与 PET 进行相互作用不会有副产品生成，PMDA 是多官能团物质，具有一定的商业价值和生态无害性。据透露，PMDA 能够提高 PET 的冷结晶温度和降低 PET 的熔融结晶温度。结晶度减少的同时[66] 表明结晶过程的减速是由于分子量的增加。这种类型的扩链剂促进了支化高分子结构的形成和酸酐官能团的转化。

为了防止这种结构的形成，已经选择了一组用于聚酯的改性剂；它们即使在高浓度下也不会引起聚合物交联，可用于改性 PET、PBT、聚酰胺（PA）以及这些材料的共混物和共聚物[69]。这些化合物包括：聚酐；一种化合物与酸酐的合成反应物；磷酸盐。例如 Ciba 公司生产的改性剂，它包含 PMDA、季戊四醇（反应抑制剂）、磷酸盐（再酸化反应催化剂）和 PET（作为改性添加剂的载体）。当 PET 质量分数从 1%增加到 6%时，这种改性剂将明显提高 [η] 的值和聚合物的熔体黏度[70]。

美国专利（Sinco Engineering）中[71,72] 描述：挤出发泡聚酯改性是在固态和混合态下预先与 PMDA 发生加成聚合反应来进行的。这种材料具有改善的熔体强度、挤出物的高溶胀性、增加的复合黏度、在低频区域具有非牛顿行为，以及更高的储能模量。

9.2.4.4 酰胺（内酰胺）扩链剂

羰基-双-1-己内酰胺（Allinco，DSM，荷兰）[3] 是一种已经用于商业化生产的缩聚型聚合物扩链剂，它与羟基的反应如图 9.5 所示。

随着联合使用双噁唑啉，烷基双己内酰胺作为扩链剂的有效性增加[77]。

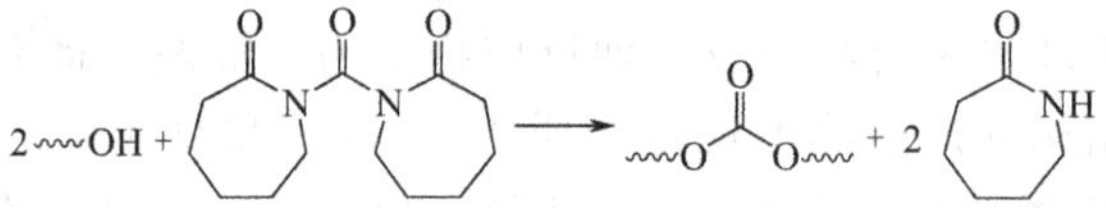

图 9.5 羰基-双-1-己内酰胺与羟基端基之间的相互作用

9.2.4.5 异氰酸扩链剂

异氰酸盐能够用来延长聚酯分子链，因为它很容易跟羟基（主要）与羰基发生反应形成酰胺基（见图 9.6）[78]。

Zhang 等[79] 报道称：双酚-A-异氰酸酯是 PET 的一种有效扩链剂，许多研究人员也认同这一说法：4,4′-亚甲基-双-亚苯基异氰酸酯（MDI）[78,80-82]、亚苯基异氰酸酯低聚物和六亚甲基二异氰酸酯（HMDI）[80,83] 已经成功用作扩链剂。

结果表明：脂肪族异氰酸酯更容易与聚合物末端基团反应，比延伸反应所耗时间约短 2min[80]。

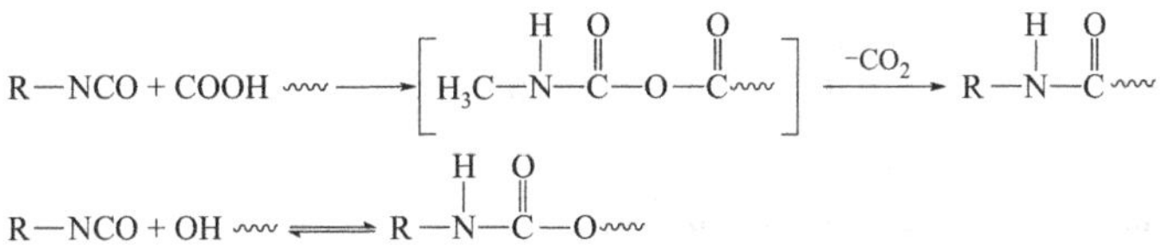

$$R-NCO + COOH \sim\sim \longrightarrow \left[H_3C-\overset{H}{\underset{|}{N}}-\overset{O}{\overset{\|}{C}}-O-\overset{O}{\overset{\|}{C}}\sim\sim \right] \xrightarrow{-CO_2} R-\overset{H}{\underset{|}{N}}-\overset{O}{\overset{\|}{C}}\sim\sim$$

$$R-NCO + OH \sim\sim \rightleftharpoons R-\overset{H}{\underset{|}{N}}-\overset{O}{\overset{\|}{C}}-O\sim\sim$$

图 9.6 异氰酸酯基和聚酯端基的相互作用

MDI 作为扩链剂已经用于 TPEE[84-86]，反应挤出期间，当 TPEE 的二异氰酸酯的质量分数添加量为 1%时，[η] 的改变值为 3.32～7.54L/g，MFI 值高达 14.0～2.0g/10min[86]。

由于异氰酸酯基的亲核加成很容易通过 C ═N 键与水发生反应[87]，而空气中或聚合物内和其他化合物中存在水分，这很容易把它们转换成化学活性更小的基团。要做到这一点，需要封住异氰酸酯基。由于加热到一定温度时，会打破封端剂和异氰酸酯之间结合的弱键，封端就会发生。此过程允许长时间生产和存储异氰酸酯扩链剂而不降低它们的反应活性。

吡唑、酚类、醇类、ε-己内酰胺和亚硫酸盐等已被用作封端剂[87,88]。如果料筒内材料的温度高到足够使这些物质分解，封端异氰酸酯可作为扩链剂用在反应挤出过程中[89]。除了这些反应物，与异氰酸酯基、高吸收能力的细分散粉末（如工业碳）、ε-己内酰胺与脂肪酸的合金[90] 和特定稳定剂[91] 的化学作用也能够用于异氰酸酯封端。

9.3 聚酯混合物的转化

转化反应能够发生在熔融聚合物中，与聚酯和聚酯混合物以及其他类型的缩聚聚合物（PA、聚碳酸酯、PC 等）的反应不同，这些反应会生成共聚物，有人指出 PAT 的化学改性的方法也能用来设计新型多功能聚合材料[92]。例如：酯-酯交换反应可以得到与初始聚合物不同性质的共聚物。以转化反应为基础的聚酯化学改性策略已在大量的研究论文和综述中讨论过[92-96]。通常，转化反应是可逆的，并遵循平衡规律，这是典型的缩聚反应。反应包括大分子官能团的直接交换（例如：酯-酯或酯/酰胺的交换）、主链大分子与末端基团的反应。后者通过聚酯末端羟基或羧基与 PA 末端氨基的反应来列举[6]。根据反应挤出机制，这样的反应能够导致大分子链分解成遵循平衡 MDA 规律的随机共聚物或嵌段共聚物[35]。

聚酯的转化研究已经在多处进行了讨论[92,94]，反应示意图见图 9.7。

温度升高会加速聚合物熔体转化反应的进程，当然在很大程度上取决于基团的相容性及其混合形态[6]，这可以在相容和不相容的两种共混物中进行。对于后者，转化反应主要发生在界面区域内并且可以大幅度提高组分的混合性[6]。

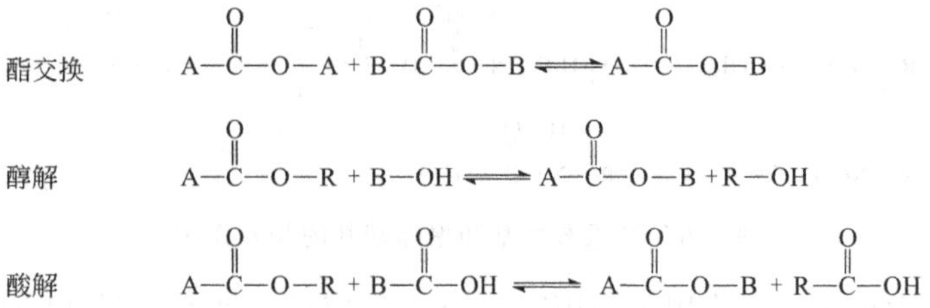

酯交换 $A-\overset{O}{\overset{\|}{C}}-O-A + B-\overset{O}{\overset{\|}{C}}-O-B \rightleftharpoons A-\overset{O}{\overset{\|}{C}}-O-B$

醇解 $A-\overset{O}{\overset{\|}{C}}-O-R + B-OH \rightleftharpoons A-\overset{O}{\overset{\|}{C}}-O-B + R-OH$

酸解 $A-\overset{O}{\overset{\|}{C}}-O-R + B-\overset{O}{\overset{\|}{C}}-OH \rightleftharpoons A-\overset{O}{\overset{\|}{C}}-O-B + R-\overset{O}{\overset{\|}{C}}-OH$

图 9.7 聚酯转化的例子

机械混合逐渐转向嵌段共聚物，随后与无规共聚物达到平衡[93]。

酯交换反应也被称为酯水解作用或酯-酯交换反应。它在两个分子链内的酯基团之间运行[92]。酯-酯交换反应可以在高温下生产的共聚酯中的化学结构形成中起重要作用，并且还可以在通过共混不同聚酯生产的产物的结构中起重要作用。通过反应挤出进行大分子链长度和随机成分的重新分配有利于形成共聚聚酯[92]。

转化反应属于最重要的二阶反应，其活化能为130～150kJ/mol[97,98]。分子间反应可以由 $FeCl_3$、BF_3Et_2O 和 FSO_3H 催化。异苯醇铝和二丁基锡能促进分子内酯-酯的交换反应[92]。

为获得更高的商业利益，可以通过转化和混合获得如下多功能聚酯混合物：PET/PC[82,99,100]、PET/PBT[101]、PET/PEN[102,103]、PBT/PA[104]、PBT/PC[105]、TPEE/PBT[4] 以及与这些物质为基础的多组分体系。

9.4 高冲击强度聚酯共混物的反应复合技术

当出现缺口和在冲击压力的影响下，PET 和 PBT 样品会形成部分结晶结构[106]，有凹口的试验样品的冲击强度为 5～7kJ/m^2。加强它们的有效方法是在材料原料中加入橡胶相；这可以多次提高冲击破坏能量（弹性模量和其他力学性能有所下降）。

对橡胶填充材料的研究分析表明，共混物中的相分离程度是生产抗冲击复合材料的主要条件之一。橡胶或任何其他冲击强度改性剂（ISM）必须均匀分散（以细颗粒的形式）在被增韧的聚合物中，形成分散介质[107,108]。除此之外，非常重要的是 ISM 对基体材料具有较低的弹性模量、高界面附着力、低玻璃化转变温度和可以分散的微粒尺寸（约 1μm）[106]。但太细的颗粒（低于 0.05μm）是无效的[108-110]。尺寸低于 50nm 的颗粒在冲击应力下不能提供任何增韧[108]。由于橡胶功能是引发空化并松弛缺陷附近的拉紧状态[106]，很明显太细的颗粒不太容易产生空穴现象。

当按照挤出技术分散在基质聚合物中时，橡胶相颗粒通常具有窄的尺寸分布，约1.4～2.1。在这种情况下，均匀的颗粒分布确保了冲击强度的有益改善。含有凝结（大）橡胶颗粒的系统抗冲击性较差，而且它们具有较低的脆性温度（T_{br}）。脆性温度取决于橡胶相的性质和浓度、粒径和形态[106]。随着橡胶浓度的增加，Izod试验中的T_{br}（加载速率1m/s）几乎呈线性下降。T_{br}-When测试以低速率进行，随着橡胶浓度的增加而降低，类似于高测试速率但在低温下的情况。

用于空化的橡胶的容量取决于其性质、局部浓度（在裂缝传播区域内）和粒度[106]。相比于其他类型的橡胶，烯烃橡胶更容易经受空化，例如：聚酯弹性体[111]。所以，低内聚强度橡胶更适合用作ISM。橡胶的交联结构一般不会增加混合物的冲击强度[106]。

结晶聚合物共混物的脆性破坏过程的特征在于高的断裂率（对于PA和PP的共混物，裂纹扩展≈400～500m/s）。在降解过程中，聚合物链中的主键断裂；假设在裂缝传播区中形成聚合物熔体的单分子层[112]。在断裂表面附近，形成薄的橡胶空化颗粒层[106]。在塑性破坏时，裂纹扩展速率取决于测试速率（在10^{-4}m/s的加载速率下，它低于10^{-2}m/s[106]）。

在可结晶的热塑性混合物存在的情况下，剪切流是吸收冲击能量的主要机制。在这系统中迄今为止没有多余的龟裂被检测到，在断裂过程中，局部裂纹可能在扩展裂纹的缺口前处形成，但这不是能量吸收的主要机制[106]。

无定形结晶热塑性塑料中的PAT，其冲击载荷下的脆性断裂温度大约等于其玻璃化转变温度。为了达到高冲击强度值，必须至少有一组分处于黏弹性状态[107]。

对于多功能PAT基混合材料来说，这是完全正确的。许多研究支持特殊橡胶ISM的高效率，其作用取决于与大分子的物理或化学相互作用；这种相互作用发生在挤出配混反应器中的聚酯熔体中。在商业上生产的对PAT具有高效率的ISM是Kraton G1652（SEBS-MA，通过接枝马来酸酐官能化的苯乙烯-乙烯-丁烯-苯乙烯三元共聚物）、Elvaloy PTW（E-BA-GMA，乙烯-丙烯酸丁酯-甲基丙烯酸缩水甘油酯三元共聚物）和其他公司[3]。总的来说，功能化橡胶[113-115]和具有核-壳结构的橡胶[116-119]与PAT大分子链反应是最高效的，例如：核-壳橡胶比乙烯-丙烯-二烯共聚物（EPDM）和聚丁二烯橡胶更高效[118,119]。

ISM的离散程度和PAT基混合物的冲击强度随着反应组分的提高而提高，PC就是其中之一[113,116,120,121]。

抗冲击材料可以通过ABS塑料与含核-壳橡胶的PBT共混生产[113,122]。二元共混物PAT/ABS仅在一个较窄浓度范围内是耐冲击的。

浓度范围的增大和脆化温度的大幅度降低可以通过反应增溶剂来实现[123]。因此，如甲基丙烯酸甲酯-丙烯酸缩水甘油酯-丙烯酸乙酯（MMA-GMA-EA）活性三元共聚物加入经ABS相分散和促进的PBT/ABS共混物中，能提高冲击强度（在低温条件下[124]尤其明显）。在熔体挤出过程中，PBT羧基与GMA环氧基团发生反应并得到接枝共聚物：

$$R-\underset{\underset{O}{\|}}{C}-OH+H_2C\underset{\diagdown O \diagup}{-}CH\text{〰} \longrightarrow R-\underset{\underset{O}{\|}}{C}-O-\underset{\underset{CH_2-OH}{|}}{CH}\text{〰}$$

这种共聚物倾向于稳定的混合形态，共聚物中的甲基丙烯酸甲酯的片段确保与ABS聚丙烯腈链的可混溶性，然而苯烯酸乙酯通过去极化来稳定甲基丙烯酸链[124]。

PET和PBT的物理化学结构是类似的，因此PET的ISM的寻找原则与PBT类似，PET以较高的熔化温度（≈255℃，对于PBT≈226℃）来表征。因为材料在熔融状态下混合，PET基混合物的ISM的最重要的要求是高热稳定性。增加PET共混物的冲击强度的方法在现有文献中已得到广泛讨论[116,119-129]，该方法是以反应增容的使用为基础的。对于PET/PP共混物，推荐使用以下物质：嵌段共聚物SEBS通过接枝GMA或MA官能化[127]（相容剂混合物导致较小组分的较细分散；它们改善相间黏附性）。建议使用苯乙烯/马来酸酐共聚物作为PET/聚苯乙烯（PS）共混物的活性改性剂；它有利于PS相的更精细分散。Kraton FG 190 IX（KF）[129]是通过MA接枝官能化的含苯乙烯的弹性体（具有PS端嵌段和中心氢化聚丁二烯嵌段的三嵌段共聚物），它对PET/HDPE共混物是有利的。PET/HDPE共混物的反应性增容通过接枝酸酐基团与PET大分子的末端基团的相互作用，以及结构中聚乙烯和弹性体相的充分混溶来实现[129]。

当共挤出熔融组分时，通过使用乙烯-缩水甘油基-甲基丙烯酸酯共聚物（E-GMA），PET/PP共混物可以有效地相容以达到更高的冲击强度[130]。这种混合物在技术上是兼容的，在不定向拉伸作用下会发生分离。PP经过PET强化，在取向拉伸和基体强化期间，PET在PP基体中会发生纤维性变形。

PET与弹性体（丁基橡胶）和增容剂（乙烯共聚物和GMA或乙烯-丙烯共聚物通过GMA嫁接法功能化）的混合物可以得到在冲击压力下不失效的弹性体[131,132]。这种组分（其中50%的质量是聚酯成分、30%的质量是增容剂和20%的质量是含高浓度丙烯酸腈的丁基橡胶）具有优良的相容性。橡胶相通过过氧化物（当过氧化二异丙苯增加）交联产生动态硫化，对共混物的形态学和力学性能没有太大影响[132]。

反应增容的结果是增加了冲击强度，有利于聚酯/聚苯醚（PPO）的共混。在这种情况下，PPO与嫁接GMA、碳二亚胺、环氧三嗪和苯乙烯一起使用，或聚烯烃聚合物与嫁接官能团一起使用，与聚酯端基发生相互作用。

抗冲击材料能够基于PET/PC共混物来制备，这技术意味着反应增容可以通过弹性体功能化来实现。举一个例子，PBT/PC共混物的塑胶原料商业上是由杜邦公司（美国）生产的，含EPDM的PET/PC共混物作为ISM，可以通过异氰酸酯扩链剂与两个聚酯的末端基团的相互作用来增容[81,82]。

还应当指出的是，聚酯共混物的冲击强度在很大程度上是取决于温度的。先前有人指出脆化温度大体上等于玻璃化转变温度，对于两种聚酯的共混物（例如：PET/PC 或 PBT/PC），在强化相间相互作用和不同的玻璃化转变温度下，当温度处于该温度与聚酯的玻璃化转变温度之间时，冲击韧性会急剧上升[107]。这种现象对于二元聚酯是十分常见的[107]。我们也注意到，聚碳酸酯是 PET 与酯芯-壳型橡胶（壳来源于苯烯酸酯共聚物）混合的一种有效相间介质[123]。

PET 和 PBT 的冲击强度可通过热塑性弹性体（TPEE）来提高[4]，然而，混合物中的塑性聚酯弹性体的质量分数应至少是 25%，这是导致一系列反应的主要特征。

Zhang 等[133] 已经分析了同步掺杂 PET/LHDPE（线型高密度聚乙烯）与一种 ISM（SEBS-*g*-MA：科腾 F190 IX；MA＝1.84%；壳牌化学公司）和扩链剂（聚二异氰酸酯，PMDI，含异氰酸酯基 30%～32%；拜耳材料科技股份公司）的优势。在熔体反应复合期间，PET 的末端官能团与 PMDI 异氰酸酯基和 SEBS-*g*-MA 酸酐基发生相互作用，这些相互作用在反应挤出过程中是相互竞争的，异氰酸酯扩链剂能够阻止 PET 和 SEBS-*g*-MA 反应，同时可以促进 PET 非晶化。即使这样，混合物的冲击黏度（相比于未加 PMDI）还是增加了约 120%[133]。因此，在某些情况下，扩链剂和 ISM 在聚酯共混物中混合使用时，对提高冲击强度是有作用的[81,82,133]。

超耐冲击共混物有时可通过 PBT[134,135]、PET[136] 或 PBT/PET 跟马来酸化乙烯和辛烯共聚物（CEO-*g*-MA）组合来制备。冲击断裂的机理已经在关于弹性体粒子空化观点的著作中得到证明。在经历空化之后，基质材料表现得好像处于平面变形状态。

这里冲击能量吸收的主要机制是基质的剪切流动（塑性变形）。如果这些颗粒之间的距离低于临界值（l_{cr}），则在与 ISM 颗粒接触的整个表面上发生塑性变形[137]。当 ISM 颗粒之间的距离（l）低于临界值（$l<l_{cr}$）时，可以产生超抗冲击混合物。该事实通过图 9.8 中的 PBT/PET-16.6%/CEO-*g*-MA 来举例说明。

可以在 ISM 颗粒之间的某个临界距离处改变超抗冲击混合物；原则上，该距离很少取决于熔体中的 ISM 浓度[137]。对于 PBT/CEO-*g*-MA 共混物：$l_{cr}=0.33\mu m$[134]，对于 PET/CEO-*g*-MA：$l_{cr}=0.17\mu m$，对于 PBT/PET/CEO-*g*-MA：$l_{cr}=0.25\sim0.28\mu m$。l_{cr} 值的降低能够提高对聚酯/ISM 系统的相间黏附力[137]。

PET 的一个特征是它的低结晶速率，这进一步降低了因为强烈相互作用的混合物增容。结晶成核剂的混入有助于获得更均匀的结构和降低物品不同部分内的冲击强度与各向异性。成核共混物通过整块材料形成众多均匀的晶核从而防止在大晶体区域内脆化，抑制了大晶体的生长[123]。成核剂主要有三种类型：有机、无机和聚合物；它们的影响已经由滑石、苯甲酸钠和离聚物作为例证分析[138]。事实上，PET 结晶的程度和晶体结构的大小在很大程度上是通过增加具有吸引力的 PET 基耐冲击多功能复合物的开发机会来控制的。

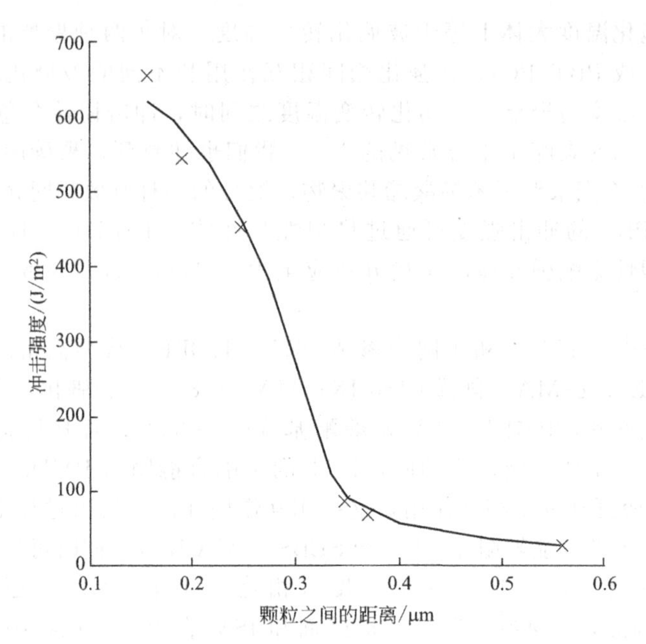

图 9.8 PBT/PET-16.6%/CEO-g-M 微粒的悬臂梁（缺口试样）冲击强度

9.5 相间反应及其在短纤维增强聚酯复合材料中的应用

基于离散（短切）玻璃纤维（GF）增强的聚对苯二甲酸烯烃酯（PAT）类的多功能复合材料已经在行业中得到越来越广泛的运用[139]。与此同时，有必要彻底分析这种复合材料加工工艺、结构以及性能之间的关系。PAT/GF 材料的特性，和其他玻璃纤维增强热塑性塑料一样，是由 GF、聚合物基质的综合性能和材料通过纤维/聚合物界面传递机械应力的能力产生的[140]。诸如相间黏附，GF 浓度和强度，直径和单纤维尺寸比（长径比，l_f/d_f）及其取向等参数对于通过注塑加工的 PAT/GF 复合材料中可实现的性能平衡至关重要[140-144]。

纤维-基体系统中的黏合强度是决定 GF 填充复合材料力学性能的最重要参数。通常，力学性能的最高值只能通过相间接触的高强度来确保。

通过特殊的 GF 表面处理可以加强相互作用中的相间黏附。在单组分聚合物基质的情况下，可获得许多有效的硅烷黏合剂；这些可以加强聚合物-GF-表面系统中的相间相互作用[145]。

填充有离散纤维的热塑性复合材料的一个重要特征是，在其中存在形成在不含硅烷偶联剂的纤维尖端上的应力集中。PET/GF 复合材料降解通常由基质中产生的微裂纹引发，这些微裂纹起源于未用黏合剂处理的纤维表面的微孔[142,146-148]。GF 增强聚酯分解的机理在样品表面和体积上可能有些不同；它们取决于 GF 浓度[142]。

导致 PET 和 PET/GF 样品本体内和表面严重退化的主要因素如表 9.2 所示。

表 9.2 PET 及 PET 基材料严重退化的影响因素

试样材料-质量分数/%	表面	本体内
PET	GF 尖端形成微裂缝	形成的剪切线
PET/GF-1%	GF 尖端形成裂缝	GF 尖端形成剪切流
PET/GF-30%	PET-GF 表面与 GF 之间形成剪切裂缝	剪切裂缝 PET-GF 表面与 GF 之间传播
PET/GF-60%	剪切裂缝 PET-GF 表面与 GF 之间传播	

在破裂或未破裂纤维的尖端处在拉伸下形成的裂缝由微裂纹引起并导致失效。这种裂缝渗透到 PET 基质中，深度达 15μm。剪切流在靠近纤维尖端处形成，并伴随着 PET-GF 边界在纤维长度方向上的剪切开裂。剪切开裂导致孔洞形成和玻璃纤维从纤维尖端基体中撕裂出来。孔洞的生长和连接由玻璃纤维尖端的剪切流产生，剪切流不受基体本体偶联剂彻底分解的强烈影响，这种类型的分解不同于从表面引起的分解（表 9.2）。

基质-纤维界面处剪切裂纹的传播很大程度上取决于相间黏附水平。事实上，对于含有复合材料的离散纤维，该参数的直接定量估计是不可能的。

有几篇论文指出，相间附着力的水平可以从 GF 增强复合材料[140,149,150] 的样品的微观力学测试结果或其动态力学分析（DMA）[141,151,152] 中估算出来。

寻找纤维平均断裂应力的程序已在别处描述[140]；通过分析注塑加工的 PBT/GF 复合材料来评估它。论文[140] 中的数据（含 GF 的质量分数为 0～40% 的 PBTs 材料）表明相间的剪切强度（τ）随着玻璃纤维浓度的增加而减小。作者通过大多数聚酯基体的低收缩抗压应力解释了这个事实。对于 PBT/GF 复合材料，随着玻璃纤维质量分数从 10%增加到 40%，剪切强度 τ 从约 22.2MPa 减小到约 17.3MPa。GF 长度（从约 1.1 到 0.65mm）和 GF 强度发生近乎线性的减少。

较弱的相间剪切强度 τ、较短的纤维以及较低的强度降低了含有高质量分数短纤维（40%～60%）的热塑性塑料的增强效率。GF 强度降低（初始纤维的抗拉强度约 3500MPa）高达 1300～1600MPa，这是由于它们在复合和复合加工过程中的表面损伤（当纤维在它们之间和设备壁之间摩擦时）[140]。这些效果是常见的并且已经观察到，例如，对于基于 PA66 和聚丙烯（PP）的 GF 填充复合材料[153-155]。在文献 [155] 中，假设 GF 增强复合材料中 GF 的平均强度为 1100MPa。据观察，当制备和加工复合材料时，GF 在最不完美的点中分离。结果，受损纤维的水平变低，这也许可以促进复合材料的增强。

在其他文献[141] 中，单向玻璃纤维增强复合材料的拉伸强度可以从式

(9.3) 得到：

$$\sigma_c=\tau\left(\frac{l_f}{d_f}\right)\varphi_f+\sigma_m(1-\varphi_f) \tag{9.3}$$

式中，σ_m 为聚合物基体的拉伸强度；τ 为纤维-基体黏结接触界面的剪切强度；d_f 为纤维直径；φ_f 为玻璃纤维的体积分数。

由式 (9.3) 可得到：

$$\tau=\frac{\sigma_c-\sigma_m(1-\varphi_f)}{l_f d_f^{-1}\varphi_f} \tag{9.4}$$

因此，根据所做的假设[141]，聚合物/GF 界面接触的剪切强度 (τ) 可以在基质聚合物和 GF 增强的聚合物基复合材料的简单比较拉伸测试中确定。

在 PET/GF-30%复合材料的情况下 (PET 是再生聚酯级 PC 70，Recipet，M&G；GF 型号 183F，Owens Corning，纤维表面用氨基硅烷处理，初始 $l_f=4.5$mm；$d_f=11\mu$m，$l_f/d_f=400$；在挤出机 Theyson ($L/D=40$) 中加工后，GF 降低至 $l_f/d_f\approx90$) 剪切相间强度 (τ) 的值从 82MPa 升至 112MPa 不等，取决于配混方案。复合材料的拉伸强度为 83～113MPa；弹性模量为 6.1～9.2GPa。因此，$\tau\approx\sigma_c$。这种高水平的间期粘连强度已在参考文献 [141] 中解释，是来自硅烷偶联剂的胺基与来自 PET 大分子的末端羧基的化学作用。

在真实模型中，短纤维通常不是在熔体流动方向上 (拉伸试验中应力作用方向) 调整的，τ 的真实值同式 (9.4) 得到的数值不一样。

Kubat 等[151] 发现，松弛谱测量 (DMA) 方法可用于研究聚合物-填料表面体系的相间相互作用、在宽温度范围内的相间层的力学性能和填料颗粒，而与它们的取向和几何参数无关。

使用式 (9.5) 中的复合材料的机械损耗因子 ($\tan\delta_c$)，可以定量地计算相间区域对动态力学性能的影响：

$$\tan\delta_c=\varphi_f\tan\delta_f+\varphi_i\tan\delta_i+\varphi_m\tan\delta_m \tag{9.5}$$

式中，φ_f，φ_i 和 φ_m 分别表示纤维、界面层和聚合物基体的体积部分；$\tan\delta_c$，$\tan\delta_f$ 和 $\tan\delta_i$ 分别表示复合材料、纤维和界面层的机械损耗因数。

假设 $\tan\delta_f\approx0$，φ_i 忽略不计，则式 (9.5) 可以改为如下：

$$\frac{\tan\delta_c}{\tan\delta_m}\approx(1-\varphi_f)(1+A) \tag{9.6}$$

这里：

$$A=\frac{\varphi_i}{1-\varphi_f}\times\frac{\tan\delta_i}{\tan\delta_m}=\frac{1}{1-\varphi_f}\times\frac{\tan\delta_c}{\tan\delta_m}-1 \tag{9.7}$$

基质和填料之间的强相互作用伴随着相间层中分子迁移率的降低。结果，$\tan\delta_i$ 和 A 参数一样下降。低的 A 值意味着聚合物和 GF 表面之间的相间黏附的高水平。当 A 接近 0 时，可以得到：

$$\frac{\tan\delta_c}{\tan\delta_m} \approx 1-\varphi_f \tag{9.8}$$

DMA 方法的优点是可以通过 $\tan\delta_c$ 和 $\tan\delta_m$ 的值来确定温度，可以在较大的温度范围下计算这种类型的 A 值（界面附着力）。在此基础上观察，可以判断基体-填料表面系统的相互作用和填料表面处理效果。

PAT/GF 复合材料的界面附着力、结构和相间区域的属性和材料的力学性能在很大程度上取决于聚酯基体的分子特性。PET/GF 和 PBT/GF 复合材料分别在 70℃[156] 和 60～100℃[157] 的水和潮湿的空气中进行水热老化得到的结果是令人信服的。在水接触质量分数 15%和 30%的 PET/GT（时长 32 星期）后，其弹性模量发生微小改变[156]，然而，材料的可变形性和拉伸强度大大降低。

在 PBT/GF 的水热老化试验中，所有的机械参数（不包括弹性模量）都大大降低。值得一提的是：含增强纤维的 PET/GF 和 PBT/GF 复合材料的长度相差甚大。在 PBT/GF 中，经过混合与加工之后，l_f 的值从 5mm 下降到≈0.25mm。在 PET/GF 中（初始 l_f=4.5mm），纤维的 l_f 减少至 0.55 mm（玻璃纤维的质量分数为 30%）。这类材料的一个性能特点是脆化可以降低 ε_c 的值。

影响实验观察的主要原因是聚酯基体发生水解降解，这使得分子量降低、在玻璃纤维表面间接接触处形成弱界面层，结果，相间附着力减弱和形成高结晶度聚酯。根据文献 [158]，测定 PET/GF 复合材料中 PET 的分子量，显示在热老化后分子量减少至原来的 1/2.5。因此，聚酯基质中的水解反应是决定 PAT/GF 复合材料的长期强度的主要原因。

据报道[159]，向 PET 中加入 GF 会引起聚酯分子结构参数的显著变化，特别是随着复合材料中 GF 浓度的增加。GF 从 9%增加到 46%，将使 PET 分子量从 32400 减少到 16800（图 9.9）；这可以通过纤维引起的更深的大分子降解来解释。

将短 GF 浓度增加到所述范围内，会导致纤维长度从 0.26mm 到 0.13mm。同时，从拉伸试验和 DMA 的结果估计，相间附着力减弱。聚酯基质和填料中的这些变化通常会降低在极高 GF 浓度下纤维增强作用的有效性。

PAT 基体分子结构的改变实际上受所含复合材料性能的影响，GF、其他类型的填料和外加剂除外。例如，Cilleruelo 等[139] 研究了质量分数为 0.21%CB 和 0.21% CB+0.11%结晶成核剂的 PET［苯甲酸钠，2,2′-亚甲基二（4,6-二叔丁基苯基）磷酸］加入质量分数为 30% PET/GF 中（初始的纤维长度=12.5mm，纤维直径=18 μm）对冲击性能的影响。对于 PET/GF 中的 CB，当分析在冲击应力下材料分解的模式时，通过 SEM（扫描电子显微镜）技术显示，其对 GF 表面的界面黏附增强。这种现象可以通过增加的 PET 收缩和更高的收缩应力来解释。发现 CB 对 PET 结晶的较高的界面附着力和成核作用降低了 PET/GF/CB 冲击强度。

当 CB 和成核剂（尤其是苯甲酸钠）添加到复合材料中时，其冲击强度大大

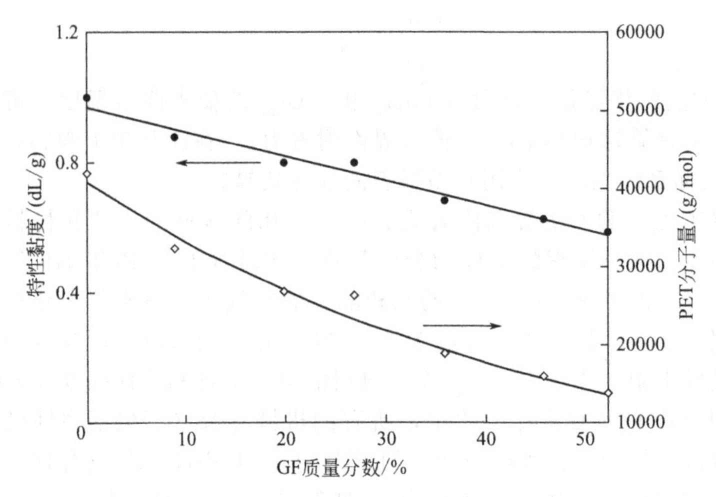

图 9.9 玻璃纤维（GF）浓度对 PET/GF 的特性黏度和分子量（MW）的影响

增强。PET 能够加速结晶化，有利于形成大量的微晶粒，从而限制大块晶体的形成，减少界面层缺陷[139]。

因与聚合物基质或反应性改性剂密切相关，聚酯熔体中的大分子转变对复合材料的结构和性能产生很大影响[160,161]。例如[160]，对于二元体系 PET/GF（GF 质量分数为 15%～30%，Grade 922，l_f＝4.5mm，d_f＝10μm，法国 Saint Gobain Vetrotex 生产），为更好地黏附 PAT 和 PC，其表面经过特殊处理，结果在 PAT 和 GF 界面显示了很高的接触强度。在液氮中断裂表面的 SEM 图像中没有拉出纤维斑点（来自基质），这一现象验证了上述事实。样品经历了脆性破坏，断裂点位于聚合物基质主体的前部，而不是在相间区域。引入反应性壳-核丙烯酸酯 ISM（Grade Paraloid EXL，Rohm and Haas Company，Philadelphia，PA，USA）降低了 PET-GF 系统中的相间相互作用强度。同时，可能是因为 GF（SEM 技术未检测到 ISM 颗粒），ISM 变得精细地分散在 PET 中。结果，复合材料不发生脆性破坏，并且由于 GF 增强而显示出高的抗拉伸蠕变性。

在四组分混合物的情况下，例如 PBT/PC 和 ISM/GF，GF＝30%，其中 ISM 是乙烯与 12%GMA 的反应性共聚物（Grade Igetabond BF/7M，由日本住友公司生产），在熔体中为获得特定性能而添加的组分间的相互作用对最终材料的性能是决定性的[161]。例如，复合材料开裂后 GF 上发现的聚合物层厚度与 GF 表面牢固结合，PBT/GF 为 0.2μm，（PBT/GF）/PC 为 0.2μm（PC 加入事先准备好含 65%GF 的 PBT 中）；（PBT/GF）/ISM 为 0.5μm，（PBT/GF）/PC/ISM 为 5μm。这些所有成分，ISM 质量分数是 10%，（PBT/GF）/PC 中 PC 质量分数为 40%，（PBT/GF）/PC/ISM 中 PC 质量分数为 36%。上述现象发生的原因之一是，通过改变相界层成分可以使大部分聚合物基体改性。PBT/PC 共混物在熔融状态下转化，提高了组分的相容性，形成了 PB 层厚度约 1μm 和 PC

层厚度约 0.5μm 的精细分散结构。ISM 颗粒大小为 0.5～1μm，酯交换反应使 PBT 聚合物链变得不规则，降低了 PBT 的结晶化程度，促进了不完美微晶的形成[161]。

9.6 聚酯纳米复合材料

一般来说，聚合物纳米复合材料包含聚合物基体与其他（不像）尺寸范围至少是在 5～100nm 范围内的粒子[162-167]。最常用的纳米填料聚合物是分层黏土矿物[163,164] 和碳纳米材料（CNM)(碳纳米管、石墨、富勒烯和它们的衍生物)[162,165-167]。

纳米材料粒径的减小，其表面积和聚合物基体边界层厚度（层厚度为 0.02～0.5μm）会增加[164]。当分散相粒径在 10～100nm 之间时，微粒的表面积变得特别大，以至于几乎所有的聚合物形成低分子流动性的边界层。在纳米复合材料的制造过程中，其主要的困难在于原本超分散的颗粒又趋于集中[164]。为了解决这个问题，会运用特殊技术来确保所需的粒径分布以防止颗粒凝聚。

基于熔融反应性复合的加工过程对基于 PAT 和许多其他热塑性塑料的多功能纳米复合材料的复合最有效[164]。这里的主要问题是如何在 PAT-纳米颗粒界面上提供强的相间黏附。当应用于黏土纳米复合材料时，通常用离子源表面活性剂（SAS 为表面活性物质）处理黏土颗粒来解决该问题。优选含有胺或烷基膦的伯、仲、叔或季阳离子的化合物[167] 用作 SAS。离子型 SAS 的化学吸附降低了硅酸盐纳米颗粒的表面能并增强了聚合物的润湿性，同时扩大了通道体积（层间距离增大）。用于处理层状硅酸盐的 SAS 必须帮助大分子进入通道并且还提供大分子与纳米颗粒表面的足够的相间黏附。在这方面，并考虑到熔融 PAT 中大分子转化的特异性，对聚酯的 SAS 的选择存在特殊要求。其原因是加工聚酯熔体的高温和酯键对热机械和水解降解的响应。这些情况使 SAS 选择复杂化。

Davis 等[168] 研究了含黏土的 PET 基纳米复合材料；为了处理黏土（钠蒙脱石），他们使用 1,2-二甲基-3-*N*-烷基咪唑作为表面活性剂（SAS）。当熔体在 255℃下在实验室型双螺杆挤出机中配混时，X 射线分析和透射电子显微镜检测到混合纳米结构的形成（部分插层和部分剥离）。进一步研究 PET 和 PBT 熔体制备纳米复合材料的重点是寻找材料结构和性能优化的 SAS[169-174]。对于纳米黏土粒子的处理，为了控制其与聚酯的相互作用，以下物质已经得到评价：十六烷基胺[168]、季戊四醇和马来酸酐[169] 和西吡氯铵[173]。发现用作 SAS 的烷基胺化合物对于脂肪族 PA 和许多其他热塑性塑料比对 PBT 更有效，特别是对于 PET，可能是因为酯键的氨解导致大分子的抑制性降低[164]。

PBT/黏土纳米复合材料的技术和性能已在另一篇综述中进行了分析[174]。结果表明，先进的复合材料可以通过纳米颗粒表面处理（基于蒙脱石的有机黏土，GradeCloisite6F，10A和30B，由美国南方黏土公司生产）和本体中聚酯基质的改性来制备。例如，通过加入PBT中的接枝MA而官能化的乙烯和乙酸乙烯酯（EVA）的共聚物从根本上提高了复合材料的冲击强度而不降低弹性-强度性能。PBT/EVA-*g*-MA/有机黏土复合材料的力学性能可以通过添加到基质PBT中的环氧树脂进一步改善[174]。结果表明，在有利于亲和力的环氧树脂存在下，PBT大分子与有机黏土之间的强极性相互作用阻止了填料-纳米颗粒迁移到EVA-*g*-MA分散相。

相间相互作用对确保PAT/CNM的性质是最为重要的，在最近的论文[175,176]中，这一说法已经在多壁碳纳米管（MWCNT）对PET和聚（三亚甲基对苯二甲酸酯）(PTT）改性的实验中得到例证。PET/MWCNT以及PET/工业反应性碳220复合材料的力学性能可以通过同时引入纳米填料（质量分数为0.01%和0.05%）和异氰酸酯类型的扩链剂（CE）来大大增强[175]。发现链延伸的反应在碳纳米填料的存在下进行。这种效果在含有MWCNT的复合材料中最为明显。

Szymczyk等[176]通过将COOH基团（0.05%～0.5%）接枝到MWCNT表面上来官能化，目的是增强与聚酯基质的相间黏附。与初始聚合物（PTT）相比，含有质量分数为0.05%～0.3%MWCNT的PTT/MWCNT复合材料似乎具有增强的机械强度、弹性模量和更低的脆性。他们发现在质量分数为0.3%～0.4%MWCNT之间的复合材料中有电渗透阈值。

9.7 结束语：未来的发展趋势

在本章中，我们试图强调聚酯熔体中发生的大分子反应的决定性作用以及依赖于多功能非均质材料技术中的那些反应的相间相互作用，例如聚酯共混物、GF增强复合材料和纳米复合材料。

讨论了PAT大分子的主要降解类型以及降低降解过程对材料重要性能特征的负面影响、PAT大分子与BA和CE的相互作用、不同聚酯熔融共混物中的反应以及在PAT与其他类型的缩聚聚合物（PA、PC等）的混合物中的反应。这些反应给PAT大分子与各种聚合材料的产物提供了一种化学改性方法。要强调的是，反应增容对商用聚酯共混物技术有着重要作用。

在复合、加工和使用阶段发生的基质PAT的分子结构变化，显著影响用短GF增强的复合材料的使用特性，以及不含GF的聚酯纳米复合材料的性能。

我们可以这样认为，目前的分析是有帮助的，当运用反应挤出技术时，有目的地开发新的聚酯复合材料可以满足相关工程运用的多种需求。

在设计众多这样的材料时，应该集中精力克服在使用聚酯时必须处理的技术限制。由于难以使黏土脱水以及胺表面活性剂对聚酯大分子降解的负面影响，这些材料的熔融混合是有问题的，因此首要考虑的是PAT/黏土纳米复合材料。在这方面，“固相”配制方法在双螺杆挤出机的主混合区中的温度设置为低于该聚合物熔融温度是可行的[164]。

纳米复合材料技术的关键是纳米颗粒在加入聚酯之前的化学改性。某些类型的扩链剂可能是纳米颗粒的有效改性剂。当通过扩链剂官能化改性剂时，可以将一些纳米颗粒化学接枝到大分子上。最近的一篇综述[177]提到该技术在处理石墨烯纳米颗粒与甲苯-2,4-二异氰酸时是可实现的。

增强聚酯复合材料技术的潜力非常大。最可能的是，通过使用混合纳米填料，其中包括各种增强纤维和纳米颗粒，可以产生具有非常高的强度值的复合材料。在这些材料的改性技术中，最有希望的可能是聚酯基质的化学熔融改性，其中大分子含有官能团（这些基团容易与硅烷和其他黏合剂相互作用而被置于填料表面上）。

在多官能CE的存在下，不同聚酯以及其他类型的聚合物的熔融共混可以导致复合材料不仅具有可控制的力学性能，而且还具有熔体的流变行为。通过使用PET、PBT、PTEP等聚合物，其商业上生产的改性通常具有高熔体流动性并且主要用于注塑加工，可以制备高黏度和熔体强度的挤出材料。它们的应用非常有前景，例如，用来制造用于汽车和拖拉机中的制动器的气动系统的柔性管和软管。

参考文献

[1] Nagai Y, Ogawa T, Zhen LY, Nishimoto Y, Ohishi F. Analysis of weathering of thermoplastic polyester elastomers I. Polyether–polyester elastomers. Polym Degradation Stability 1997;56:115–21.
[2] Nagai Y, Ogawa T, Nishimoto Y, Ohishi F. Analysis of weathering of a thermoplastic polyester elastomer II. Factors affecting weathering of a polyether–polyester elastomer. Polym Degradation Stability 1999;65:217–24.
[3] Scheirs J, Long TE. Modern polyesters: chemistry and technology of polyesters and copolyesters. Chichester, UK: Wiley; 2003.
[4] Yu M. Mozheiko, Polyester thermoplastics and structural materials based on them: production, structure, properties, applications, Thesis for Master of Science Degree (Techn). Minsk; 2005, 215 pp. [in Russian].
[5] Balsam M, Lach C, Maier R-D. Trendbericht angewandte Makromolekulare Chemie. Nachrichten aus der Chemie 2000;48:338–47.
[6] Xanthos M. Reactive modification/compatibilization of polyesters. In: Fakirov S, editor. Handbook of thermoplastic polyesters: homopolymers, copolymers, blends, and composites. Weinheim, Germany: Wiley-VCH; 2002. p. 815–32. [Chapter 18].
[7] Pesetskii SS, Yu M. Krivoguz, Reactive extrusion in the technology of polymeric materials (Plenary report). In: Proceedings of the international conference on polycomtrib—2013, Gomel; 2013, p. 7 [in Russian].

[8] Denchev Z. Chemical interactions in blends of condensation polymers involving polyesters. In: Fakirov S, editor. Handbook of thermoplastic polyesters: homopolymers, copolymers, blends, and composites. Weinheim, Germany: Wiley-VCH; 2002. p. 755–813. [Chapter 17].
[9] Karger-Kocsis J. Recycling options for post-consumer PET and PET-containing wastes by melt blending. In: Fakirov S, editor. Handbook of thermoplastic polyesters: homopolymers, copolymers, blends, and composites. Weinheim, Germany: Wiley-VCH; 2002. p. 1291–304. [Chapter 28].
[10] Awaja F, Pavel D. Recycling of PET. Eur Polym J 2005;41:1453–77.
[11] Bikiaris N, Karayannidis P. Effect of carboxylic end groups on thermooxidative stability of PET and PBT. Polym Degradation Stability 1999;63:213–18.
[12] Buxbaum L. The degradation of poly(ethylene terephthalate). Angew Chem Int Ed Engl 1968;7:182–90.
[13] Zimmerman H. Investigations on thermal and hydrolytic degradation of poly(ethylene terephthalate). Polym Eng Sci 1980;20(10):680–3.
[14] Lecomte A, Liggat J. Degradation mechanism of diethylene glycol units in a terephthalate polymer. Polym Degradation Stability 2006;91:681–9.
[15] Montaudo G, Puglisi C, Samperi F. Primary thermal degradation mechanisms of PET and PBT. Polym Degradation Stability 1993;42:13–28.
[16] Kovarskaya BM, Blumenfeld AB, Levantovskaya II. Thermal stability of heterochain polymers, Khimia, Moscow; 1977, 263 pp. [in Russian].
[17] Botelhoa G, Queirosa A, Liberal S, Gijsmanb P. Studies on thermal and thermo-oxidative degradation of poly(ethylene terephthalate) and poly(butylene terephthalate). Polym Degradation Stability 2001;74:39–48.
[18] Kamatani H, Kuze K. Formation of aromatic compounds as side reactions in the polycondensation of bishydroxyethyl terephthalate. Polym J 1979;11:787–93.
[19] Howard JA, Scaiano JC. Radical reactions rates in liquids: oxy–peroxy and related radicals. Berlin: Springier Verlag; 1984.
[20] Inata H, Matsumura S. Chain extenders for polyester. II. Reactivities of carboxyl-addition-type chain extenders; biscyclic-imino-ethers. J Appl Polym Sci 1986;32 5193–5202.
[21] Kudian SG, Filimonov OV, Pesetskii SS. Molecular–structural transformations in poly(ethylene terephthalate) during melt processing. Russ J Mater Technol Tools 2007;12(3):27–32.
[22] Bashir Z, Al-Aloush I, Al-Raqibah I, Ibrahim M. Evaluation of three methods for measurement of crystallinity of PET resin, preforms, and bottles. Polym Eng Sci 2000;40:2442–55.
[23] Hosseini S, Taheri S, Zadhoush A, Mehrabani-Zeinabad A. Hydrolytic degradation of poly(ethylene terephthalate). J Appl Polym Sci 2007;103:2304–9.
[24] Zimmerman H, Kim N. Investigations on thermal and hydrolytic degradation of poly(ethylene terephthalate). Polym Eng Sci 1980;20(10):680–3.
[25] Paci M, La Mantia FP. Influence of small amounts of polyvinylchloride on the recycling of poly(ethylene terephthalate). Polym Degradation Stability 1999;63:11–14.
[26] Sheirs J. Polymer recycling: science, technology and application. John Wiley & Sons; 1998.
[27] Eastman, Publication TRC-91C. Drying post pack PET polyester for use in preforms for bottles and containers, Eastman Chemical Company; 1995.
[28] Paszun D, Spychaj T. Chemical recycling of poly(ethylene terephthalate). Ind Eng Chem Res 1997;36:1373–80.
[29] Breyer K, Regel K, Michaeli W. Reprocessing of post-consumer PET by reactive extru-

sion. Polym Recycling 1996;2:251–5.
[30] Kao C, Cheng W, Wan B. Investigation of alkaline hydrolysis of poly(ethylene terephthalate) by differential scanning calorimetry and thermogravimetric analysis. J Appl Polym Sci 1998;70:1939.
[31] Chen CH, Chen CY, Lo Y, Mao C, Liao W. Studies of glycolysis of poly(ethylene terephthalate) recycled from post-consumer soft-drink bottles. II. Factorial experimental design. J Appl Polym Sci 2001;80:956–62.
[32] Kosmidis VA, Achilias DS, Karayannidis GP. Poly(ethylene terephthalate) recycling and recovery of pure terephthalic acid, kinetics of a phase transfer catalyzed alkaline hydrolysis. Macromol Mater Eng 2001;286:640–7.
[33] Yamaye M, Hashime T, Yamamoto K. Chemical recycling of poly(ethylene terephthalate). 2. Preparation of terephthalohydroxamic acid and terephthalohydrazide. Ind Eng Chem Res 2002;41(16):3993–8.
[34] Goje AS, Mishra S. Chemical kinetics, simulation, and thermodynamics of glycolytic depolymerization of poly(ethylene terephthalate) waste with catalyst optimization for recycling of value added monomeric products. Macromol Mater Eng 2003;288: 326–36.
[35] Brown SB. Reactive extrusion: a survey of chemical reactions of monomers and polymers during extrusion processing. In: Xanthos M, editor. Reactive extrusion: principles and practice. Munich, Germany: Hanser Publishers; 1992. p. 75–199. [Chapter 4].
[36] Zeitler H, Brecheler R. Hydrolysis-resistant polyester fibers and filaments, masterbatches and processes for the production of polyester fibers and filaments, United States Patent 5811508; 1998.
[37] Mohajer Y, Lazarus SD, Cooke RS. Reduction of carboxyl end groups in polyester fibers with lactim ethers, United States Patent 4839124; 1989.
[38] Mohajer Y, Lazarus SD. Reduction of carboxyl end groups in polyester with dilactim ethers, United States Patent 4929715; 1990.
[39] Alexander W, Causa AG, Fraser JG. Process for the control of carboxyl end groups in fiber-forming polyesters, United States Patent 4016142; 1977.
[40] Meschke R, Watson W. Treatment of linear polyester with organic monoepoxide, United States Patent 3869427; 1975.
[41] Titzmann R, Thaler H, Walter J. Process for the modification of terminal groups of polyesters, United States Patent 365791; 1972.
[42] Gilliam KD, Paschke EE. Multicomponent polyester block–copolymer–polymer blends, United States Patent 4119607; 1978.
[43] Matumura S, Inata H, Morinaga T. Method for reducing the terminal carboxyl groups of polyester, United States Patent 4351936; 1982.
[44] Fink JK. Reactive polymers: fundamentals and applications, a concise guide to industrial polymers. Norwich, New York: William Andrew Publishing/Plastics Design Library; 2005. 800 pp.
[45] Kartalis C, Papaspyrides C, Pfaendner R, Hoffmann K, Herbst H. Closed loop recycling of bottle crates using the restabilization technique. Macromol Mater Eng 2003;288(2):124–36.
[46] Dhavalikar R, Yamaguchi M, Xanthos M. Molecular and structural analysis of a triepoxide-modified poly(ethylene terephthalate) from rheological data. J Polym Sci Part A Polym Chem 2003;41:958–69.
[47] Stier U, Schweizer M. Synthesis of bis-*N*-acyllactams type chain extenders for polyesters and polyamides. J Appl Polym Sci 2007;106:425–32.
[48] Dhavalikar R. Reactive melt modification of poly(ethylene terephthalate). New Jersey Institute of Technology; 2003.

[49] Inata H, Matsumura S. Chain extenders for polyesters. III. Addition-type nitrogen-containing chain extenders reactive with hydroxyl end groups of polyesters. J Appl Polym Sci 1986;32:4581–94.
[50] Inata H, Matsumura S. Chain extenders for polyesters. IV. Properties of the polyesters chain-extended by 2,2′-bis(2-oxazoline). J Appl Polym Sci 1987;33:3069–79.
[51] Nery L, Lefebvre H, Fradet A. Chain extension of carboxyl-terminated aliphatic polyamides and polyesters by arylene and pyridylenebisoxazolines. Macromol Chem Phys 2004;205:448–55.
[52] Scaffaro R, Mantia F, Castronova C. Reactive compatibilization of PBT/EVA blends with an ethylene–acrylic acid copolymer and a low molar mass bis-oxazoline. Macromol Chem Phys 2004;205:1402–9.
[53] Po R, Cardi N, Fiocca L, Gennaro A, Giannotta G, Occhiello E. Process for preparing high molecular weight poly(ethylene-terephthalate) from recycled poly(ethylene terephthalate), United States Patent 5331065; 1994.
[54] Douhi A, Fradet A. Study of bulk chain coupling reactions. III. Reaction between bisoxazolines or bisoxazines and carboxy-terminated oligomers. J Polym Sci Part A Polym Chem 1995;33(4):691–9.
[55] Cardi N, Po R, Giannotta G. Chain extension of recycled poly(ethylene terephthalate) with 2,2 bis(2-oxazoline). J Appl Polym Sci 1993;50:1501–9.
[56] Po R, Cardi N, Fiocca L, Ginnaro A, Giannotta G, Occhillo E. Process for preparing high molecular weight poly(ethylene terephthalate) from recycled poly(ethylene terephthalate) United States Patent, US5334065; 1993. <www.patents.ibm.com>.
[57] Dhavalikar R, Xanthos M. Parameters affecting the chain extension and branching of PET in the melt state by polyepoxides. J Appl Polym Sci 2003;87:643–52.
[58] Yilmazer U, Xanthos M, Bayram G, Tan V. Viscoelastic characteristics of chain extended/branched and linear poly(ethylene terephthalate) resins. J Appl Polym Sci 2000;75:1371–7.
[59] Japon S, Boogh L, Leterrier Y, Manson J-A. Reactive processing of poly(ethylene terephthalate) modified with multifunctional epoxy-based additives. Polymer 2000;41:5809–18.
[60] Bikiaris DN, Karayannidis GP. Chain extension of polyesters PET and PBT with two new diimidodiepoxides. J Polym Sci Part A Polym Chem 1996;34(7):1337–42.
[61] Haralabakopoulos AA, Tsiourvas D, Paleos CM. Chain extension of poly(ethylene terephthalate) by reactive blending using diepoxides. J Appl Polym Sci 1999;71:2121–7.
[62] Srithep Y, Javadi A, Pilla S, Turng L-S, Gong S, Clemons C, et al. Processing and characterization of recycled poly(ethylene terephthalate) blends with chain extenders, thermoplastic elastomer, and/or poly(butylene adipate-co-terephthalate). Polym Eng Sci 2011;51(6):1023–32.
[63] Coccorullo I, Di Maio L, Montesano S, Incarnato L. Theoretical and experimental study of foaming process with chain extended recycled PET. Express Polym Lett 2009;3(2):84–96.
[64] Villalobos M, Awojulu A, Greeley T, Turco G, Deeter G. Oligomeric chain extenders for economic reprocessing and recycling of condensation plastics. Energy 2006;31:3227–34.
[65] Inata H, Matsumura S. Chain extenders for polyesters. I. Addition type chain extenders reactive with carboxyl end groups of polyesters. J Appl Polym Sci 1985;30:3325–37.
[66] Bimestre BH, Saron C. Chain extension of poly (ethylene terephthalate) by reactive extrusion with secondary stabilizer. Mater Res 2012;15(3) 467–72.
[67] Kiliaris P, Papaspyrides CD, Pfaendner R. Reactive-extrusion route for the closed-loop recycling of poly(ethylene terephthalate). J Appl Polym Sci 2007;104:1671–8.
[68] Awaja F, Daver F, Kosior E, Cser F. The effect of chain extension on the thermal behav-

iour and crystallinity of reactive extruded recycled PET. J Therm Anal Calorimetry 2004;78:865–84.

[69] Simon D, Pfaendner R, Herbst H. Molecular weight increase and modification of polycondensates, United States Patent 6469078; 2002.

[70] Van Diepen GJ, O'shea MS, Moad G. Modified polyesters, United States Patent 6350822; 2002.

[71] Al-Ghatta H, Severini S, Astarita L. Foamed cellular polyester resins and process for their preparation, United States Patent 5422381; 1995.

[72] Al-Ghatta H, Severini S, Astarita L. Foamed cellular polyester resins and process for their preparation United States Patent 5362763; 1994.

[73] Khemani KC, Juarez-Garcia CH, Boone GD. Foamable polyester compositions having a low level of unreacted branching agent, United States Patent 5696176; 1997.

[74] Hayashi M, Amano N, Taki T, Hirai T. Process for producing polyester foam resin and polyester resin foam sheet, United States Patent 5000991; 1991.

[75] Awaia F, Daver F, Kosior E. Recycled poly(ethylene terephthalate) chain extension by a reactive extrusion process. Polym Eng Sci 2004;44(8):1500–87.

[76] Xanthos M, Wan C, Dhavalikar R, Karayannidis GP. Identification of rheological and structure characteristics of formable poly(ethylene terephthalate) by reactive extrusion. Polym Int 2004;53:1161–8.

[77] Loontjens T, Pauwels K, Derks F, Neilen M, Sham CK, Serné M. The action of chain extenders in nylon-6, PET, and model compounds. J Appl Polym Sci 1997;65(9):1813–19.

[78] Tang X, Guo W, Yin G, Li B, Wu C. Reactive extrusion of recycled poly(ethylene terephthalate) with polycarbonate by addition of chain extender. J Appl Polym Sci 2007;104:2602–7.

[79] Zhang Y, Zhang C, Li H, Du Z, Li C. Chain extension of poly(ethylene terephthalate) with bisphenol-A dicyanate. J Appl Polym Sci 2010;117:2003–8.

[80] Torres N, Robin JJ, Boutevin B. Chemical modification of virgin and recycled poly(ethylene terephthalate) by adding chain extenders during processing. J Appl Polym Sci 2001;79:1816–24.

[81] Pesetskii SS, Filimonov OV, Koval VN, Golubovich VV. Structural features and relaxation properties of PET/PC blends containing impact strength modifier and chain extender. Express Polym Lett 2009;3(10):606–14.

[82] Pesetskii SS, Jurkowski B, Filimonov OV, Koval VN, Golubovich VV. PET/PC blends: effect of chain extender and impact strength modifier on their structure and properties. J Appl Polym Sci 2011;119:225–34.

[83] Tajan M, Chanunpanich N, Techawinyutham W, Leejarkpai T. Characterisation and rheological behavior of recycled PET modified by chain extending. In: 4th Thailand materials science and technology conference; 2006.

[84] Adams RK, Hoeschele GK, Witsiepe WK. Thermoplastic polyether–ester elastomers Thermoplastic elastomers, 3rd ed. St. Petersburg, FL: Professija; 2011. p. 256–303.

[85] Cho S, Jang Y, Kim D, Lee T, Lee D, Lee Y. High molecular weight thermoplastic polyether–ester elastomer by reactive extrusion. Polym Eng Sci 2009;49:1456–60.

[86] Lee T, Lee C, Cho S, Lee D, Yoon K. Enhancement of physical properties of thermoplastic polyether–ester elastomer by reactive extrusion with chain extender. Polym Bull 2011;66:979–90.

[87] Wicks DA, Wicks ZW. Blocked isocyanates III. Part B: Uses and applications of blocked isocyanates. Prog Org Coatings 2001;41:1–83.

[88] Wicks DA, Wicks ZW. Blocked isocyanates III: Part A. Mechanisms and chemistry. Prog Org Coatings 1999;36:148–72.

[89] Taylan E, Ku SH. Blocked isocyanates and isocyanated soybean oil as new chain extend-

ers for unsaturated polyesters. J Appl Polym Sci 2011;119:1102–10.
[90] Tereshko SV. Blocked polyisocyanates produced from melts of blocking substances; study of the compounds as modifiers for rubbers, Thesis for Master of Science Degree (Techn). Volgograd; 2002. 118 pp. [in Russian].
[91] Puchkov AF. Blocking of isocyanate by Diaphene FP. Kauchukirezina 2003;5:8–11.
[92] Kricheldorf HR, Denchev Z. Interchange reactions in condensation polymers and their analysis by NMR spectroscopy. In: Fakirov S, editor. Transreactions in condensation polymers. Weinheim, Germany: Wiley; 1999. p. 1–78. [Chapter 1].
[93] Parter RS. Compatibility and transetherification in binary polymer blends. Polymer 1992;33:2019–30.
[94] Xanthos M, Warth H. Effects of transreactions on the compatibility and miscibility of blends of condensation polymers Chapter 10]. In: Fakirov S, editor. Transreactions in condensation polymers. Weinheim, Germany: Wiley; 1999. p. 411–27.
[95] Pilati F, Fiorini M, Berti C. Effect of catalyst in the reactive blending of bisphenol A polycarbonate with poly(alkylene terephthalate) Chapter 2]. In: Fakirov S, editor. Transreactions in condensation polymers. Wiley; 1999. p. 79–124.
[96] James NR, Machayan SS, Sivaram S. Inhibition of transreactions in condensation polymers Chapter 6]. In: Fakirov S, editor. Transreactions in condensation polymers. Weinheim, Germany: Wiley; 1999. p. 219–65.
[97] Godard P, Deconinck JM, Devlesaver V, Devaux J. Molten bisphenol-A polycarbonate–poly(ethylene terephthalate) blends. I. Identification of the reactions. J Polym Sci 1986;24:3301–13.
[98] Ramjit HG. Trends in kinetic behavior during ester–ester exchange reactions in polyesters by mass spectrometry. I. J Macromol Sci 1983;19:41–55.
[99] Ignatov VN, Carraro C, Tartari V, Pippa R, Scapin M, Pilati F, et al. PET/PC blends and copolymers by one-step extrusion: 2. Influence of the initial polymer composition and type of catalyst. Polymer 1997;38:201–5.
[100] Fiorini M, Berti C, Ignatov V, Toselli M, Pilati F. New catalysts for poly(ethylene terephthalate)–bisphenol A polycarbonate reactive blending. J Appl Polym Sci 1995;55:1157–63.
[101] Yu Y, Choi K-J. Crystallization in blends of poly(ethylene terephthalate) and poly(butylene terephthalate). Polym Eng Sci 1997;37:91–5.
[102] Okamoto M, Kotaka T. Phase separation and homogenization in poly(ethylene naphthalene-2,6-dicarboxylate)/poly(ethylene terephthalate) blends. Polymer 1997;38:1357–61.
[103] Ihm DW, Park SY, Chang ChG, Kim YS, Lee HK. Miscibility of poly(ethylene terephthalate)/poly(ethylene 2,6-naphthalate) blends by transesterification. J Polym Sci 1996;34:2841–50.
[104] Eguiazabal JI, Fernandez-Berridi MJ, Iruin JJ, Maiza I. PBT/PAr mixtures: influence of interchange reaction on mechanical and thermal properties. J Appl Polym Sci 1996;59:329–37.
[105] Montaudo G, Puglisi C, Samperi F. Mechanism of exchange in PBT/PC and PET/PC blends. Composition of the copolymer formed in the melt mixing process. Macromolecules 1998;31:650–61.
[106] Gaymans R. Toughening of semi-crystalline thermoplastics. In: Paul DR, Bucknall CB, editors. Polymer blends: formulation and performance. St. Petersburg, FL: Fundamentals and Technologies; 2009. p. 194–242. [Chapter 25] [Rus. trans.].
[107] Pesetskii SS, Jurkowski B, Koval VN. Polycarbonate/poly(alkylene terephthalate) blends: interphase interaction and impact strength. J Appl Polym Sci 2002;84(6):1277–85.

[108] Gaymans RJ, Borggreve RJM, Oostenbrink AJ. Toughening behavior of polyamide–rubber blends. MakromolekulareChemie 1990;38(1):125–36.
[109] Oshinski AJ, Keskkula H, Paul DR. Rubber toughening of polyamides with functionalized block copolymers: I. Nylon-6. Polymer 1992;33(2):268–83.
[110] Oshinski AJ, Keskkula H, Paul DR. The role of matrix molecular weight in rubber toughened nylon 6 blends: 3 Ductile–brittle transition temperature. Polymer 1996;37(22):4919–28.
[111] Borggreve RJM, Gaymans RJ, Schuijer J. Impact behaviour of nylon–rubber blends: 5. Influence of the mechanical properties of the elastomer. Polymer 1989;30(1):71–7.
[112] Leevers PS. Impact and dynamic fracture resistance of crystalline thermoplastics: prediction from bulk properties. Polym Eng Sci 1996;36(18):2296–305.
[113] Hage E, Hale W, Keskkula H, Paul DR. Impact modification of poly(butylene terephthalate) by ABS materials. Polymer 1997;38(13):3237–50.
[114] Hourston DJ, Lane S, Zhang HX. Toughened thermoplastics: 3. Blends of poly(butylene terephthalate) with (butadiene-co-acrylonitrile) rubbers. Polymer 1995;36(15):3051–4.
[115] Holsti-Miettinen RM, Heino MT, Seppälä JV. Use of epoxy reactivity for compatibilization of PP/PBT and PP/LCP blends. J Appl Polym Sci 1995;57(5):573–86.
[116] Brady AJ, Keskkula H, Paul DR. Toughening of poly(butylene terephthalate) with core–shell impact modifiers dispersed with the aid of polycarbonate. Polymer 1994;35(17):3665–72.
[117] Plummer CJG, Kausch H-H. Micronecking in thin films of isotactic polypropylene. Macromol Chem Phys 1996;197(6):2047–63.
[118] Abu-Isa IA, Jaynes CB, O'Gara JF. High-impact-strength poly(ethylene terephthalate) (PET) from virgin and recycled resins. J Appl Polym Sci 1996;59(13):1957–71.
[119] Penco M, Pastorino MA, Occhiello E, Garbassi F, Braglia R, Giannotta G. High-impact poly(ethylene terephthalate) blends. J Appl Polym Sci 1995;57(3):329–34.
[120] Okamoto M, Shinoda Y. Toughening mechanism in a ternary polymer alloy: PBT/PC/rubber system. Polymer 1993;34(23):4868–73.
[121] Wu J, Mai Y-W. Fracture toughness and fracture mechanisms of PBT/PC/IM blend. J Mater Sci 1993;28(22):6167–77.
[122] Benson CM, Burford RP. Morphology and properties of acrylate styrene acrylonitrile/polybutylene terephthalate blends. J Mater Sci 1995;30:573–82.
[123] Majumdar B. Reactive compatibilization. In: Paul DR, Bucknall CB, editors. Polymer blends. St. Petersburg, FL: Fundamentals and Technologies; 2009. [Chapter 17] [Rus. trans.].
[124] Hale WR, Pessan LA, Keskkula H, Paul DR. Effect of compatibilization and ABS type on properties of PBT/ABS blends. Polymer 1999;40(15):4237–50.
[125] Cook WD, Zhang T, Moad G, Deipen GV, Cser F, Fox B, et al. Morphology–property relationships in ABS/PET blends. I. Compositional effects. J Appl Polym Sci 1996;62(10):1699–708.
[126] Cook WD, Moad G, Fox B, Deipen GV, Zhang T, Cser F, et al. Morphology–property relationships in ABS/PET blends. II. Influence of processing conditions on structure and properties. J Appl Polym Sci 1996;62(10):1709–14.
[127] Heino M, Kirjava J, Hietaoja P, Sepälä J. Compatibilization of poly(ethylene terephthalate)/polypropylene blends with styrene–ethylene/butylene–styrene (SEBS) block copolymers. J Appl Polym Sci 1997;65:241–9.
[128] Yoon KH, Lee HW, Park OO. Reaction effect on the properties of poly(ethylene terephthalate) and poly(styrene-co-maleic anhydride) blends. Polymer 2000;41:4445–9.
[129] Dimitrova TI, La Mantia FP, Pilati F, Toselli M, Valenza A, Visco A. On the compatibilization of PET/HDPE blends through a new class of copolymers. Polymer

2000;41:4817–24.
[130] Friedrich K, Evstatiev M, Fakirov S, Evstatiev O, Ishii M, Harrass M. Microfibrillar reinforced composites from PET/PP blends: processing, morphology and mechanical properties. Compos Sci Technol 2005;65:107–16.
[131] Parke M, Karger-Kocsis J. Thermoplastic elastomers of poly(ethylene terephthalate) and grafted rubber blends. SPE-ANTEX 2000;46:3271–5.
[132] Parke M, Karger-Kocsis J. Thermoplastic elastomers based on compatibilized poly(ethylene terephthalate) blends: effect of rubber type and dynamic curing. Polymer 2001;42:1109–20.
[133] Zhang Y, Guo W, Zhang H, Wu C. Influence of chain extension on the compatibilization and properties of recycled poly(ethylene terephthalate), linear low density polyethylene blends. Polym Degradation Stability 2009;94:1135–41.
[134] Arostegui A, Gaztelumendi M, Nazabal J. Toughened poly(butylene terephthalate) by blending with a metallocenic poly(ethylene–octene) copolymer. Polymer 2001;42:9565–74.
[135] Guerrica-Echevarria G, Eguiazabal JI, Nazabal J. Influence of compatibilization on the mechanical behavior of poly(trimethylene terephthalate)/poly(ethylene–octene) blends. Eur Polym J 2007;43:1027–37.
[136] Guerrica-Echevarria G, Eguiazabal JI, Nazabal J. Structure and mechanical properties of compatibilized poly(ethylene terephthalate)/poly(ethylene–octene) blends. Polym Eng Sci 2006;46:172–80.
[137] Guerrica-Echevarria G, Eguiazabal JI. Structure and mechanical properties of impact modified poly(buthylene terephthalate)/poly(ethylene terephthalate) blends. Polym Eng Sci 2009;50:1013–21.
[138] Liang XL, Luo SJ, Sun K, Chem XD. Effect of nucleating agent on crystallization kinetics of PET. Express Polym Lett 2007;1(4):245–51.
[139] Cilleruelo L, Lafranche E, Krawxzak P, Pardo P, Lucas P. Injection moulding of long glass fiber reinforced poly(ethylene terephthalate): influence of carbon black and nucleating agents on impact properties. Express Polym Lett 2012;6(9):706–18.
[140] Thomason JL. Micromechanical parameters from macromechanical measurements on glass-reinforced poly(buthylene terephthalate). Compos Part A Appl Sci Manuf 2002;33:331–9.
[141] de MouraGiraldi ALF, Cardoso de Jesus R, Innocentini Mei LH. The influence of extrusion variables on the interfacial adhesion and mechanical properties of recycled PET composites. J Mater Process Technol 2005;162–163:90–5.
[142] Choi N-S, Takahashi K. Fracture behavior of discontinuous fiber-reinforced injection molded polyester composites. In: Fakirov S, editor. Handbook of thermoplastic polymers: homopolymers, copolymers, blends, and composites,. Weinheim, Germany: Wiley-VCH Verlag GmbH; 2002. p. 1173–220. [Chapter 25].
[143] Cilleruelo L, Lafranche E, Krawczak P, Pardo P, Lucas P. Injection moulding of long-glass-fibre-reinforced poly(ethylene terephthalate): influence of processing conditions on flexural and impact strength. Polym Polym Compos 2008;16:577–88.
[144] Rezaeian I, Lafari SH, Zahedi P, Nouri S. An investigation on the rheology, morphology, thermal and mechanical properties of recycled poly(ethylene terephthalate) reinforced with modified short glass fibers. Polym Compos 2009;30(7):993–9.
[145] Pluddemann EP. Silane coupling agents, 2nd ed. New York, NY: Plenum Press; 1991.
[146] Friedrich K. Microstructural efficiency and fracture toughness of short fiber/thermoplastic matrix composites. Compos Sci Technol 1985;22:43–74.
[147] Malzahn JC, Schulz JM. Tension–tension and compression–compression fatigue behavior of an injection-molded short-glass fiber/poly(ethylene terephthalate) com-

posite. Compos Sci Technol 1986;27:253–89.
[148] Lhumn C, Schulz JM. Fracture behavior of collimated thermoplastic poly(ethylene terephthalate) reinforced with short E-glass fiber. J Mater Sci 1983;18:2029–46.
[149] Bowyer WH, Bader MG. On the reinforcement of thermoplastics by perfectly aligned discontinuous fibers. J Mater Sci 1972;7:1315–21.
[150] Bader MG, Bowyer WH. An improved method of production for high strength fibre-reinforced thermoplastics. Composites 1973;4:150–6.
[151] Kubat J, Rigdahl M, Welander M. Characterization of interfacial interactions in high density polyethylene filled with glass spheres using dynamic-mechanical analysis. J Appl Polym Sci 1990;39:1527–39.
[152] Praveen S, Chakraborty BC, Jayendran S, Rant RD, Chattopadhyay S. Effect of filler geometry and viscoelastic damping of graphite/aramid and carbon short fiber-filled SBR composites: a new insight. J Appl Polym Sci 2009;111:264–72.
[153] Thomason JL, Compos J. The influence of fibre properties on the properties of glass-fibre-reinforced polyamide 6,6. Mater 1999;34:158–72.
[154] Thomason JL. The influence of fibre properties performance on glass-fibre-reinforced polyamide 6,6. Compos Sci Technol 1999;59:2315–28.
[155] Thomason JL, Kalinka GA. A technique for the measurement of reinforcement fibre tensile strength at sub-millimetre gauge lengths. Compos Part A 2001;32:85–90.
[156] Pegoretti A, Penati A. Recycled poly(ethylene terephthalate) and its short glass fibres composites: effect of hydrothermal aging on the thermo-mechanical behavior. Polymer 2004;45:7995–8004.
[157] MohdIshak ZA, Ariffin A, Senawi R. Effect of hydrothermal aging and a silane coupling agent on the tensile properties of injection molded short glass fiber reinforced poly(buthylene terephthalate)composites. Eur Polym J 2001;37:1635–47.
[158] Pegoretti A, Penati A. Effect of hydrothermal aging on the molar mass and thermal properties of recycled poly(ethylene terephthalate) and its short glass fibers composites. Polym Degradation Stability 2004;86:233–43.
[159] Dubrovskiy VV, Koval VN, Bogdanovich SP, Pesetskii SS. On influence of short glass fibers on molecular and structural parameters, mechanical and rheological properties of poly(ethylene terephthalate). Russ J Mater Technol Tools 2013;18:51–80.
[160] Pegaretti A, Kolarite Y, Slouf M. Phase structure and tensile creep of recycled poly(ethylene terephthalate)/short glass fiber/impact modifier ternary composites. Express Polym Lett 2009;8(4):235–44.
[161] Wang K, Wu J, Reng H. Microstructures and fracture behavior of glass-fiber reinforced PBT/PC/E-CMA elastomer blends. I: Microstructures. Compos Sci Technol 2001;61:1529–38.
[162] Nalwa HB. Encyclopedia of nanoscience and nanotechnology. Stevenson Ranch, CA: American Scientific Publishers; 2004.
[163] Pavlodou S, Papaspyrides CD. A review on polymer-layers silicate nanocomposites. Prog Polym Sci 2008;33:1119–98.
[164] Pesetskii SS, Bogdanovich SP, Myshkin NK. Tribological behavior of polymeric nanocomposition produced by dispersion of nanofillers in molten thermoplastics. In: Fridrich K, Schlarb AK, editors. Tribology of polymeric nanocomposites. Elsevier, Oxford; 2008. p. 82–107.
[165] Mai Y-W, Yu Z-Z. Polymer nanocomposites. Cambridge, England: Woodhead Publishing Limited; 2006.
[166] Potts JR, Dreyer DR, Bielawski CW, Ruoff RS. Graphene based polymer nanocomposites. Polymer 2011;52:5–25.
[167] Bergaya F, Lagaly G. Surface modification of clay minerals. Appl Clay Sci 2001;19:1–3.

[168] Davis CH, Mathias LJ, Gilman JW, Schiraldi DA, Shields JR, Trulave P, et al. Effect of the melt-processing conditions on the quality of poly(ethylene terephthalate) montmorillonite clay nanocomposite. J Polym Sci Part B Polym Phys 2002;40:2661–6.
[169] Chisholm BJ, Moore RB, Barber Q, Khouri F, Hempstead A, Larsen M, et al. Nanocomposites derived from sulfonated poly(butylene terephthalate). Macromolecules 2002;35:5508–16.
[170] Sanchez-Solis A, Garcia-Rejon A, Manero O. Production of nanocomposites of PET-montmorillonite clay by an extrusion process. Macromol Symp 2005;192:281–92.
[171] Acierno D, Scarfato P, Amendola E, Nocerino G, Costa G. Preparation and characterization of PBT nanocomposites compounded with different montmorillonites. Polym Eng Sci 2004;44:1012–18.
[172] Chang Y-W, Kim S, Kyung Y. Poly(butylene terephthalate)–clay nanocomposites prepared by melt interaction: morphology and thermomechanical properties. Polym Int 2004;54:348–63.
[173] Xiao J, Hu Y, Wang Z, Tang Y, Chen Z, Fan W. Preparation and characterization of poly(butylene terephthalate) nanocomposites from thermally stable organic-modified montmorillonite. Eur Polym J 2005;41(5):1030–5.
[174] Ha C-S. Poly(butylene terephthalate) (PBT)-based nanocomposites. In: Mai Y-W, Yu Z-Z, editors. Polymer nanocomposites. Cambridge, England: Woodhead Publishing Limited; 2006. p. 234–55.
[175] Agabekov VE, Golubovich VV, Pesetskii SS. Effect of nanodisperse carbon fillers, and isocyanate chain extender on structure and properties of poly(ethylene terephthalate). J Nanomater 2012;2012:ID 870307.
[176] Szymczyk A, Roslaniec Z, Zenker M, Garcia-Gutierrer MC, Hernandez JJ, Rueda DR, et al. Preparation and characterization of nanocomposites based on COOH functionalized multiwalled nanotubes and on poly(trimethylene terephthalate). Express Polym Lett 2011;5(11):977–95.
[177] Shevchenko VV, Pesetskii SS. Effect of chain extenders on the structure and properties of PBT, its copolymers and blends with polyester thermoplastic elastomers. Polymers—2014, Kargin Conference VI, Russia, vol. 2. Moscow; 2014. p. 855 (Thesis).

第10章

聚合物复合材料的多功能界面

Shang-Lin Gao 和 Edith Mäder
莱布尼茨聚合物研究所，德国，德累斯顿

10.1 引言

无机-有机杂化复合材料的界面是形态特征、化学成分以及力学和物理性能从无机固体的整体性质向有机基体的整体性质变化的过渡区域[1-6]。几十年来，各种传统的纤维增强聚合物基复合材料的力学性能已得到了广泛研究。众所周知，该性能高度依赖于属性梯度变化的或均匀一致的界面[7-9]。如今，纳米填料，无论是碳纳米管（CNTs）、纳米片还是石墨烯，每个粒子的内部界面面积都比传统的矿物填料高一到三个数量级[10,11]。因此，通过纳米填料改性的传统纤维-聚合物界面成为复合材料日益重要的特征。

在大量的聚合物中能观察到由固体表面诱导的从固态到液体状态形成的界面。在一般情况下，聚合物的结构比金属或陶瓷更复杂。固体诱导的聚合物结构通常和聚合物本体的形态不同。这些固体聚合物的形成原因有多种，例如聚合物衬底的表面成核能力[12] 或聚合物熔体固体表面的低温冷却[13-14]。增强纤维周围形成的界面通常是由固体表面，即交联、固定化、相互扩散、结晶和其他人工涂层/施胶应用在纤维表面上所施加的化学或物理过程的局部变化导致的[15-18]。热力学平衡和动力学控制的梯度扩散这两种机制都可以促进界面的形成[19]。考虑到液体混合物与固体表面接触的平衡问题，从根本上说，焓和熵是引发界面形成的因素[20]。焓因素源自液体组件之间的相互作用以及这些组分和固体表面之间的相互作用。熵因素是熵的混合以及由于构象作用导致的熵的变化。此外，从计算机模拟中发现，聚合物结构不仅由上述受固体表面限制的熵构象和链段对其的焓物理吸附限定，而且还受其曲率的影响[21-22]。在固体表面附近的聚合物链通常排列成密集而有序的壳，优选平行于表面取向。当聚合物链段对颗粒表面有吸引力时，接近固体表面的聚合物链段密度可以远高于本体聚合物链段密度，并且整个链动力学被强烈延迟。局部的链结构和动力学的变化也明显受到玻璃化转变行为的影响，导致更高或更低的玻璃化转变温度 T_g，这取决于聚合物链段和固体表面之间的亲合性。强烈诱导反应物浓度的不平衡，引起固体填料附近不同的交联密度（和网络结构）。界面材料可以比本体材料更软或更硬，并且可以具有不同的 T_g。尽管在了解传统的微型纤维-聚合物界面方面已经有了相当大的努力，但是还需要更多的研究以填补理解丰富的纳米填料界面的鸿沟。

为了避免界面处的机械和热机械应力集中，随着进入基体的距离增加，材料应具有逐渐变化的性质[23]。这种界面可以包含形态或组成的梯度。梯度纳米结构的界面可以对材料行为产生显著影响，例如，在具有分级刚度、结晶度、密度和 T_g 的分布的材料中[3,24-26]。化学组成梯度变化已经实现，例如：①表面处理用于修改所述固体纤维的化学和物理结构以提高表面活性[26]；②各种涂覆方法[27]、化学气相沉积（CVD）[28] 和热化学反应[29]；③在界面操控基体特性[30]。涂层通常产生阶梯式梯度结构，并且等离子体技术决定了待改性的界面性质（例如，增加的黏合性、润湿性），而没有在很大程度上改变填料周围的块状基质的性质。最近，纳米结构界面提供了重塑传统复合材料的巨大机会。复合材料领域已经发展出依赖于生物启发的多尺度增强材料的形态控制的结构，例如以纳米尺度组织并延伸到米和千米尺度的纤维。已经将0D到3D纳米填料（例如，炭黑/纳米二氧化硅、石墨烯碳纳米管和石墨）引入到传统玻璃或碳纤维-增强复合材料中，形成一个分级结构。从宏观到纳米尺度的生物复合材料（如外壳、骨骼、牙齿）的分层结构产生最优强度和微裂纹的最大承受力[31]。纳米和微米材料的分层结构结合自上而下和自下而上的处理是最有前途的技术（图10.1）[32-34]，但在设计、加工和表征方面仍然存在着有趣的挑战。为了能够控制和调节这些系统的多功能性，需要探索聚合物如何填充分层填充剂来改变界面的重要问题。从纳米结构到宏观结构的新兴复合材料：专注于纳米增强复合材料，以创建改进的工程系统。尽管界面的重要性已得到承认，但目前公布的大多数数据都是基于较大规模的测量，而对界面本身的局部纳米级特性知之甚少。在文献中很少报道厚度小于1μm的富含纳米填料的界面的性质。

到目前为止，尚未完全获得在纳米尺度上明确建立界面特性的实验方法。这主要是由于要想方便获得界面约束的材料排列的分子运动性质存在很大挑战[35]。纤维/聚合物体系的界面特性分布需要通过纳米尺度表征技术［原子力显微镜（AFM）、纳米TA、透射电子显微镜等］来详细探索。基于机械/电/热成像技术的先进AFM已经可以穿过界面来定性和定量分析局部特性。局部热分析被称为nano-TA，是一种结合了空间分辨率为亚微米～100nm的高空间分辨率成像能力

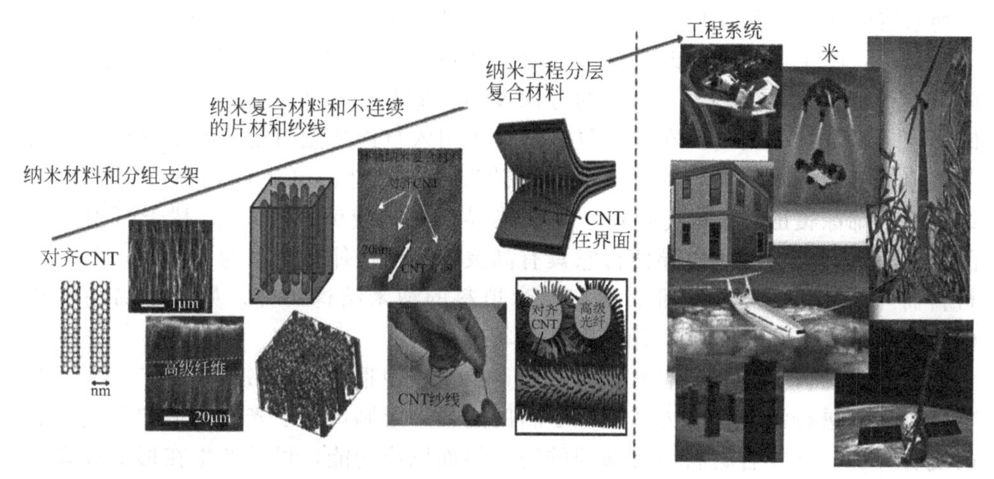

图 10.1 从纳米结构到宏观结构分层材料的出现：专注于纳米增强复合材料，创建完善的工程系统[34]

的 AFM 技术。这也许能更好地理解界面热行为，如熔融或 T_g。高分辨率纳米级机械成像方法最近被用来量化一种深海鳞角腹足蜗牛外壳的横截面[36]。如图 10.2 所示，这个生物有不同于任何其他已知天然盔甲的三层结构，在两层硬的矿化层（外纳米粒子-有机复合层和内部钙化壳）之间嵌入相对较厚的标准有机层。这个界面具有梯度力学性能。它的多层复合结构能防止深海热液喷口环境中的许多威胁，并最大限度地提高生存能力。这种高效的天然结构既能靠固有的机制维持机械载荷冲击和磨损，又能防止灾难性的危险。具体地，能量耗散的放大基于曲折微裂纹的牺牲"捕获"和外纳米粒子-有机复合层的局部纳米级分层。利用牺牲纳米颗粒-有机涂层来引起大量能量耗散的这一概念在合成系统中很大程度上未被探索，并且可用于需要增强的断裂韧性的任何应用。结构-性质-性能间的关系对

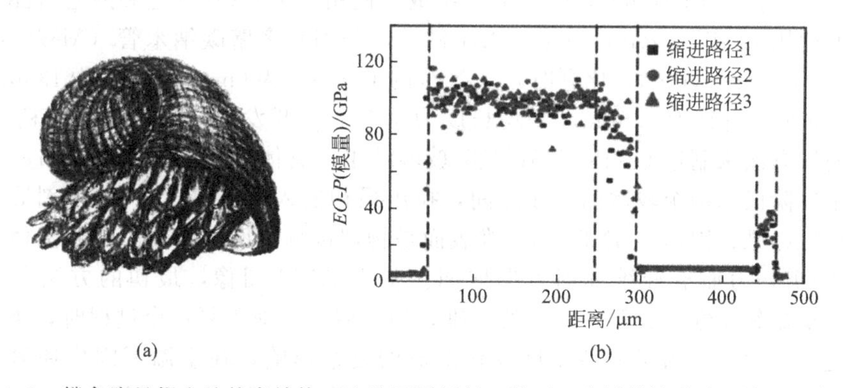

图 10.2 鳞角腹足蜗牛的外壳结构（这种不同材料、界面、多层结构递进的特殊组合对耐穿透性、能量耗散、减弱和防止断裂、减小背面偏转以及耐弯曲和拉伸载荷都有利[36]）

(a) 整个蜗牛的照片，显示外壳的几何形状；(b) 多层外壳的模量

于纳米结构纤维表面的进化设计以及复合材料界面的设计都至关重要。

最近，除了力学性能改进之外，赋予传统复合材料多功能性成为关注热点。随着现代复合材料向更轻、更强的方向发展，它们也必须走向“更智能”。基于碳纳米填料的导电网络，在传统复合材料中引入自诊断能力是一种最近还没有太多报道的多功能化。结合碳同素异形体的有希望的材料包括CNT-石墨烯3D网络和石墨烯涂覆的CNT气凝胶，用于热界面和抗疲劳性[37,38]。基于石墨烯基的电传感器，石墨烯的电导使得它具有高灵敏度的拉伸应变。为开发多功能复合材料而开展的传统玻璃纤维表面与纳米填料的纳米结构研究，如石墨烯纳米片（GPNs）或CNTs的研究，尚未深入进行。

受到自然保护外壳的启发，我们在这项工作中报道了用GPNs和CNTs对玻璃纤维表面进行涂层。本方法提供了新的途径来定制集成了光、机械和电气功能的复合界面。该复合材料具有新颖的纳米界面感应功能，可以产生在形变或裂纹变得更严重之前就能检测出来（预警）的更安全的新一代复合材料（即飞机层压板）。原位智能“界面”也有助于理解在应力/应变、温度和湿度的响应中的结构形成和结构变化。纳米填料富集-界面也可能会在许多其他方向找到应用，例如化学反应或液体泄漏检测。

10.2 实验

10.2.1 玻纤表面的纳米结构化

本课题组通过连续纺丝，制备了平均直径为17μm的耐碱玻璃纤维。作为复合材料基体的环氧树脂是商业产品，由DGEBA树脂（EPR L20，特殊化学品，德国）和固化剂EPH960（100∶34）组成。使用经由CVD工艺和羧基官能化而生产的商用GNPs（xGnP-M-15，XG科学，美国）多壁碳纳米管（MWCNTs：NC-3101，Nanocyl SA，比利时）。GNPs的平均厚度为6nm，表面积为$135m^2/g$。CNTs的平均直径为9.5nm，平均长度为1.5μm。开发了一种简单的“粘连-剪切取向”方法来制造GNPs/环氧树脂-玻璃纤维。具体地，在GNPs分布的无溶剂“干”阶段的两个较软的表面之间，拉出最初嵌入在环氧树脂/固化剂混合物中的单根纤维；因而，GNPs和纤维表面是物理接触，反过来片晶受到流体变形和摩擦/剪切力而沿纤维表面方向取向。基于AFM图像，最初的方法获得了GNPs覆盖率大约为20%～50%的纤维，当一层一层地重复这个过程时，覆盖率可以进一步提高。为了避免温度变化造成的复杂影响，在室温下固化环氧树脂（UHU plus 300，UHU GmbH &Co. KG，德国）以用于GNPs的涂覆。

为了获得表面具有均匀和连续分布的碳纳米颗粒（GNPs或CNTs）的玻璃纤维导电网络，分别采用浸-涂和电泳沉积（EPD）方法。为了避免常规氧化石墨还原法对导电性的负面影响，基于液相剥落石墨的方法来制备 GNPs。通过水浴超声和离心过程实现溶液中稳定地扩散 GNP，其中十二烷基苯磺酸钠溶解在 Millipore 水中。通过一层一层浸-涂方法，实现了在玻璃纤维表面形成多层 GNPs。导电 CNT 网络沉积到纤维表面，纤维浸入一个稳定的和个性化的质量分数为 0.05%水散体 CNT 分散液中。不同的表面活性剂（阳离子、阴离子和非离子型）也被用于非共价官能化，以克服束缚碳纳米管之间的范德华相互作用。CNTs 也可以通过 EPD 法沉积在玻璃纤维表面（图 10.3[39]），条件是：恒定电压，沉积 10min，电极距离 8mm。涂覆的样品在 40℃真空烘箱中干燥 8h。为了优化涂层形态和厚度，在与第一次沉积相同的条件下进行二次沉积。为了制造模型复合材料，无论是单一或三个单独的纤维，或体积分数为 40%的纤维都安装在狗骨形模具中。商业 DGEBA-环氧树脂和固化剂（瀚森化工斯图加特有限公司，德国）充分混合，脱气，随后浇铸到模具内。5mm 标距长度、1.5mm 宽和 0.5mm 厚的样品在 80℃下等温固化 12h，然后缓慢冷却至室温。

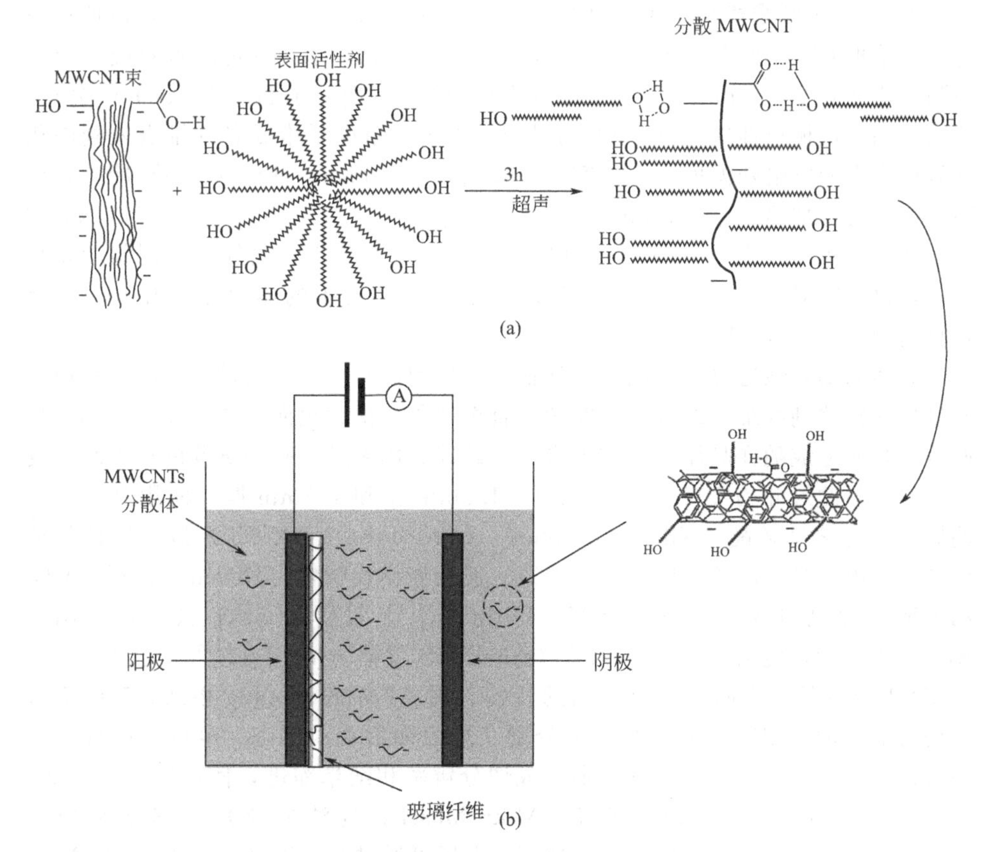

图 10.3 MWCNTs 在含有表面活性剂的水中的分散过程（a）和 MWCNTs 通过电泳沉积细胞法沉积到玻璃纤维表面（b）

10.2.2 玻纤和复合材料的表征

使用AFM（D3100，美国）、场发射扫描电子显微镜（FE-SEM，Ultra 55，卡尔蔡司SMT公司，德国）和光学显微镜（Keyence公司，VH-Z100R）对纤维表面形貌进行研究。单个GNP-玻璃纤维的耐磨损性是由相对摩擦位移（两个表面之间的滑动）S来表征，通过旋转杆接触和磨蚀研磨纸（P2500碳化硅，标乐有限公司，杜塞尔多夫，德国）表面直到纤维断裂。使用配有1N力单元的Favigraph半自动纤维拉伸试验机（Textechno，德国），单根纤维划过在圆柱表面缠绕角度为$\pi/2$的砂纸的摩擦力，初始张力为1.96 CN，截面线速度测定为1mm/min。

在用于测量单个GNP-玻璃纤维或CNT-玻璃纤维的电性质的技术中，一根纤维桥接两个电极，其中Au层的间隙距离在0.5～3.5mm之间变化。每个测试条件大约10个纤维样品。用吉时利2000数字万用表测量四点电导率，以便在原地监测单根CNT-玻璃纤维的直流（DC）电阻变化。为了检测压阻效应，当使用测试速度0.2mm/min的Favigraph半自动纤维拉伸试验机（Textechno公司，德国）测试机械拉伸应力/应变的同时记录电阻。单根纤维或者纤维嵌入到固化环氧树脂中的电阻随温度变化的实验，在热台（Linkam LTS350加热/冷冻，英国）中进行，加热速率1K/min，从－150℃升温至30℃，氮气气氛。用CNT质量分数为1.45%的复合材料进行机械抛光后的截面分析。此外，用调制示差扫描量热仪（DSC)(Q2000 MDSC，TA，美国）测量纤维的体积分数为40%的复合材料的T_g，升温速率3K/min。

界面的黏合性通过碎裂测试来评估。施加到试样上的力由基体中的剪切应力通过界面转移到纤维。纤维保持断裂，直至片段变得太短而无法建立足够高的拉伸负荷，而造成随样品压力的增大进一步破碎。用来进行破碎试验的单根纤维复合材料样品的尺寸为20mm标距长度、1.8mm宽和1.5mm厚。使用具有透射偏振光的光学显微镜（Nikon Optiphot-2和Keyence VHX-600）进行原位检测环氧基体内纤维片段的长度和条纹图案。使用光学显微镜（Keyence公司，VH-Z100R）、超高分辨率的FE-SEM（Ultra 55，卡尔蔡司SMT公司，德国）、AFM（D3100，美国）和nano-TA（ANASYS仪器nano-TA2^{TM}，美国）来研究CNT-玻璃纤维表面与复合界面的特性。用AFM的tapping模式、LiftMode电场力显微镜（EFM）和纳米压痕分别获取表面形貌、形态、电场力图像以及纳米机械刚度。为了保证良好的形貌成像分辨率和纳米缩进，使用半径约10nm的UltraSharp悬臂（NSC15-F/5，MikroMasch，爱沙尼亚）和弹簧常数为40.9N/m、模量为160GPa的常规弹簧。电场可通过在UltraSharp导电AFM尖端和纳米管-富集界面之间施加12V的电压来诱导（NSC-14/W2C/15，MikroMasch，爱沙尼亚），其中尖端与界面通过50nm恒定距离的远程库仑力相互作用。

用检测到的相位偏移来创建 EFM 图像，由相互作用变化到 AFM 悬臂的振荡相位所产生，其中，吸引力使悬臂梁有效地“更软地”降低悬臂的谐振频率，反之排斥力使悬臂有效地“更硬地”增加共振频率。通过探针将样品表面加热至 180℃，使用空间分辨率为亚微米～100nm 的 nano-TA 来研究界面的局部热行为。为确保整个界面的表面粗糙度较低，用硅/铝悬浮液将样品沿着纤维轴垂直抛光至 60nm 的平均粒径。

10.3 结果与讨论

10.3.1 玻纤表面涂层

受到自然保护外壳的启发，首先开发了“黏合剂取向”的过程来制备 GNPs/环氧树脂-玻璃纤维。当纤维浸渍在环氧树脂/固化剂混合物中并拉出时，通常由于聚合物溶液的瑞利不稳定而在纤维上形成环氧树脂的串滴（图 10.4）。为了克服这个问题，采用的策略是利用纤维从环氧树脂中拉出的摩擦/剪切作用，反过来滑过覆盖有薄层的高浓度 GNPs 软衬底。这可以有效地除去聚集的环氧树脂而不会形成串滴。AFM 相位图像揭示了高度随机的纳米片沿着纤维轴彼此相对平行移动，导致各向异性取向的表面涂层。这些结构特征产生了有趣的光学和机械功能，详情如下。从光学显微镜观察到，纤维表面在太阳光或白色光照射下

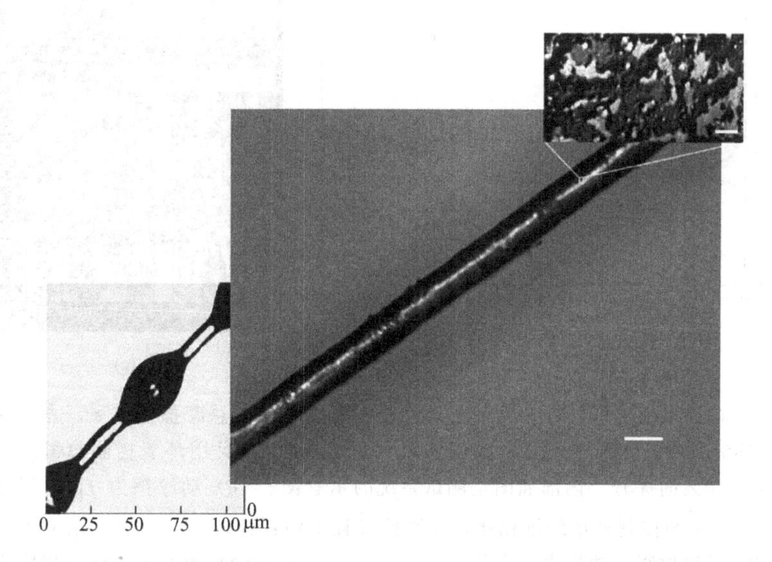

图 10.4 光学显微镜下观察到的环氧树脂液滴（左）和玻璃纤维上摩擦/剪切诱导的功能化包覆的 GNPs/环氧树脂（中心，标尺，20μm)(右)

AFM 相位图表明平行于纤维表面随机分布的 GNPs 有利于增强耐磨性（右，标尺，200nm）

呈现不同的颜色（图 10.4，中心）。显然，这样的光学现象不是由光与染料的相互作用形成的，而是由光从含有所述准周期性结构的 GNPs/环氧树脂层衍射形成的。当不同波长的光基于结构色的原理，与相似长度的这种结构相互作用，它们在不同的方向折射，从而导致在纤维表面形成彩虹光。

为了更好地避免机械刮伤是将 GNPs 引入到纤维表面的第二个原因。为了获得丰富的能量耗散（类似于外壳的角色）而牺牲纳米颗粒的有机保护涂层，层叠 GNPs/环氧树脂结构是为了单根纤维划过 SiC 砂纸时呈现最大的耐摩擦能力。图 10.5 中 GNPs/环氧树脂体系中的纤维发生断裂，摩擦位移的增量高达 200%。

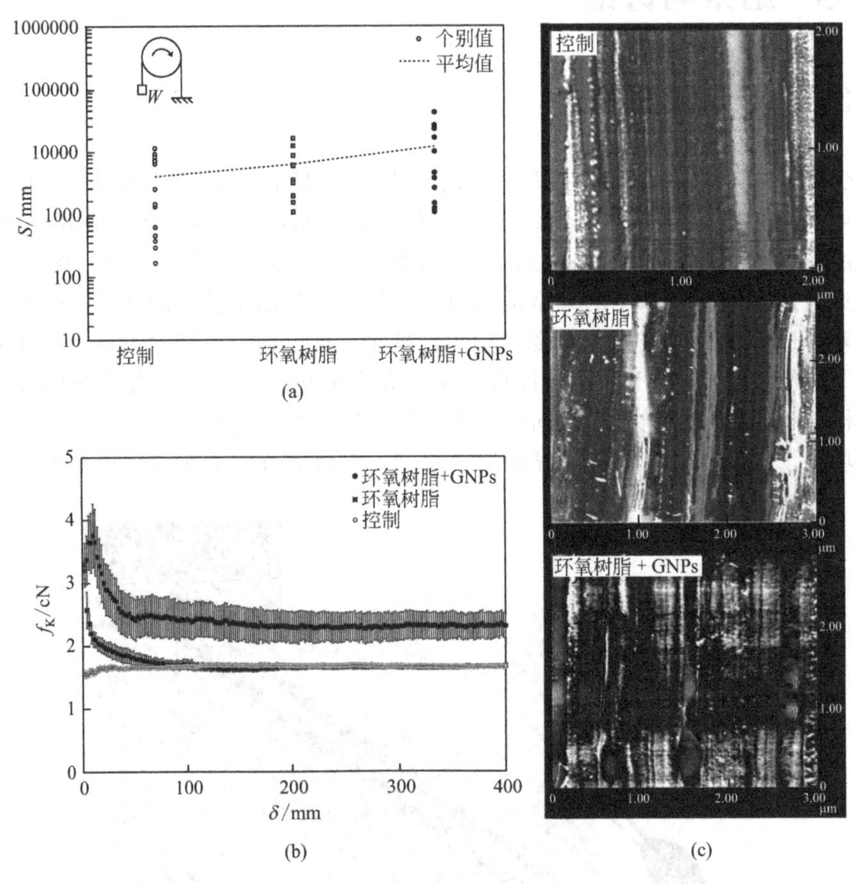

图 10.5 (a) 单根玻璃纤维在砂纸上划过直到纤维断裂的总摩擦位移 S，表明含有 GNPs/环氧树脂的纤维导致总摩擦位移增大了 200%，并且用环氧树脂包覆的纤维会产生约 50%的提升。内部插图是测试系统的示意图。(b) 动摩擦力 f_K 除以摩擦位移 δ 揭示了与控制玻璃纤维相比，在摩擦过程中消耗掉的环氧树脂涂层或者残留的 GNPs/环氧树脂。数据表示平均值（±s. d.）。(c) 控制玻璃纤维、环氧树脂涂层玻璃纤维和 GNPs/环氧树脂玻璃纤维表面经过在 SiC 砂纸上滑动磨损之后 AFM 相图的相比。深“槽”结构表面表明玻璃纤维经过磨料磨损

然而，样品用环氧树脂涂层之后，只有约50%的提高。为了理解纳米结构涂层如何提高磨损耐久性，观察动力学摩擦（或滑动摩擦）力与位移的变化［图10.5（b)］。虽然环氧树脂和GNPs/环氧树脂的覆盖范围都提高了耐磨损性，但是摩擦行为完全不同。以最低值来表征没有任何聚合物涂层的光滑玻璃纤维的摩擦力曲线。结果显示，在初始阶段出现一个小的增加，然后保持近似恒定为0.39的动摩擦系数。增加的摩擦力归因于纤维表面与凹槽的粗糙化导致的机械互锁的提高，正如AFM图像［图10.5（c)］所证实的。相反，环氧涂层纤维的摩擦力随摩擦位移单调减小；力曲线达到与控制光纤相同的值。下降阶段可以理解为当表面较硬的粗糙SiC表面穿过较软的环氧树脂时发生了磨料磨损。通过切割或刮擦操作连续除去环氧树脂的结果是，露出的光滑玻璃纤维表面经受的磨损增加，使得最后粗糙纤维表面的摩擦力和被控制的非常相似［图10.5（c)］。有趣的是，GNPs/环氧树脂玻璃纤维系统有不同的倾向。具体地，它的摩擦力是整个测量范围的最高值。摩擦一般是描述开始拖动或沿表面滑动的阻力。早期阶段的摩擦力增加是由摩擦面积/接触点增加引起的，意味着越来越多的GNPs暴露并参与磨损过程。随后，摩擦力降低与部分涂层的摩擦位移达200mm有关。显然，GNP有助于防止在随后的磨料颗粒通过期间聚合物的去除和变形，从而观察到与去除涂层强烈相关的摩擦力的减小显著减慢。与具有光滑玻璃表面的对照物相比，纳米结构表面引起更多摩擦。在后期直到长达400mm的摩擦位移时，几乎恒定的高摩擦力和动摩擦系数0.49表明GNP/环氧树脂的部分仍留在纤维表面上，因此延迟了磨损过程［图10.5（a)～(c)］。GNP/环氧树脂具有足够高的GNP负载的独特的各向异性结构特征使得GNP可能用作固体润滑剂纳米颗粒以优化三体磨料磨损，从而有希望获得额外的有趣纤维和复合材料界面性质。

对于其他纳米填料，如CNTs和层状黏土硅酸盐，曾经报道过聚合物涂层的纳米填料在强化玻璃纤维的拉伸强度中有关键作用[40]。众所周知，脆性材料的表面缺陷导致实际抗拉强度比最终理论强度低很多。开发了一种基于Griffith断裂力学大略估计涂覆光纤的强度的力学模型。涂层纤维强度σ_f可表示为：

$$\sigma_f > \bar{\sigma}_f = \sqrt{\frac{2\gamma E_f}{\left(\beta\alpha^* - \frac{L(1+L/d)E_c}{E_f}\right)}} \tag{10.1}$$

式中，γ为断裂表面能；β为比例常数系数；E_f和E_c分别为纤维和涂层的弹性模量。还引入了一种愈合效率因子，并得出结论，涂层的模量、厚度和粗糙度是纤维力学性能改进的原因。通过修复限制纤维机械强度的关键缺陷，纳米结构玻璃纤维的拉伸强度最大提高达70%。

除了光学和力学性能，建立一个具有多功能传感能力的单一玻璃纤维是将CNTs引入到纤维表面的第三个原因。基于简单的一层一层浸-涂的沉积方法，开发了具有GNPs或CNTs的单一玻璃纤维导电网络（图10.6）。SEM图像表明，多层紧密堆积的GNPs和高度缠结的MWNTs存在于弯曲纤维表面。在玻璃纤维上相互连接的厚度一般为几十到几百纳米的GNP和CNT网络构成导电通路。对功能化涂覆CNPs或CNTs的单根玻璃纤维进行了直流电阻测量。测得的GNP-玻璃纤维和CNT-玻璃纤维的电阻R分别在$10^6 \sim 10^8$和$10^3 \sim 10^8 \Omega$范围内。电阻值一般随着纤维（导体）长度的增加而增加。可以观察到电阻数据变化比较大，这是由于纳米颗粒在纤维表面上的不均匀分布/连接造成的，在CNT的情况下由其明显。因此，通过浸涂沉积在玻璃纤维上导电和重叠的GNP层是与CNT相比实现相对均匀的微结构的可行途径。相比之下，CNT网络具有明显更高的电导率。

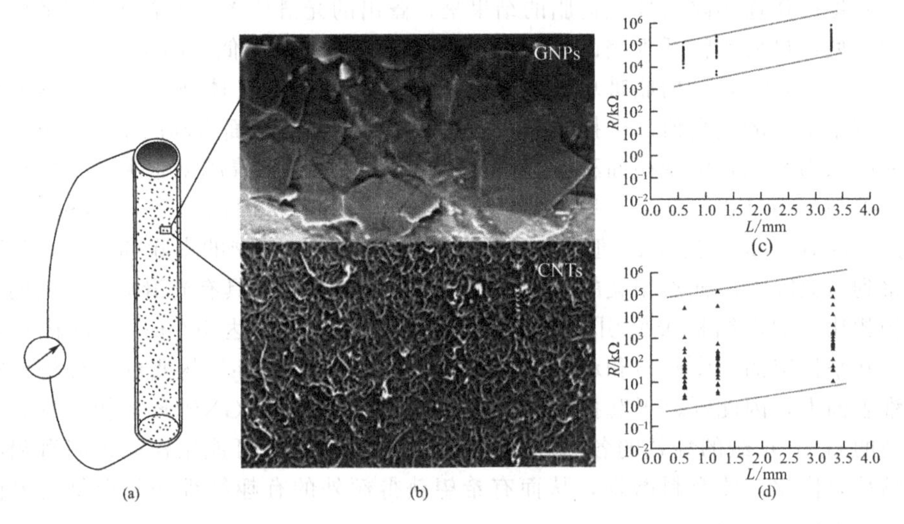

图10.6 GNPs或者CNTs（a）功能涂覆的单根玻璃纤维的电阻测试示意图；尺寸为几十到几百纳米的GNP和CNT网络从溶液中沉积到玻璃纤维基体上的SEM照片（b）（标尺，400nm）；电阻R与GNP-玻璃纤维（c）和CNT-玻璃纤维（d）的长度L成反比

10.3.2 具备纳米增强的多功能复合材料界面

接着，我们的工作目标是发展复合材料的多功能界面。我们探索了直接模仿天然材料结构的可能性，这是基于简单的观察，即大多数天然材料是前面提到的分层和多功能复合材料。机械响应和断裂特性源于每个级别的各个元素的属性以及这些元素在不同长度尺度上的相互作用[41,42]。骨骼作为这些分层结构生物材料的一个例子得到了深入研究[43,44]，其中显示了多尺度纤维和异质界面的特征[图10.7(a)]。矿物蛋白的纳米级界面强烈地影响骨的机械性质，其中表观增强效果与强界面黏合强度和用于抑制裂缝传播的弱中间相或作为机械阻尼元件的配合有关[45,46]。我们推断，在生物骨中具有上述矿物质作用的纳米颗粒的适当纳

米级界面可以提高传统玻璃纤维增强塑料的强度。因此，我们通过 EPD 和浸-涂的方法将 CNTs 沉积到纳米导电玻璃纤维上，来模仿生物骨骼的纳米界面［图 10.7 (b)］。我们首次提出形成互相连接的内部含有 CNT-富集界面的玻璃纤维-增强环氧树脂复合材料，它给界面诱导导电性。

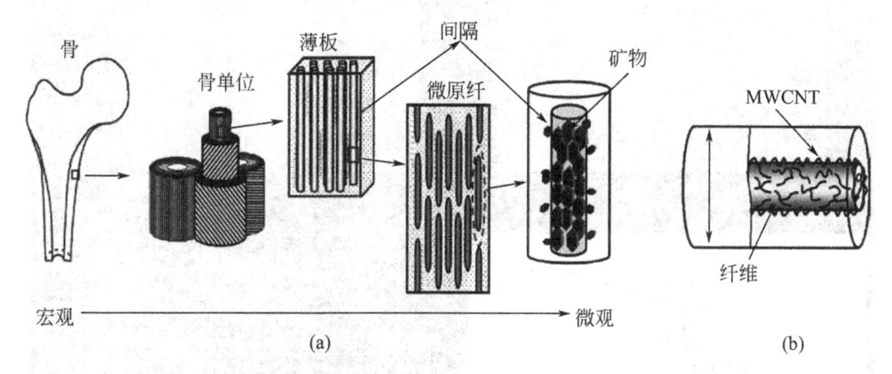

图 10.7 宏观、微观和纳米尺度的骨骼分层结构组织图 (a) 和模拟生物骨骼的纤维、CNTs 和基体同心层模型的横截面示意图 (b)

为了开发多功能界面，首先检测纳米界面的形貌和性质是有帮助的。玻璃纤维和环氧树脂基体之间的纳米半导体界面是否可以通过实验观察到，是一个有趣的问题。我们的工作突出了非接触 LiftMode EFM 作为一个高度敏感的分析工具在界面表征上的重要性。为了评估整个界面特性的变化，通过 EFM 和 FE-SEM 研究了 CNT-玻璃/环氧树脂复合材料的横截面（图 10.8[47]）。超高分辨率的扫描电镜照片清晰地展示了界面区域有许多尺寸大约十几到几十纳米的颗粒，可能是暴露的纳米管末端产生的。为了进一步检验和确认，通过 EFM 检查了界面［图 10.8(b) 和 (c)］，它允许由半导体界面引起的相对弱但长程的静电相互作用成像，同时最小化形貌的影响，因为尖端与样品表面的距离为 50nm。EFM 图像是相位偏移产生的，通过在超尖锐的导电 AFM 尖端和界面之间施加电压来改变 AFM 悬臂的振荡相位。很明显，EFM 图像显示了纤维、界面和基体区域之间的明显对比，揭示了这三个区域的材料性质的差异。沿着纤维表面的过渡层“河状层”的形成可以归因于 CNTs 在准二维密闭界面区域的厚度为 20～500nm 及以上的不规则形状造成的，这被纳米压痕测得的此区域的接触刚度比本体基体的高［图 10.8 (d)］而进一步证实。从图 10.8(d) 中的曲线斜率获得的界面的较高刚度与纳米管的固有高刚度的贡献有关。对于由 CNT 组成的界面，我们已经表明，由于不同的增韧机制，例如 CNT 对基质变形/开裂的机械互连（锚定效应），局部黏合强度和临界界面能量释放速率显著提高。在复合材料受到施加力之后观察断裂表面进一步支持了这些结果。可以清楚地看到 CNTs 从聚合物基体突出。界面的导电率范围大约为 8～200S/m。应当指出的是，大量文献表明不同纳米材料复合的 CNTs/聚合物电导率的测定值是有明显差异的。然而，

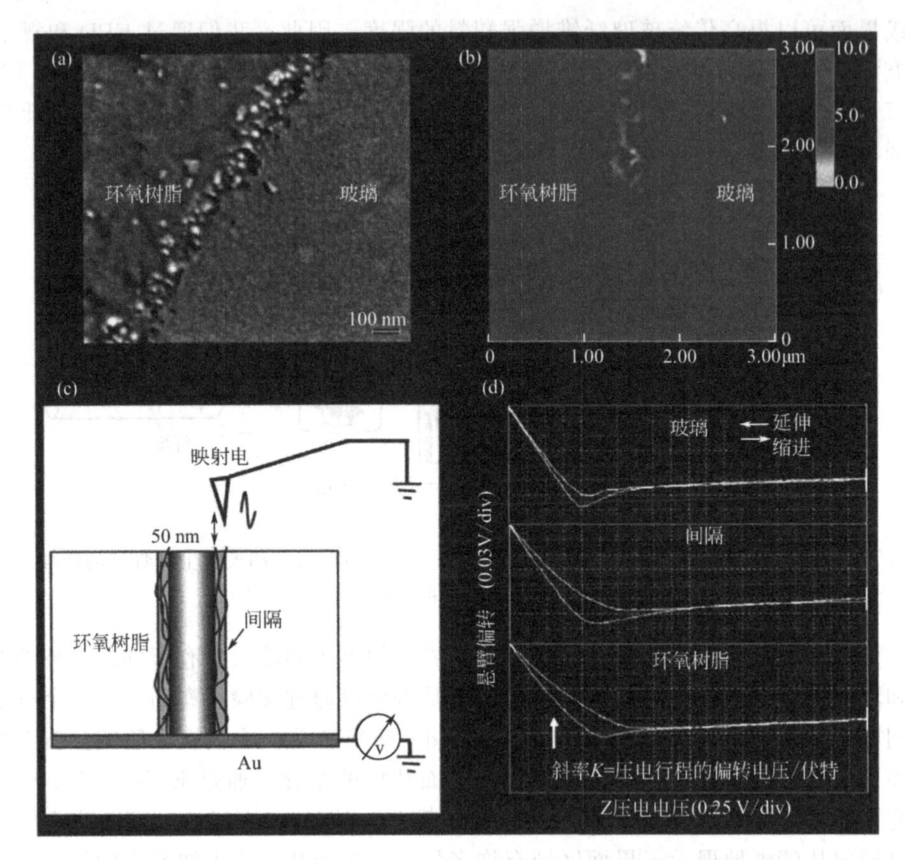

图 10.8　FE-SEM (a)；CNT-玻璃/环氧树脂复合材料中 CNT 富集界面的 EFM 图片 (b)；CNT-富集界面横截面的 EFM 电映射示意图 (c)；纤维、界面和环氧树脂的完整拉伸/收缩压痕周期的悬臂挠度信号的典型纳米压痕力曲线（回缩曲线的初始斜率 K 代表悬臂偏转信号除以施加到压电体上的电压，也就是，垂直方向上的压痕位移。软材料将导致悬臂在给定的凹槽位移下偏转较小，这提供了关于样品表面弹性的定性信息。界面表现出的压痕斜率比环氧树脂基体的更高，实际上证明了界面具有更高的刚度）(d)

对于质量分数远远超过 1%～60%的 CNT，报告的值通常保持低于 20S/m，几乎不会达到 10～100S/m。因此，由于在准 2D 限制的界面区域中形成致密 CNT 网络，我们的半导体中间相实现了 CNT/聚合物纳米复合材料的最佳情况。对于其他报道的 CNT/聚合物复合材料，未发现界面内的高导电性和高刚度的组合。

第二个有趣的问题是，与基质相比，富含纳米填料的界面是否具有不同的热性质。我们通过纳米 TA 在亚 100nm 分辨率下检测到相间区域的局部热性质。与样品表面接触的探头是偏移的，当其温度开始上升，在 Z 轴测量悬臂位移。当探针下的材料加热膨胀，探针向上偏移。然后聚合物的表面层软化，导致在探针的压力下发生塑性变形。图 10.9 所示的结果表明，局部玻璃化转变温度升高，界面区域的探针针尖（更小的贯通孔）向下的偏移显著减小，特别是在距离纤维表面小于500nm时。分配给界面的这种增加的 T_g 可能是由纳米管和玻璃纤维表面吸附的胺的更大富集的结果，导致界面区域中更高的交联密度。

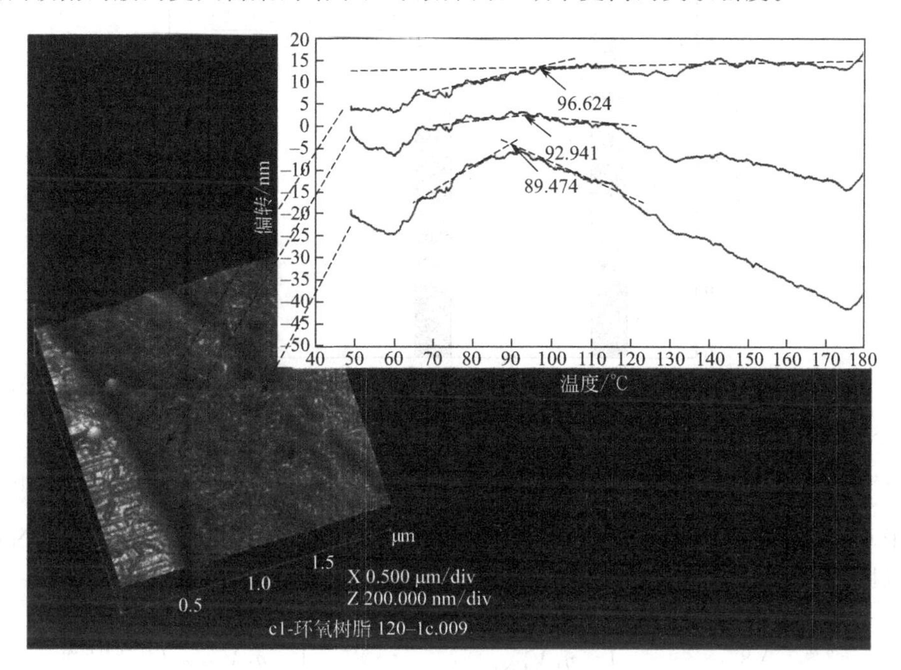

图 10.9 CNTs-玻璃纤维/环氧树脂复合材料上的纳米 TA：传感器高度位置响应与温度的关系，从接近玻璃纤维的相间到散装树脂的不同位置（AFM 地形中显示的相关穿透孔随着与纤维表面的距离增加而变大）

界面黏合力是设计高性能传统复合材料最著名的重要参数之一，但梯度变化复合材料的数据非常有限。图 10.10 显示了不同处理纤维的纤维断裂试验结果。根据 Kelly 和 Tyson 的微机械模型的力平衡[48]，l_c/d 与界面剪切强度成反比。正如所料，CNTs 控制纤维具有最高临界长径比，对应最低的界面剪切强度。相反，通过 EPD 方法涂覆 CNT 增强了界面剪切强度，特别是含有 Glymo 的样品达到了最大界面剪切强度。增强的原因可能源于与不同的纳米管相关的增韧机制，包括玻璃纤维/纳米管/基体界面剥离纳米管拔出和界面裂纹桥接。微机械联锁主要有助于纤维剥离后的摩擦黏结，类似于在 CNT 和交联的环氧树脂的分子之间存在齿轮咬紧的效果[49]。环氧树脂和羧基官能化的 CNT 以及氢键之间的潜在化学反应也有利于界面强度的提高。在硅烷偶合剂存在下，环氧化物-羧基、环氧树脂-胺和硅烷醇的化学反应在玻璃纤维、碳纳米管、表面活性剂和环氧树脂周围产生了化学共价键。

但从力学角度看，当 CNTs 广泛分布于界面区域时，纤维和基体之间的应力传递行为应该受到界面裂纹萌生和扩展的强烈影响。根据复合材料的相成分分数，可以考虑将我们的 CNT-富集界面复合材料的简单分析用图 10.7(b) 示意。

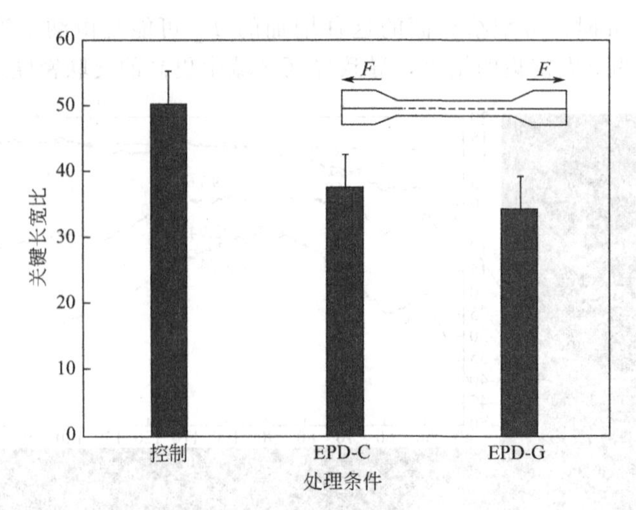

图10.10 单根纤维复合材料在经过不同纤维表面处理（控制：未分级；EPD-C：CNTs电泳沉积；EPD-G：CNTs和环氧硅烷GLYMO电泳沉积）成为碎片之后的临界比

由于CNTs一般在纤维上随机取向，界面可被认为是随机取向的不连续的CNT-环氧树脂层。作为粗略估计，界面模量 $E_{界面}$，可以使用下列公式计算：

$$E_{界面}=\left(\frac{3}{8}\times\frac{1+2(l_{CNT}/d_{CNT})\eta_L V_{CNT}}{1-\eta_L V_{CNT}}+\frac{5}{8}\times\frac{1+2\eta_T V_{CNT}}{1-\eta_L V_{CNT}}\right)E_{环氧树脂} \tag{10.2}$$

根据由EFM确定的上述结果，假设大部分碳纳米管位于界面区域，界面的厚度从几十到几百纳米。计算可得 $E_{界面}$ 显著高于环氧树脂的，这也通过纳米压痕试验得到了验证。进一步考虑纤维周围的基体的平均模量 E_m。当CNTs尚未引入界面，E_m 等于 $E_{环氧树脂}$。由于CNT界面的模量高，根据混合法则 E_m 也提高。

$$E'_m=E_{界面}V_{界面}+E_{环氧树脂}(1-V_{界面})>E_{环氧树脂} \tag{10.3}$$

式中，$V_{界面}$ 为在基体中界面的体积分数。假设屈服应力为常数，根据剪滞理论，临界纤维长度 l_c 可能与纤维和基体的性能有关，如Galiotis等[50] 和Asloun等[51] 推导的：

$$\frac{l_c}{d}=\left[\frac{(1+\nu_m)(E_f-E_m)\ln(2r_m/d)}{E_m}\right]^{1/2} \tag{10.4}$$

式中，r_m 为纤维周围的圆柱基体的半径；E_f 为纤维的拉伸模量。引入界面后，基体的泊松比 ν_m 被认为是不变的。因此，可以定性为，

$$\frac{l_c}{d}=\left|E_m=E'_m<\frac{l_c}{d}\right|E_m=E_{epoxy} \tag{10.5}$$

当纤维和本体基体之间的界面强度通过CNTs增强，临界长径比减小。

此外，纤维表面上的CNT涂层的形貌影响界面剪切强度。沿纤维不规则分布的CNT会导致不均匀的界面结构和性能（强度/刚度）。我们提出了三个不同

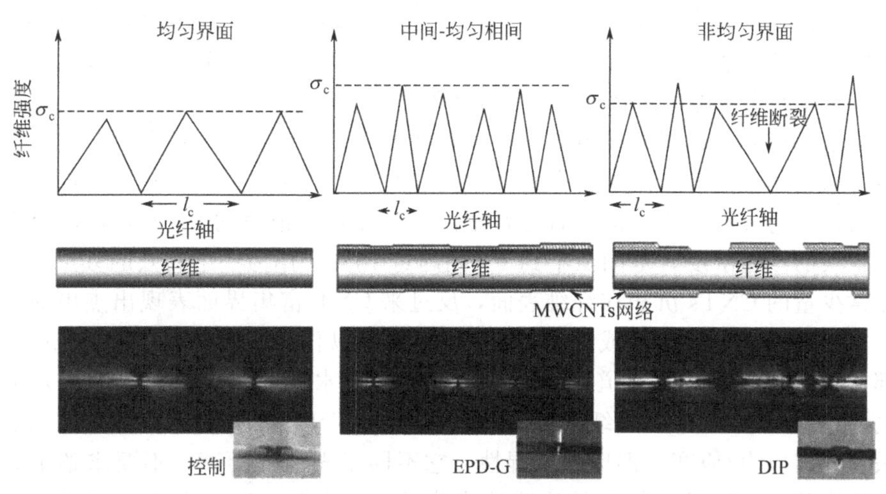

图 10.11 当断裂数达到饱和时的沿着纤维轴向的三种应力分布的位置函数（通过放大 10 倍的交叉偏振光显示双折射图案。插入图是断裂点的放大图，观察到了用于控制的界面剥离失效模式和用于 EPD-G 和 DIP 系统的基体裂纹故障模式）

的界面结构：均匀界面；中间-均匀相间；非均匀界面。图 10.11 为单根纤维模型复合物在偏振光下的双折射图案和示意图，其是提出的这些界面和当片段达到饱和时沿着纤维的应力分布[39]。显然，控制纤维和 DIP 纤维的应力双折射表明界面受到大量的剪切应力，并且裂纹倾向于沿着界面扩大。通过着眼于纤维断裂点，明显的基体裂纹故障模式可以在涂覆的纤维样品中观察到，这表明由于 CNT 涂层的存在改善了界面强度。控制纤维表面均匀，界面结合均匀。通过 EPD 方法处理的纤维的界面被分类为中等均匀的。由于在 CNTs 或者 Glymo 的 CNT 层或者均匀黏附模型的厚度不同，沿着整个纤维的增强效果不等。强黏合和相对较弱的结合并存，导致片段长度分布较广。值得注意的是，强的和弱的三维界面共存与生物骨骼结构类似。除了强界面的明显增强效果，弱界面起到抑制裂纹扩展，或充当机械阻尼元件的作用。因此，EPD 处理的纤维的半均匀界面导致强的界面强度，这由更短的片段长度证实。相反，DIP 纤维的界面被定义为不均匀界面，这与电阻的不连续涂层的地形形态和数据分散高度一致。根据图 10.12，纳米增强材料引起的梯度各向异性

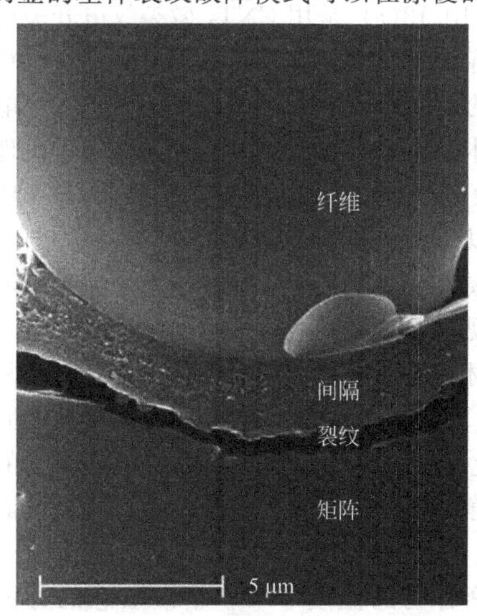

图 10.12 裂纹倾向于向远离 CNT-玻璃-纤维增强环氧树脂模型复合材料的 CNT-富集界面延伸

界面似乎强烈影响微裂纹远离纤维表面扩展。定性地，具有增强的力学性能的富含纳米填料的界面保护原始的弱纤维/基质界面免受由冲击/疲劳载荷引起的峰值应力并且整体上均匀化复合材料内的应力分布。

为了获得复合材料的导电性，在一般情况下，导电 CNT 网络由 CNTs 在本体聚合物基体中的分布产生。在基体内形成的导电通路可以明显提高导电性。然而，获得均匀分散 CNTs 的过程通常很困难，并且所报道的 CNT 含量需要实现变化很大的渗透浓度，范围从不到 1%到超过 10%。作为一个高效的方法，我们用非常少量的 CNTs 沉积在纤维表面，反过来 CNT-富集界面表现出杰出的电性能。其原因是，纤维表面或纤维/聚合物界面可以作为载体和/或引导 CNTs 的局部质量分数在目前所报道的最低值的极低含量水平下（$<10^{-3}\%$）有效形成导电渗透网络[47]。同时，纤维/基体界面的这些 CNTs 的局部浓度提供多功能的灵敏度，即应力/应变、温度和吸湿性，它不同于先前的尝试，不要求整个聚合物基体中的 CNTs 具有额外的传感性或分散性。在此，我们发现功能纤维的摩擦阻力增量（$\Delta R/R_0$）与拉伸应变有近似线性的关系，这可以根据经验描述为：

$$\varepsilon=\frac{1}{GF}\times\frac{\Delta R}{R_0}+\varepsilon_0 \tag{10.6}$$

式中，R_0 为样品不施加应力的初始电阻；$\Delta R=R-R_0$ 为电阻变化；参数 ε_0 为 CNT 网络的压阻效应的初始应变；GF 为应变系数，也被称为应变灵敏度因子，是机械应变的相对变化。有趣的是，我们已进一步证明了，具有这种纳米结构界面的复合材料可在微裂纹变得严重之前用来感应微裂纹。CNT-GF 网络利用微裂纹在小变形条件下具有有机电开关的功能[52]。图 10.13(a) 是用 CNTs 微裂纹电开关桥接纤维/基体界面的示意图。图 10.13(b) 是单个 CNT-玻璃纤维环氧树脂复合材料相对于外部负载的压阻响应，电阻随着施加的应力单调增加，表现得像一个可变电阻器。电流只能通过界面，而纤维和周围基体仍然是绝缘的。因此，这种导电机理和传统的将 CNT 分散到聚合物中制造纳米复合材料不同。因此，使用 CNT-玻璃纤维传感器检测界面的微裂纹的独特能力可以独立判断纤维或基体哪个是首先断开的。为了得到一个事先的预测信号，进一步嵌入三个单独的纤维在基体中并监测电阻的变化 [图 10.13 (c)]。电阻数据表明，观测微裂纹传播的灵敏度很高，提供一个机会来测量微裂纹扩展的速度。智能复合材料可以检测裂缝的出现能使新一代复合材料更安全（例如，飞机）。此外，我们发现，微裂纹通过热膨胀的收缩与相同“连接-中断”机制的温度制动开关相关。因此这种效果可以用于需要维护和检查的风力涡轮机、油漆、飞机和汽车制造业、防静电和自诊断应用方面的关键组件的嵌入式传感器或表面安装的应变计。

我们将注意力转移到界面电阻如何对聚合物的温度和 T_g 非常敏感的方面 [图 10.13 (d)]。电阻随温度的升高而单调下降，表明是负的温度系数影响，反映了所用 CNTs 的典型半导体特性。最值得注意的是，我们发现 $\Delta R/R_0$ 曲线在大约 343～347K 附近有不同的转变，这几乎与玻璃化转变温度重合，DSC 曲线

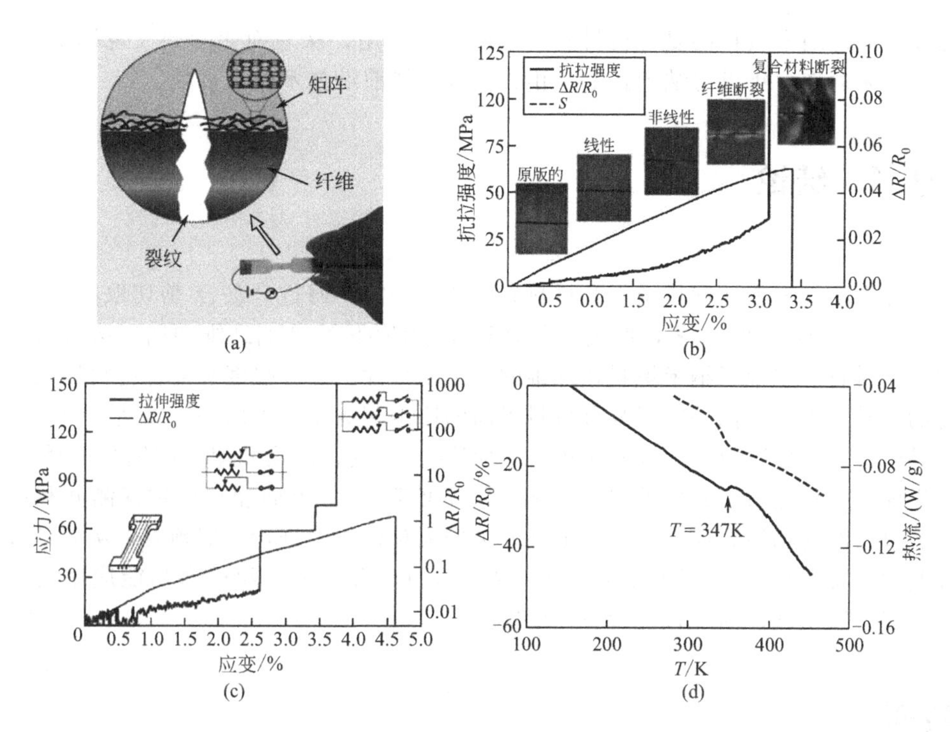

图 10.13 单根纤维模型复合材料的原位界面传感性能

(a) 单根纤维/环氧树脂复合材料中 CNTs 桥接的微裂纹示意图；(b) 单根纤维/环氧树脂复合材料的电阻和拉伸应变与拉伸应力函数的变化（拟合的直线模拟的是 $\Delta R/R_0$ 的线性递增阶段。插入图是拉伸过程中对应不同阶段 $\Delta R/R_0$ 的光弹性特性）；(c) 通过复合材料中的三个单根纤维优化的预警功能；(d) CNT-玻璃纤维/环氧树脂复合材料的电阻对温度的可变性和趋势（通过 DSC 获得 $\Delta R/R_0$ 的温度依赖性和热流曲线(----)。注意：两种不同的方法在环氧树脂的玻璃化转变温度区域在曲线上显示的是相似的转换）

测得的 $T_g \approx 341 \sim 344$K。环氧树脂网络在 T_g 的转变可能诱导某些碳纳米管节点断开和 CNTs 之间界面的拉伸，从而导致电阻趋势变化。在此，可以推断，通过半导体界面检测转变温度与温度升高至 T_g 时界面内部的或附近的环氧树脂的脆-韧转变有关。反过来，T_g 的这种转变可以由于玻璃纤维和环氧树脂之间的热膨胀系数不匹配而诱导存在于界面的热残余应力发生变化。上述 nano-TA 的结果表明，缠结的纳米管网络影响环氧树脂在界面中的局部交联密度，导致界面的 T_g 和本体基体的相比略微不同。另外，界面的传感器功能可以应用到其他分层类型的纤维或纳米填料。CNT-黄麻纤维和相应的复合材料的多功能传感能力已经为温度、相对湿度（RH）和应力/应变开发了相应的应用[53]。电阻变化率 $\Delta R/R_0$ 与 RH 有指数关系：$\Delta R/R_0 \propto \exp(b\mathrm{RH})$，其中 b 是正常数。这个组合的一个具体应用是监测湿气/水吸收有关的性能。由于存在相当大的能给传统复合材料带来额外功能的市场，对环境因素有高灵敏度的纳米结构界面展示出的全部能量，将被更迅速地在新颖功能性复合材料的应用中实现。含有 CNTs、石墨烯或者其他纳米填料的复合材料的科学研究和应用，从表面化学到大规模生产，将在未来的许多年里对纳米技术及相关复合材料前沿技术做出贡献。

10.4 结论

开发了纤维表面和传统复合材料界面的多功能。通过“黏合-剪切取向”、一层一层浸-涂或 EPD 工艺，形成具有纳米结构化的传统玻璃纤维和纳米填料的分层复合材料。实现了纳米填料在纤维的磨损耐久性、纤维强度和复合材料界面黏合的机械增强。我们确定了复合材料界面的原本薄弱点，可以基于碳纳米管网络的导电性用于传感应用。开发了用于响应应力/应变、温度和湿度的纳米填料-富集界面自诊断能力。我们的研究表明，纳米填料-富集界面能够通过探测并利用微裂纹实时现场传感而对材料和电气开关的灾难性故障进行早期预警，从而灵敏控制微系统。具有自诊断能力的分层复合材料，有刺激广泛的多功能应用的潜力，并有助于确保新一代复合材料的安全。

致谢

作者感谢德国科学基金会（DFG）在优先计划 SPP 1369“聚合物——固体接触：接口和相间”（C7，C1）和 DFG 项目 GA2136/1-1 中供资。

参考文献

[1] Drzal LT. The interphase in epoxy composites. Adv Polym Sci 1986;75:1–32.
[2] Kim JK, Mai YW. Engineered Interfaces in fibre reinforced composites. New York, NY: Elsevier; 1998.
[3] Gao SL, Mäder E. Characterization of interphase nanoscale property variations in glass fibre reinforced polypropylene and epoxy resin composites. Composites A 2002;33:559–76.
[4] Friedrich K, Zhang Z, Schlarb A. Effects of various fillers on the sliding wear of polymer composites. Compos Sci Technol 2005;65:2329–43.
[5] Pukanszky B. Interfaces and interphases in multicomponent materials: past, present, future. Europ Polym J 2005;41:645–62.
[6] Zhao FM, Hayes SA, Young RJ, Jones FR. Photoelastic study of the stress transfer in single fibre composites. Compos Interfac 2006;13:757–72.
[7] Ishida H. A review of recent progress in the studies of molecular and microstructure of coupling agents and their functions in composites, coatings and adhesive joints. Polym Compos 1984;5:101–23.

[8] Kim JK, Mai YW. High strength, high fracture toughness fibre composites with interface control—a review. Compos Sci Technol 1991;41:333–78.
[9] Piggott MR. A new model for interface failure in fibre-reinforced polymers. Compos Sci Technol 1995;55:269–76.
[10] Barber AH, Cohen S, Wagner HD. Static and dynamic wetting measurements of single carbon nanotubes. Phys Rev Lett 2004;92:1861031–4.
[11] Wagner HD, Vaia RA. Carbon nanotube-based polymer composites: outstanding issues at the interface for mechanics. Mater Today 2004;7:38–42.
[12] Cho K, Kim D, Yoon S. Effect of substrate surface energy on transcrystalline growth and its effect on interfacial adhesion of semicrystalline polymers. Macromolecules 2003;36:7652–60.
[13] Schönherr H, Bailey LE, Frank CW. Analyzing the surface temperature depression in hot stage AFM: application to the crystallization of poly(ethylene oxide). Langmuir 2002;18:490–8.
[14] Barber AH, Cohen S, Wagner HD. Stepped polymer morphology induced by a carbon nanotube tip. Nano Lett 2004;4:1439–43.
[15] Varga J, Karger-Kocsis J. Interfacial morphologies in carbon fibre reinforced polypropylene microcomposites. Polymer 1995;36:4877–81.
[16] Nuriel H, Kozlovich N, Feldman Y, Marom G. The dielectric properties of nylon 6,6/aramid fibre microcomposites in the presence of transcrystallinity. Composites A 2000;31:69–78.
[17] Lenhart JL, van Zanten JH, Dunkers JP, Zimba CG, James CA, Pollack SK, et al. Immobilizing a fluorescent dye offers potential to investigate the glass/resin interface. J Colloid Interf Sci 2000;221:75–86.
[18] Assouline E, Wachtel E, Grigull S, Lustiger A, Wagner HD, Marom G. Lamellar orientation in transcrystalline gama-isotactic polypropylene nucleated on aramid fibers. Macromolecules 2002;35:403–9.
[19] Gorowara RL, Kosik WE, McKnight SH, McCullough RL. Molecular characterization of glass fibre surface coatings for thermosetting polymer matrix/glass fibre composites. Composites A 2001;32:323–9.
[20] Palmese GR, McCullough RL. Analytic models for the equilibrium behavior of binary mixtures in the presence of a solid surface. Composites A 1999;30:3–10.
[21] Starr FW, Schroder TB, Glotzer SC. Molecular dynamics simulation of a polymer melt with a nanoscopic particle. Macromolecules 2002;35:4481–92.
[22] Picu RC, Ozmusul MS. Structure of linear polymeric chains confined between impenetrable spherical walls. J Chem Phys 2003;118:11239–48.
[23] Ishikawa T, Yamaoka H, Harada Y, Fujii T, Nagasawa T. A general process for in situ formation of functional surface layers on ceramics. Nature 2002;416:64–7.
[24] Häßler R. Grenzschichten mikrothermisch analysieren: Die mikrothermische Analyse als neue Methode zur Grenzschichtuntersuchung in Verbunden. Materialprüfung 2000;42:79–83.
[25] Pollock HM, Hammiche A. Micro-thermal analysis: techniques and applications. J Phys D Appl Phys 2001;34:R23–53.
[26] Luo S, Van Ooij WJ. Surface modification of textile fibres for improvement of adhesion to polymeric matrices: a review. J Adhesion Sci Technol 2002;16(13):1715–35.
[27] Sidky PS, Hocking MG. Review of inorganic coatings and coating processes for reducing wear and corrosion. Br Corrosion J 1999;34:171–83.
[28] Fischbach DB, Lemoine PM. Influence of a CVD carbon coating on the mechanical property stability of Nicalon SiC fibre. Compo Sci Technol 1990;37:55–61.
[29] Gogotsi YG, Yoshimura M. Formation of carbon films on carbides under hydrothermal conditions. Nature 1994;367:628–30.

[30] Coleman JN, et al. High-performance nanotube reinforced plastics: understanding the mechanisms of strength increase. Adv Funct Mater 2004;8:791–8.
[31] Gao HJ, Ji BH, Jäger IL, Arzt E, Fratzl P. Materials become insensitive to flaws at nanoscale: lessons from nature. PNAS 2003;100:5597–600.
[32] Van Noorden R. Chemistry: the trials of new carbon. Nature 2011;469:14–16.
[33] De Volder MF, Tawfick SH, Baughman RH, Hart AJ. Carbon nanotubes: present and future commercial applications. Science 2013;339:535–9.
[34] Wardle BL. Hierarchical nanoengineered structural advanced composites—fundamentals and applications. In: Proc. 6th international conference on carbon nanoparticle based composites (CNPComp2013), Dresden, Germany; 2013.
[35] King WP, Saxena S, Nelson BA, Weeks BL, Pitchimani R. Nanoscale thermal analysis of an energetic material. Nano Lett 2006;56:2145–9.
[36] Yao HM, Dao M, Imholt T, Huang J, Wheeler K, Bonilla A, et al. Protection mechanisms of the iron-plated armor of a deep-sea hydrothermal vent gastropod. PNAS 2010;107:987–92.
[37] Hong SW, Du F, Lan W, Kim S, Kim H-S, Rogers JA. Monolithic integration of arrays of single-walled carbon nanotubes and sheets of graphene. Adv Mater 2011;23:3821–6.
[38] Kim KH, Oh Y, Islam MF. Graphene coating makes carbon nanotube aerogels superelastic and resistant to fatigue. Nat Nanotechnol 2012;7:562–6.
[39] Zhang J, Zhuang RC, Liu JW, Mäder E, Heinrich G, Gao SL. Functional interphases with multi-walled carbon nanotubes in glass fibre/epoxy composites. Carbon 2010;48:2273–81.
[40] Gao SL, Mäder E, Plonka R. Nanostructured coatings of glass fibers: improvement of alkali resistance and mechanical properties. Acta Mater 2007;55:1043–52.
[41] Currey JD. Materials science: hierarchies in biomineral structures. Science 2005;309:253–4.
[42] Meyers MA, Chen PY, Lin AYM, Yasuaki SY. Biological materials: structure and mechanical properties. Prog Mater Sci 2008;53:1–206.
[43] Gupta HS, Wagermaier W, Zickler GA, Raz-Ben Aroush D, Funari SS, Roschger P, et al. Nanoscale deformation mechanisms in bone. Nano Lett 2005;5:2108–11.
[44] Seto J, Gupta HS, Zaslansky P, Wagner HD, Fratzl P. Tough lessons from bone: extreme mechanical anisotropy at the mesoscale. Adv Funct Mater 2008;18:1905–11.
[45] Rho JY, Kuhn-Spearing L, Zioupos P. Mechanical properties and the hierarchical structure of bone. Med Eng Phys 1998;20:92–102.
[46] Katz JL. Anisotropy of Young's modulus of bone. Nature 1980;283:106–7.
[47] Gao SL, Zhuang R-C, Zhang J, Liu J-W, Mäder E. Glass fibre with carbon nanotube networks as multifunctional sensor. Adv Funct Mater 2010;20:1885–93.
[48] Kelly A, Tyson WR. Tensile properties of fibre-reinforced metals: copper/tungsten and copper/molybdenum. J Mech Phys Solids 1965;13:329–50.
[49] Xu XJ, Thwe MM. Mechanical properties and interfacial characteristics of carbon-nanotube-reinforced epoxy thin films. Appl Phys Lett 2002;81:2833–5.
[50] Galiotis C, Young RJ, Yeung PHJ, Batchelder DN. The study of model polydiacetylene/epoxy composites. J Mater Sci 1984;19:3640–8.
[51] Asloun EM, Nardin M, Schultz J. Stress-transfer in single fiber composites: effect of adhesion elastic modulus of fibre and matrix, and polymer chain mobility. J Mater Sci 1989;24:1835–44.
[52] Zhang J, Liu JW, Zhuang RC, Mäder E, Heinrich G, Gao SL. Single MWCNT–glass fibre as strain sensor and switch. Adv Mater 2011;23:3392–7.
[53] Zhuang RC, Doan TTL, Liu JW, Zhang J, Gao SL, Mäder E. Multifunctional multi-walled carbon nanotube–jute fibres and composites. Carbon 2011;49:2683–92.